U0169354

活学活用
PLC编程190例

（三菱 FX 系列）

赵春生　编著

中国电力出版社
CHINA ELECTRIC POWER PRESS

内 容 提 要

本书编写秉承"在动手中学习"的理念，以三菱 FX 系列 PLC 为主要载体，精选在工业电气控制中应用广泛的 190 个实例，内容涵盖 PLC 连接与编程软件的使用，三相异步电动机、直流电动机及机电设备控制，灯光与数码显示，运算与时间控制，变频器与人机界面控制，步进与伺服控制，通信控制等。每个实例按照控制要求、I/O 端口分配、控制电路和控制程序的结构进行编写，所有程序均通过上机验证。全书内容贯通、图文简洁，突出编程技巧的运用，相关电路和程序可以直接移植使用。

本书可作为电气工程及自动化、机电一体化等相关专业人员的培训和自学用书，还可作为高职高专院校电气工程及自动化、机电一体化等专业的实训教材。

图书在版编目（CIP）数据

活学活用 PLC 编程 190 例：三菱 FX 系列/赵春生编著 . —北京：中国电力出版社，2020.10
（2024.5 重印）

ISBN 978 - 7 - 5198 - 3691 - 7

Ⅰ.①活… Ⅱ.①赵… Ⅲ.①PLC 技术—程序设计 Ⅳ.①TM571.61

中国版本图书馆 CIP 数据核字（2019）第 204951 号

出版发行：中国电力出版社
地　　址：北京市东城区北京站西街 19 号（邮政编码 100005）
网　　址：http://www.cepp.sgcc.com.cn
责任编辑：莫冰莹（010 - 63412526）
责任校对：黄　蓓　闫秀英
装帧设计：王红柳
责任印制：杨晓东

印　　刷：望都天宇星书刊印刷有限公司
版　　次：2020 年 10 月第一版
印　　次：2024 年 5 月北京第三次印刷
开　　本：787 毫米×1092 毫米　16 开本
印　　张：25.5
字　　数：722 千字
定　　价：98.00 元

前　言

经常听到一些初学者询问："PLC 能做什么？PLC 好学吗？"也经常看到一些电气工程技术人员在编写用户程序时犯愁，虽然一遍遍研读了使用手册，但精心编写的程序调试后还是不成功。消化和移植成功的例子是掌握 PLC 应用技术的捷径。本书提炼的实例从实践中来，并且均已通过上机调试，相信能助读者一臂之力。

编者从事 PLC 课程教学多年，也参加过大型自动化生产线的安装和调试，对 PLC 的现场应用及工程技术人员对技术的关注点有较深的认识。本书并不具体介绍某种生产线的电气控制系统，而是从众多的控制系统中精选了 190 个最常用的实例，旨在通过实例让读者熟悉和掌握 PLC 的生产工艺并付诸于实践。这些实例来源于实践，又高于实践，是 PLC 控制系统的基础技术。相信读者掌握了这些基础技术后，一定能设计出安全可靠、效率高的 PLC 控制系统。限于篇幅，本书未对程序指令进行讲解，如果需要详细了解指令用法，请读者参阅相关手册。

本书各实例按照控制要求、PLC 的 I/O 端口分配、控制电路和控制程序的结构进行编写，分为十四章：第一章～第八章为基础内容，详细介绍了 FX 系列 PLC 对电动机、灯光、数码显示、机电设备的控制；第九章、第十章为中级内容，重点介绍了中断与高速控制、数字量和模拟量扩展模块的应用；第十一章～第十四章为高级内容，介绍了变频器与人机界面控制，步进与伺服控制，以及通信控制。

由于编者水平有限，书中存在疏漏和不妥之处，恳请广大读者批评指正，以便再版时修正。

编　者
2020 年 8 月

目 录

PLC 连接与编程软件的使用

实例 1 三菱 FX 系列 PLC

FX₃U-32MR/ES 产品的面板如图 1-1 所示。该面板上有型号、状态指示灯、状态开关、交流电源输入端子、24V 和 0V 直流电源输出端子、S/S 漏型/源型选择端子、I/O 端口以及 RS-422 通信接口等。

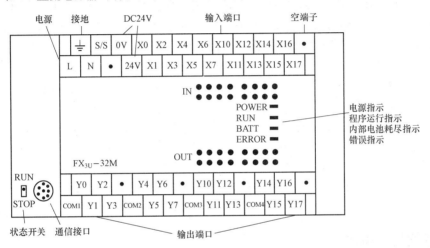

图 1-1 三菱 FX₃U-32MR/ES 系列 PLC 面板

一、 FX 系列 PLC 基本单元的型号

FX 系列 PLC 的基本单元型号由字母和数字组成，其格式如图 1-2 所示。

例如，FX₃U-32MR/ES 表示 FX₃U 系列 PLC 的基本单元，输入、输出总点数为 32 个（其中输入端、输出端各 16 个），DC24V（漏型/源型）输入/继电器输出。

图 1-2 PLC 基本单元型号

二、 状态指示灯

（1）POWER：电源指示，当交流 220V 电源接通时灯亮。

（2）RUN：运行指示，PLC 处于用户程序运行状态时灯亮。

（3）BATT：电池电压下降指示，电源电压过低或内部锂电池电压不足时灯亮。

（4）ERROR：当出现系统故障或编程错误时灯亮。

（5）IN 指示灯：当外部输入端口电路接通时，对应的 IN 指示灯亮。

（6）OUT 指示灯：当 PLC 内部输出端口通电动作时，对应的 OUT 指示灯亮。

三、 交流电源输入端子

L、N、⏚：分别接交流电源相线、中性线和接地线。FX₃U 系列 PLC 的额定电压为 AC 100～240V，电压允许范围为 AC 85～264V。

四、 24V 输出电源端子

（1）24V：24V 直流电源正极。

（2）0V：24V 直流电源负极。

（3）S/S：漏型/源型输入选择。选择漏型输入时，与 24V 短接；选择源型输入时与 0V 短接。

五、 输入接口电路

三菱 PLC 的输入端用字母 X 表示，采用八进制标记（X0～X7，X10～X17，…）。输入接口电路用来接收外部开关量输入信号，既可以源型接线，也可以漏型接线，其外部接线与内部电路如图 1-3 所示。按钮开关 SB 接在 X0 端和 S/S 端之间。内部电路的主要器件是光电耦合器（简称光耦），光耦可以提高 PLC 的抗干扰能力和安全性能，进行高低电平（24V/5V）转换。输入接口电路的工作原理为：当按钮开关 SB 未闭合时，光耦发光二极管不导通，光敏晶体管截止，放大器输出高电平信号到内部数据处理电路，X0 指示灯灭；当按钮开关 SB 闭合时，光耦发光二极管导通，光敏晶体管导通，放大器输出低电平信号到内部数据处理电路，X0 指示灯亮。

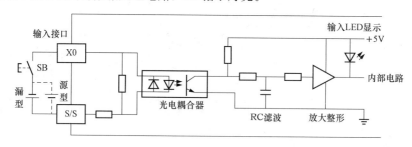

图 1-3 PLC 输入端外部接线与内部电路

六、 输出接口电路

三菱 PLC 的输出端用字母 Y 表示，采用八进制标记（Y0～Y7，Y10～Y17，…）。输出端的作用是控制外部负载，负载与外部电源串联，接在输出端 Y 和输出公共端（COM1，COM2，…）之间。PLC 的输出接口电路有继电器和晶体管输出，如图 1-4 所示。

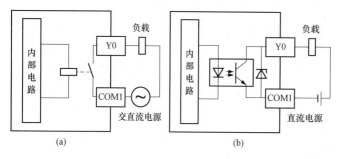

图 1-4 输出接口电路

（a）继电器输出； （b）晶体管输出

（1）继电器输出。继电器输出可以接交直流负载，由于物理继电器开关速度低，因此只能满足低速控制需要，适用于对电动机的控制。继电器输出接口电路的工作原理为：当内部电路输出为"1"时，物理继电器线圈通电，其动合触点闭合，负载通电；当内部电路输出为"0"时，物理继电器线圈断电，其动合触点分断，负载断电。

（2）晶体管输出。晶体管输出只能接直流负载，开关速度高，适合高速控制或通断频繁的场合，如输出脉冲信号或控制数码显示等。晶体管输出接口电路的工作原理为：当内部电路输出为"1"时，光耦发光二极管因有电流通过而发光，光敏晶体管饱和导通，负载通电；当内部电路输出为"0"时，光耦发光二极管因没有电流通过，所以该二极管不发光，光敏晶体管截止，负载断电。

七、 状态开关

PLC 有用户程序停止（STOP）和运行（RUN）两种工作状态。这两种工作状态既可以通过状态开关转换，也可以由编程软件远程控制转换。

八、 RS-422 通信接口

三菱 PLC 采用 RS-422 串行通信接口，可用于 PLC 与编程计算机或其他设备的通信，以实现对 PLC 的编程或控制。

实例 2　编程电缆的连接

一、 SC-09 电缆连接

若编程计算机具有串行通信端口，则可以使用 SC-09 电缆连接 PLC 与编程计算机，如图 1-5 所示。插拔电缆时应先将设备断电，否则容易损坏通信端口。

（1）将 SC-09 电缆的 DB9 端插入计算机的 RS-232 通信口（串行通信口 COM1）。

（2）将 SC-09 电缆的圆形端插入 PLC 的 RS-422 通信口。

（3）设置通信参数。启动 GX Works2 软件，单击"导航"窗格下的"连接目标"选项→双击"Connection1"选项→双击"计算机侧 I/F"右边的"Serial USB"选项→选中"RS-232C"→COM 端口选择"COM1"→修改波特

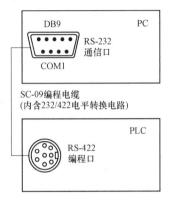

图 1-5　SC-09 电缆连接编程计算机与 PLC

率为 9.6kbit/s（计算机默认波特率为 9.6kbit/s）→单击"确定"按钮→单击"通信测试（T）"按钮，如图 1-6 所示。系统会显示"已成功与 FX₃U/FX₃UC CPU 连接"，然后单击连接目标设置 Connection1 中的"确定"按钮。

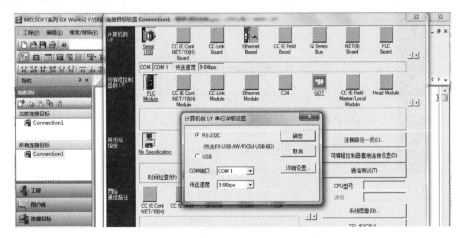

图 1-6　SC-09-FX 通信 PLC 参数设置

二、 USB-SC09-FX 电缆的连接

若计算机无串行通信端口，则可将计算机的 USB 口模拟成串行通信口，从而通过 USB-SC09-FX 编程电缆与 PLC 进行通信。

（1）将 USB-SC09-FX 电缆的 USB 端插入计算机的 USB 口。Windows 将检测到设备并运行添加

新硬件向导，插入 USB - SC09 - FX 编程电缆自带的驱动程序光盘并单击"下一步"按钮继续。

如果 Windows 没有提示找到新硬件，则在设备管理器的硬件列表中，展开"通用串行总线控制器"，选择带问号的 USB 设备，单击鼠标右键并运行更新驱动程序。

（2）驱动程序安装完成后，鼠标右键单击计算机桌面图标"计算机"→选择"设备管理器"选项，→选择"端口（COM 和 LPT）"选项。在"端口（COM 和 LPT）"展开条目中出现"USB - SE- RIAL CH340（COM3）"项，这个 COM3 就是 USB 编程电缆使用的通信口地址，如图 1 - 7 所示。以后每次使用时只要插入 USB - SC09 - FX 编程电缆就会出现 COM3 口，用户在编程软件通信设置中选中 COM3 口即可。

图 1 - 7　USB 转换为串口 COM3

（3）将 USB - SC09 - FX 电缆的圆形端连接到 PLC 的 RS - 422 通信口。

（4）设置通信参数。启动 GX Works2 软件→单击"导航"窗格下的"连接目标"选项→双击"Connection1"选项→双击"计算机侧 I/F"右边的"Serial USB"选项→选中"RS - 232C"→COM 端口选择"COM3"→修改传送速度为 115.2kbit/s（计算机默认波特率为 9.6kbit/s）→单击"确定"按钮→单击"通信测试（T）"按钮，如图 1 - 8 所示。系统会显示"已成功与 FX3U/FX3UCCPU 连接"，然后单击连接目标设置 Connection1 中的"确定"按钮。

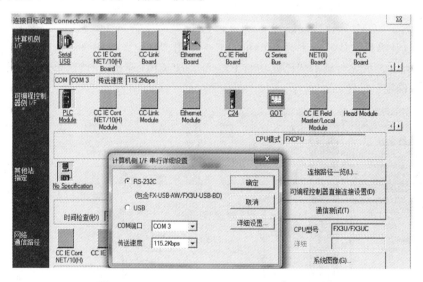

图 1 - 8　USB - SC09 - FX 通信 PLC 参数设置

实例 3　创建和运行用户程序

一、新建工程

单击桌面快捷图标"GX Works2"，进入编程软件初始界面，如图 1 - 9 所示。单击菜单栏"工程"→"新建"选项，出现图 1 - 10 所示的对话框。按要求选择"工程类型""PLC 系列""PLC 类型"和"程序语言"。例如，选择"简单工程"、PLC 系列为"FXCPU"，PLC 类型为"FX3U/

FX₃ᵤC"，程序语言默认为"梯形图"，然后单击"确定"按钮，出现图 1-11 所示的编程主界面窗口。

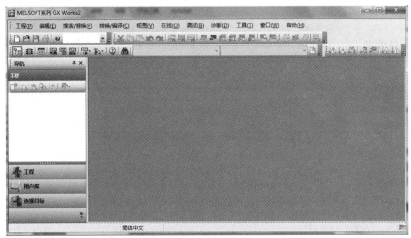

图 1-9 GX Works2 初始界面

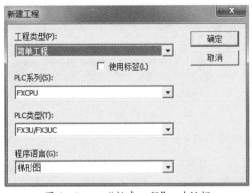

图 1-10 "新建工程"对话框

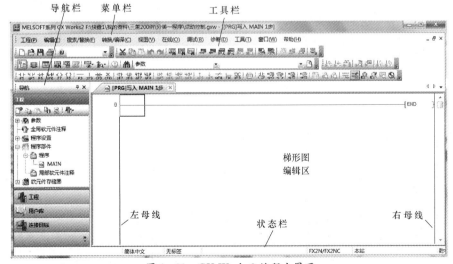

图 1-11 GX Works2 编程主界面

二、梯形图程序编辑

（1）单击标准工具栏的 按钮或按 F2 功能键，进入写入模式。

（2）单击梯形图符号工具栏的 按钮或按 F5 功能键，出现图 1-12 所示的触点输入对话框。在对话框中输入"x0"后，单击"确定"按钮或按回车键。

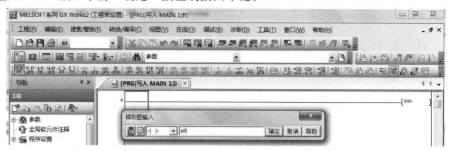

图 1-12　触点输入对话框

（3）单击梯形图符号工具栏的 按钮或按 F7 功能键，出现图 1-13 所示的输出线圈对话框。在对话框中输入"y0"后，单击"确定"按钮或按回车键。

图 1-13　输出线圈对话框

（4）梯形图输入完成界面如图 1-14 所示。

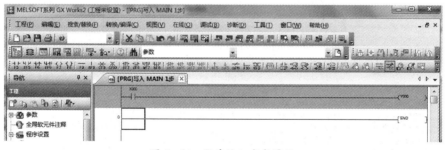

图 1-14　程序输入完成界面

（5）程序变换。此时编程界面为灰色，还必须进行变换。变换方法是单击工具栏中的 按钮或者按 F4 功能键。变换后的画面如图 1-15 所示。在左母线处出现程序步，表示程序梯形图已转换为程序指令表，这时程序可以保存、仿真测试或写入 PLC。若程序不能变换，则说明程序存在逻辑或语法错误，需修正后重新变换。

图 1-15　程序变换后画面

三、仿真测试

对于新设计的用户程序，可以先进行仿真测试，测试结果符合控制要求后再写入 PLC。单击菜单栏"调试"→选择"模拟开始/停止"选项，或者单击梯形图符号工具栏的 按钮，即可启动 PLC 仿真测试。程序写入完毕后，"GX Simulator2"对话框中的"RUN"为绿色，如图 1-16 所示。此时表示程序已进入测试状态。

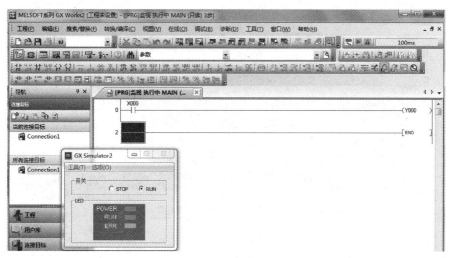

图 1-16　程序监控画面

在编辑区单击鼠标右键，选择"调试"→"当前值更改"选择或单击 按钮，先在图 1-17 所示的"软元件/标签"对话框中填入待测试元件编号 X0，然后单击"ON"按钮，则 X0 和 Y0 同时变成蓝色，表明当 X0 状态为 ON 时，Y0 状态也为 ON；当 X0 状态为 OFF 时，Y0 状态也为 OFF。测试结果表明程序符合点动控制要求。

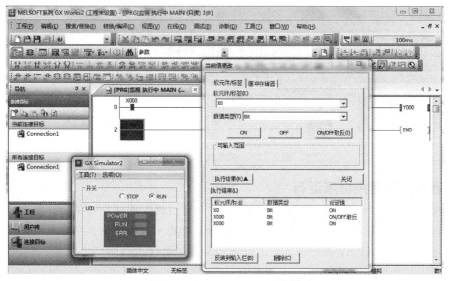

图 1-17　当前值更改及监控画面

四、程序下载

仿真结束后，可以把程序写入 PLC。下载时 PLC 状态开关应拨到"STOP"位置。如果状态开关在其他位置，则程序会询问是否转到"STOP"状态。

选择菜单栏中"在线"→"PLC写入"选项，或单击工具栏菜单 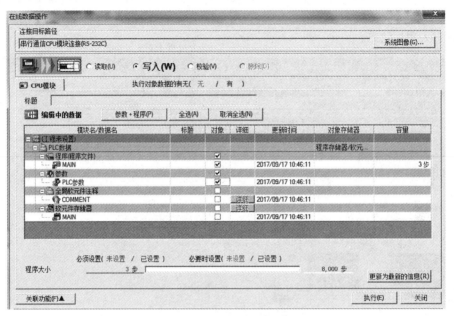 按钮，出现图1-18所示的对话框。选择程序（或程序＋参数），单击"执行"按钮即可写入PLC。

下载是从编程计算机将程序装入PLC；上传则相反，是将PLC中存储的程序上传到编程计算机。

图1-18　PLC写入对话框

五、 程序监控

选择菜单栏"在线"→"监视"→"监视开始"命令，或按F3功能键进入程序监控状态，如图1-19所示。此时可以在计算机屏幕上显示软元件的工作状态或数值参数，有助于分析和处理程序问题。

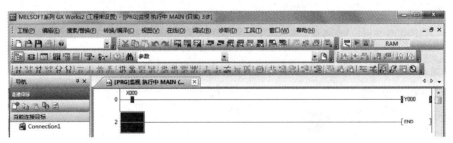

图1-19　程序状态监控图

六、 远程控制用户程序运行

在实际操作中，为了避免反复拨动工作状态开关，可以将工作状态开关始终拨到运行（RUN）状态，用远程控制方式决定PLC的工作状态，按编程软件提示进行确认。在写入用户程序时，控制PLC处于停止（STOP）状态；程序写入后，控制PLC返回运行（RUN）状态。

实例4　PLC的密码保护

一、 密码的作用

为了保护知识产权，保证设备安全运行，进行密码保护是必要的，只有正确输入密码后，PLC

才能根据授权级别提供相应的操作功能。将 PLC 拨到停止状态，选择"在线"→"口令/关键字"→
"登录/更改"命令，设置密码界面如图 1-20 所示。登录的关键字为 8 位，由数字和字母 A～F 组合
而成，输入完成后单击"执行"按钮，密码设置完成。

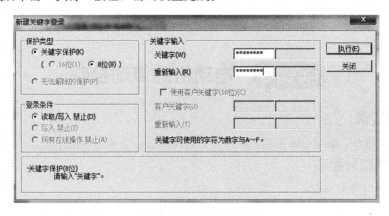

图 1-20　设置密码界面

二、　取消密码

如果对 PLC 程序进行了加密，要查看和修改程序时，必须取消加密。将 PLC 拨到停止状态，选
择"在线"→"口令/关键字"→"取消"命令，弹出"关键字取消"对话框，在关键字中输入由数字
和字母 A～F 组成的 8 位密码，单击"执行"按钮，密码取消完成。

第二章

单台交流电动机的基本控制

实例 5 电动机的点动控制

一、 控制要求

当按下点动按钮时，电动机通电运转；松开点动按钮后，电动机断电停止。

二、 I/O 端口分配表

PLC 的 I/O 端口分配见表 2-1。

表 2-1   I/O 端口分配表

输入端口			输出端口		
输入端子	输入器件	作用	输出端子	输出器件	控制对象
X0	SB 动合触点	点动按钮	Y0	KM	电动机 M

三、 控制电路

电动机点动控制电路接线图如图 2-1 所示。PLC 工作电源为 AC220V。PLC 的输入可以连接为漏型（S/S 与 24V 短接）或源型（S/S 与 0V 短接）。图 2-1 所示连接为漏型输入。

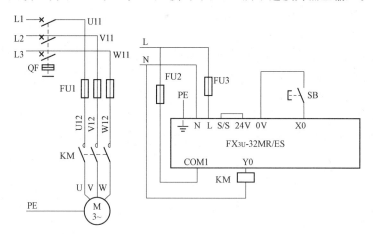

图 2-1   电动机点动控制电路接线图

图 2-2   电动机点动控制程序

四、 控制程序

电动机点动控制程序如图 2-2 所示。X、Y 分别为 PLC 的输入、输出端子。

当按下点动按钮 SB 时，PLC 输入端子 X0 接通，程序中 X0 动合触点闭合，输出端子 Y0 通电接通，使接触器 KM 线圈通电，KM 主触点闭合，电动机通电运转。松开点动按钮 SB 后，输入端子 X0 分断，输出端子 Y0 失电分断，接触器 KM 失电，电动机断电停止。

实例 6 电动机的自锁控制

一、 控制要求

（1）当按下启动按钮时，电动机通电运转。

（2）当按下停止按钮或电动机发生过载故障时，电动机断电停止。

二、 I/O 端口分配表

PLC 的 I/O 端口分配见表 2-2。

表 2-2   I/O 端口分配表

输入端口			输出端口		
输入端子	输入器件	作用	输出端子	输出器件	控制对象
X0	KH 动断触点	过载保护	Y0	KM	电动机 M
X1	SB1 动合触点	停止按钮	—	—	—
X2	SB2 动合触点	启动按钮	—	—	—

三、 控制电路

电动机自锁控制电路如图 2-3 所示。

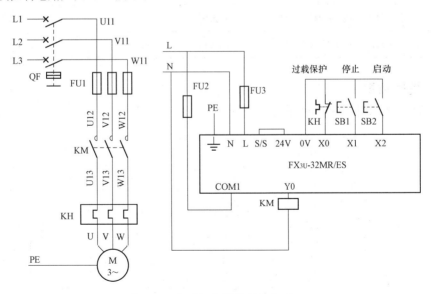

图 2-3 电动机自锁控制电路

四、 控制程序

（1）用触点串并联指令编写的电动机自锁控制程序如图 2-4 所示。输出端子 Y0 的动合触点与启动按钮 X2 并联起自锁作用。

（2）用置位/复位指令编写的电动机自锁控制程序如图 2-5 所示。置位指令可使输出端子 Y0 置 1

并保持，复位指令可使输出端子 Y0 清零并保持。

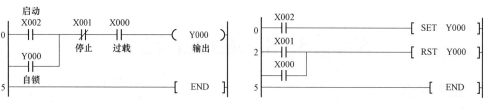

图 2-4　电动机自锁控制程序 1　　　　图 2-5　电动机自锁控制程序 2

实例 7　电动机两地或多地控制

一、 控制要求

在甲、乙两个地点分别用按钮控制同一台电动机的启动与停止，设甲地停止/启动按钮为 SB1/SB3，乙地停止/启动按钮为 SB2/SB4。

二、 I/O 端口分配表

PLC 的 I/O 端口分配见表 2-3。

表 2-3　　　　　　　　　　　　　　　I/O 端口分配表

输入端口			输出端口		
输入端子	输入器件	作用	输出端子	输出器件	控制对象
X0	KH 动断触点	过载保护	Y0	KM	电动机 M
X1	SB1、SB2 动合触点并联	停止按钮	—	—	—
X2	SB3、SB4 动合触点并联	启动按钮	—	—	—

三、 控制电路

电动机的两地自锁控制电路如图 2-6 所示。

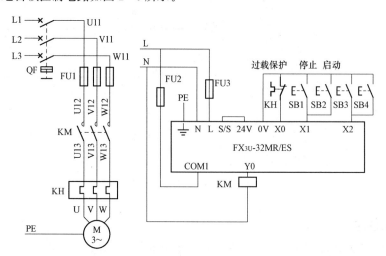

图 2-6　电动机的两地自锁控制电路

四、 控制程序

电动机的两地自锁控制程序如图 2-7 所示。

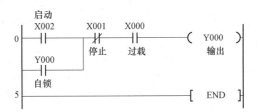

图 2-7 电动机的两地自锁控制程序

实例 8 电动机自锁控制与故障报警

一、 控制要求

(1) 当按下启动按钮时，电动机通电运转。
(2) 当按下停止按钮时，电动机断电停止。
(3) 当设备检修车门处于打开状态时，电动机停止并且故障指示灯闪烁。
(4) 当电动机发生过载时，电动机停止并且故障指示灯常亮。

二、 I/O 端口分配表

PLC 的 I/O 端口分配见表 2-4。

表 2-4   I/O 端口分配表

输入端口			输出端口		
输入端子	输入器件	作用	输出端子	输出器件	控制对象
X0	KH 动断触点	过载保护	Y0	KM	电动机 M
X1	SB1 动合触点	停止按钮	Y1	HL	故障指示灯
X2	SB2 动合触点	启动按钮	—	—	—
X3	SQ 动合触点	监控车门	—	—	—

三、 控制电路

电动机自锁与故障报警控制电路如图 2-8 所示。用行程开关 SQ 监控检修车门。当检修车门打开时，X3 处于断开状态，电动机不能运转，以保护人身和设备安全。当检修车门关闭时，车门压迫行程开关 SQ 的触点动合，使 X3 处于接通状态，电动机方可正常运转。

四、 控制程序

电动机自锁与故障报警控制程序如图 2-9 所示。

(1) 步 0～1：当按下启动按钮 SB2 时，X2 有输入，Y0 置 1，电动机连续运行。

(2) 步 2～5：正常运行时，热继电器 KH 的动断接通，X0 有输入，X0 的动断触点断开；车门关闭，压住行程开关 SQ，X3 有输入，X3 的动断触点断开。当出现过载（X0 动断接通）、按下停止按钮（X1 动合接通）或车门打开（X3 动断接通）时，Y0 复位，电动机停止。

(3) 步 6～9：当车门打开时，X3 动断触点接通，特殊存储器 M8013 产生占空比为 1/2、周

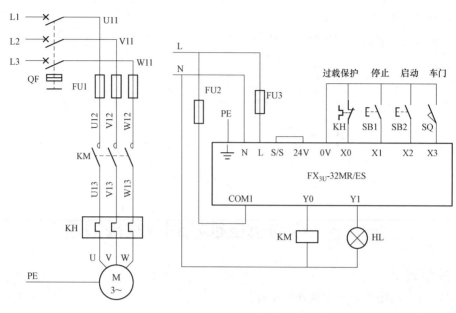

图 2-8 电动机自锁与故障报警控制线路

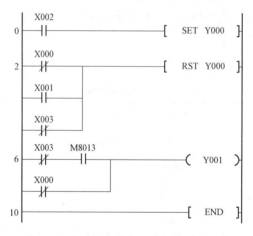

图 2-9 电动机自锁与故障报警控制程序

期为 1s 的脉冲信号，故障指示灯在秒脉冲信号的作用下闪亮。当过载时，X0 动断触点接通，故障指示灯常亮。

实例 9 电动机点动与自锁混合控制

一、 控制要求

（1）当按下点动按钮时，电动机通电运转；松开点动按钮后，电动机断电停止。

（2）当按下启动按钮时，电动机通电运转。

（3）当按下停止按钮或电动机发生过载故障时，电动机断电停止。

二、 I/O 端口分配表

PLC 的 I/O 端口分配见表 2-5。

表 2 - 5　　　　　　　　　　　　　　　　I/O 端口分配表

输入端口			输出端口		
输入端子	输入器件	作用	输出端子	输出器件	控制对象
X0	KH 动断触点	过载保护	Y0	KM	电动机 M
X1	SB1 动合触点	停止按钮	—	—	—
X2	SB2 动合触点	启动按钮	—	—	—
X3	SB3 动合触点	点动按钮	—	—	—

三、 控制线路

电动机点动与自锁混合控制线路如图 2 - 10 所示。

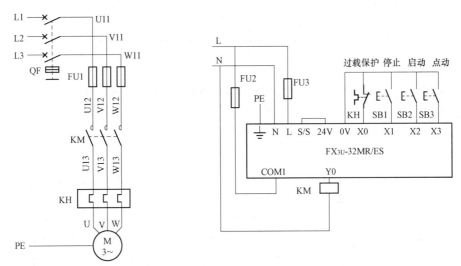

图 2 - 10　电动机点动与自锁混合控制线路

四、 控制程序

电动机点动与自锁混合控制程序如图 2 - 11 所示。M 为 PLC 的辅助继电器。

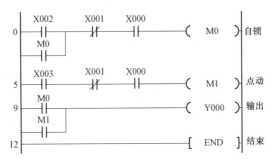

图 2 - 11　电动机点动与自锁混合控制程序

实例 10　电动机正反转控制

一、 控制要求

（1）当按下正转按钮时电动机正转。

（2）当按下反转按钮时电动机反转。

（3）当按下停止按钮或电动机发生过载故障时，电动机断电停止。

二、I/O 端口分配表

PLC 的 I/O 端口分配见表 2-6。

表 2-6 I/O 端口分配表

输入端口			输出端口		
输入端子	输入器件	作用	输出端子	输出器件	控制对象
X0	KH 动断触点	过载保护	Y0	KM1	电动机正转
X1	SB1 动合触点	停止按钮	Y1	KM2	电动机反转
X2	SB2 动合触点	正转按钮	—	—	—
X3	SB3 动合触点	反转按钮	—	—	—

三、控制电路

电动机正反转控制电路如图 2-12 所示。为防止正反转接触器同时通电导致三相电源短路，正反转接触器必须采取硬件连锁措施。

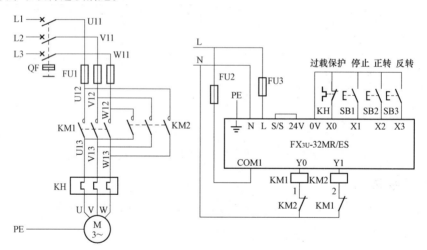

图 2-12 电动机正反转控制电路

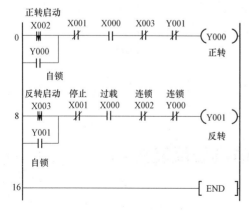

图 2-13 电动机正反转控制程序

四、控制程序

电动机正反转控制程序如图 2-13 所示。为了减轻正反转换瞬间电流对电动机的冲击，对启动信号增加了脉冲下降沿指令，当按下正转按钮 X2 时，先断开反转输出端子 Y1，当松开正转按钮 X2 时，正转输出端子 Y0 才能得电，从而延缓了换向时间。

实例 11　工作台自动往返行程控制

一、 控制要求

有些生产机械，要求工作台在一定的行程内能自动往返运动，以实现对工件的连续加工。图 2-14 所示的磨床工作台，在磨床机身上安装了 4 个行程开关 SQ1～SQ4。其中，SQ1、SQ2 用来自动换向，当工作台运动到换向位置时，挡铁撞击行程开关，使其触点动作，电动机自动换向，使工作台自动往返运动；SQ3、SQ4 用作终端限位保护，以防止 SQ1、SQ2 损坏时工作台越过极限位置而造成事故。

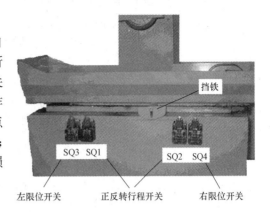

图 2-14　磨床工作台

二、 I/O 端口分配表

PLC 的 I/O 端口分配见表 2-7。

表 2-7　　　　　　　　　　　　　　I/O 端口分配表

输入端口			输出端口		
输入端子	输入器件	作用	输出端子	输出器件	作用
X0	KH 动断触点	过载保护	Y0	KM1	电动机正转，工作台左行
X1	SB1 动合触点	停止按钮			
X2	SB2 动合触点	左行按钮	Y1	KM2	电动机反转，工作台右行
X3	SB3 动合触点	右行按钮			
X4	SQ1 动合触点	左行换向	—	—	—
X5	SQ2 动合触点	右行换向	—	—	—
X6	SQ3 动断触点	左端限位	—	—	—
X7	SQ4 动断触点	右端限位	—	—	—

三、 控制电路

工作台自动往返行程控制电路如图 2-15 所示。

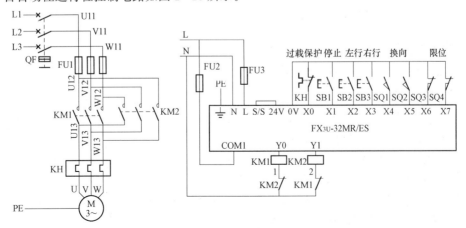

图 2-15　工作台自动往返行程控制电路

四、 控制程序

工作台自动往返行程控制程序如图 2-16 所示。

延时 1s 后再换向的工作台自动往返行程控制程序如图 2-17 所示。

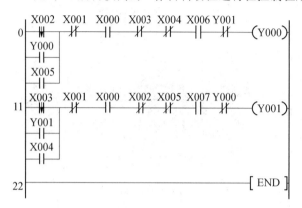

图 2-16 工作台自动往返行程控制程序　　　　图 2-17 延时换向的工作台自动往返行程控制程序

实例 12　电动机单按钮启动/停止

一、 控制要求

（1）用单按钮来实现电动机运转和停止两种控制功能，即第一次按下按钮时，电动机通电运转，第二次按下按钮时，电动机断电停止。

（2）当电动机发生过载故障时，电动机断电停止。

二、 I/O 端口分配表

PLC 的 I/O 端口分配见表 2-8。用单按钮控制可以节省 PLC 的输入端子，减小控制台面积。单按钮用作电动机启动/停止控制时不能使用红色或绿色按钮，只能使用黑色、白色或灰色按钮。

表 2-8　　　　　　　　　　　　I/O 端口分配表

输入端口			输出端口		
输入端子	输入器件	作用	输出端子	输出器件	控制对象
X0	KH 动断触点	过载保护	Y0	KM	电动机 M
X1	SB 动合触点	启停按钮	—	—	—

三、 控制电路

电动机单按钮启动/停止控制电路如图 2-18 所示。

四、 控制程序

（1）用触点串并联指令编写的电动机单按钮启动/停止控制程序如图 2-19 所示。热继电器 KH 为动断，X0 有输入，X0 动合触点闭合。

1）当第一次按下按钮 X1 时，步 0～2 的 M0 通电，步 6～10 中的 Y0 通电自锁，电动机启动运行，步 3～5 中的 Y0 动合触点闭合，为 M1 通电作准备。

2）当第二次按下按钮 X1 时，步 0～2 中的 M0 再次通电，步 3～5 中的 M1 通电，步 6～10 中的 M1 动断触点断开，使输出端子 Y0 断电，电动机停止。

（2）用计数器指令编写的电动机单按钮启动/停止控制程序如图 2-20 所示。计数器 C0 的预置值

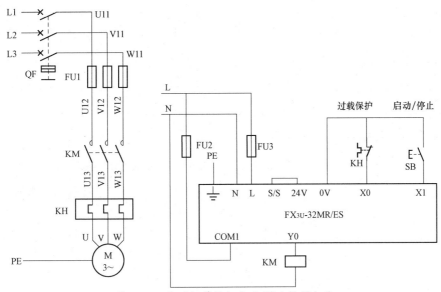

图 2-18　电动机单按钮启动/停止控制电路

为 1，C1 的预置值为 2。

1）当第一次按下按钮 X1 时，步 0～6 中的 C0 和 C1 当前值加 1，C0 的当前值等于预置值，步 7～8 中的 C0 动合触点闭合，输出端子 Y0 通电，电动机启动运行。

2）当第二次按下按钮 X1 时，C1 再加 1，C1 的当前值等于预置值 2，步 9～14 中的 C1 动合触点接通，C0、C1 均复位，Y0 断电，电动机停止。

3）当出现过载时，X0 没有输入，X0 动断触点接通，C0 和 C1 复位，电动机停止。

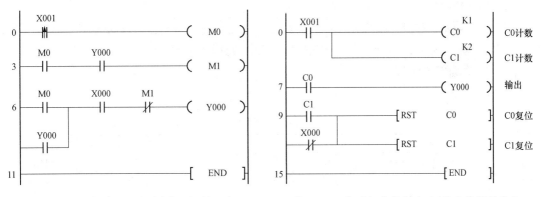

图 2-19　电动机单按钮启动/停止控制程序 1　　　图 2-20　电动机单按钮启动/停止控制程序 2

（3）用增 1 指令编写的电动机单按钮启动/停止控制如图 2-21 所示。

1）步 0～6：初始脉冲 M8002 使 K1M0=0，输出端子 Y0 断电；同理，当出现过载故障时，输出端子 Y0 断电。

2）当 X1 每接通一次时，K1M0 数值增 1。K1M0 的数值为二进制数，数值为奇数时 M0=1，Y0 通电；数值为偶数时 M0=0，Y0 断电。

（4）用循环移位 ROL 指令编写的电动机单按钮启动/停止控制如图 2-22 所示。

1）步 0～6：初始脉冲 M8002 使 K4M0=H0AAAA，即 1010 1010 1010 1010，输出端子 Y0 断电；同理，当出现过载故障时，输出端子 Y0 断电。

2）当 X1 每接通一次时，K4M0 向左循环移位一位。K4M0 的数值为二进制数，M0=1，Y0 通电；M0=0，Y0 断电。

图 2-21　电动机单按钮启动/停止控制程序 3

图 2-22　电动机单按钮启动/停止控制程序 4

图 2-23　电动机单按钮启动/停止控制程序 5
电，起到过载保护作用。

（5）用交替输出指令实现电动机单按钮启动/停止程序和时序图如图 2-23 所示。

1）当第一次按下按钮 X1 时，Y0 从 "0" 变为 "1"，Y0 接通使 KM 通电，电动机启动。当第二次按下按钮 X1 时，Y0 从 "1" 变为 "0"，Y0 复位使 KM 断电，电动机停止。

2）如果发生电动机过载，则热继电器动断触点 KH 断开，程序中 X0 动断触点闭合，Y0 复位使 KM 断

实例 13　电动机 Y—△降压启动

一、　控制要求

（1）当按下启动按钮时，电动机绕组 Y 连接降压启动，6s 后电动机绕组自动转为△连接全压运转。

（2）当按下停止按钮或电动机发生过载故障时，电动机断电停止。

二、　I/O 端口分配表

PLC 的 I/O 端口分配见表 2-9。

表 2-9　　　　　　　　　　　I/O 端口分配表

输入端口			输出端口		
输入端子	输入器件	作用	输出端子	输出器件	控制对象
X0	KH 动断触点	过载保护	Y0	KM1	电源接触器
X1	SB1 动合触点	停止按钮	Y1	KM2	Y 接触器
X2	SB2 动合触点	启动按钮	Y2	KM3	△接触器

三、　控制电路

电动机 Y—△降压启动控制电路如图 2-24 所示，Y 和△接触器必须采取硬件连锁措施。

四、　控制程序

（1）用触点串并联指令编写的电动机 Y—△降压启动控制程序如图 2-25 所示。过载保护 X0 预先接通，当按下启动按钮 X2 时，Y0 和 Y1 通电，电动机 Y 启动，T0 延时。当 T0 延时 6s 时，T0 动断触点断开，Y1 断电，Y2 通电，电动机△运转。

（2）用顺控继电器指令编写的电动机 Y—△降压启动顺控继电器功能图如图 2-26 所示。控制程序如图 2-27 所示。S 为 PLC 的状态继电器。

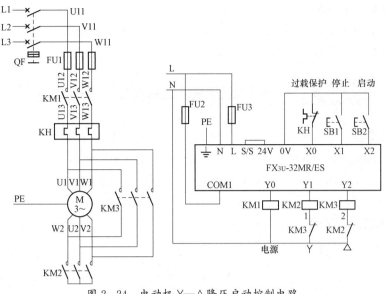

图 2-24 电动机 Y—△降压启动控制电路

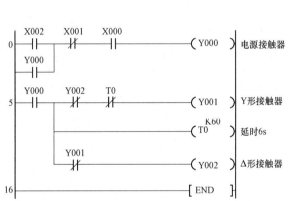

图 2-25 电动机 Y—△降压启动控制程序 1

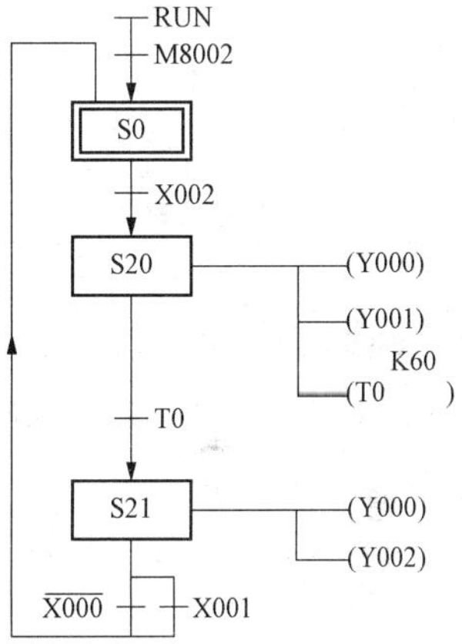

图 2-26 电动机 Y—△降压启动顺控继电器功能图

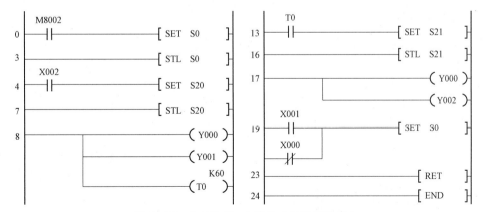

图 2-27 电动机 Y—△降压启动控制程序 2

1) 步 0~2：开机使 S0 置 1，进入初始状态 S0。

2) 步 3~6：状态 S0。当按下启动按钮 X2 时，转移到 S20 状态。

3) 步 7~15：状态 S20。当状态 S20 激活时，Y0、Y1 通电，电动机 Y 启动，定时器 T0 延时 6s。

T0 延时到，转移到 S21 状态。

4）步 16～22：状态 S21。当状态 S21 激活时，Y0、Y2 通电，电动机△运转。当按下停止按钮或过载保护时，转移到 S0 状态，电动机断电停止。

实例 14 电动机全压启动、降压运转

一、控制要求

生产工艺要求设备启动时尽快达到高速运转，因此启动时电动机绕组△连接，此时绕组电压和启动转矩最大。待电动机稳定高速运转后绕组改为 Y 连接，使负载消耗功率显著下降。此种启动方式适用于小功率电动机。

二、I/O 端口分配表

PLC 的 I/O 端口分配见表 2-10。

表 2-10　　　　　　　　　　I/O 端口分配表

输入端口			输出端口		
输入端子	输入器件	作用	输出端子	输出器件	控制对象
X0	KH 动断触点	过载保护	Y0	KM1	电源接触器
X1	SB1 动合触点	停止按钮	Y1	KM2	Y 接触器
X2	SB2 动合触点	启动按钮	Y2	KM3	△接触器

三、控制电路

电动机全压启动、降压运转控制电路如图 2-28 所示。Y 和△接触器必须采取硬件连锁措施。

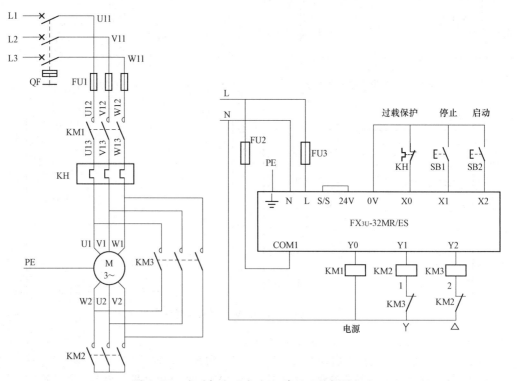

图 2-28　电动机全压启动、降压运转控制电路

四、 控制程序

电动机全压启动、降压运转控制程序如图 2-29 所示。定时器 T0 决定电动机△启动转换为 Y 运转的时间。

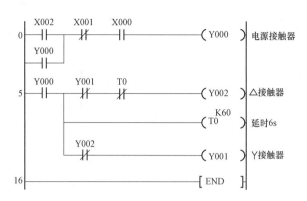

图 2-29 电动机全压启动、降压运转控制程序

实例 15 电动机单按钮Y—△降压启动

一、 控制要求

用一个按钮控制三相交流电动机完成 Y—△降压启动。第一次按下按钮时，电动机绕组 Y 连接降压启动；待启动过程结束第二次按下按钮时，电动机绕组△连接全压运转；第三次按下按钮时，电动机断电停止。

二、 I/O 端口分配表

PLC 的 I/O 端口分配见表 2-11。

表 2-11　　　　　　　　　　　　I/O 端口分配表

输入端口			输出端口		
输入端子	输入器件	作用	输出端子	输出器件	控制对象
X0	KH 动断触点	过载保护	Y0	KM1	电源接触器
X1	SB1 动合触点	启动、切换和停止按钮	Y1	KM2	Y 接触器
—	—	—	Y2	KM3	△接触器

三、 控制电路

电动机 Y—△降压启动控制电路如图 2-30 所示。Y 和△接触器必须采取硬件连锁措施。

四、 控制程序

单按钮电动机 Y—△降压启动控制程序如图 2-31 所示。在程序中使用了比较指令。比较指令是将两个数值按指定条件进行比较，当条件满足时，比较触点接通，否则比较触点分断。在实际应用中，比较指令多应用于上下限控制及数值条件的判断。

（1）步 0~11：初始脉冲 M8002、过载或（D0）＝3 时将 D0 清零。

（2）步 12~16：每按下一次按钮，执行增 1 指令，（D0）加 1。

（3）步 17~23：当第一次按下按钮时，（D0）＝1，Y1 得电，电动机绕组 Y 连接，电动机启动。

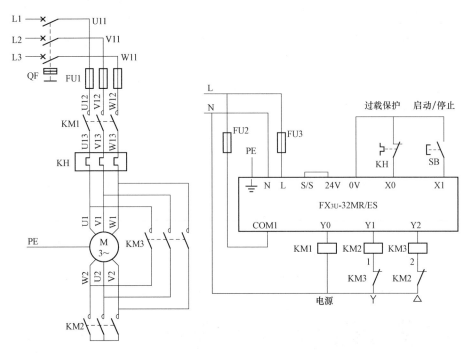

图 2-30 单按钮电动机 Y—△降压启动控制电路

（4）步 24～30：当第二次按下按钮时，（D0）＝2，Y2 得电，电动机绕组切换为△连接运行。

（5）步 31～33：在 Y1 或 Y2 得电时，Y0 有输出，接通电源接触器。

当第三次按下按钮时，执行增 1 指令，（D0）＝3，在步 0～11 中，（D0）清零。全部输出断开，电动机断电停止。

当发生过载故障时，在步 0～11 中，X0 动断触点闭合，（D0）清零。全部输出断开，电动机断电停止。

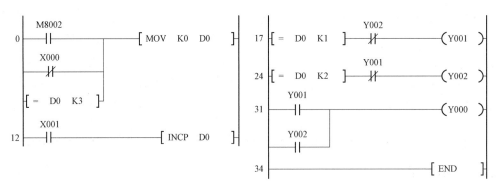

图 2-31 单按钮电动机 Y—△降压启动控制程序

实例 16 电动机能耗制动

一、控制要求

（1）当按下启动按钮时，电动机运转。

（2）当按下停止按钮或出现过载故障时，电动机停止，并且能耗制动 6s。

二、I/O 端口分配表

PLC 的 I/O 端口分配见表 2 - 12。

表 2 - 12　　　　　　　　　　　　　　　　　I/O 端口分配表

输入端口			输出端口		
输入端子	输入器件	作用	输出端子	输出器件	控制对象
X0	KH 动断触点	过载保护	Y0	KM1	电动机运转
X1	SB1 动合触点	停止按钮	Y1	KM2	电动机能耗制动
X2	SB2 动合触点	启动按钮	—	—	—

三、控制电路

电动机能耗制动控制电路如图 2 - 32 所示。运转接触器 KM1 和能耗制动接触器 KM2 必须采取硬件连锁措施。TC 为 380V/（24～36）V 降压变压器，VC 为整流器。R 为限流电阻，改变电阻值可调整制动力矩的强弱。

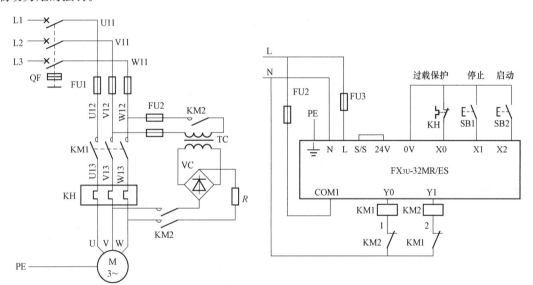

图 2 - 32　电动机能耗制动控制电路

四、控制程序

电动机能耗制动控制程序如图 2 - 33 所示。

过载保护 X0 的动合触点预先接通，当按下启动按钮 X2 时，步 0～5 中的 Y0 得电自锁，步 13～18 中的 Y0 动断触点连锁 Y1 不能得电。

当出现过载（X0）或按下停止按钮 X1 时，步 0～5 中的 Y0 失电，步 6～12 中的 M0 得电自锁，步 13～18 中的 Y1 得电进行能耗制动。定时器 T5 延时 6s 后，步 6～12 中的 T5 动断触点断开，M0 失电自锁解除，动合触点断开，Y1 失电，电动机能耗制动结束。

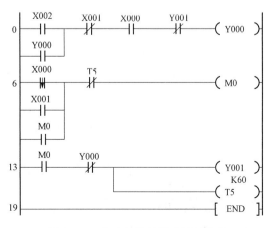

图 2 - 33　电动机能耗制动控制程序

实例 17 电动机单向反接制动

一、 控制要求

（1）当按下启动按钮时，电动机运转。

（2）当按下停止按钮时，电动机反接制动，转速迅速下降。

（3）当电动机转速接近于零时，速度继电器自动切断电源，以防止电动机反转。

二、 I/O端口分配表

PLC的I/O端口分配见表2-13。

表2-13　　　　　　　　　　　　I/O端口分配表

输入端口			输出端口		
输入端子	输入器件	作用	输出端子	输出器件	控制对象
X0	KH动断触点	过载保护	Y0	KM1	电动机运转
X1	SB1动合触点	停止按钮	Y1	KM2	电动机反接制动
X2	SB2动合触点	启动按钮	—	—	—
X3	KS动合触点	转速检测	—	—	—

三、 控制电路

电动机反接制动控制电路如图2-34所示。运转接触器KM1和反接制动接触器KM2必须采取硬件连锁措施。R为反接制动电阻，用于减小反接时产生的冲击电流。

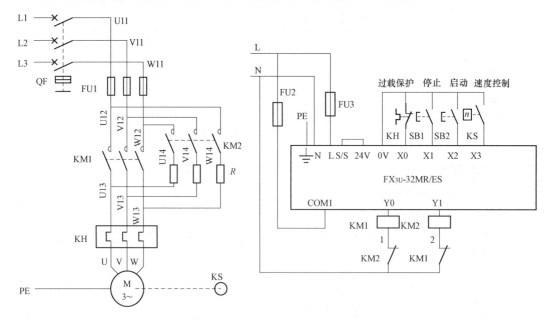

图2-34　电动机反接制动控制电路

四、 控制程序

电动机反接制动控制程序如图2-35所示。

过载保护 X0 动合触点预先接通，当按下启动按钮 X2 时，步 0～5 中的 Y0 得电自锁，电动机启动运转，步 6～11 中的速度继电器 X3 动合触点闭合，为反接制动作准备。

当按下停止按钮 X1 时，步 0～5 中的 Y0 失电，步 6～11 中的 Y1 得电自锁进行反接制动。当电动机转速接近释放转速时，速度继电器 X3 动合触点断开，Y1 失电，电动机反接制动结束。

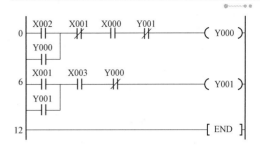

图 2-35 电动机反接制动控制程序

实例 18 电动机可逆反接制动

一、 控制要求

(1) 电动机可以正反转。

(2) 当按下停止按钮时，电动机反接制动，转速迅速下降。

(3) 当电动机转速接近于零时，速度继电器自动切断电源，以防止电动机反转。

二、 I/O 端口分配表

PLC 的 I/O 端口分配见表 2-14。

表 2-14   I/O 端口分配表

输入端口			输出端口		
输入端子	输入器件	作用	输出端子	输出器件	控制对象
X0	KH 动断触点	过载保护	Y0	KM1	电动机正转
X1	SB1 动合触点	停止按钮	Y1	KM2	电动机反转
X2	SB2 动合触点	正转启动按钮	—	—	—
X3	SB3 动合触点	反转启动按钮	—	—	—
X4	KS1 正转动作合触点	正转速度检测	—	—	—
X5	KS2 反转动作合触点	反转速度检测	—	—	—

三、 控制电路

电动机可逆反接制动控制电路如图 2-36 所示。正转接触器 KM1 和反转接触器 KM2 必须采取硬件连锁措施，KS1、KS2 分别为速度继电器的正转、反转动作合触点。

四、 控制程序

电动机可逆反接制动控制程序如图 2-37 所示。

1. 正转启动

(1) 步 0～6：过载保护 X0 动合触点预先接通，当按下正转启动按钮 X2 时，M0 得电自锁。

(2) 步 14～23：速度继电器动合触点 X4 闭合，为反接制动作准备。

(3) 步 24～27：Y0 得电，电动机正转。

2. 停止时反接制动

(1) 步 14～23：当按下停止按钮 X1 时，M0 和 Y0 失电，M2 得电自锁。

(2) 步 28～31：Y1 得电，电动机反接制动。当电动机接近停止转速时，步 14～23 中的速度继

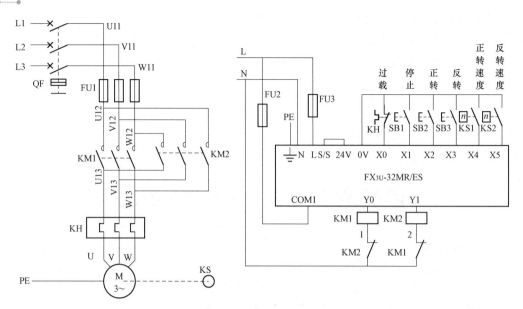

图 2-36 电动机可逆反接制动控制电路

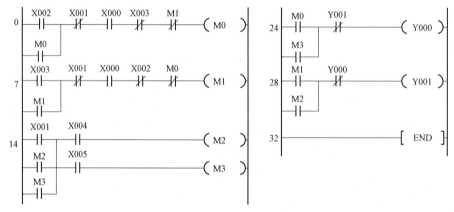

图 2-37 电动机可逆反接制动控制程序

电器 X4 动合触点断开，M2 失电，Y1 失电，电动机反接制动结束。

3. 反转启动

（1）步 7～13：过载保护 X0 动合触点预先接通，当按下反转启动按钮 X3 时，M1 通电自锁。

（2）步 28～31：Y1 得电，电动机反转。停止时，按下停止按钮 X1，反转制动与正转制动过程类似。

实例 19 具有制动电阻的电动机可逆反接制动

一、 控制要求

（1）电动机全压正反转。

（2）当按下停止按钮时，电动机串入制动电阻反接制动，以减小反接冲击电流。

（3）当电动机转速接近于零时，速度继电器自动切断电源，以防止电动机反转。

二、 I/O 端口分配表

PLC 的 I/O 端口分配见表 2-15。

表 2 - 15　　　　　　　　　　　　　I/O 端口分配表

输入端口			输出端口		
输入端子	输入器件	作用	输出端子	输出器件	控制对象
X0	KH 动断触点	过载保护	Y0	KM1	电动机正转
X1	SB1 动合触点	停止按钮	Y1	KM2	电动机反转
X2	SB2 动合触点	正转启动按钮	Y2	KM3	短接电阻
X3	SB3 动合触点	反转启动按钮	—	—	—
X4	KS1 正转动作合触点	正转速度检测	—	—	—
X5	KS2 反转动作合触点	反转速度检测	—	—	—

三、 控制电路

具有制动电阻的电动机可逆反接制动控制电路如图 2 - 38 所示。正转接触器 KM1 和反转接触器 KM2 必须采取硬件连锁措施，KS1、KS2 分别为速度继电器的正转、反转动作合触点。

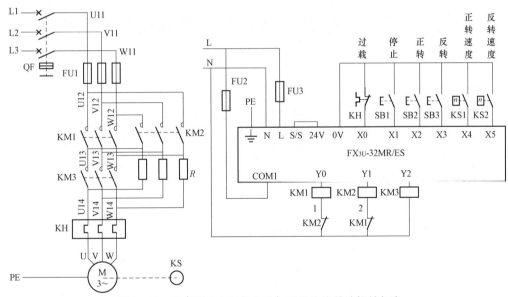

图 2 - 38　具有制动电阻的电动机可逆反接制动控制电路

四、 控制程序

具有制动电阻的电动机可逆反接制动控制程序如图 2 - 39 所示。

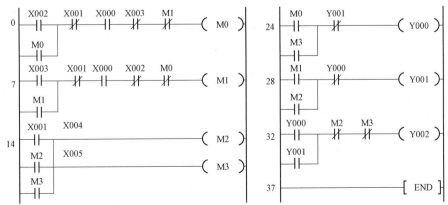

图 2 - 39　具有制动电阻的电动机可逆反接制动控制程序

1. 正转启动

（1）步 0～6：过载保护 X0 动合触点预先接通，当按下正转启动按钮 X2 时，M0 通电自锁。

（2）步 24～27：Y0 得电，电动机正转。

（3）步 32～36：Y2 得电，短接制动电阻，电动机全压启动。

（4）步 14～23：速度继电器动合触点 X4 闭合，为反接制动作准备。

2. 停止时反接制动

（1）步 14～23：当按下停止按钮 X1 时，M0、Y0、Y2 失电，M2 通电自锁。

（2）步 28～31：Y1 得电，电动机主电路串联制动电阻反接制动。当电动机接近停止转速时，步 14～23 中的速度继电器 X4 动合触点断开，M2、Y1 失电，电动机反接制动结束。

3. 反转启动

步 7～13：过载保护 X0 动合触点预先接通，当按下反转启动按钮 X3 时，M1 通电自锁，Y1 和 Y2 得电，电动机全压反转启动。停止时，按下停止按钮 X1，反转制动与正转制动过程类似。

实例 20 具有降压启动和反接制动的电动机可逆控制

一、 控制要求

（1）电动机具有串联电阻降压启动、全压运转的可逆控制。

（2）当按下停止按钮时，电动机串入电阻反接制动，以减小反接冲击电流。

（3）当电动机转速接近于零时，速度继电器自动切断电源，以防止电动机反转。

二、 I/O 端口分配表

PLC 的 I/O 端口分配见表 2-16。

表 2-16　　　　　　　　　　　I/O 端口分配表

输入端口			输出端口		
输入端子	输入器件	作用	输出端子	输出器件	控制对象
X0	KH 动断触点	过载保护	Y0	KM1	电动机正转
X1	SB1 动合触点	停止按钮	Y1	KM2	电动机反转
X2	SB2 动合触点	正转启动按钮	Y2	KM3	短接电阻
X3	SB3 动合触点	反转启动按钮	—	—	—
X4	KS1 正转动作合触点	正转速度检测	—	—	—
X5	KS2 反转动作合触点	反转速度检测	—	—	—

三、 控制电路

具有降压启动和反接制动的电动机可逆控制电路如图 2-40 所示。正转接触器 KM1 和反转接触器 KM2 必须采取硬件连锁措施，KS1、KS2 分别为速度继电器的正转、反转动作动合触点。

四、 控制程序

具有降压启动和反接制动的电动机可逆控制程序如图 2-41 所示。

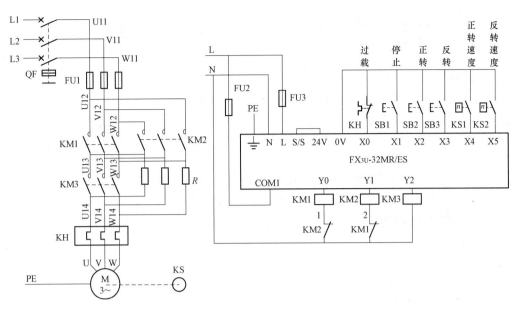

图 2-40　具有降压启动和反接制动的电动机可逆控制电路

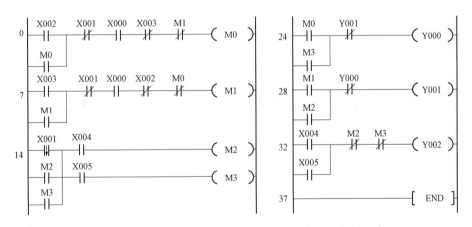

图 2-41　具有降压启动和反接制动的电动机可逆控制程序

1. 正转启动

(1) 步 0～6：过载保护 X0 动合触点预先接通，当按下正转启动按钮 X2 时，M0 得电自锁。

(2) 步 24～27：Y0 得电，电动机串联电阻降压正转启动。

(3) 步 32～36：电动机转速升高，速度继电器正转触点 X4 闭合，Y2 得电，短接制动电阻，电动机全压运转，同时为反接制动作准备。

2. 停止时反接制动

(1) 步 14～23：当按下停止按钮 X1 时，M0、Y0 失电，M2 得电自锁。

(2) 步 28～31：Y1 得电，电动机主电路串联制动电阻反接制动。当电动机接近停止转速时，步 14～23 中的速度继电器 X4 动合触点断开，M2、Y2 失电，电动机反接制动结束。

3. 反转启动

步 7～13：过载保护 X0 动合触点预先接通，当按下反转启动按钮 X3 时，M1 得电自锁，Y1 得电，电动机降压启动反转。停止时，按下停止按钮 X1，反转制动与正转制动过程类似。

实例 21 电动机手动/自动模式选择

一、 控制要求

某台设备具有手动/自动两种操作模式。SA 是操作模式选择开关，当 SA 处于断开状态时，选择手动操作模式；当 SA 处于接通状态时，选择自动操作模式。不同操作模式的进程如下。

（1）手动操作模式。手动操作模式是点动控制，当按下启动按钮 SB2 时，电动机通电运转；松开启动按钮 SB2 后，电动机断电停止。

（2）自动操作模式。自动操作模式是自锁控制加上延时控制，当按下启动按钮 SB2 时，电动机通电启动，连续运转 60s 后，自动断电停止。如果按下停止按钮 SB1，则电动机立即断电停止。

二、 I/O 端口分配表

PLC 的 I/O 端口分配见表 2-17。

表 2-17   I/O 端口分配表

输入端口			输出端口		
输入端子	输入器件	作用	输出端子	输出器件	控制对象
X0	KH 动断触点	过载保护	Y0	KM	电动机 M
X1	SB1 动合触点	停止按钮	—	—	—
X2	SB2 动合触点	启动按钮	—	—	—
X3	SA 拨动开关	手动/自动模式选择	—	—	—

三、 控制电路

手动/自动模式选择控制线路如图 2-42 所示。

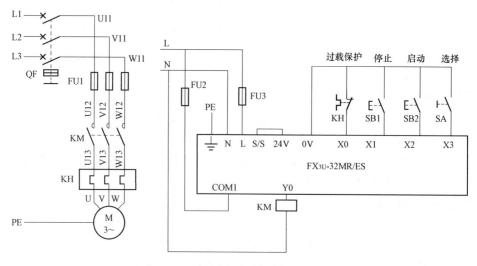

图 2-42 手动/自动模式选择控制电路

四、 控制程序

（1）用跳转指令编写的手动/自动模式选择控制程序如图 2-43 所示。当 X3 处于断开状态时，顺序执行步 4～7 中的手动控制程序段，跳过步 12～22 的自动程序段。当 X3 处于闭合状态时，跳转到步 12，顺序执行步 12～22 中的自动程序段。

（2）用子程序调用指令编写的手动/自动模式选择控制程序如图 2-44 所示。步 0～8 为主程序；步 9～14 为子程序 P0，用于手动控制；步 15～25 为子程序 P1，用于自动控制；在主程序中根据输入端子 X3 的状态分别调用相应的子程序。

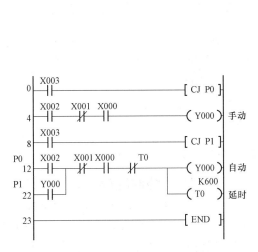
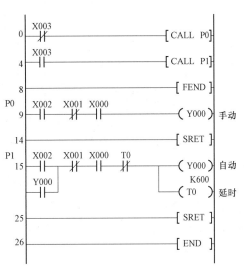

图 2-43　手动/自动模式选择控制程序 1　　　图 2-44　手动/自动模式选择控制程序 2

实例 22　电动机间歇运转

一、控制要求

某电动机间歇运转，要求每间隔 30min 运转 10min。

二、I/O 端口分配表

PLC 的 I/O 端口分配见表 2-18。

表 2-18　　　　　　　　　　　　　　I/O 端口分配表

输入端口			输出端口		
输入端子	输入器件	作用	输出端子	输出器件	控制对象
X0	KH 动断触点	过载保护	Y0	KM	电动机 M
X1	SB1 动合触点	停止按钮	—	—	—
X2	SB2 动合触点	启动按钮	—	—	—

三、控制电路

电动机间歇运转控制电路如图 2-45 所示。

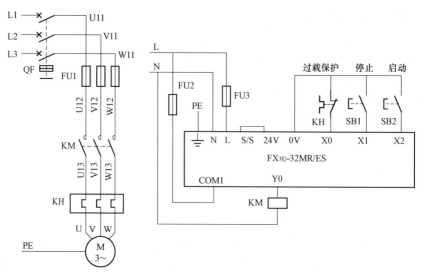

图 2-45　电动机间歇运转控制电路

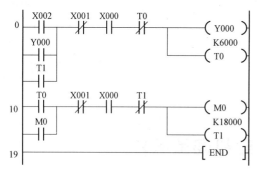

图 2-46　电动机间歇运转控制程序

四、 控制程序

电动机间歇运转控制程序如图 2-46 所示。当按下启动按钮 X2 时，Y0 得电自锁，运转时间定时器 T0 延时。T0 延时 10min 时，Y0 失电，自锁解除，电动机停止；同时 M0 得电自锁，定时器 T1 延时。T1 延时 30min 时，M0 失电，Y0 得电自锁，电动机启动运行。Y0 状态反复循环变化，直至按下停止按钮 X1 或出现过载 X0 为止。

实例 23　电动机转速的测量

一、 控制要求

与电动机同轴的测量轴沿圆周安装 6 个磁钢，用霍尔传感器测量转速，每周输出 6 个脉冲，控制要求如下。

(1) 当按下启动按钮时，电动机启动，将霍尔传感器测量的电动机转速送入 D10。

(2) 当按下停止按钮时，电动机停止。

二、 I/O 端口分配表

PLC 的 I/O 端口分配见表 2-19。

表 2-19　　　　　　　　　　　　　　　　输入/输出端口分配表

输入端口			输出端口		
输入端子	输入器件	作用	输出端子	输出器件	控制对象
X0	BM 霍尔传感器	输入传感器信号	Y0	交流接触器 KM	电动机
X1	SB1 动合触点	停止按钮	—	—	—
X2	SB2 动合触点	启动按钮	—	—	—

三、 控制电路

电动机转速测量控制电路如图 2-47 所示。

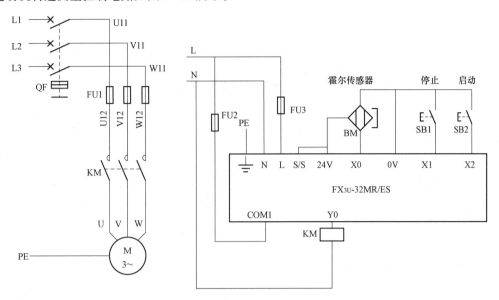

图 2-47 电动机转速测量控制电路

四、 控制程序

电动机转速测量的 PLC 程序如图 2-48 所示。

（1）步 0～3：电动机的启动（X2）和停止（X1）控制。

（2）步 4～18：电动机运行时，Y0 动断接通，执行脉冲密度指令，将 1000ms 内的脉冲数存入 D0 中，电动机转速 $n = 60 \times (D0) \div 6 = 10 \times (D0)$，用乘法指令 MUL 将（D0）乘以 10 送入到 D10 中。

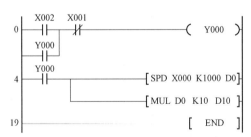

图 2-48 电动机转速测量 PLC 程序

第三章

多台交流电动机的控制

实例 24 两台电动机单独控制

一、 控制要求

两台电动机分别独立启动或停止，有必要的保护措施。

二、 I/O 端口分配表

PLC 的 I/O 端口分配见表 3 - 1。

表 3 - 1   I/O 端口分配表

输入端口			输出端口		
输入端子	输入器件	作用	输出端子	输出器件	控制对象
X0	KH1、KH2 触点串联	过载保护	Y0	KM1	电动机 M1
X1	SB1 动合触点	M1 停止按钮	Y1	KM2	电动机 M2
X2	SB2 动合触点	M1 启动按钮	—	—	—
X3	SB3 动合触点	M2 停止按钮	—	—	—
X4	SB4 动合触点	M2 启动按钮	—	—	—

三、 控制电路

两台电动机独立控制电路如图 3 - 1 所示。

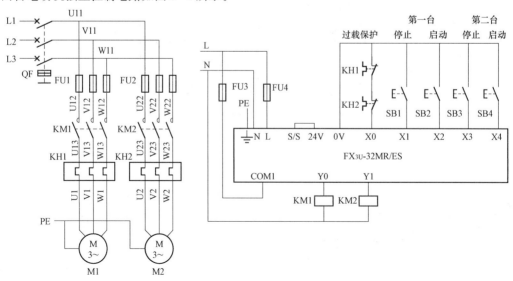

图 3 - 1 两台电动机独立控制电路

四、 控制程序

两台电动机独立控制程序如图 3-2 所示。步 0~4 为第一台电动机的启动/停止控制；步 5~9 为第二台电动机的启动/停止控制。

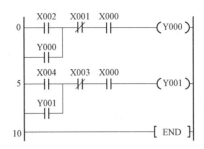

图 3-2　两台电动机独立控制程序

实例 25　两台电动机顺序启动

一、 控制要求

(1) 第一台电动机启动后，第二台电动机才能启动。

(2) 第一台电动机停止时，第二台电动机同时停止。

(3) 第二台电动机可以单独停止。

二、 I/O 端口分配表

PLC 的 I/O 端口分配见表 3-2。

表 3-2　　　　　　　　　　　　　　　　I/O 端口分配表

输入端口			输出端口		
输入端子	输入器件	作用	输出端子	输出器件	控制对象
X0	KH1、KH2 触点串联	过载保护	Y0	KM1	电动机 M1
X1	SB1 动合触点	总停止按钮	Y1	KM2	电动机 M2
X2	SB2 动合触点	M1 启动按钮	—	—	—
X3	SB3 动合触点	M2 停止按钮	—	—	—
X4	SB4 动合触点	M2 启动按钮	—	—	—

三、 控制电路

两台电动机顺序启动控制电路如图 3-3 所示。

四、 控制程序

两台电动机顺序启动控制程序如图 3-4 所示。步 0~4 为第一台电动机的启动/停止控制；步 5~10 为第二台电动机的启动/停止控制，由 Y0 动合触点连锁控制输出端子 Y1，从而实现顺序启动。

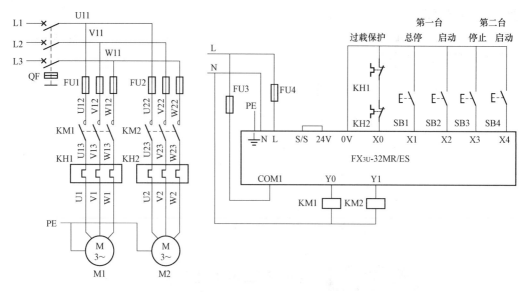

图 3 - 3　两台电动机顺序启动控制电路

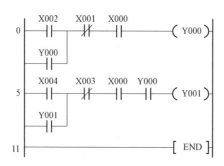

图 3 - 4　两台电动机顺序启动控制程序

实例 26　两台电动机顺序启动、逆序停止

一、控制要求

（1）第一台电动机启动后，第二台电动机才能启动。

（2）第二台电动机停止后，第一台电动机才能停止。

二、I/O 端口分配表

PLC 的 I/O 端口分配见表 3 - 3。

表 3 - 3　　　　　　　　　　　　　　　　I/O 端口分配表

输入端口			输出端口		
输入端子	输入器件	作用	输出端子	输出器件	控制对象
X0	KH1、KH2 触点串联	过载保护	Y0	KM1	电动机 M1
X1	SB1 动合触点	M1 停止按钮	Y1	KM2	电动机 M2

输入端口			输出端口		
输入端子	输入器件	作用	输出端子	输出器件	控制对象
X2	SB2 动合触点	M1 启动按钮	—	—	—
X3	SB3 动合触点	M2 停止按钮	—	—	—
X4	SB4 动合触点	M2 启动按钮	—	—	—

三、 控制电路

两台电动机顺序启动、逆序停止控制电路如图 3-5 所示。

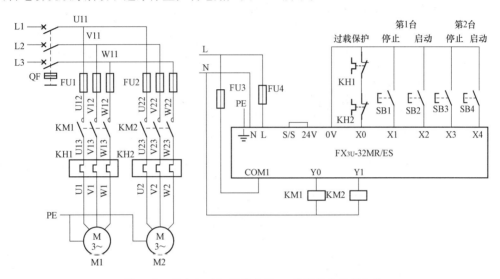

图 3-5　两台电动机顺序启动、逆序停止控制电路

四、 控制程序

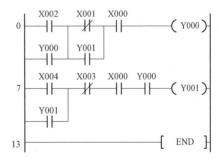

两台电动机顺序启动、逆序停止控制程序如图 3-6 所示。步 0～6 为第一台电动机的启动/停止控制，由于 Y1 动合触点与 X1 动断触点并联，所以只有 Y1 失电后，线圈 Y0 才能失电，从而实现逆序停止。步 7～12 为第二台电动机的启动/停止控制，由 Y0 动合触点连锁控制输出端子 Y1，从而实现顺序启动。

图 3-6　两台电动机顺序启动、逆序停止控制程序

实例 27　两台电动机间隔片刻启动

一、 控制要求

某台设备有两台电动机 M1 和 M2，为了减小两台电动机同时启动对供电电路的影响，让 M2 稍微延迟片刻启动。当按下启动按钮时，M1 立即启动，当松开启动按钮后，M2 才启动。当按下停止按钮或过载保护时，两台电动机同时停止。

二、 I/O 端口分配表

PLC 的 I/O 端口分配见表 3-4。

表 3 - 4 　　　　　　　　　　　　I/O 端口分配表

输入端口			输出端口		
输入端子	输入器件	作用	输出端子	输出器件	控制对象
X0	KH1、KH2 触点串联	过载保护	Y0	KM1	电动机 M1
X1	SB1 动合触点	停止按钮	Y1	KM2	电动机 M2
X2	SB2 动合触点	启动按钮	—	—	—

三、 控制电路

两台电动机间隔片刻启动控制电路如图 3 - 7 所示。

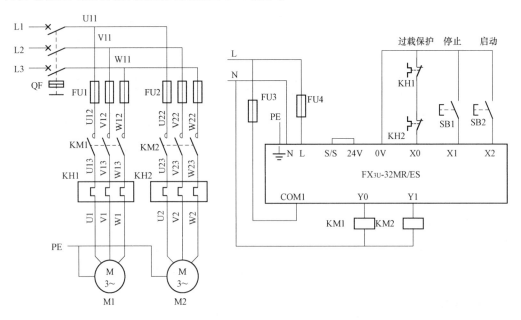

图 3 - 7　两台电动机间隔片刻启动控制电路

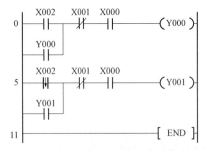

图 3 - 8　两台电动机间隔片刻启动控制程序

四、 控制程序

两台电动机间隔片刻启动控制程序如图3-8所示。步0～4为第一台电动机的启动/停止控制。步5～10为第二台电动机的启动/停止控制，对启动信号使用了脉冲下降沿指令，只有当启动按钮松开时才能使线圈 Y1 通电，从而延缓了启动时间。

实例 28　两台电动机延时启动

一、 控制要求

（1）第一台电动机启动 10s 后第二台电动机自动启动。

（2）当按下停止按钮时，两台电动机同时停止。

二、 I/O 端口分配表

PLC 的 I/O 端口分配见表 3 - 5。

表 3 - 5 　　　　　　　　　　　　　　　I/O 端口分配表

输入端口			输出端口		
输入端子	输入器件	作用	输出端子	输出器件	控制对象
X0	KH1、KH2 触点串联	过载保护	Y0	KM1	电动机 M1
X1	SB1 动合触点	停止按钮	Y1	KM2	电动机 M2
X2	SB2 动合触点	启动按钮	—	—	—

三、 控制电路

两台电动机延时启动控制电路如图 3-9 所示。

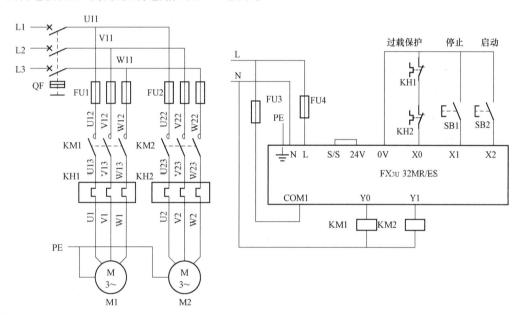

图 3-9　两台电动机延时启动控制电路

四、 控制程序

两台电动机延时启动控制程序如图 3-10 所示。第二台电动机的启动延时时间由定时器 T0 的参数设定。

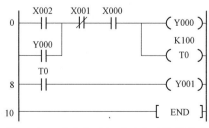

图 3-10　两台电动机延时启动控制程序

实例 29 冷却风机延时停止

一、 控制要求

（1）当按下启动按钮时，主电动机和冷却风机同时启动。

（2）主电动机停止后冷却风机要继续运转 60s 后才停止，以实现对主电动机降温。

二、 I/O 端口分配表

PLC 的 I/O 端口分配见表 3-6。

表 3-6   I/O 端口分配表

输入端口			输出端口		
输入端子	输入器件	作用	输出端子	输出器件	控制对象
X0	KH1、KH2 触点串联	过载保护	Y0	KM1	主电动机 M1
X1	SB1 动合触点	停止按钮	Y1	KM2	冷却风机 M2
X2	SB2 动合触点	启动按钮	—	—	—

三、 控制电路

冷却风机延时停止控制电路如图 3-11 所示。

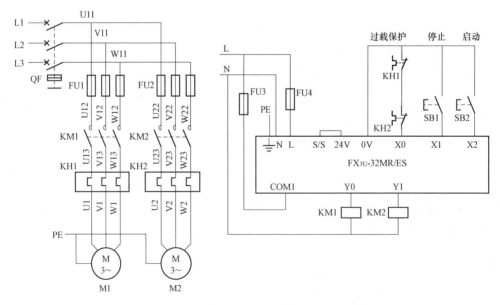

图 3-11 冷却风机延时停止控制电路

四、 控制程序

冷却风机延时停止控制程序如图 3-12 所示。

（1）步 0～4：主电动机控制。PLC 通电，X0 动合触点预先接通，当按下启动按钮 X2 时，Y0 得电自锁，同时步 5～8 中的 Y1 也得电自锁，主电动机和冷却风机同时启动。

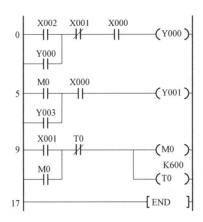

图 3-12　冷却风机延时停止控制程序

（2）步 5～8：冷却风机控制。M0 得电或主电动机运行时，冷却风机运行。

（3）步 9～16：断电延时控制。当按下停止按钮 X1 时，Y0 失电，主电机停止，M0 得电自锁，步 5～8 中的冷却风机继续运行。T0 开始延时 60s，延时时间到，T0 动断断开，M0 和 Y1 失电，冷却风机停止。

实例 30　三台电动机顺序启动与报警

一、　控制要求

某生产设备有三台电动机，其控制要求如下。

（1）当按下启动按钮时，M1 启动；当 M1 运行 4s 后，M2 启动；当 M2 运行 5s 后，M3 启动。

（2）当按下停止按钮时，三台电动机同时停止。

（3）在启动过程中，指示灯 HL 常亮，表示"正在启动中"；启动过程结束后，指示灯 HL 熄灭；当某台电动机出现过载故障时，全部电动机均停止，指示灯 HL 闪烁，表示"出现过载故障"。

二、　I/O 端口分配表

PLC 的 I/O 端口分配见表 3-7。

表 3-7　　　　　　　　　　　　　　　　I/O 端口分配表

输入端口			输出端口		
输入端子	输入器件	作用	输出端子	输出器件	控制对象
X0	KH1～KH3 触点串联	过载保护	Y0	HL	指示灯
X1	SB1 动合触点	停止按钮	Y1	KM1	电动机 M1
X2	SB2 动合触点	启动按钮	Y2	KM2	电动机 M2
—	—	—	Y3	KM3	电动机 M3

三、　控制电路

三台电动机顺序启动与报警控制电路如图 3-13 所示。

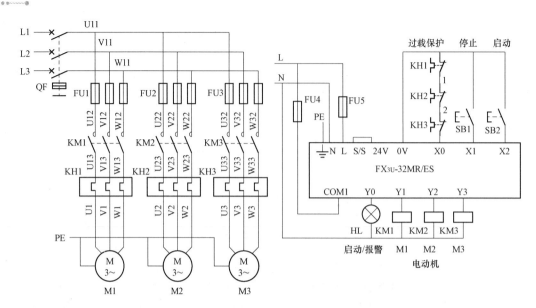

图 3-13   三台电动机顺序启动与报警控制电路

四、 控制程序

三台电动机顺序启动与报警控制程序如图 3-14 所示。

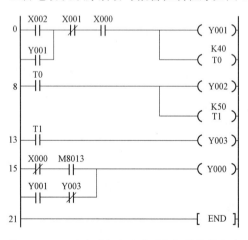

图 3-14   三台电动机顺序启动与报警控制程序

（1）步 0～7：第一台电动机的控制。PLC 通电，X0 动合触点预先接通，当按下启动按钮 X2 时，Y1 得电自锁，第一台电动机启动。同时 T0 延时 4s。

（2）步 8～12：第二台电动机的控制。T0 延时 4s 时间到，动合触点闭合，Y2 得电，第二台电动机启动。同时 T1 延时 5s。

（3）步 13～14：第三台电动机的控制。T1 延时 5s 时间到，动合触点闭合，Y3 得电，第三台电动机启动。

（4）步 15～20：启动/报警指示灯控制。M8013 为秒脉冲信号，当过载时，X0 动断触点接通，Y0 闪烁。当第一台电动机启动时，Y1 动合闭合，Y0 常亮；当第 3 台电动机启动时，启动已经完成，Y3 动断触点断开，Y0 失电，指示灯熄灭。

实例 31   传送带电动机的分级控制

一、 控制要求

某传送带由电动机 M1～M4 分四级拖动，为了传送时工件不堵塞，其控制要求是：前级电动机不启动时，后级电动机也无法启动；前级电动机停止时，后级电动机也停止。

二、 I/O 端口分配表

PLC 的 I/O 端口分配见表 3-8。

表 3 - 8　　　　　　　　　　　　　I/O 端口分配表

输入端口			输出端口		
输入端子	输入器件	作用	输出端子	输出器件	控制对象
X0	KH1～KH4	过载保护	Y0	KM1	电动机 M1
X1/X2	SB1/SB2	M1 停止/启动按钮	Y1	KM2	电动机 M2
X3/X4	SB3/SB4	M2 停止/启动按钮	Y2	KM3	电动机 M3
X5/X6	SB5/SB6	M3 停止/启动按钮	Y3	KM4	电动机 M4
X7/X10	SB7/SB8	M4 停止/启动按钮	—	—	—

三、 控制电路

传送带电动机控制电路如图 3 - 15 所示（主电路略）。

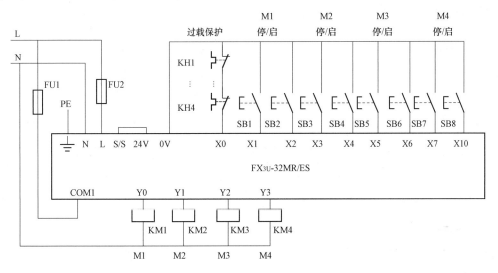

图 3 - 15　传送带电动机控制电路

四、 控制程序

传送带电动机控制程序如图 3 - 16 所示。

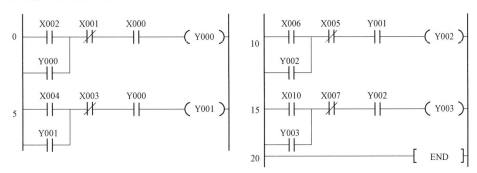

图 3 - 16　传送带电动机控制程序

（1）步 0～4：第一台电动机的启动/停止控制。

（2）步 5～9：第二台电动机的启动/停止控制。只有第一台电动机启动后，Y0 动合触点闭合，第二台电动机才能启动。

（3）步10～14：第三台电动机的启动/停止控制。只有第二台电动机启动后，Y1动合触点闭合，第三台电动机才能启动。

（4）步15～19：第四台电动机的启动/停止控制。只有第三台电动机启动后，Y2动合触点闭合，第四台电动机才能启动。

实例 32　四台电动机的顺序启动、逆序停止

一、 控制要求

有电动机 M1～M4，在前级电动机未启动的情况下，后级电动机无法启动。停止时，后级电动机不停止，前级电动机也无法停止。

二、 I/O端口分配表

PLC 的 I/O 端口分配见表 3-9。

表 3-9　　　　　　　　　　　　　　　　　I/O 端口分配表

输入端口			输出端口		
输入端子	输入器件	作用	输出端子	输出器件	控制对象
X0	KH1～KH4	过载保护	Y0	KM1	电动机 M1
X1/X2	SB1/SB2	M1 停止/启动按钮	Y1	KM2	电动机 M2
X3/X4	SB3/SB4	M2 停止/启动按钮	Y2	KM3	电动机 M3
X5/X6	SB5/SB6	M3 停止/启动按钮	Y3	KM4	电动机 M4
X7/X10	SB7/SB8	M4 停止/启动按钮	—	—	—

三、 控制电路

四台电动机顺序启动、逆序停止控制电路如图 3-17 所示（主电路略）。

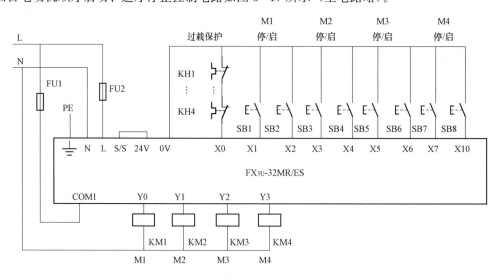

图 3-17　四台电动机顺序启动、 逆序停止控制电路

四、 控制程序

四台电动机顺序启动、逆序停止控制程序如图 3-18 所示。

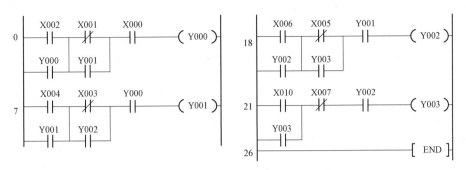

图 3-18　四台电动机顺序启动、逆序停止控制程序

实例 33　五台电动机顺序启动

一、控制要求

某生产设备有五台电动机，其控制要求如下。

（1）当按下启动按钮时，每台电动机间隔 5s 顺序启动。

（2）当按下停止按钮时，五台电动机同时停止。

二、I/O 端口分配表

PLC 的 I/O 端口分配见表 3-10。

表 3-10　　　　　　　　　　　　I/O 端口分配表

输入端口			输出端口		
输入端子	输入器件	作用	输出端子	输出器件	控制对象
X0	KH1～KH5 触点串联	过载保护	Y0	KM1	电动机 M1
X1	SB1 动合触点	停止按钮	Y1	KM2	电动机 M2
X2	SB2 动合触点	启动按钮	Y2	KM3	电动机 M3
—	—	—	Y3	KM4	电动机 M4
—	—	—	Y4	KM5	电动机 M5

三、控制电路

五台电动机顺序启动控制电路如图 3-19 所示（主电路略）。

四、控制程序

五台电动机顺序启动控制程序如图 3-20 所示。应用比较指令控制每一台电动机按照时间间隔通电启动。当按下启动按钮 X2 时，Y0 置位，第一台电动机启动，T0 延时。当 T0 延时 5s 时，第二台电动机启动，依次类推。当按下停止按钮 X1 或过载保护 X0 动作时，Y0～Y4 复位，五台电动机同时断电停止。

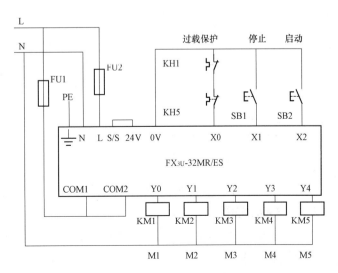

图 3-19　五台电动机顺序启动控制电路

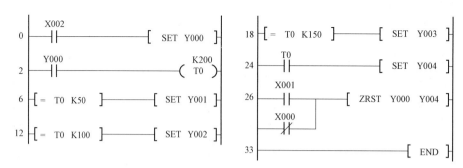

图 3-20　五台电动机顺序启动控制程序

实例 34　五台电动机顺序启动、逆序停止和紧急停止

一、 控制要求

某生产设备有五台电动机，其控制要求如下：

（1）当按下启动按钮时，每台电动机间隔 5s 顺序启动。

（2）当按下停止按钮时，五台电动机间隔 5s 逆序停止（只有在五台电动机全部运转后，才能实现正常情况下的停止控制）。

（3）在紧急情况下按下急停按钮或出现过载故障时，所有电动机同时停止。

二、 I/O 端口分配表

PLC 的 I/O 端口分配见表 3-11。

表 3-11　　　　　　　　　　　I/O 端口分配表

输入端口			输出端口		
输入端子	输入器件	作用	输出端子	输出器件	控制对象
X0	KH1～KH5 触点串联	过载保护	Y0	KM1	电动机 M1
X1	SB1 动合触点	停止按钮	Y1	KM2	电动机 M2
X2	SB2 动合触点	启动按钮	Y2	KM3	电动机 M3
X3	SB3 动断触点	急停按钮	Y3	KM4	电动机 M4
—	—	—	Y4	KM5	电动机 M5

三、 控制电路

五台电动机顺序启动、逆序停止控制电路如图 3-21 所示（主电路略）。

四、 控制程序

五台电动机顺序启动、逆序停止控制程序如图 3-22 所示。

1. 顺序启动

当按下启动按钮 X2 时，步 0～8 中的 M0 得电自锁，通电延时定时器 T0 延时，步 9～12 中的 Y0

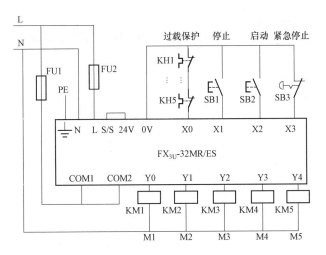

图 3-21　五台电动机顺序启动、逆序停止控制电路

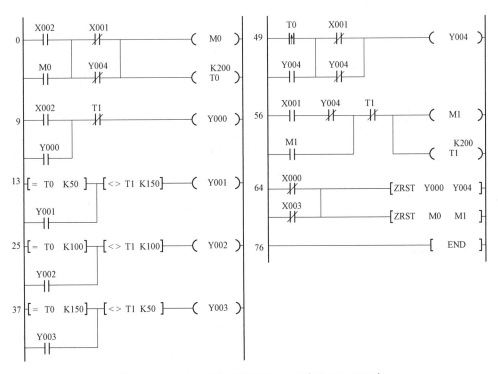

图 3-22　五台电动机顺序启动、逆序停止控制程序

得电自锁，第一台电动机启动。当 T0 延时 5s 时，步 13～24 中的 Y1 得电自锁，第二台电动机启动，依次类推。

2. 逆序停止

当五台电动机全部启动后，Y4 动断触点分断，解除对步 0～8 和步 49～55 中停止按钮 X1 的连锁。按下停止按钮 X1，使 M0 失电，步 49～55 中 Y4 失电，第五台电动机停止。步 56～63 中定时器 T1 延时，当 T1 延时 5s 时，步 37～48 中 Y3 失电，第四台电动机失电停止，依次类推。

3. 紧急停止

当按下急停按钮 X3 或过载保护 X0 动作时，五台电动机同时断电停止，M0、M1 复位。

实例 35 五台电动机多流程控制

一、 控制要求

某设备的五台电动机（或电磁阀）在一个生产周期（50s）内的动作流程如图 3-23 所示。用 PLC 实现控制功能。

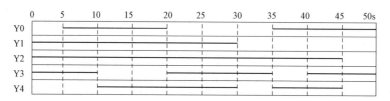

图 3-23　五台电动机动作流程图

二、 I/O 端口分配表

PLC 的 I/O 端口分配见表 3-12。

表 3-12　I/O 端口分配表

输入端口			输出端口		
输入端子	输入器件	作用	输出端子	输出器件	控制对象
X0	KH1～KH5 触点串联	过载保护	Y0	KM1	电动机 M1
X1	SB1 动合触点	停止按钮	Y1	KM2	电动机 M2
X2	SB2 动合触点	启动按钮	Y2	KM3	电动机 M3
—	—	—	Y3	KM4	电动机 M4
—	—	—	Y4	KM5	电动机 M5

三、 控制电路

五台电动机多流程控制电路如图 3-24 所示（主电路略）。

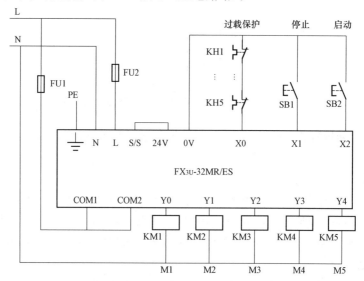

图 3-24　五台电动机多流程控制电路

四、 控制程序

五台电动机多流程控制程序如图 3-25 所示。

（1）当按下启动按钮 X2 时，M0 得电自锁，T0 延时，同时电动机 M2～M4（Y1～Y3）启动。

（2）当 T0 延时到 5s 时，电动机 M1（Y0）启动。

（3）当 T0 延时到 10s 时，电动机 M4（Y3）停止，电动机 M5（Y4）启动。

（4）当 T0 延时到 20s 时，电动机 M4（Y3）启动，电动机 M1（Y0）停止。

（5）当 T0 延时到 30s 时，电动机 M2（Y1）、M5（Y4）停止。

（6）当 T0 延时到 35s 时，电动机 M1（Y0）、M5（Y4）再次启动，电动机 M4（Y3）停止。

（7）当 T0 延时到 45s 时，电动机 M3（Y2）、M5（Y4）再次停止。

（8）当按下停止按钮 X1 或过载保护 X0 动作时，五台电动机同时断电停止，M0 复位。

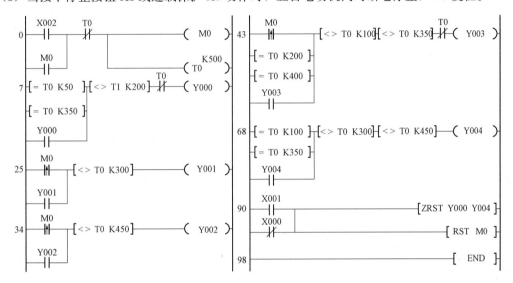

图 3-25　五台电动机多流程控制程序

第四章

直流电动机的控制

实例 36　并励直流电动机电枢绕组串电阻启动控制

一、控制要求

（1）当按下启动按钮时，并励直流电动机串电阻启动，5s后并励直流电动机加速运行，再经过5s，并励直流电动机全速运行。

（2）当按下停止按钮时，并励直流电动机断电停止。

二、I/O端口分配表

PLC的I/O端口分配见表4-1。

表 4-1　　　　　　　　　　　　I/O端口分配表

输入端口			输出端口		
输入端子	输入器件	作用	输出端子	输出器件	控制对象
X0	SB1 动合触点	停止按钮	Y0	KM1	电枢电源接触器
X1	SB2 动合触点	启动按钮	Y1	KM2	串电阻 R_1 切除接触器
—	—	—	Y2	KM3	串电阻 R_2 切除接触器

三、控制电路

并励直流电动机电枢绕组串电阻降压启动控制电路如图4-1所示。

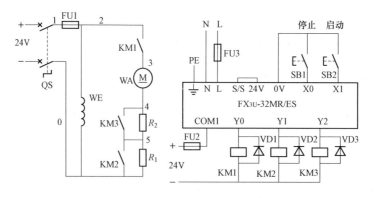

图 4-1　并励直流电动机电枢绕组串电阻降压启动控制电路

四、控制程序

根据控制要求和并励直流电动机电枢绕组串电阻降压启动控制电路图编写的PLC控制程序如图4-2所示。

（1）步 0～6：当按下启动按钮 SB2 时，X1 动合触点闭合，Y0 得电自锁，接触器 KM1 通电，并励直流电动机 M 串电阻 R_1、R_2 启动，同时 T0 延时 5s。

（2）步 7～11：T0 延时 5s 到，Y1 得电，KM2 线圈通电，切除串电阻 R_1，并励直流电动机串电阻 R_2 加速启动，同时 T1 延时 5s。

（3）步 12～13：T1 延时 5s 到，Y2 得电，KM3 线圈通电，切除串电阻 R_2，并励直流电动机 M 切除所有电阻全压全速运行。

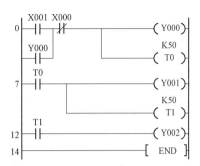

图 4-2　并励直流电动机串电阻降压启动 PLC 控制程序

实例 37　并励直流电动机正反转控制

一、控制要求

（1）当按下正转按钮时，并励直流电动机串电阻正转启动，6s 后全速正转运行。

（2）当按下反转按钮时，并励直流电动机串电阻反转启动，6s 后全速反转运行。

（3）当按下停止按钮时，并励直流电动机断电停止。

（4）具有欠电流保护功能。

二、I/O 端口分配表

PLC 的 I/O 端口分配见表 4-2。

表 4-2　　　　　　　　　　　　　I/O 端口分配表

输入端口			输出端口		
输入端子	输入器件	作用	输出端子	输出器件	控制对象
X0	SB1 动合触点	停止按钮	Y0	KM1	正转接触器
X1	SB2 动合触点	正转按钮	Y1	KM2	反转接触器
X2	SB3 动合触点	反转按钮	Y2	KM3	串电阻 R 切除接触器
X3	KA 动合触点	欠电流保护	—	—	—

三、控制电路

并励直流电动机正反转控制电路如图 4-3 所示。

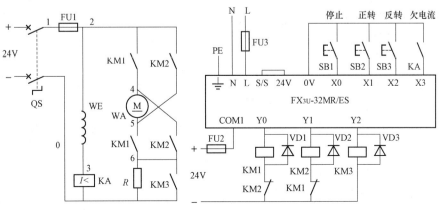

图 4-3　并励直流电动机正反转控制电路

四、 控制程序

根据控制要求和并励直流电动机正反转控制电路图编写的PLC控制程序如图4-4所示。并励直流电动机励磁电流大于欠电流继电器的设定电流，KA动合触点闭合，X3有输入，为正反转控制作准备。

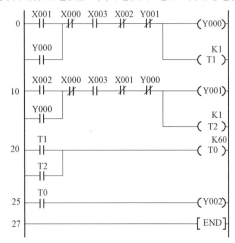

图4-4 并励直流电动机正反转控制PLC程序

1. 正转控制

（1）步0～9：当按下正转按钮SB2时，X1有输入，Y1失电，Y0得电自锁，KM1线圈通电，并励直流电动机M串电阻R正转启动；T1延时0.1s。

（2）步20～24：T1延时到，T0延时6s。

（3）步25～26：T0延时6s到，Y2得电，KM3线圈通电，切除串电阻R，并励直流电动机全速运行。

并励直流电动机M在运行中，如果励磁线圈WE中的励磁电流不够，则欠电流继电器KA由于欠电流释放，KA动合触点断开，X3没有输入，Y0断电自锁解除，并励直流电动机M停止运行。

当按下停止按钮SB1时，X0动断触点断开，Y0断电自锁解除，并励直流电动机M停止运行。

2. 反转控制

（1）步10～19：当按下反转按钮SB3时，X2有输入，Y0失电，Y1得电自锁，KM2线圈通电，并励直流电动机M电枢绕组通以反向电流、串电阻R进行反向启动；T2延时0.1s。

（2）步20～24：T2延时到，T0延时6s。

（3）步25～26：T0延时6s到，Y2得电，KM3线圈通电，切除串电阻R，并励直流电动机全速运行。停止和欠电流保护与正转控制同理。

实例 38 并励直流电动机能耗制动控制

一、 控制要求

（1）当按下启动按钮时，并励直流电动机串电阻启动，5s后并励直流电动机加速运行，再经过5s，并励直流电动机全速运行。

（2）当按下停止按钮时，并励直流电动机断电由能耗制动而停止。

（3）具有欠电流保护功能。

二、 I/O端口分配表

PLC的I/O端口分配见表4-3。

表4-3　　　　　　　　　　　　　　　I/O端口分配表

输入端口			输出端口		
输入端子	输入器件	作用	输出端子	输出器件	控制对象
X0	SB1 动合触点	停止按钮	Y0	KM1	电枢电源接触器
X1	SB2 动合触点	启动按钮	Y1	KM2	串电阻制动接触器
X2	KA 动合触点	欠电流保护	Y2	KM3	串电阻 R_1 切除接触器
X3	KV 动合触点	电压继电器	Y3	KM4	串电阻 R_2 切除接触器

三、控制电路

并励直流电动机能耗制动控制电路如图 4-5 所示。

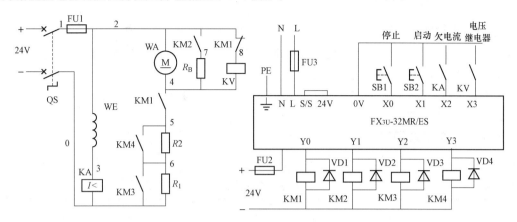

图 4-5　并励直流电动机能耗制动控制电路

四、控制程序

根据控制要求和并励直流电动机能耗制动控制电路图编写的 PLC 控制程序如图 4-6 所示。并励直流电动机励磁电流大于欠电流继电器的设定电流，KA 动合触点闭合，X2 有输入，为启动控制作准备。

1. 启动控制

（1）步 0～7：当按下启动按钮 SB2 时，X1 有输入，Y0 得电自锁，KM1 线圈通电，并励直流电动机 M 串电阻 R_2、R_1 启动，同时 T0 延时 5s。

（2）步 8～12：T0 延时 5s 到，Y2 得电，KM3 线圈通电，电阻 R_1 被切除，并励直流电动机加速启动，同时 T1 延时 5s。

（3）步 13～14：T1 延时 5s 到，Y3 得电，KM4 线圈通电，电阻 R_2 被切除，并励直流电动机全压全速运行。

2. 能耗制动

当按下停止按钮 SB1 时，X0 动断触点断开，Y0 失电自锁解除，KM1 失电释放，动断触点闭合。并励直流电

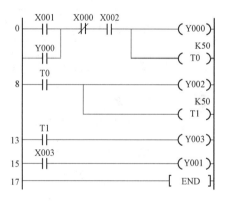

图 4-6　并励直流电动机能耗制动
PLC 控制程序

动机电枢断电，转子惯性运转，电枢绕组切割励磁磁通产生感应电动势，使电压继电器 KV 线圈通电，动合触点闭合，X3 有输入，步 15～16 中的 Y1 得电，接触器 KM2 线圈通电，动合触点闭合，电阻 R_B 接入到电枢回路中，并励直流电动机进行能耗制动。当电枢电源降到低于电压继电器的释放电压时，KV 动合触点失开，X3 无输入，Y1 失电，KM2 线圈断电，动合触点断开，R_B 脱离电路，能耗制动结束，电动机停止。

并励直流电动机 M 在运行中，如果励磁线圈 WE 中的励磁电流不够，则欠电流继电器 KA 由于欠电流释放，KA 动合触点断开，X2 没有输入，步 0～7 中的 Y0 失电自锁解除，并励直流电动机 M 停止运行。

实例 39 并励直流电动机反接制动控制

一、 控制要求

（1）当按下启动按钮时，并励直流电动机串电阻启动，5s 后并励直流电动机加速运行，再经过 5s，并励直流电动机全速运行。

（2）当按下停止按钮时，并励直流电动机断电由反接制动而停止。

（3）具有欠电流保护功能。

二、 I/O 端口分配表

PLC 的 I/O 端口分配见表 4 - 4。

表 4 - 4   I/O 端口分配表

输入端口			输出端口		
输入端子	输入器件	作用	输出端子	输出器件	控制对象
X0	SB1 动合触点	停止按钮	Y0	KM1	正转接触器
X1	SB2 动合触点	启动按钮	Y1	KM2	反接制动接触器
X2	KA 动合触点	欠电流保护	Y2	KM3	串电阻 R_1 切除接触器
X3	KV 动合触点	电压继电器	Y3	KM4	串电阻 R_2 切除接触器
—	—	—	Y4	KM5	串制动电阻 R_B

三、 控制电路

并励直流电动机反接制动控制电路如图 4 - 7 所示。

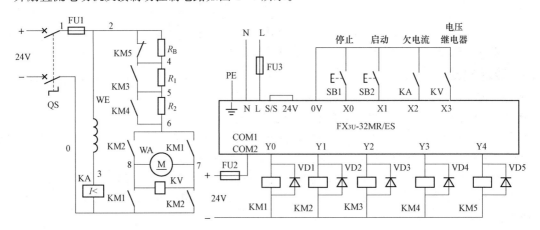

图 4 - 7 并励直流电动机反接制动控制电路

四、 控制程序

根据控制要求和并励直流电动机反接制动控制电路图编写的 PLC 控制程序如图 4 - 8 所示。并励直流电动机励磁电流大于欠电流继电器的设定电流，KA 动合触点闭合，X2 有输入，为启动控制做准备。

1. 启动控制

（1）步 0～8：当按下启动按钮 SB2 时，X1 有输入，Y0 得电自锁，KM1 线圈通电，并励直流电动机 M 串电阻 R_2、R_1 启动，同时 T0 延时 5s。

（2）步 9～13：T0 延时 5s 到，Y2 得电，KM3 线圈通电，电阻 R_1 被切除，并励直流电动机加速启动，同时 T1 延时 5s。

（3）步 14～15：T1 延时 5s 到，Y3 得电，KM4 线圈通电，电阻 R_2 被切除，并励直流电动机全压全速运行。

2. 反接制动

当按下停止按钮 SB1 时，X0 动断断开，Y0 失电自锁解除，KM1 断电释放。并励直流电动机电枢

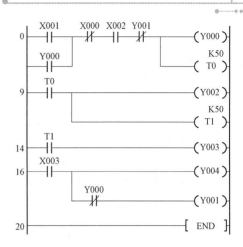

图 4-8　并励直流电动机反接制动 PLC 控制程序

断电，转子惯性运转，电枢绕组切割励磁磁通产生感应电动势，使电压继电器 KV 线圈通电，动合触点闭合，X3 有输入，步 16～19 中的 Y4 得电，接触器 KM5 线圈通电，动断触点断开，电阻 R_B 接入到电枢回路中，同时 Y1 得电，KM2 线圈通电，动合触点闭合，电枢通以反向电流进行制动。当电枢电源降到低于电压继电器的释放电压时，KV 动合触点断开，X3 无输入，Y4 和 Y1 失电，KM2 线圈断电，动合触点断开，KM5 动断触点接通，R_B 短接，电路复位，反接制动结束，电动机停止。

并励直流电动机 M 在运行中，如果励磁线圈 WE 中的励磁电流不够，则欠电流继电器 KA 由于欠电流释放，KA 动合触点断开，X2 没有输入，步 0～8 中的 Y0 失电自锁解除，并励直流电动机 M 停止运行。

实例 40　并励直流电动机双向反接制动控制

一、控制要求

（1）当按下正转按钮时，并励直流电动机串电阻正转启动，5s 后并励直流电动机加速运行，再经过 5s，并励直流电动机全速正转运行。

（2）当按下反转按钮时，并励直流电动机串电阻反转启动，5s 后并励直流电动机加速运行，再经过 5s，并励直流电动机全速反转运行。

（3）在正转或反转时，按下停止按钮，并励直流电动机断电由反接制动而停止。

（4）具有欠电流保护功能。

二、I/O 端口分配表

PLC 的 I/O 端口分配见表 4-5。

表 4-5　　　　　　　　　　　　　I/O 端口分配表

输入端口			输出端口		
输入端子	输入器件	作用	输出端子	输出器件	控制对象
X0	SB1 动合触点	停止按钮	Y0	KM1	正转（反转制动）接触器
X1	SB2 动合触点	正转按钮	Y1	KM2	反转（正转制动）接触器
X2	SB3 动合触点	反转按钮	Y2	KM3	串电阻 R_1 切除接触器

输入端口			输出端口		
输入端子	输入器件	作用	输出端子	输出器件	控制对象
X3	KA 动合触点	欠电流保护	Y3	KM4	串电阻 R_2 切除接触器
X4	KV 动合触点	电压继电器	Y4	KM5	串制动电阻 R_B

三、 控制电路

并励直流电动机双向反接制动控制电路如图 4-9 所示。

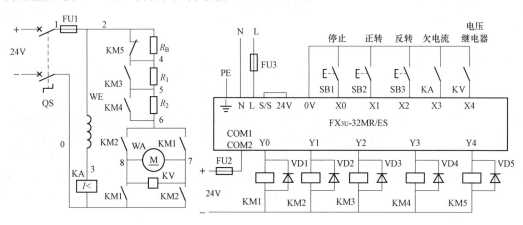

图 4-9　并励直流电动机双向反接制动控制电路

四、 控制程序

根据控制要求和并励直流电动机双向反接制动控制电路图编写的 PLC 控制程序如图 4-10 所示。程序中用了标志位，M0 表示正转，M1 表示反转，M2 表示停止制动。电枢电流正常，X3 有输入，为启动做准备。

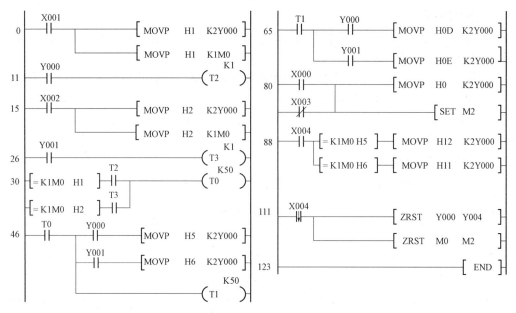

图 4-10　并励直流电动机双向反接制动 PLC 控制程序

1. 正转启动控制

（1）步0～10：当按下正转按钮SB2时，X1有输入，H1送入K2Y0，Y0＝1，KM1线圈通电，并励直流电动机M串电阻R_2、R_1正转启动，同时将H1送入K1M0，M0＝1。

（2）步11～14：Y0＝1，T2延时0.1s。

（3）步30～45：正转时，K1M0＝1，T2延时到，T0延时5s。

（4）步46～64：T0延时到，正转运行（Y0＝1），将H5送入K2Y0，Y0、Y2得电，KM3线圈通电，电阻R_1被切除，并励直流电动机加速启动，同时T1延时5s。

（5）步65～79：T1延时5s到，正转运行（Y0＝1），将H0D送入K2Y0，Y0、Y2、Y3得电，KM4线圈通电，电阻R_2被切除，并励直流电动机全压全速运行。

2. 正转反接制动

当按下停止按钮SB1时，X0动合接通，在步80～87中，将H0送入K2Y0，输出都复位，同时M2置1。并励直流电动机电枢断电，转子惯性运转，电枢绕组切割励磁磁通产生感应电动势，使电压继电器KV线圈通电，动合触点闭合，X4有输入；在步88～110中，K1M0＝H5，即M2和M0为1，表示正转状态下的制动。将H12送入K2Y0，Y4和Y1有输出，接触器KM2和KM5线圈通电，电阻R_B接入到电枢回路中进行反接制动。

当电枢电压下降到电压继电器的复位电压时，在X4的下降沿，输出复位，M0～M2标志位复位，反接制动结束，电动机停止。

并励直流电动机M在运行中，如果励磁线圈WE中的励磁电流不够，则欠电流继电器KA由于欠电流释放，KA动合触点断开，X3没有输入，动作过程与停止过程同理。

3. 反转启动和制动

与以上同理。

实例 41　串励直流电动机串电阻启动控制

一、 控制要求

（1）当按下启动按钮时，串励直流电动机串电阻启动，5s后串励直流电动机加速运行，再经过5s，串励直流电动机全速运行。

（2）当按下停止按钮时，串励直流电动机断电停止。

二、 I/O端口分配表

PLC的I/O端口分配见表4-6。

表4-6　　　　　　　　　　　　　　I/O端口分配表

输入端口			输出端口		
输入端子	输入器件	作用	输出端子	输出器件	控制对象
X0	SB1动合触点	停止按钮	Y0	KM1	电源接触器
X1	SB2动合触点	启动按钮	Y1	KM2	串电阻R_1切除接触器
—	—	—	Y2	KM3	串电阻R_2切除接触器

三、 控制电路

串励直流电动机串电阻启动控制电路如图4-11所示。

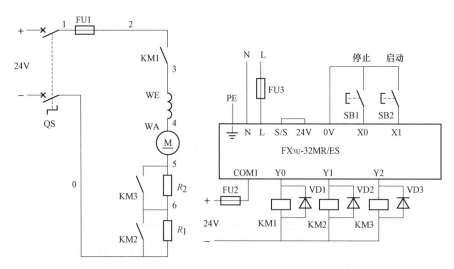

图4-11　串励直流电动机串电阻启动控制电路

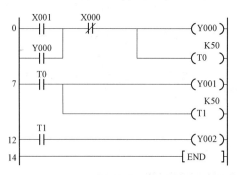

图4-12　串励直流电动机串电阻启动PLC
控制程序

四、控制程序

根据控制要求和串励直流电动机串电阻控制电路图编写的PLC控制程序如图4-12所示。

(1) 步0~6：当按下启动按钮SB2时，X1动合触点闭合，Y0得电自锁，接触器KM1通电，直流电动机M串电阻R_1、R_2启动，同时T0延时5s。

(2) 步7~11：T0延时5s到，Y1得电，KM2线圈通电，切除串电阻R_1，直流电动机串电阻R_2加速启动，同时T1延时5s。

(3) 步12~13：T1延时5s到，Y2得电，KM3线圈通电，切除串电阻R_2，直流电动机M切除所有电阻全压全速运行。

实例42　串励直流电动机正反转控制

一、控制要求

(1) 当按下正转按钮时，串励直流电动机串电阻正转启动，6s后全速正转运行。

(2) 当按下反转按钮时，串励直流电动机串电阻反转启动，6s后全速反转运行。

(3) 当按下停止按钮时，串励直流电动机断电停止。

二、I/O端口分配表

PLC的I/O端口分配见表4-7。

表4-7　　　　　　　　　　　　　　　　　I/O端口分配表

输入端口			输出端口		
输入端子	输入器件	作用	输出端子	输出器件	控制对象
X0	SB1动合触点	停止按钮	Y0	KM1	正转接触器
X1	SB2动合触点	正转按钮	Y1	KM2	反转接触器
X2	SB3动合触点	反转按钮	Y2	KM3	串电阻R切除接触器

三、 控制电路

串励直流电动机正反转控制电路如图4-13所示。

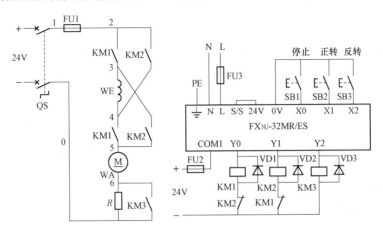

图 4-13 串励直流电动机正反转控制电路

四、 控制程序

根据控制要求和串励直流电动机正反转控制电路图编写的PLC控制程序如图4-14所示。

1. 正转控制

（1）步0～8：当按下正转按钮SB2时，X1有输入，Y1失电，Y0得电自锁，KM1线圈通电，串励直流电动机M串电阻R正转启动。T1延时0.1s。

（2）步18～22：T1延时到，T0延时6s。

（3）步23～24：T0延时6s到，Y2得电，KM3线圈通电，切除串电阻R，串励直流电动机全速运行。

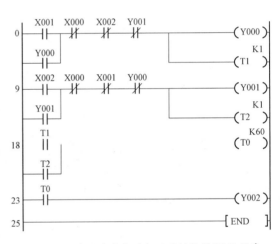

图 4-14 串励直流电动机正反转控制PLC程序

当按下停止按钮SB1时，X0动断断开，Y0失电自锁解除，串励直流电动机M停止运行。

2. 反转控制

（1）步9～17：当按下反转按钮SB3时，X2有输入，Y0失电，Y1得电自锁，KM2线圈通电，串励直流电动机M电枢绕组通以反向电流，串电阻R进行反向启动；T2延时0.1s。

（2）步18～22：T2延时到，T0延时6s。

（3）步23～24：T0延时6s到，Y2得电，KM3线圈通电，切除串电阻R，串励直流电动机全速运行。

当按下停止按钮SB1时，X0动断断开，Y1失电自锁解除，串励直流电动机M停止运行。

实例 43　串励直流电动机能耗制动控制

一、 控制要求

（1）当按下启动按钮时，串励直流电动机串电阻启动，5s后串励直流电动机加速运行，再经过5s，串励直流电动机全速运行。

（2）当按下停止按钮时，串励直流电动机断电由能耗制动而停止。

二、 I/O 端口分配表

PLC 的 I/O 端口分配见表 4-8。

表 4-8   I/O 端口分配表

输入端口			输出端口		
输入端子	输入器件	作用	输出端子	输出器件	控制对象
X0	SB1 动合触点	停止按钮	Y0	KM1	运行接触器
X1	SB2 动合触点	启动按钮	Y1	KM2	能耗制动接触器
X2	KV 动合触点	电压继电器	Y2	KM3	串电阻 R 切除接触器

三、 控制电路

串励直流电动机能耗制动控制电路如图 4-15 所示。

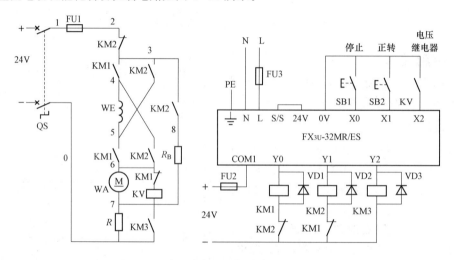

图 4-15   串励直流电动机能耗制动控制电路

四、 控制程序

根据控制要求和串励直流电动机能耗制动控制电路图编写的 PLC 控制程序如图 4-16 所示。

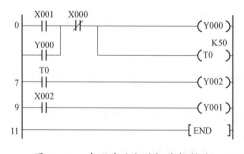

图 4-16   串励直流电动机能耗制动
控制 PLC 程序

1. 启动控制

（1）步 0～6：当按下启动按钮 SB2 时，X1 有输入，Y0 得电自锁，KM1 线圈通电，串励直流电动机 M 串电阻 R 启动，同时 T0 延时 5s。

（2）步 7～8：T0 延时 5s 到，Y2 得电，KM3 线圈通电，电阻 R 被切除，串励直流电动机全压全速运行。

2. 能耗制动

当按下停止按钮 SB1 时，X0 动断断开，Y0 失电自锁解除，KM1 断电释放，动断触点闭合。串励直流电动机断电，转子惯性运转，电枢绕组切割励磁磁通产生感应电动势，使电压继电器 KV 线圈通电，动合触点闭合，X2 有输入，步 9～10 中的 Y1 得电，接触器 KM2 线圈通电，电阻 R_B 接入到电枢回路中，串励直流电动机进行能耗制动。当电枢电源降到低于电压继电器的释放电压时，KV 动合触点断开，

X2 无输入，Y1 失电，KM2 线圈断电，动合触点断开，R_B 脱离电路，能耗制动结束，电动机停止。

实例 44　串励直流电动机反接制动控制

一、控制要求

（1）当按下启动按钮时，串励直流电动机串电阻启动，5s 后串励直流电动机加速运行，再经过 5s，串励直流电动机全速运行。

（2）当按下停止按钮时，串励直流电动机断电由反接制动而停止。

二、I/O 端口分配表

PLC 的 I/O 端口分配见表 4-9。

表 4-9　　　　　　　　　　　　I/O 端口分配表

输入端口			输出端口		
输入端子	输入器件	作用	输出端子	输出器件	控制对象
X0	SB1 动合触点	停止按钮	Y0	KM1	正转接触器
X1	SB2 动合触点	启动按钮	Y1	KM2	反接制动接触器
X2	KV 动合触点	电压继电器	Y2	KM3	串电阻 R 切除接触器

三、控制电路

串励直流电动机反接制动控制电路如图 4-17 所示。

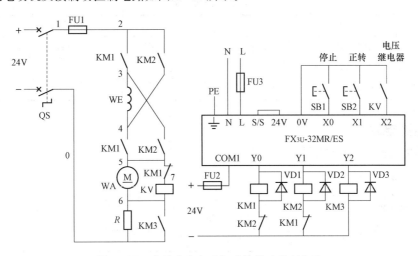

图 4-17　串励直流电动机反接制动控制电路

四、控制程序

根据控制要求和串励直流电动机反接制动控制电路图编写的 PLC 控制程序如图 4-18 所示。

1. 启动控制

（1）步 0～6：当按下启动按钮 SB2 时，X1 有输入，Y0 得电自锁，KM1 线圈通电，串励直流电动机 M 串电阻 R 启动，同时 T0 延时 5s。

（2）步 7～8：T0 延时 5s 到，Y2 得电，KM3 线圈通电，电阻 R 被切除，串励直流电动机全压全

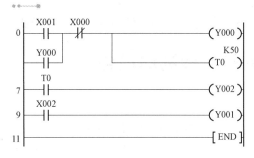

图 4-18　串励直流电动机反接制动
控制 PLC 程序

2. 反接制动

当按下停止按钮 SB1 时，X0 动断断开，Y0 失电自锁解除，KM1 断电释放。串励直流电动机电枢断电，转子惯性运转，电枢绕组切割励磁磁通产生感应电动势，使电压继电器 KV 线圈通电，动合触点闭合，X2 有输入，步 9～10 中的 Y1 得电，接触器 KM2 线圈通电，动合触点闭合，电枢通以反向电流进行制动。当电枢电源降到低于电压继电器的释放电压时，KV 动合触点断开，X2 无输入，Y1 失电，KM2 线圈断电，动合触点断开，反接制动结束，电动机停止。

实例 45　直流电动机调速控制

一、 控制要求

应用直流调速器实现电压调速控制，控制要求如下。

(1) 当按下启动按钮时，电动机通电启动。

(2) 可以根据输入 D0（0～2000r/min）进行调速。

(3) 当按下停止按钮时，电动机断电停止。

二、 I/O 端口分配表

PLC 的 I/O 端口分配见表 4-10。

表 4-10　　　　　　　　　　I/O 端口分配表

输入端口			输出端口		
输入端子	输入器件	作用	输出端子	输出器件	控制对象
X0	SB1 动合触点	停止按钮	Y0	KM	直流电动机
X1	SB2 动合触点	启动按钮	VOUT1	—	调速控制

三、 控制电路

直流电动机调速控制电路如图 4-19 所示。

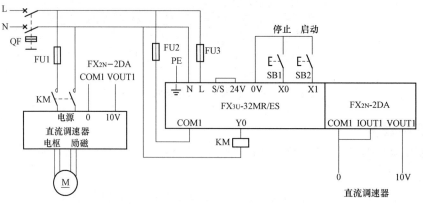

图 4-19　直流电动机调速控制电路

四、 控制程序

根据控制要求和直流电动机调速控制电路图编写的 PLC 控制程序如图 4-20 所示。

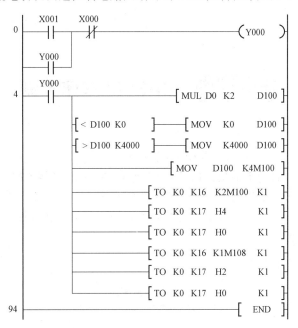

图 4-20 直流电动机调速控制 PLC 程序

1. 启动控制

步 0～3：当按下启动按钮 SB2 时，X1 有输入，Y0 得电自锁，KM1 线圈通电，直流电动机 M 启动。

2. 调速控制

步 4～93：预先设定转速（0～2000）保存在软元件 D0 中，在启动（Y0 动合触点闭合）时，由于模拟量输出 0～10V 对应的数字量为 0～4000，所以先将（D0）乘以 2 送到 D100 中；限定（D100）在 0～4000 内；（D100）送到 K4M100 中，取低 8 位 K2M100 送到 2DA 模块的缓冲区 BFM♯16 中，然后将 BFM♯17 的 b2 从 1→0 进行保持；取高 4 位 K1M108 送到 2DA 模块的缓冲区 BFM♯16 中，然后将 BFM♯17 的 b1 从 1→0 进行转换输出。

3. 停止控制

步 0～3：当按下停止按钮 SB1 时，X0 动断触点断开，Y0 失电自锁解除，电动机停止。

实例 46 CA6140 车床控制

一、 控制要求

CA6140 车床共有三台电动机，其对应的功能如下。

（1）主轴电动机 M1：带动主轴旋转和刀架作进给运动，由接触器 KM1 控制。

（2）冷却泵电动机 M2：输送切削液，由接触器 KM2 控制。

（3）刀架快速移动电动机 M3：拖动刀架快速移动，由接触器 KM3 控制。

二、 I/O 端口分配表

PLC 的 I/O 端口分配见表 5-1。

表 5-1　　　　　　　　　　　　　I/O 端口分配表

输入端口			输出端口		
输入端子	输入器件	作用	输出端子	输出器件	控制对象
X0	KH1、KH2 触点串联	过载保护	Y0	KM1	电动机 M1
X1	SB1 动合触点	停止按钮	Y1	KM2	电动机 M2
X2	SB2 动合触点	主轴旋转	Y2	KM3	电动机 M3
X3	SB3 动合触点	刀架移动	—	—	—
X4	SA1 动合触点	冷却泵启动	—	—	—

三、 控制电路

CA6140 车床控制电路如图 5-1 所示。

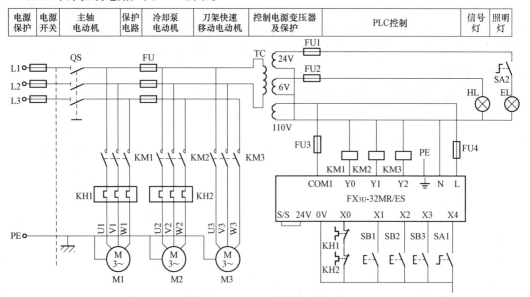

图 5-1　CA6140 车床控制电路

四、 控制程序

CA6140 车床控制程序如图 5-2 所示。

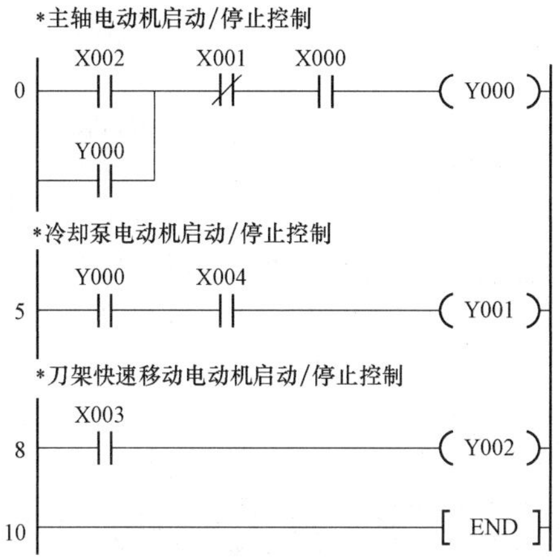

图 5-2 CA6140 车床控制程序

实例 47 汽车库自动门控制

一、 控制要求

当汽车到达车库门前时，安装在车库门外的传感器检测到汽车到来信号，车库门自动上升到预定高度，开启库门；汽车驶入车库后，室内传感器发出信号，车库门自动下降，关闭库门。

二、 I/O 端口分配表

PLC 的 I/O 端口分配见表 5-2。

表 5-2　　　　　　　　　　　　　　　I/O 端口分配表

输入端口			输出端口		
输入端子	输入器件	作用	输出端子	输出器件	作用
X0	传感器 B1	开启库门信号	Y0	继电器 KA1	库门上升
X1	传感器 B2	关闭库门信号	Y1	继电器 KA2	库门下降
X2	SQ1 动断触点	库门上限	—	—	—
X3	SQ2 动断触点	库门下限	—	—	—

三、 控制电路

汽车库门控制电路如图 5-3 所示（主电路略）。因使用了单相交流电动机，故不需要继电器连锁。

四、 控制程序

汽车库门控制程序如图 5-4 所示。

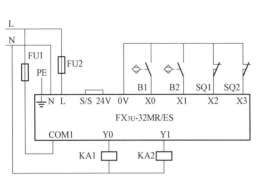

图 5-3 汽车库门控制电路

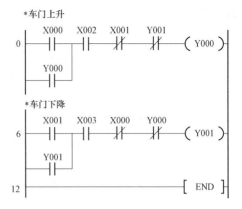

图 5-4 汽车库门控制程序

实例 48　行人自动门控制

一、控制要求

某行人自动门行程开关位置如图 5-5 所示。其控制要求如下：

（1）正常情况下大门闭合。如果检测到有人靠近自动门时高速开门，触碰行程开关 SQ1 后转为低速，触碰行程开关 SQ2 后停止。

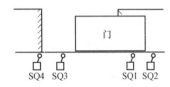

图 5-5　行人自动门行程开关
位置示意图

（2）若 1s 内检测到没有人，高速关门，触碰行程开关 SQ3 后转为低速，触碰行程开关 SQ4 后停止。

（3）在关门期间，如果检测到有人，停止关门，延时 1s 后自动转换为高速开门。

二、I/O 端口分配表

PLC 的 I/O 端口分配见表 5-3。

表 5-3　I/O 端口分配表

输入端口			输出端口		
输入端子	输入器件	作用	输出端子	输出器件	控制对象
X0	传感器 B1 动合触点	检测行人	Y0	KM1	高速开门
X1	SQ1 动合触点	低速开门	Y1	KM2	低速开门
X2	SQ2 动合触点	开门停止	Y2	KM3	高速关门
X3	SQ3 动合触点	低速关门	Y3	KM4	低速关门
X4	SQ4 动合触点	关门停止	—	—	—

三、控制电路

行人自动门控制电路如图 5-6 所示（主电路为高、低速单相电动机，主电路略）。

四、控制功能图

行人自动门的顺序控制流程图如图 5-7 所示。

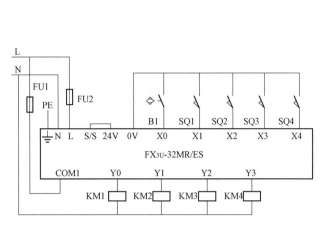

图 5-6 行人自动门控制电路

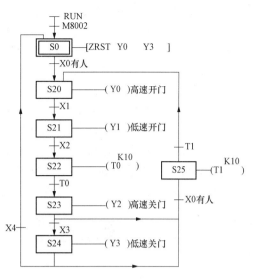

图 5-7 行人自动门顺序控制流程图

五、控制程序

行人自动门控制程序如图 5-8 所示。

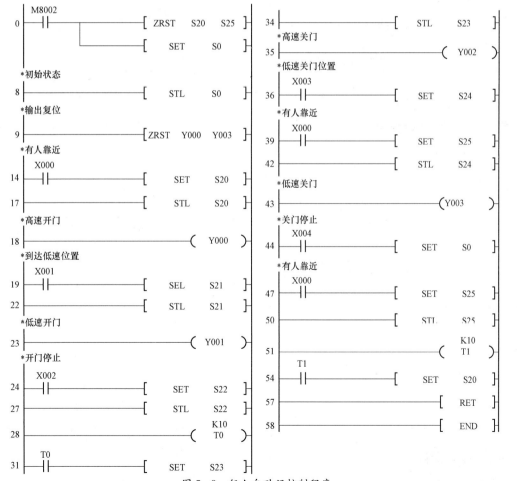

图 5-8 行人自动门控制程序

（1）步 0～7：开机初始化，S0 置位，S20～S25 复位。

（2）步 8～14：状态 S0，输出端子清零。当行人靠近时，X0 接通，转移到 S20。

（3）步 17～19：状态 S20，自动门高速开门（Y0 通电）。当触碰行程开关 SQ1 时，转移到 S21。

（4）步 22～24：状态 S21，自动门低速开门（Y1 通电）。当触碰 SQ2 时，转移到 S22。

（5）步 27～31：状态 S22，输出停止，延时 1s 后转移到 S23。

（6）步 34～39：状态 S23，自动门快速关门（Y2 通电）。当触碰 SQ3 时，转移到 S24。在快速关门时，如果有人靠近（X0 接通），则转移到 S25。

（7）步 42～47：状态 S24，自动门低速关门（Y3 通电）。当触碰 SQ4 时，转移到 S0。在低速关门时，如果有人靠近（X0 接通），则转移到 S25。

（8）步 50～54：状态 S25，延时 1s，转移到 S20。

实例 49 运料小车的装卸料控制

一、 控制要求

运料小车的装卸料控制示意图如图 5-9 所示。运料小车在装料处（X3 限位）从 a、b、c 三种原料中选择一种装入，右行送料，自动将原料对应卸在 A（X4 限位）、B（X5 限位）、C（X6 限位）处，再左行返回装料处。

图 5-9 小车运料方式示意图

二、 I/O 端口分配表

PLC 的 I/O 端口分配见表 5-4。

表 5-4 I/O 端口分配表

输入端口			输出端口		
输入端子	输入器件	作用	输出端子	输出器件	控制对象
X0	SA1 动合触点	选择开关	Y0	接触器 KM1	小车右行
X1	SA2 动合触点	选择开关	Y1	接触器 KM2	小车左行
X2	SB 动合触点	启动按钮	—	—	—
X3	SQ1 动合触点	左限位	—	—	—
X4	SQ2 动合触点	A 处限位	—	—	—
X5	SQ3 动合触点	B 处限位	—	—	—
X6	SQ4 动合触点	C 处限位	—	—	—

三、 控制电路

运料小车控制电路如图 5-10 所示（主电路略，热继电器略）。

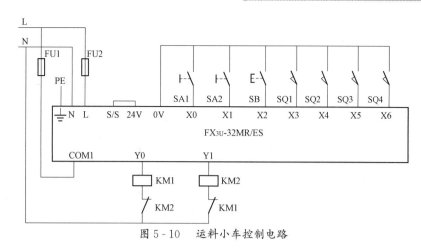

图 5 - 10　运料小车控制电路

四、运料小车控制流程

运料小车顺序控制流程如图 5 - 11 所示。该控制流程用开关 X1、X0 的状态组合选择在何处卸料。

（1）X1X0＝11，即 X1、X0 均闭合，选择卸在 A 处。

（2）X1X0＝10，即 X1 闭合、X0 断开，选择卸在 B 处。

（3）X1X0＝01，即 X1 断开、X0 闭合，选择卸在 C 处。

例如，当装 b 原料时，使开关状态 X1X0＝10，压住行程开关 SQ1，按下启动按钮 X2，则选择进入 S501 分支，小车右行。当小车触及行程开关 X4 时，由于 S500 状态 OFF，所以 X4 不影响小车的运行。当小车继续右行触及 X5 时，则进入 S503 状态，小车在 B 处停止，卸下 b 原料，同时经过 T0 延时，延时时间 20s 到，进入 S504 状态，小车左行，触及行程开关 X3 时，小车在装料处停止，完成一个工作周期。

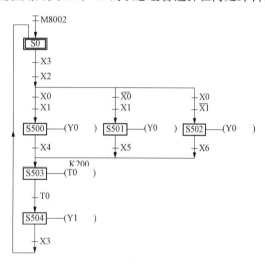

图 5 - 11　运料小车的顺序控制功能图

由于三个分支（S500、S501 和 S502）都转移到 S503 状态，所以 S503 是选择结构的汇合处。

五、控制程序

根据顺序控制功能图编写的控制程序如图 5 - 12 所示。

程序工作原理如下：

（1）步 0～2：初始化脉冲 M8002 使 S0 置位。

（2）步 3～4：初始状态继电器 S0 的控制部分，当小车位于装料处 X3 时，按下运行按钮 X2，根据 X1、X0 状态进行选择。当 X1 和 X0 都闭合时，选择 S500 状态；当只有 X1 闭合时，选择 S501 状态；当只有 X0 闭合时，选择 S502 状态。

（3）步 21～23：在 S500 状态下，Y0 线圈通电，运料小车右行，行至卸料处 A 时，行程开关 X4 闭合，转移到 S503 状态。

（4）步 26～28：在 S501 状态下，Y0 线圈通电，运料小车右行，由于 S500 是非活动状态，所以不影响小车右行。行至卸料处 B 时，行程开关 X5 闭合，转移到 S503 状态。

（5）步 31～33：在 S502 状态下，Y0 线圈通电，运料小车右行，由于 S500、S501 是非活动状态，所以不影响小车右行。行至卸料处 C 时，行程开关 X6 闭合，转移到 S503 状态。

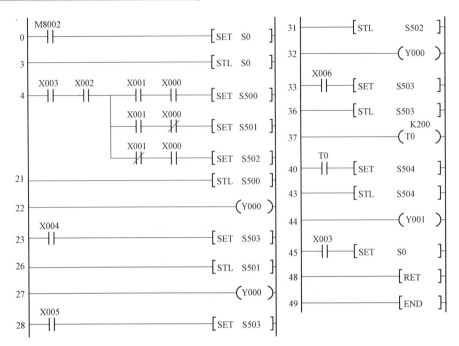

图 5 - 12　运料小车控制程序

（6）步 36～40：在 S503 状态下，小车右行停止，在相应的卸料处进行卸料，卸料时间为 20s，由定时器 T0 控制，延时时间到，转移 S504 状态。

（7）步 43～45：在 S504 状态下，运料小车左行，返回至装料处，行程开关 X3 闭合，返回初始状态 S0，完成一个工作周期。

实例 50　传送带工件计数控制

一、 控制要求

用如图 5 - 13 所示的传送带输送 20 个工件，用光电传感器计数。当计件数量小于 15 时，指示灯常亮；当计件数量等于或大于 15 时，指示灯闪烁；当计件数量为 20 时，经过 10s 后传送带停止，同时指示灯熄灭。

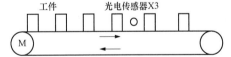

图 5 - 13　传送带工作台

二、 I/O 端口分配表

PLC 的 I/O 端口分配见表 5 - 5。

表 5 - 5　　　　　　　　　　　　　　　　I/O 端口分配表

输入端口			输出端口		
输入端子	输入器件	作用	输出端子	输出器件	控制对象
X0	KH 动断触点	过载保护	Y0	KM	电动机 M1
X1	SB1 动合触点	停止按钮	Y1	HL	指示灯
X2	SB2 动合触点	启动按钮	—	—	—
X3	光电传感器 B	工件计数	—	—	—

三、 控制电路

传送带工件计数控制电路如图 5 - 14 所示（主电路略）。

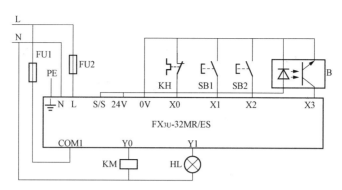

图 5-14　传送带电动机控制电路

四、 控制程序

传送带电动机控制程序如图 5-15 所示。

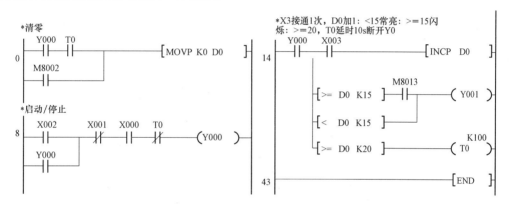

图 5-15　传送带电动机控制程序

实例 51　滑台钻床控制

一、 控制要求

滑台钻床工作行程如图 5-16 所示。滑台的进给运动和工件夹紧运动由液压系统驱动，液压泵电动机为 M1，液压控制电磁阀为 YV1～YV4；工件夹紧压力传感器为 SP；钻孔电动机为 M2；行程开关 SQ1 为滑台原点位置，SQ2 为滑台工进位置，SQ3 为滑台停留和快退位置。

生产工艺要求如下。

（1）当滑台在原点位置时，按下启动按钮→启动电动机 M1 和 M2→夹紧工件→滑台快进→滑台工进→钻孔完毕滑台停留 2s→滑台快退→返回原点位置停止→松开工件。卸下加工好工件，装上待加工工件，按下启动按钮后进入下一个加工周期。

（2）若工作台不在原点位置，则按下复位按钮后滑台返回原点位置。

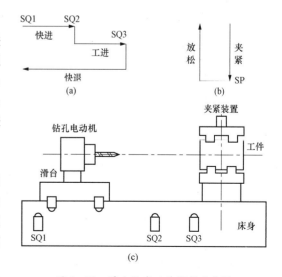

图 5-16　滑台钻床工作行程示意图

（a）滑台进给运动；（b）工件夹紧运动；（c）滑台机床

（3）按下停止按钮后，负载全部断电停止。

液压系统中各电磁阀的动作见表5-6。

表5-6 液压电磁阀动作表

部件 动作	滑台进给电磁阀			夹紧电磁阀
	YV1	YV2	YV3	YV4
夹紧工件	—	—	—	＋
滑台快进	＋	—	—	＋
滑台工进	＋	＋	—	＋
滑台停留	—	—	—	＋
滑台快退	—	—	＋	＋
松开工件	—	—	—	—

注 "＋"表示相应的器件接通；"—"表示相应的器件断电。

二、I/O端口分配表

PLC的I/O端口分配见表5-7。

表5-7 I/O端口分配表

输入端口			输出端口		
输入端子	输入器件	作用	输出端子	输出器件	控制对象
X0	KH1、KH2、SB1触点串联	停止	Y0	KM1	液压泵电动机
X1	SB2动合触点	启动按钮	Y1	KM2	钻孔电动机
X2	SB3动合触点	复位按钮	Y2	YV1	快进电磁阀
X3	SQ1动合触点	原点位置	Y3	YV2	工进电磁阀
X4	SQ2动合触点	工进位置	Y4	YV3	快退电磁阀
X5	SQ3动合触点	快退位置	Y5	YV4	夹紧电磁阀
X6	SP动合触点	工件夹紧	—	—	—

三、控制电路

滑台钻床控制电路如图5-17所示。

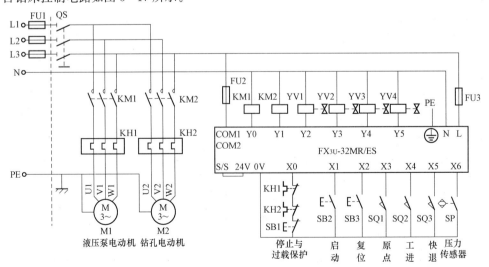

图5-17 滑台钻床控制电路

四、控制程序

滑台钻床控制程序如图 5 - 18 所示。

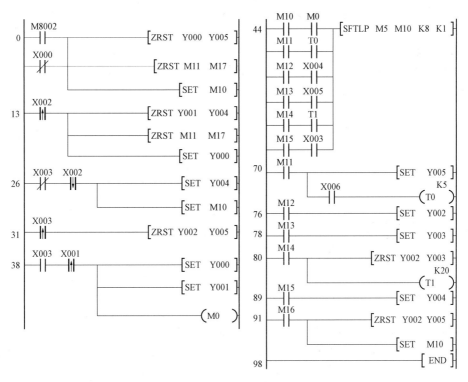

图 5 - 18　滑台钻床控制程序

（1）步 0～12：开机、按下停止按钮或过载保护 X0 时输出复位，M10 置位。

（2）步 13～37：滑台返回原点位置控制。按下复位按钮 X2，液压泵电动机 Y0 启动，其余复位；松开复位按钮 X2，快退电磁阀 Y4 置位，滑台后退。当滑台返回原点位置触动行程开关 X3 时，快退电磁阀复位，滑台停止。

（3）步 38～43：滑台启动控制。在原点位置 X3＝1，按下启动按钮 X1，液压泵电动机 Y0 和钻孔电动机 Y1 启动，M0 线圈通电一个扫描周期。

（4）步 44～69：位左移控制。开机时 M10＝1，M0 通电，将 K2M10 左移 1 位，同时将 M5 放到最低位，则 K2M10＝0000 0010，即 M11＝1。

（5）步 70～75：M11＝1，工件夹紧电磁阀 Y5 置位，夹紧工件。当压力传感器 X6 检测到工件已夹紧，T0 延时 0.5s。

（6）步 76～77：T0 延时 0.5s 到，步 44～69 中的 K2M10 再向左移动 1 位，M12＝1，快进电磁阀 Y2 置位，滑台快进。

（7）步 78～79：当触动行程开关 X4 时，步 44～69 中的 K2M10 再向左移动 1 位，M13＝1，工进电磁阀 Y3 置位，滑台低速工进，开始钻孔。

（8）步 80～88：当滑台工进触动行程开关 X5 时，步 44～69 中的 K2M10 再向左移动 1 位，M14＝1，进给电磁阀 Y2～Y3 复位断电，滑台停留，T1 延时 2s。

（9）步 89～90：T1 延时 2s 到，步 44～69 中的 K2M10 再向左移动 1 位，M15＝1，快退电磁阀 Y4 置位，滑台快退。

（10）步 91～97：当滑台退回原点位置 X3 时，步 44～69 中的 K2M10 再向左移动 1 位，M16＝

1，液压电磁阀 Y2～Y5 复位断电，工件放松取下。

实例 52　液体搅拌机控制

一、　控制要求

液体搅拌机如图 5-19 所示。M 为驱动搅拌机的电动机；YV1～YV3 为控制液体流量的电磁阀门；B1～B3 分别为高、中、低液位传感器。

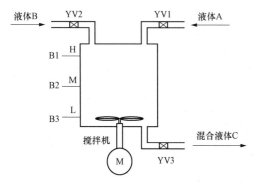

图 5-19　液体搅拌机示意图

生产工艺要求如下：

（1）初始状态下，容器为空，电磁阀关闭，M 未启动。

（2）按下启动按钮，电磁阀 YV1 打开，液体 A 注入。

（3）当液体达到中液位（M）处，传感器 B2＝ON，YV1 关闭，YV2 打开，液体 A 停止注入，液体 B 开始注入。

（4）当液体达到高液位（H）处，传感器 B1＝ON，YV2 关闭，液体 B 停止注入。同时搅拌电动机 M 运转，对液体进行搅拌。

（5）经过 1min 后，停止搅拌，YV3 打开，放出混合液体 C。

（6）当液体低于低液位时，传感器 B3＝OFF，延时 8s 后，容器里液体放完，YV3 关闭，搅拌机自动执行下一个循环。

若在中途按下停止按钮，则搅拌机不能立即停止工作，只有待工作一个完整的周期后，即容器中的液体放完后，搅拌机才停止在初始状态上。

二、　I/O 端口分配表

PLC 的 I/O 端口分配见表 5-8。

表 5-8　　　　　　　　　　　　　　　　I/O 端口分配表

输入端口			输出端口		
输入端子	输入器件	作用	输出端子	输出器件	控制对象
X0	KH 动断触点	过载保护	Y0	YV1	电磁阀
X1	SB1 动合触点	停止按钮	Y1	YV2	电磁阀
X2	SB2 动合触点	启动按钮	Y2	YV3	电磁阀
X3	B1	高液位传感器	Y3	KM	搅拌电动机
X4	B2	中液位传感器	—	—	—
X5	B3	低液位传感器	—	—	—

三、　控制电路

搅拌机控制电路如图 5-20 所示（主电路略）。

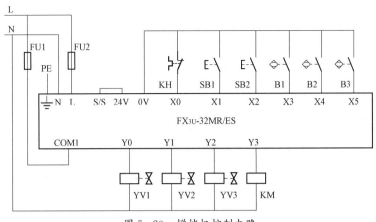

图 5-20　搅拌机控制电路

四、 控制程序

用顺控继电器指令编写的搅拌机顺控继电器功能图如图 5-21 所示。控制程序如图 5-22 所示。

(1) 步 0～10：当开机或过载时，复位 S500～S502，置位 S0 和 S1，恢复为初始状态。

(2) 步 11～15：初始状态 S0。用于启动和停止控制。当按下启动按钮 X2 时，M0 线圈通电自锁。

(3) 步 16～21：初始状态 S1。当启动时，M0 动合闭合，Y0 线圈通电，电磁阀 YV1 通电，注入液体 A。当液位上升到中液位时，X4 动合闭合，转移到 S500，电磁阀 YV1 断电，停止液位 A 的注入。

(4) 步 22～26：状态 S500 的控制范围。Y1 线圈通电，电磁阀 YV2 通电，注入液体 B。当液位上升到高液位时，X3 动合闭合，转移到 S501，电磁阀 YV2 断电，停止液体 B 的注入。

(5) 步 27～34：状态 S501 的控制范围。Y3 线圈通电，搅拌电动机 M 运行，开始搅拌。同时 T0 延时 1min。T0 延时时间到，转移到 S502，停止搅拌。

(6) 步 35～43：状态 S502 的控制范围。Y2 线圈通电，电磁阀 YV3 通电，放出搅拌后的混合液体 C。当液位低于低液位时，X5 动断接通，T1 延时 8s，将混合液体排完。T1 延时到，转移到 S1，进入下一个循环。

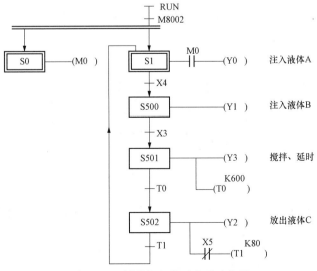

图 5-21　搅拌机顺控继电器功能图

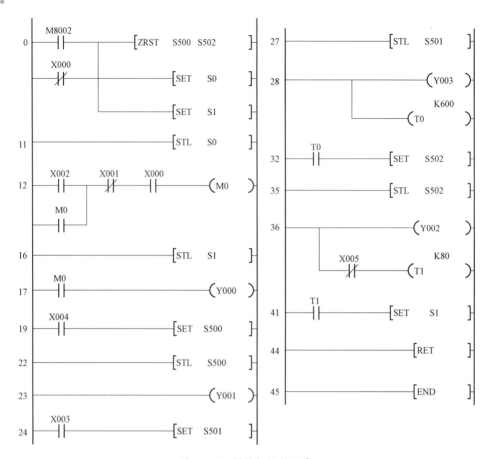

图 5-22 搅拌机控制程序

实例 53 台车四工位呼车控制

一、 控制要求

一部台车，供 4 个工位使用，每个工位各有一个位置行程开关 SQ 和一个呼车按钮 SB，如图 5-23 所示。生产工艺要求如下：

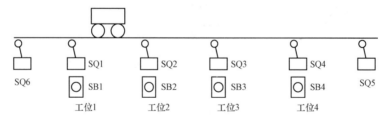

图 5-23 台车四工位呼车示意图

（1）台车初始状态可以处于任意工位位置，也可以通过点动按钮调整到任意工位位置。

（2）当呼车工位号大于停车工位号时，台车右行，反之左行。

（3）当台车响应呼车信号行走并停在某一工位后，停车时间为 30s，以便处理该工位工作流程。在此时间段，台车忙碌信号灯闪烁，其他工位呼车信号无效。

二、I/O 端口分配表

PLC 的 I/O 端口分配见表 5-9。

表 5-9　　　　　　　　　　　　　　I/O 端口分配表

输入端口			输出端口		
输入端子	输入器件	作用	输出端子	输出器件	作用
X0	SQ1 动合触点	工位 1 位置开关	Y0	KM1	右行接触器
X1	SQ2 动合触点	工位 2 位置开关	Y1	KM2	左行接触器
X2	SQ3 动合触点	工位 3 位置开关	Y2	HL	台车忙碌信号
X3	SQ4 动合触点	工位 4 位置开关	—	—	—
X4	SB1 动合触点	工位 1 呼车按钮	—	—	—
X5	SB2 动合触点	工位 2 呼车按钮	—	—	—
X6	SB3 动合触点	工位 3 呼车按钮	—	—	—
X7	SB4 动合触点	工位 4 呼车按钮	—	—	—
X10	SB5 动合触点	右行点动按钮	—	—	—
X11	SB6 动合触点	左行点动按钮	—	—	—
X12	SQ5 动断触点	右行终端限位	—	—	—
X13	SQ6 动断触点	左行终端限位	—	—	—

三、控制电路

台车呼车控制电路如图 5-24 所示（主电路略）。台车行走属于正反转控制电路，需要采取接触器连锁措施。由于台车行走属于短暂工作，因此可以不采取热继电器过载保护措施。

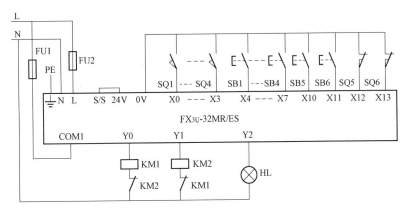

图 5-24　台车呼车控制电路

四、控制程序

台车呼车控制程序由主程序、子程序 P0 和子程序 P1 组成，如图 5-25 所示。

（1）步0~6：对（D0）和（D1）清零，呼车标志位 M0 复位。

（2）步7~16：调用子程序 P0 和 P1，有呼车时，M0＝1，Y2 闪烁。

（3）步17~44：利用比较指令对（D0）和（D1）进行比较，当呼车编号大于停车位置编号时，台车右行，反之左行。当台车到达呼车位置时，台车行走停止。

（4）步45~60：当台车到达呼车位置时，延时 30s 后，M0 复位，解除连锁，其他工位可以继续使用台车。

（5）步62~87：子程序 P0。当台车行走触碰位置行程开关时，将位置编号写入存储器 D0 中。

（6）步88~121：子程序 P1。当操作人员按下呼车按钮时，将呼车编号写入存储器 D1 中，同时 M0 置位，连锁其他工位的呼车信号无效。

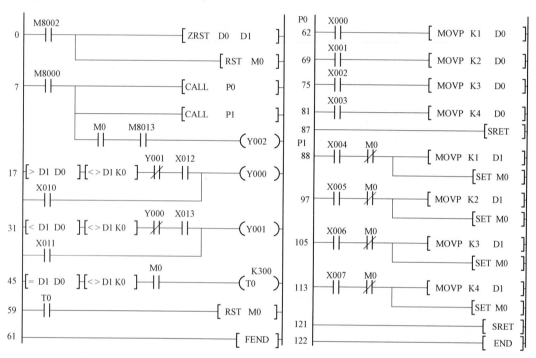

图 5-25　台车四工位呼车程序

实例 54　台车八工位呼车控制

一、控制要求

一部台车供 8 个工位使用，开始台车可以停在任意工位，控制要求如下。

（1）当无呼车信号时，呼车指示灯熄灭，表示可以呼车；当某工位呼车时，呼车指示灯闪烁，连锁其他工位不能呼车。

（2）当停车工位呼车时，台车不动。

（3）当呼车工位号大于停车工位号时，台车向高位运行到呼车工位；反之，台车向低位运行到呼车工位。

二、I/O 端口分配表

PLC 的 I/O 端口分配见表 5-10。

表 5 - 10   I/O端口分配表

输入端口						输出端口		
输入端子	输入器件	作用	输入端子	输入器件	作用	输出端子	输出器件	控制对象
X0	SB9	停止	X20	SB1	工位1呼车	Y0	KM1	向高位行
X1	SB10	启动	X21	SB2	工位2呼车	Y1	KM2	向低位行
X2	SQ9	限位1	X22	SB3	工位3呼车	Y2	HL	台车忙碌
X3	SQ10	限位2	X23	SB4	工位4呼车	—	—	—
X10	SQ1	工位1	X24	SB5	工位5呼车	—	—	—
X11	SQ2	工位2	X25	SB6	工位6呼车	—	—	—
X12	SQ3	工位3	X26	SB7	工位7呼车	—	—	—
X13	SQ4	工位4	X27	SB8	工位8呼车	—	—	—
X14	SQ5	工位5	—	—	—	—	—	—
X15	SQ6	工位6	—	—	—	—	—	—
X16	SQ7	工位7	—	—	—	—	—	—
X17	SQ8	工位8	—	—	—	—	—	—

三、 控制电路

台车呼车控制电路如图 5 - 26 所示（主电路略）。台车行走属于正反转控制电路，需要采取接触器连锁措施。由于台车行走属于短暂工作，因此可以不采取热继电器过载保护措施。

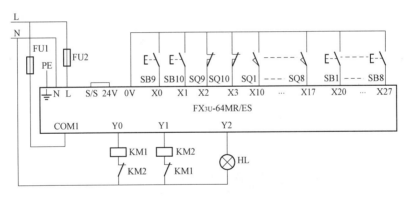

图 5 - 26   台车呼车控制电路

四、 控制程序

台车呼车控制程序由主程序、子程序 P0 和子程序 P1 组成，如图 5 - 27 所示。

（1）步 0～6：对（D0）和（D1）清零，呼车标志位 M0 复位。

（2）步 7～10：启动/停止控制。

（3）步 11～20：调用子程序 P0 和 P1，有呼车时，M0＝1，Y2 闪烁。

（4）步 21～35：利用比较指令对（D0）和（D1）进行比较，当呼车编号大于停车位置编号时，台车右行，反之左行。当台车到达呼车位置时，台车行走停止。

（5）步 49～63：当台车到达呼车位置时，延时 30s 后，M0 复位，解除连锁，其他工位可以继续使用台车。

（6）步 66～115：子程序 P0。当台车行走触碰位置行程开关时，将位置编号写入存储器 D0 中。

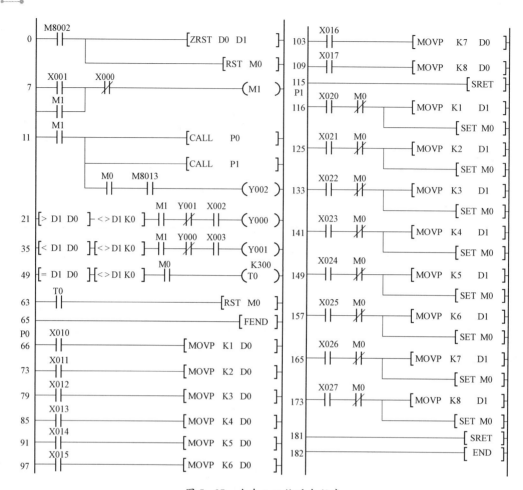

图 5-27　台车八工位呼车程序

（7）步116～181：子程序P1。当操作人员按下呼车按钮时，将呼车编号写入存储器D1中，同时M0置位，连锁其他工位的呼车信号无效。

实例 55　次品分检控制

一、控制要求

次品分检控制示意图如图5-28所示。有三个光电传感器S1、S2和S3，S1检测有无次品；S2检测凸轮的凸起，凸轮每转一圈发一个脉冲，因产品位置间隔等同周长，故传送带每转一圈有一个产品到来；S3检测有无次品落下。当次品移至4号位时，控制电磁阀YV打开使次品落到次品箱内；若无次品则产品移至传送带右端落入正品箱内。

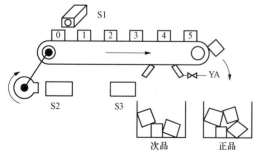

图 5-28　次品分检示意图

二、I/O端口分配表

PLC的I/O端口分配见表5-11。

表 5 - 11			I/O 端口分配表		
输入端口			输出端口		
输入端子	输入器件	作用	输出端子	输出器件	控制对象
X0	S1 动合触点	次品检测	Y0	接触器 KM	传送带运行
X1	S2 动合触点	产品检测	Y1	电磁阀 YV	电磁阀
X2	S3 动合触点	次品入箱	—	—	—
X3	SB1 动合触点	启动	—	—	—
X4	SB2 动合触点	停止	—	—	—
X5	KH 动断触点	过载保护	—	—	—

三、 控制电路

次品分检控制电路如图 5 - 29 所示（主电路略）。

四、 控制程序

次品分检控制程序如图 5 - 30 所示。该程序由主程序和子程序 P0 构成。

1. 主程序 （步 0～15）

（1）步 0～4：传送带的启动/停止控制。

（2）步 5～10：当按下停止按钮 SB2 时，使寄存器 M0～M3 清零。

（3）步 11～14：传送带运行后调用子程序 P0。

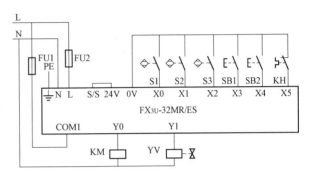

图 5 - 29　次品分检控制电路

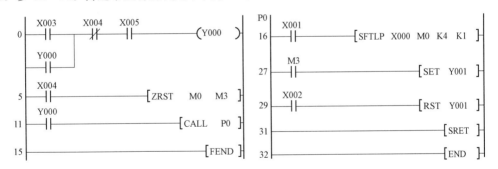

图 5 - 30　次品分检控制程序

2. 子程序 P0 （步 16～31）

（1）步 16～26：当无次品时，X0 总是"OFF"，于是 M0 中输入"0"。每来一个产品，X1"ON"一次，即发一次移位脉冲，位左移 SFTL 执行一次，使 K1M0 左移一位。但因输入全是"0"，故移位后各位也是"0"，因此 M3 总是"OFF"。

（2）步 27～28：当 M3 为"OFF"时，Y1 也为"OFF"，电磁阀 YV 不通电，产品全部移动到正品箱内。

当有次品时，X0 为"ON"，此时 M0 中输入"1"。此后每来一个产品，使 M0 中的"1"左移一位。到第 4 个移位脉冲来时恰好这个"1"移至 M3 位上，因此在步 27～28 中，M3 动合触点接通，Y1 置 1，电磁阀 YV 线圈通电，次品落到次品箱中（此时次品恰好移到传送带的 4 号位上）。

步 29~30 中，X2 检测到次品落下后，使 Y1 复位，电磁阀 YV 断电复位。

实例 56　液位控制

一、 控制要求

图 5 - 31 所示为汽车涂装前处理生产线中的磷化槽示意图。液位计 A 为高液位，B 为低液位，C 为极低液位。汽车车身挂在输送链上，经过磷化槽时会被涂上一层磷化膜。要求磷化液保持一定的深度（AB 之间），控制要求如下。

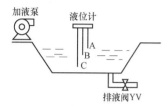

图 5 - 31　液位控制示意图

（1）初始按下加液按钮时，加液泵启动，开始加液，当液位到达 B 位置时给输送链发信号，表示输送链可以启动。液位到 A 位时停止加液。

（2）当液位为低液位时，液位开关 B 断开，此时启动加液泵加磷化液，等液位到了 A 液位，A 液位开关闭合，停止加液泵。

（3）磷化槽用一段时间后需要换液，此时，按下排液按钮，打开排液阀，并禁止输送链启动。当液位处于 C 液位以下时，延时 3 min 后关闭排液阀。

二、 I/O 端口分配表

PLC 的 I/O 端口分配见表 5 - 12。

表 5 - 12　　　　　　　　　　　　I/O 端口分配表

输入端口			输出端口		
输入端子	输入器件	作用	输出端子	输出器件	控制对象
X0	B1 动合触点	A 液位开关	Y0	KA	输送链连锁
X1	B2 动合触点	B 液位开关	Y1	KM	加液泵
X2	B3 动合触点	C 液位开关	Y2	YV	排液阀
X3	SB1 动合触点	加液按钮	—	—	—
X4	SB2 动合触点	排液按钮	—	—	—
X5	KH 动断触点	过载保护	—	—	—

三、 控制电路

液位控制电路如图 5 - 32 所示（主电路略）。

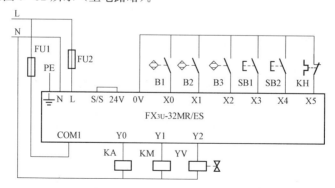

图 5 - 32　液位控制电路

四、 控制程序

液位控制程序如图 5-33 所示。

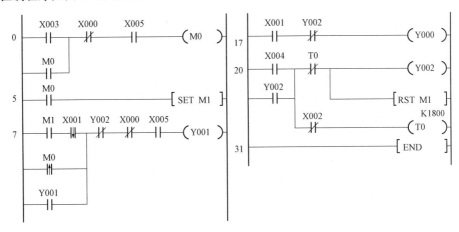

图 5-33 液位控制程序

(1) 步 0~4：当按下加液按钮 X3 时，M0 得电自锁。

(2) 步 5~6：M1 置位，加液标志位。

(3) 步 7~16：由于此时液槽是空的，因此三个液位传感器均没信号输入，其动断触点均导通，此时 Y1 得电自锁，加液泵启动，开始往液槽里加磷化液。

(4) 步 17~19：开始由于液位较浅，还没有到达 B 液位，X1 没有输入，所以输送链连锁信号 Y0 没有输出，禁止输送链启动。随着液位的增加，B 液位传感器信号 X1 到达时，输送链连锁信号 Y0 通电，允许输送链启动。当液位到达最高位时，在步 0~4 和 7~16 中，A 液位传感器信号 X0 到达，X0 动断触点断开，M0 失电，Y1 失电，加液泵停止。随着时间推移，液位逐渐下降，当其下降到低于 B 液位时，X0、X1 信号依次断开，其动断触点接通，由于排液标志 M1 置位，所以 Y1 得电自锁，加液泵启动。当液位上升到 A 液位时，X0 信号到达，其动断触点断开，Y1 断电解除自锁，加液泵停止工作。如此循环往复，使磷化槽的液位始终控制在 A 液位和 B 液位之间。

(5) 步 20~30：当需要更换磷化液时，按一下排液按钮 X4，Y2 通电自锁，排液阀 YV 打开排液；同时将排液标志 M1 复位。当液位降到 C 液位以下时，X2 信号断开，其动断触点接通，定时器 T0 开始 3min 延时，延时结束后定时器的动断触点断开，Y2 失电，排液阀 YV 关闭，排液结束。在排液期间，由于 Y2 连锁 Y1，此时即使按下加液按钮加液泵也不会启动。

第六章

灯光控制与数码显示

实例 57　舞台灯光控制

一、　控制要求

用 6 个按钮控制 8 盏（组）舞台灯光，控制要求为：当按下按钮 X0 时，全部灯亮；当按下按钮 X1 时，奇数灯亮；当按下按钮 X2 时，偶数灯亮；当按下按钮 X3 时，前半部灯亮；当按下按钮 X4 时，后半部灯亮；当按下按钮 X5 时，全部灯灭。

二、　I/O 端口分配表

PLC 的 I/O 端口分配见表 6-1。

表 6-1　　　　　　　　　　　　　　I/O 端口分配表

输入端口			输出端口		
输入端子	输入器件	作用	输出端子	输出器件	控制对象
X0	SB1 动合触点	控制全部灯亮			
X1	SB2 动合触点	控制奇数灯亮			
X2	SB3 动合触点	控制偶数灯亮	Y0～Y7	EL1～EL8	8 盏（组）照明灯
X3	SB4 动合触点	控制前半部灯亮			
X4	SB5 动合触点	控制后半部灯亮			
X5	SB6 动合触点	控制全部灯灭			

三、　控制电路

舞台灯光控制电路如图 6-1 所示。

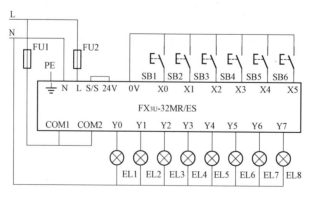

图 6-1　舞台灯光控制电路

四、　控制关系

根据控制要求列出控制关系见表 6-2。因为灯亮为逻辑"1"，灯灭为逻辑"0"，所以可以用十六进制数据来表示输出端子 K2Y0 的逻辑状态。

表 6 - 2　　　　　　　　　　　　　　　　控 制 关 系 表

输入端子	输出端子位元件								输出端子 K2Y0 控制参数
	Y7	Y6	Y5	Y4	Y3	Y2	Y1	Y0	
	EL8	EL7	EL6	EL5	EL4	EL3	EL2	EL1	
X0	1	1	1	1	1	1	1	1	H0FF
X1	0	1	0	1	0	1	0	1	H55
X2	1	0	1	0	1	0	1	0	H0AA
X3	1	1	1	1	0	0	0	0	H0F0
X4	0	0	0	0	1	1	1	1	H0F
X5	0	0	0	0	0	0	0	0	H00

五、 控制程序

舞台灯光控制程序如图 6 - 2 所示。使用数据传送指令将控制参数传送到输出端子 K2Y0。

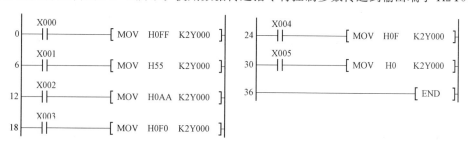

图 6 - 2　舞台灯光控制程序

实例 58　用一个按钮控制 8 盏照明灯

一、 控制要求

用一个按钮控制 8 盏照明灯，控制要求是：当第一次按下按钮时，奇数灯亮；第二次按下按钮时，偶数灯亮；第二次按下按钮时，全部灯亮；第四次按下按钮时，全部灯灭；以此循环。

二、 I/O 端口分配表

PLC 的 I/O 端口分配见表 6 - 3。

表 6 - 3　　　　　　　　　　　　　　　　I/O 端口分配表

输入端口			输出端口		
输入端子	输入器件	作用	输出端子	输出器件	控制对象
X0	SB 动合触点	控制	Y0～Y7	EL1～EL8	8 盏照明灯

三、 控制电路

8 盏照明灯控制电路如图 6 - 3 所示。

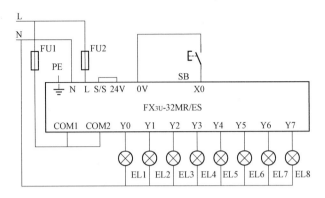

图 6-3　8 盏照明灯控制电路

四、 控制关系

根据控制要求列出控制关系见表 6-4。

表 6-4　　　　　　　　　　　　　　　控制关系表

按钮动作	输出端子位元件								输出端子 K2Y0 控制参数
	Y7	Y6	Y5	Y4	Y3	Y2	Y1	Y0	
	EL8	EL7	EL6	EL5	EL4	EL3	EL2	EL1	
第一次按下	0	1	0	1	0	1	0	1	H55
第二次按下	1	0	1	0	1	0	1	0	H0AA
第三次按下	1	1	1	1	1	1	1	1	H0FF
第四次按下	0	0	0	0	0	0	0	0	H0

五、 控制程序

控制程序如图 6-4 所示。

（1）步 0~3：开机时初始化脉冲 M8002 将计数器 C0 复位清零，全部灯灭。

（2）步 4~8：当第一次按下按钮时，C0 计数为 1。

（3）步 9~18：将十六进制的 H55 送到 K2Y0，奇数灯亮，依此类推。当第四次按下按钮时，C0 计数为 4，K2Y0 复位，灯全灭，C0 复位清零，为下次循环控制做好准备。

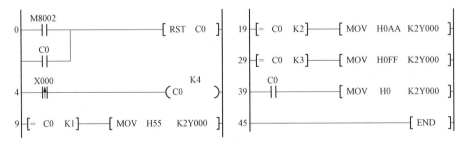

图 6-4　8 盏照明灯控制程序

实例 59 广场照明灯控制

一、 控制要求

某广场空间需要安装 8 盏（组）照明灯，为了便于群众进出场和节能，控制要求为：进场时从外向内间隔 10s 逐渐亮灯，退场时从内向外间隔 300s 逐渐灭灯。

二、 I/O 端口分配表

PLC 的 I/O 端口分配见表 6 - 5。

表 6 - 5　　　　　　　　　　　　　　　　I/O 端口分配表

输入端口			输出端口		
输入端子	输入器件	作用	输出端子	输出器件	控制对象
X0	SB 动合触点	开关灯	Y0～Y7	EL1～EL8	8 盏照明灯

三、 控制电路

广场照明灯控制电路如图 6 - 5 所示。

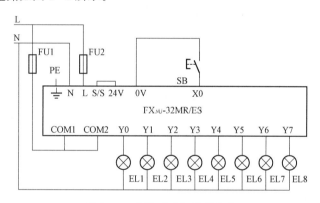

图 6 - 5　广场照明灯控制电路

四、 控制关系

广场照明灯控制关系见表 6 - 6。

表 6 - 6　　　　　　　　　　　　　　　　控 制 关 系 表

控制过程	输出端子位元件								输出端子 K2Y0 控制参数
	Y7	Y6	Y5	Y4	Y3	Y2	Y1	Y0	
	EL8	EL7	EL6	EL5	EL4	EL3	EL2	EL1	
开灯	1	0	0	0	0	0	0	1	H81
	1	1	0	0	0	0	1	1	H0C3
	1	1	1	0	0	1	1	1	H0E7
	1	1	1	1	1	1	1	1	H0FF

控制过程	输出端子位元件								输出端子K2Y0控制参数
	Y7	Y6	Y5	Y4	Y3	Y2	Y1	Y0	
	EL8	EL7	EL6	EL5	EL4	EL3	EL2	EL1	
关灯	1	1	1	0	0	1	1	1	H0E7
	1	1	0	0	0	0	1	1	H0C3
	1	0	0	0	0	0	0	1	H81
	0	0	0	0	0	0	0	0	H0

五、 控制程序

广场照明灯控制程序如图 6-6 所示。定时器 T0 控制开灯，定时器 T1 控制关灯。

（1）步 0～4 中的 C0 用于进退场判断：C0＝1 时进场；C0＝2 时退场。

（2）进场时按下按钮 X0，C0＝1；在步 13～23 中，将 H81 送入 K2Y0，EL1 和 EL8 灯亮，T0 延时。在步 24～38 中，T0 延时 10s 时，将 H0C3 送入 K2Y0，EL1、EL2、EL7、EL8 灯亮，依次类推，直至全部灯亮。

（3）退场时按下按钮 X0，C0＝2，在步 39～49 中，将 H0E7 送入 K2Y0，EL4 和 EL5 灯灭，同时步 56～59 中 C0 的动合触点闭合，T1 延时。T1 延时 300s 时，EL3～EL6 灯灭，依次类推，直至全部灯灭。

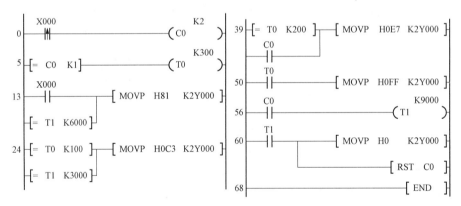

图 6-6　广场照明灯控制程序

实例 60　改变彩灯闪烁周期

一、 控制要求

每按一次按钮 X0，连接输出端子 Y0 的彩灯闪烁周期按 1s 或 0.5s 轮流改变。

二、 控制程序

改变彩灯闪烁周期控制程序如图 6-7 所示。定时器 T200 和 T201 的分辨率为 10ms。当第一次按下按钮 X0 时，计数器 C0＝1，(D0)＝50，两个定时器形成的脉冲振荡周期为 1s；当第二次按下按钮 X0 时，计数器 C0＝2，(D0)＝25，脉冲振荡周期为 0.5s；当第三次按下按钮 X0 时，计数器复位，停止脉冲信号输出。

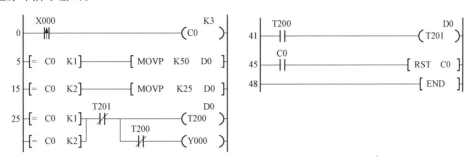

图 6-7　改变彩灯闪烁周期控制程序

实例 61 报警闪烁灯控制

一、控制要求

用开关或传感器检测故障，当故障信号为 1 时，扬声器发出警报声，报警灯连续闪烁 60 次，然后停止报警。

二、I/O 端口分配表

PLC 的 I/O 端口分配见表 6-7。

表 6-7　　　　　　　　　　　　I/O 端口分配表

输入端口			输出端口		
输入端子	输入器件	作用	输出端子	输出器件	控制对象
X0	开关或传感器	故障信号	Y0	B	扬声器
—	—	—	Y1	HL	报警灯

三、控制程序

报警闪烁灯控制程序如图 6-8 所示。

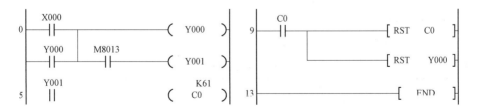

图 6-8　报警闪烁灯控制程序

实例 62 有记忆和复位功能的报警灯

一、控制要求

用开关或传感器检测故障，当故障信号为 1 时，报警灯秒周期闪烁。当操作人员按下复位按钮后，如果故障消失，则报警灯熄灭；如果仍有故障，则报警灯由闪烁转为常亮，直至故障消失。

二、 I/O 端口分配表

PLC 的 I/O 端口分配见表 6-8。

表 6-8   I/O 端口分配表

输入端口			输出端口		
输入端子	输入器件	作用	输出端子	输出器件	控制对象
X0	开关或传感器	故障信号	Y0	HL	报警灯
X1	SB 动合触点	复位	—	—	—

三、 控制程序

有记忆和复位功能的报警控制程序如图 6-9 所示。

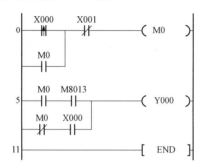

图 6-9   有记忆和复位功能的报警控制程序

实例 63   设备运行密码与报警灯

一、 控制要求

某一重要设备运行时有密码保护，密码一为"3"，密码二为"2"。当按顺序正确输入密码后，设备可正常启动；当输入密码错误时，报警灯秒周期闪烁，并且锁机 1min。

二、 I/O 端口分配表

PLC 的 I/O 端口分配见表 6-9。

表 6-9   I/O 端口分配表

输入端口			输出端口		
输入端子	输入器件	作用	输出端子	输出器件	控制对象
X0	KH 动断触点	过载保护	Y0	KM	电动机
X1	SB1 动合触点	停止按钮	Y1	HL	报警灯
X2	SB2 动合触点	启动按钮	—	—	—
X3	SB3 动合触点	密码一按钮	—	—	—
X4	SB4 动合触点	密码二按钮	—	—	—

三、　控制程序

密码与报警控制程序如图 6-10 所示。

（1）步 0～7：计数器 C0 和 C1 清零。

（2）步 8～18：X3、X4 用于设置密码一和二，C0 和 C1 存放密码设置的值。

（3）步 19～34：X0 预先闭合，当 C0＝3、C1＝2 时，按启动按钮 X2，Y0 线圈通电自锁，电动机启动。

（4）步 35～42：当设置密码错误，按下启动按钮，Y0 未启动，M1 通电自锁，连锁步 8～18 中密码不能设置，步 19～34 中电动机不能启动；步 43～45 中 Y1 报警灯开始闪烁。同时 T0 延时 60s，延时到，动断断开，M1 断电；同时步 0～7 中 T0 动合闭合对 C0、C1 复位，可以重新设置密码。

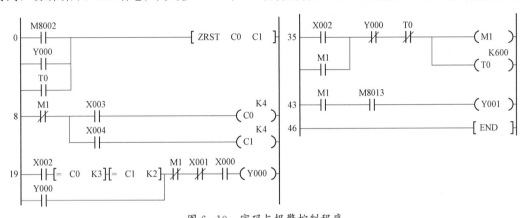

图 6-10　密码与报警控制程序

实例 64　8 盏彩灯顺序亮灭

一、　控制要求

用 PLC 输出端子控制 8 盏彩灯，如图 6-11 所示。要求从右至左逐个点亮，再从右至左逐个熄灭。往复循环，每次变化周期为 1s。

Y7	Y6	Y5	Y4	Y3	Y2	Y1	Y0
●	●	●	●	●	●	●	●

图 6-11　输出端子控制 8 盏彩灯

二、　I/O 端口分配表

PLC 的 I/O 端口分配见表 6-10。

表 6-10　　　　　　　　　　　　　　　　　I/O 端口分配表

输入端口			输出端口		
输入端子	输入器件	作用	输出端子	输出器件	控制对象
X0	SA 拨动开关	控制灯	Y0～Y7	EL1～EL8	8 盏彩灯

三、　控制关系

根据控制要求列出控制关系见表 6-11。表 6-11 中空格数据为零。K8M0 初始数据为 H0FF，当第一次移位后，数据为 H1FE，M8＝1，Y0＝1，第一盏彩灯亮，依次类推。当 M15＝1 时，全部彩灯亮，当 M23＝1 时，全部彩灯灭，重新循环。

表 6 - 11　　　　　　　　　　　　　　　控 制 关 系 表

	K8M0			
	M31～M24	M23～M16	M15～M8	M7～M0
			Y7～Y0	
0				1111　1111
1			1	1111　1110
2			11	1111　1100
…	…	…	…	…
8			1111　1111	0000　0000
9		1	1111　1110	0000　0000
…	…	…	…	…
16		1111　1111	0000　0000	0000　0000

四、 控制程序

彩灯控制程序如图 6 - 12 所示。先将数据 H0FF 传送到 K8M0；当一次亮灭循环结束时，M23＝1，重新传送初值。在步 11～28 中，每秒 K8M0 数据左移一位，M15～M8 对应控制 Y7～Y0。

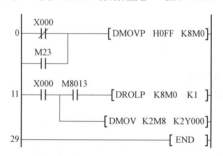

图 6 - 12　彩灯控制程序

实例 65　16 盏循环左移流水灯

一、 控制要求

用 PLC 输出端子控制 16 盏流水灯，初始状态为二进制 0101，EL1 和 EL3 两个灯亮。亮灯状态每次左移一位，往复循环，每次变化周期为 1s。

二、 I/O 端口分配表

PLC 的 I/O 端口分配见表 6 - 12。

表 6 - 12　　　　　　　　　　　　　　　I/O 端口分配表

输入端口			输出端口		
输入端子	输入器件	作用	输出端子	输出器件	控制对象
X0	SA 拨动开关	控制灯	Y0～Y17	EL1～EL16	16 盏彩灯

三、 控制程序

控制程序如图 6-13 所示。

（1）步 0～11：当开关 X0 接通时，将数据 H5（0101）传送到 K4Y0；第一次执行字循环左移指令 ROLP 后，K4Y0 数据左移一位，K4Y0=1010，依次类推。

（2）步 12～18：当开关 X0 分断时，复位全部输出端子。

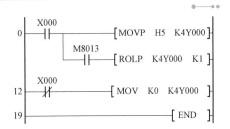

图 6-13　16 盏左移流水灯控制程序

实例 66　**16 盏循环右移流水灯**

一、 控制要求

用 PLC 输出端子控制 16 盏流水灯，初始状态为二进制 0101，EL1 和 EL3 两个灯亮。每次右移一位，往复循环，每次变化周期为 1s。

二、 I/O 端口分配表

PLC 的 I/O 端口分配见表 6-13。

表 6-13　I/O 端口分配表

输入端口			输出端口		
输入端子	输入器件	作用	输出端子	输出器件	控制对象
X0	SA 拨动开关	控制灯	Y0～Y17	EL1～EL16	16 盏彩灯

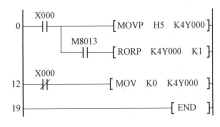

图 6-14　16 盏右移流水灯控制程序

三、 控制程序

控制程序如图 6-14 所示。

（1）步 0～11：当开关 X0 接通时，将数据 H5（0101）传送到 K4Y0；第一次执行字循环右移指令 RORP 后，K4Y0 数据右移一位，其右端移出端 Y0 与左端移入端 Y17 相连，所以第一次移位后数据为二进制 1000 0000 0000 0010，依次类推。

（2）步 12～18：当开关 X0 分断时，复位全部输出端子。

实例 67　**16 盏双向移动流水灯**

一、 控制要求

用 PLC 输出端子控制 16 盏流水灯，初始状态为二进制 0101，EL1 和 EL3 两个灯亮。流水灯左右移动，反复循环，每次移动一位，每次变化周期为 1s。

二、 I/O 端口分配表

PLC 的 I/O 端口分配见表 6-14。

表 6-14　I/O 端口分配表

输入端口			输出端口		
输入端子	输入器件	作用	输出端子	输出器件	控制对象
X0	SA 拨动开关	控制灯	Y0～Y17	EL1～EL16	16 盏彩灯

三、 控制程序

控制程序如图 6-15 所示。

(1) 步 0～5：当开关 X0 接通时将数据 H5（0101）传送到 K4Y0。

(2) 步 6～12：T0 延时 1s 到，K4Y0 数据左移一位。

(3) 步 13～19：T1 延时 1s 到，K4Y0 数据右移一位。

(4) 步 20～26：由于 Y0＝1，因此 M0 自锁，T0 延时 1s。

(5) 步 27～33：当左移至最高位时，Y017＝1，M1 自锁，T1 延时 1s。

(6) 步 34～39：当开关 X0 断开时，输出全部复位。

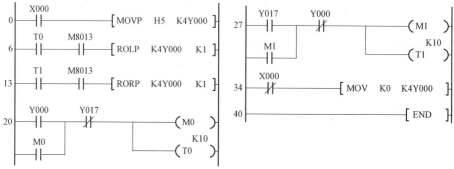

图 6-15　16 盏双向移动流水灯控制程序

实例 68　条形图动态显示

一、 控制要求

8 个 LED 组成的条形图如图 6-16 所示。这样的条形图用来观察数值变化很直观。当按下增加按钮时，条形图发光长度增加；当按下减少按钮时，条形图发光长度减少。

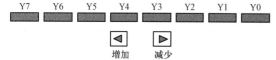

图 6-16　按钮与条形图

二、 I/O端口分配表

PLC 的 I/O 端口分配见表 6-15。

表 6-15　　　　　　　　　　　　　　I/O 端口分配表

输入端口			输出端口		
输入端子	输入器件	作用	输出端子	输出器件	控制对象
X0	SB1 动合触点	增加按钮	Y0～Y7	LED1～LED8	8 个 LED
X1	SB2 动合触点	减少按钮			

三、 控制电路

条形图控制电路如图 6-17 所示。输出端连接 8 个发光二极管和限流电阻。

四、 控制程序

条形图控制程序如图 6-18 所示。

(1) 步 0～10：当按下增加按钮 X0 时，M0＝1，执行位左移指令 SFTL，将 Y0 开始的 8 个位左移一位，同时 M0 移入 Y0，移位的结果为二进制 0000 0001，条形图第一段亮。以后每按下一次增加按钮，便增加一个亮段。

（2）步11～21：当按下减少按钮 X1 时，M0＝0，执行位右移指令 SFTR，将 Y0 开始的 8 个位右移一位，同时 M0 移入 Y7，熄灭一个亮段。以后每按下一次减少按钮，便熄灭一个亮段，直至全部段熄灭。

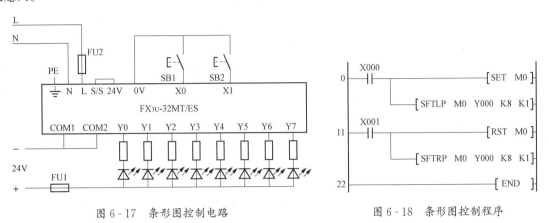

图 6-17　条形图控制电路　　　　　　　　　　图 6-18　条形图控制程序

实例 69　霓虹灯闪烁控制

一、控制要求

用 HL1～HL4 四盏霓虹灯，组成"欢迎光临"四个字，其闪烁要求和相应的控制数据见表 6-16。闪烁周期为 1s。

表 6-16　　　　　　　　　　闪烁要求与控制数据表

步序	HL1/欢	HL2/迎	HL3/光	HL4/临	控制数据
1	1	0	0	0	H8
2	0	1	0	0	H4
3	0	0	1	0	H2
4	0	0	0	1	H1
5	1	1	1	1	H0F
6	0	0	0	0	H0
7	1	1	1	1	H0F
8	0	0	0	0	H0

二、I/O 端口分配表

PLC 的 I/O 端口分配见表 6-17。

表 6-17　　　　　　　　　　I/O 端口分配表

输入端口			输出端口		
输入端子	输入器件	作用	输出端子	输出器件	控制对象
X0	SA 拨动开关	控制	Y3	HL1	欢
—	—	—	Y2	HL2	迎
—	—	—	Y1	HL3	光
—	—	—	Y0	HL4	临

三、 控制电路

霓虹灯控制电路如图 6-19 所示。

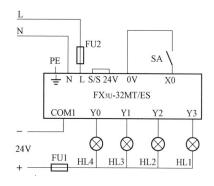

图 6-19 霓虹灯控制电路

四、 控制程序

霓虹灯控制程序如图 6-20 所示。

（1）步 0～4：X0 闭合时，用秒脉冲 M8013 对 C0 进行计数，C0 的设置值为 8。

（2）步 5～14：当 C0＝1 时，传送数据 K8 到 K1Y0，HL1 灯亮。

（3）步 15～56：当 C0＝2、3、4 时，执行位右移指令，HL2、HL3、HL4 灯轮流亮。

（4）步 57～71：当 C0＝5、7 时，传送数据 H0F 到 K1Y0，HL1～HL4 灯全亮。

（5）步 72～81：当 C0＝6 时，传送数据 0 到 K1Y0，HL1～HL4 灯全灭。

（6）步 82～90：当 C0＝8 或断开开关 SA 时，C0 及 Y0～Y3 复位，灯全灭。

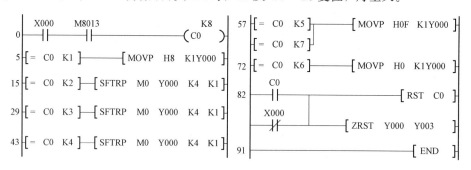

图 6-20 霓虹灯控制程序

实例 70　8 盏彩灯图案显示

一、 控制要求

用 PLC 输出端子控制 8 盏彩灯，如图 6-21 所示。要求灯光按事先设定的图案变化，往复循环，每次变化周期为 1s。

二、 I/O 端口分配表

PLC 的 I/O 端口分配见表 6-18。

Y7　Y6　Y5　Y4　Y3　Y2　Y1　Y0
●　　●　　●　　●　　●　　●　　●　　●

图 6-21 输出端子控制 8 盏彩灯

表 6-18　　　　　　　　　　　　　　　　I/O 端口分配表

输入端口			输出端口		
输入端子	输入器件	作用	输出端子	输出器件	控制对象
X0	SA 拨动开关	控制灯	Y0～Y7	EL1～EL8	8 盏彩灯

三、 控制电路

彩灯控制电路如图 6-22 所示。

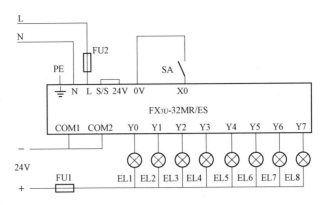

图 6-22 彩灯控制电路

四、 控制关系

根据设定的图案列出控制关系见表 6-19。

表 6-19 控制关系表

次数	K2Y0								控制数据
	Y7	Y6	Y5	Y4	Y3	Y2	Y1	Y0	
1	1	1	1	1	1	1	1	1	H0FF
2	0	1	0	1	0	1	0	1	H55
3	1	0	1	0	1	0	1	0	H0AA
4	0	0	0	0	1	1	1	1	H0F
5	1	1	1	1	0	0	0	0	H0F0
6	0	0	0	0	0	0	0	1	H01
7	0	0	0	0	0	0	1	1	H03
8	0	0	0	0	0	1	1	1	H07
9	0	0	0	0	1	1	1	1	H0F
10	0	0	0	1	1	1	1	1	H1F
11	0	0	1	1	1	1	1	1	H3F
12	0	1	1	1	1	1	1	1	H7F
13	1	1	1	1	1	1	1	1	H0FF
14	0	0	1	0	0	1	0	0	H22
15	1	1	0	1	1	0	1	1	H0DB

五、 控制程序

在编写梯形图前先建立软元件存储器，将彩灯图案控制数据输入到软元件存储器中。打开"导航"下"软元件存储器"的"MAIN"，双击左边灰色条框，弹出软元件输入对话框，如图 6-23 所示。选择软元件为 D，地址为 200～215，显示格式为十六进制数，单击"确定"按钮。然后将控制数据输入到对应的地址。注意，（D200）为数据的数量。

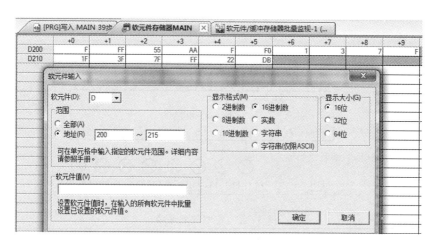

图 6-23 软元件存储器编辑

彩灯图案控制程序（包括数据块和梯形图）如图 6-24 所示。

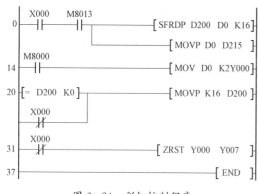

图 6-24 彩灯控制程序

（1）步 0～13：当开关 X0 接通时，秒脉冲信号 M8013 首次作用时，移位读取指令 SFRD 将 D201 中的数据 H0FF 先行读出，传送到 D0，同时右侧的数据都向左移动，（D200）减 1，（D200）=14；然后用 MOV 指令将（D0）送到最末尾的（D215）。

（2）步 14～19：（D0）传送到 K2Y0，8 盏灯全亮。当秒脉冲信号 M8013 第二次作用时，将 D202 中的数据 H55 读出，传送到 D0，偶数灯亮。同时，（D200）减 1，（D200）=13。依此类推。当秒脉冲信号 M8013 第 15 次作用时，全部数据已逐次读出，（D200）=0，本次读数过程结束。

（3）步 20～30：当（D200）=0 时，比较触点闭合，传送指令使软元件数量（D200）=15，重新开始新的循环。

（4）步 31～36：当 X0 分断时，复位全部输出端子。

实例 71　交通信号灯控制

一、控制要求

交通信号灯一个周期（70s）的时序图如图 6-25 所示。0～30s 期间，南北信号绿灯亮，东西信号红灯亮；30～35s 期间，南北信号黄灯亮，东西信号红灯亮；35～65s 期间，南北信号红灯亮，东西信号绿灯亮；65～70s 期间，南北信号红灯亮，东西信号黄灯亮。为了提醒人们不闯黄灯，绿灯最后 5s 期间以秒脉冲周期闪烁。

二、I/O 端口分配表

PLC 的 I/O 端口分配见表 6-20。

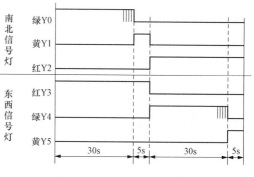

图 6-25 交通信号灯时序图

表 6 - 20

I/O 端口分配表

输入端口			输出端口		
输入端子	输入器件	作用	输出端子	输出器件	控制对象
X0	SA 拨动开关	运行/停止	Y0	HL1	南北绿灯
—	—	—	Y1	HL2	南北黄灯
—	—	—	Y2	HL3	南北红灯
—	—	—	Y3	HL4	东西红灯
—	—	—	Y4	HL5	东西绿灯
—	—	—	Y5	HL6	东西黄灯

三、 控制电路

交通信号灯控制电路如图 6 - 26 所示。

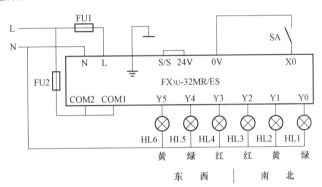

图 6 - 26 交通信号灯控制电路

四、 顺控功能图

交通信号灯顺控功能图如图 6 - 27 所示。

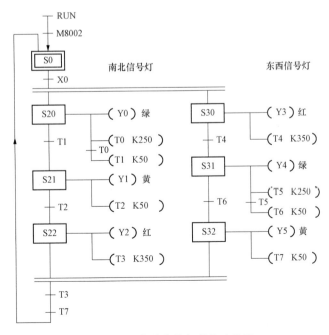

图 6 - 27 交通信号灯顺控功能图

1. 交通信号灯顺控功能图的分支控制

当 X0 动合触点闭合后，S20 和 S30 同时置位，南北绿灯亮、东西红灯亮；定时器 T0、T1 和 T4 开始延时。

2. 南北方向信号灯

定时器 T0、T1 延时时间到，由 S20 转移到 S21，南北黄灯亮，定时器 T2 开始延时；T2 延时时间到，由 S21 转移到 S22，南北红灯亮，定时器 T3 开始延时。

3. 东西方向信号灯

定时器 T4 延时时间到，由 S30 转移到 S31，东西绿灯亮，定时器 T5、T6 开始延时；T5、T6 延时时间到，由 S31 转移到 S32，东西黄灯亮，定时器 T7 开始延时。

4. 交通信号灯顺控功能图的合并控制

只有当 S22、S32 同为活动状态，T3、T7 动合触点都闭合时，程序才返回初始状态 S0，同时 S22、S32 状态自动复位。

五、 控制程序

交通信号灯控制程序如图 6 - 28 所示。

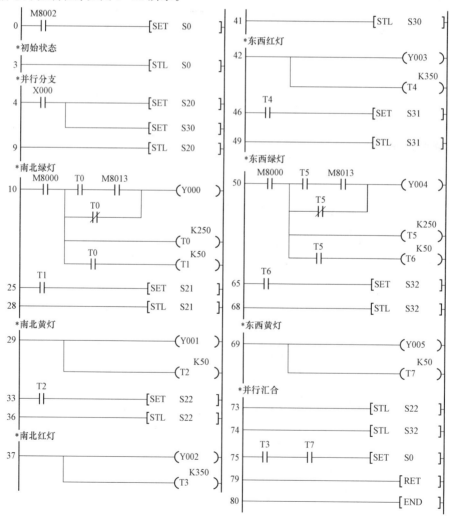

图 6 - 28 交通信号灯控制程序

（1）步 0～2：初始化脉冲 M8002 使状态继电器 S0 置位，激活初始状态 S0。

（2）步 3～8：状态 S0，并行流程模式的分支控制。当 X0 动合触点闭合时，由初始状态 S0 同时转移到状态 S20 和 S30。

（3）步 9～40：状态 S20～S22，单流程结构，控制南北方向信号灯。在步 10～24 中，利用秒脉冲 M8013 和 T0 使绿灯常亮或闪烁。

（4）步 41～72：状态 S30～S32，单流程结构，控制东西方向信号灯。在步 50～64 中，利用秒脉冲 M8013 和 T5 使绿灯常亮或闪烁。

（5）步 73～78：并行流程模式的合并控制，当两个分支各自完成流程后，程序开始新的周期循环。

实例 72 用一个主传感器或三个辅助传感器控制信号灯

一、 控制要求

用一个主传感器或三个辅助传感器控制一个信号灯，当主传感器输出信号有效或三个辅助传感器输出信号同时有效时信号灯亮，否则信号灯不亮。

二、 I/O 端口分配表

PLC 的 I/O 端口分配见表 6 - 21。

表 6 - 21　　　　　　　　　　　　　　I/O 端口分配表

输入端口			输出端口		
输入端子	输入器件	作用	输出端子	输出器件	控制对象
X0	辅助传感器 B1 动合触点	信号 D	Y0	HL	信号灯
X1	辅助传感器 B2 动合触点	信号 C	—	—	—
X2	辅助传感器 B3 动合触点	信号 B	—	—	—
X3	主传感器 B4 动合触点	信号 A	—	—	—

三、 控制线路

传感器与信号灯控制线路如图 6 - 29 所示。

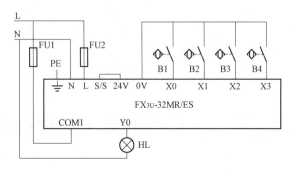

图 6 - 29　传感器与信号灯控制线路

四、 控制程序

根据控制要求，列出信号灯输出真值表见表 6 - 22。

表 6 - 22　　　　　　　　　　　　　　信号灯输出真值表

序号	信号 A X3	信号 B X2	信号 C X1	信号 D X0	信号灯 Y0	说明
0	0	0	0	0	0	灯灭
1	0	0	0	1	0	灯灭
2	0	0	1	0	0	灯灭
3	0	0	1	1	0	灯灭
4	0	1	0	0	0	灯灭
5	0	1	0	1	0	灯灭
6	0	1	1	0	0	灯灭
7	0	1	1	1	1	信号有效，灯亮
8	1	0	0	0	1	信号有效，灯亮
9	1	0	0	1	1	信号有效，灯亮
10	1	0	1	0	1	信号有效，灯亮
11	1	0	1	1	1	信号有效，灯亮
12	1	1	0	0	1	信号有效，灯亮
13	1	1	0	1	1	信号有效，灯亮
14	1	1	1	0	1	信号有效，灯亮
15	1	1	1	1	1	信号有效，灯亮

由真值表直接制作逻辑函数的卡诺图，如图 6 - 30 所示。

对卡诺图化简，逻辑函数化简结果为：$Y_0 = A + BCD$。

根据逻辑函数化简结果，可设计出控制程序梯形图，如图 6 - 31 所示。

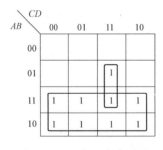

图 6 - 30　逻辑函数卡诺图

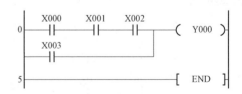

图 6 - 31　信号灯控制程序

实例 73　数码显示的智力竞赛抢答器

一、 控制要求

组装一个用数码显示的五人智力竞赛抢答器。当某参赛选手抢先按下按钮时，数码管显示该选手的号码，同时连锁其他参赛选手。主持人按复位按钮显示数码 0 后，比赛继续进行。

二、I/O 端口分配表

PLC 的 I/O 端口分配见表 6-23。

表 6-23　　　　　　　　　　　　　　　　　　I/O 端口分配表

输入端口			输出端口		
输入端子	输入器件	作用	输出端子	输出器件	控制对象
X0	SB1	主持人复位	Y0～Y6	数码管	a～g 七段显示码
X1～X5	SB2～SB6	参赛选手1～5			

三、七段数码管

七段数码管可以显示十六进制数码 0～9 和 A～F。图 6-32 所示为 LED 七段数码管的外形和内部结构。LED 数码管分共阳极结构和共阴极结构。以共阴极数码管为例，当 a、b、c、d、e、f 段接高电平时发光，g 段接低电平时不发光时，此时显示数码 0；当七段均接高电平发光时，则显示数码 8。

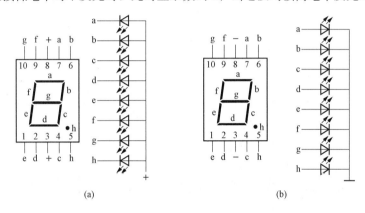

(a)　　　　　　　　　　　　　　(b)

图 6-32　LED 七段数码管

（a）共阳极结构；（b）共阴极结构

四、控制电路

用数码管显示的五人智力竞赛抢答器控制电路如图 6-33 所示。PLC 输出端子 Y0～Y6 连接共阳极数码管，使用外部直流电源 24V，限流电阻的阻值可以根据发光亮度调整。

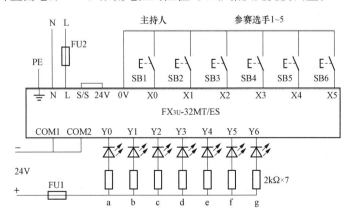

图 6-33　五人智力竞赛抢答器控制电路

五、 控制程序

应用 SEG 指令编写的五人智力竞赛抢答器程序如图 6 - 34 所示。七段译码指令 SEGD 是将 16 位二进制数的低 4 位译成相应的显示代码。为了体现竞赛抢时性，用脉冲上升沿指令控制参赛选手的按钮动作，只有在主持人按下复位按钮后才有效。

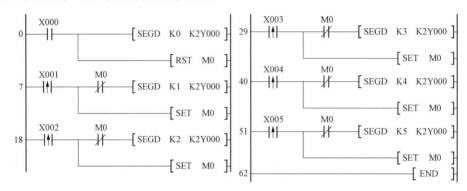

图 6 - 34　五人智力竞赛抢答器程序

（1）步 0～6：当主持人按下复位按钮 X0 时，输出数码 0 的七段显示代码，数码管显示数码 0，表示竞赛开始，同时 M0 复位。

（2）步 7～17：若 1 号参赛选手抢先按下按钮，则 X1 接通，数码管显示数码 1，同时使 M0 置位。M0 动断触点断开其他参赛选手译码到 K2Y0 的支路，因此，K2Y0 中的数据不再发生变化，起到了连锁作用。其他参赛选手的动作与此类似，只是传送的显示代码不同。

在此基础上将控制电路和程序稍作修改，便可以将参赛选手扩大到 9 人。

实例 74　停车场空闲车位数码显示

一、 控制要求

某停车场最多可停 50 辆车，用两位数码管显示空闲车位的数量。用出/入传感器检测进出停车场的车辆数目，每进一辆车停车场空闲车位数量减 1，每出一辆车空闲车位数量增 1。空闲车位的数量大于 5 时，入口处绿灯亮，允许入场；空闲车位数量等于和小于 5 时，绿灯闪烁，提醒待进场车辆将满场；空闲车位数量等于 0 时，红灯亮，禁止车辆入场。

二、 I/O 端口分配表

PLC 的 I/O 端口分配见表 6 - 24。

表 6 - 24　　　　　　　　　　　　　　　I/O 端口分配表

输入端口			输出端口	
输入端子	输入元件	作用	输出端子	作用
X0	入口传感器 IN	检测进场车辆	Y6～Y0	个位数码显示
	SB1	手动调整	Y7	绿灯，通行信号
X1	出口传感器 OUT	检测出场车辆	Y16～Y10	十位数码显示
	SB2	手动调整	Y17	红灯，禁止信号

三、 控制电路

用 PLC 控制的停车场空闲车位数码显示电路如图 6 - 35 所示。两线式入口传感器 IN 连接 X0，出口传感器 OUT 连接 X1，与传感器并联的按钮 SB1 和 SB2 用来调整空闲车位显示数量。两位共阳极数码管的公共端连接外部直流电源 24V 的正极，个位数码管 a～g 段连接输出端 Y0～Y6，十位数码管 a～g 段连接输出端 Y10～Y16，数码管各段限流电阻已内部连接。绿、红信号灯分别连接输出端 Y7 和 Y17。

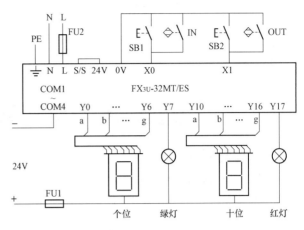

图 6-35 停车场空闲车位数码显示控制电路

四、控制程序

停车场空闲车位数码显示程序如图 6-36 所示。由于需要显示两位数码，所以在程序中应用了 BCD 码转换指令 BCD。BCD 指令将源操作数的二进制数据转换成 8421BCD 码并存入目标操作数中。在目标操作数中每 4 位表示一位十进制数，从低至高分别表示个位、十位、百位、千位。

（1）步 0～5：初始化脉冲 M8002 设置空闲车位数量初值为 50。

（2）步 6～10：每进一辆车，空闲车位数量减 1。

（3）步 11～20：通过比较和传送指令使空闲车位数量最小为 0，不出现负数。

（4）步 21～25：每出一辆车，空闲车位数量加 1。

（5）步 26～35：通过比较和传送指令使空闲车位数量最大为 50。

（6）步 36～61：将空闲车位数量转换为 BCD 码存储于 K2M0，其中个位码存储于 K1M0，十位码存储于 K1M4；将 K1M0 转换为七段显示代码送 K2Y0 显示个位，将 K1M4 转换为七段显示代码送 K2Y10 显示十位。当十位 BCD 码（K1M4）为 0 时，Y10～Y16 复位，不显示十位"0"。

（7）步 62～78：当空闲车位数量大于 0 且小于或等于 5 时，绿灯闪烁；当空闲车位数量大于 5 时，绿灯常亮。

（8）步 79～84：当空闲车位数量等于 0 时，红灯亮。

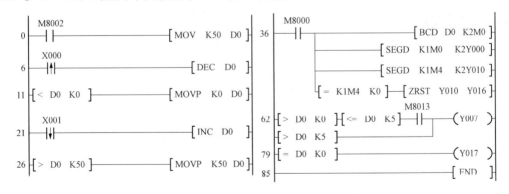

图 6-36 停车场空闲车位数码显示程序

第七章

运算控制

实例 75 用四则运算结果控制输出

一、 控制要求

用 K4X0 作为数 1，K4X20 作为数 2，X40 作为加法运算，X41 作为减法运算，X42 作为乘法运算，X43 作为除法运算。用 K4Y0 显示运算结果，用 Y20 显示结果为零，Y21 显示运算结果溢出，Y22 显示运算结果为负数，Y23 显示除数为零。

二、 I/O 端口分配表

PLC 的 I/O 端口分配见表 7-1。

表 7-1   I/O 端口分配表

输入端口			输出端口		
输入端子	输入器件	作用	输出端子	输出器件	作用
X0~X7、X10~X17	SA1~SA16	数 1	Y0~Y7、Y10~Y17	HL1~HL16	显示运算结果
X20~X27、X30~X37	SA17~X32	数 2	Y20	HL17	零标志
X40	SB5 动合触点	加法运算	Y21	HL18	溢出标志
X41	SB6 动合触点	减法运算	Y22	HL19	负数标志
X42	SB7 动合触点	乘法运算	Y23	HL20	除数为零
X43	SB8 动合触点	除数运算	—	—	—

三、 控制电路

四则运算控制电路如图 7-1 所示，SA1~SA32 为单极拨动开关。

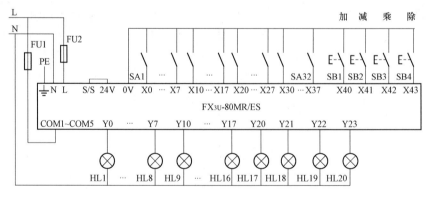

图 7-1   四则运算控制电路

四、 控制程序

加法运算控制程序如图 7-2 所示。

（1）步 0～10：将 K4X0 和 K4X20 分别送入 D0 和 D1 中。

（2）步 11～18：将（D0）和（D1）进行相加，结果存放在 D2 中。

（3）步 19～26：将（D0）和（D1）进行相减，结果存放在 D2 中。

（4）步 27～34：将（D0）和（D1）进行相乘，结果存放在 D2 中。

（5）步 35～42：将（D0）和（D1）进行相除，结果存放在 D2 中。

（6）步 43～48：计算结果（D2）送到 K4Y0 进行显示。

（7）步 49～50：如果计算结果为 0，零位标志 M8020 接通，Y20 有输出。

（8）步 51～69：如果计算结果溢出，Y21 有输出。

（9）步 70～71：如果结果为负（Y15＝1），Y22 有输出。

（10）步 72～78：如果相除按钮按下（X43＝1），除数为零，则 Y23 有输出。

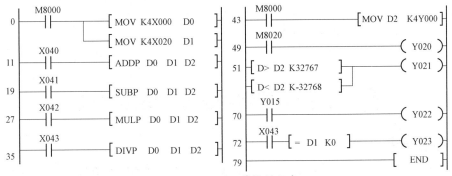

图 7-2　四则运算控制程序

实例 76　判断输入数据的奇偶性

一、控制要求

用 K4X0 作为输入数据。如果数值是偶数，则输出指示灯 Y0 亮；如果数值是奇数，则输出指示灯 Y1 亮。

二、I/O 端口分配表

PLC 的 I/O 端口分配见表 7-2。

表 7-2　　　　　　　　　　　　　　　　I/O 端口分配表

输入端口			输出端口		
输入端子	输入器件	作用	输出端子	输出器件	作用
X0～X7，X10～X17	SA1～SA16	输入数据	Y0	HL1	输入数据偶数时亮
—	—	—	Y1	HL2	输入数据奇数时亮

三、控制电路

奇偶判断控制电路如图 7-3 所示。其中，SA1～SA16 为单极拨动开关。

四、控制程序

奇偶判断控制程序如图 7-4 所示。

（1）步 0～7：将输入数据 K4X0 除以 2，商保存在 D0 中，余数保存在 D1 中。

（2）步8～13：当余数（D1）等于0时Y0线圈通电，HL1指示灯亮，用来表示偶数。

（3）步14～19：当余数（D1）等于1时Y1线圈通电，HL2指示灯亮，用来表示奇数。

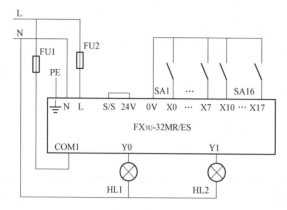

图7-3 奇偶判断控制电路

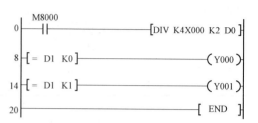

图7-4 奇偶判断控制程序

实例 77 将字中的某些位置为 0

一、 控制要求

用输入 K4X0 去控制输出 K4Y0，但输出端子 Y5～Y7 不受输入的控制而始终处于"0"状态。

二、 I/O 端口分配表

PLC 的 I/O 端口分配见表 7-3。

表 7-3 I/O 端口分配表

输入端口			输出端口		
输入端子	输入器件	作用	输出端子	输出器件	作用
X0～X7、X10～X17	SA1～SA16	输入数据	Y0～Y7、Y10～Y17	HL1～HL16	显示控制结果

三、 控制电路

控制电路如图 7-5 所示。其中，SA1～SA16 为单极拨动开关。

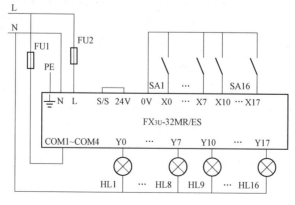

图7-5 控制电路

四、　控制程序

输出 Y5、Y6、Y7 不受输入控制的程序如图 7‑6 所示。"WAND"是与逻辑指令。用输入端子 K4X0 和常数 HFF1F 作"与"逻辑运算。

与逻辑运算过程如图 7‑7 所示。设 K4X0 的数据为 HBABA，与常数 HFF1F 相"与"后，K4Y0 的状态为 HBA1A。输出 Y7~Y5 为 0，其余输出与输入的状态完全相同。

图 7‑6　与逻辑控制程序

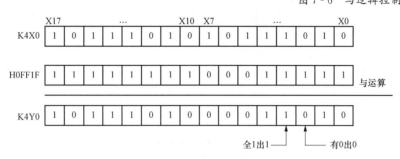

图 7‑7　逻辑 "与" 指令的位运算过程

实例 78　将字中的某些位置为 1

一、　控制要求

用输入 K4X0 去控制输出 K4Y0，但输出端子 Y3、Y4 位不受输入的控制而始终处于"1"状态。

二、　I/O 端口分配表

PLC 的 I/O 端口分配见表 7‑4。

表 7‑4　　　　　　　　　　　　　　　　I/O 端口分配表

输入端口			输出端口		
输入端子	输入器件	作用	输出端子	输出器件	作用
X0~X7、X10~X17	SA1~SA16	输入数据	Y0~Y7、Y10~Y17	HL1~HL16	显示控制结果

三、　控制电路

控制电路如图 7‑8 所示。其中，SA1~SA16 为单极拨动开关。

四、　控制程序

将输出 Y3、Y4 置为 1 的程序如图 7‑9 所示。"WOR"是或逻辑指令。用输入 K4X0 和常数 H18 作"或"逻辑运算。

或逻辑运算过程如图 7‑10 所示。设输入 K4X0 的数据为 HAAAA，与常数 H18 相"或"后，输出 K4Y0 的状态为 HAABA。输出 Y3、Y4 位保持"1"状态不变，与 X3、X4 的状态无关，而其余输出则与输入的状态相同。

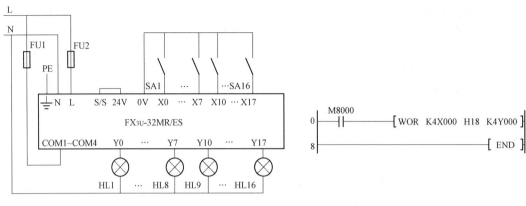

图 7-8 控制电路   图 7-9 或逻辑控制程序

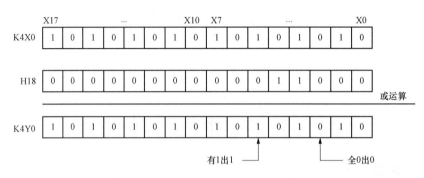

图 7-10 逻辑 "或" 指令的位运算过程

实例 79 用输入信号的相反状态控制输出

一、 控制要求

要求用输入 K4X0 的相反状态去控制输出 K4Y0，即 K4X0 的某位为 "1" 时，K4Y0 的相应位为 "0"；K4X0 某位为 "0" 时，K4Y0 的相应位为 "1"。

二、 I/O 端口分配表

PLC 的 I/O 端口分配见表 7-5。

表 7-5   I/O 端口分配表

输入端口			输出端口		
输入端子	输入器件	作用	输出端子	输出器件	作用
X0~X7、X10~X17	SA1~SA16	输入数据	Y0~Y7、Y10~Y17	HL1~HL16	显示控制结果

三、 控制电路

控制电路如图 7-11 所示。其中，SA1~SA16 为单极拨动开关。

四、 控制程序

用输入信号的相反状态控制输出的程序如图 7-12 所示。"NEG" 是逻辑补码指令。将输入

K4X0 送入 D0，然后进行补码运算，由于补码是取反加 1，所以用 DEC 将（D0）减 1，最后将（D0）送入 K4Y0。

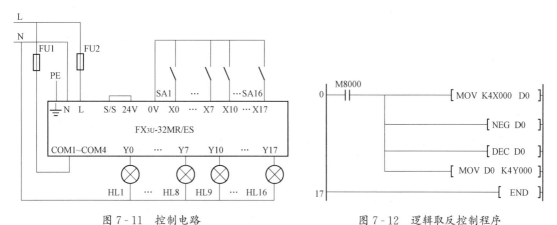

图 7-11 控制电路　　　　　　　　图 7-12 逻辑取反控制程序

逻辑补码为取反加 1，其运算过程如图 7-13 所示。设 K4X0 的数据为 HAAAA，经"取反"加 1 后，K4Y0 的状态为 H5556。

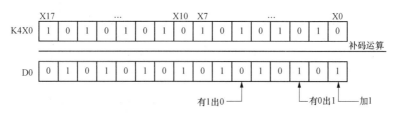

图 7-13 逻辑补码指令的位运算过程

实例 80　输出信号与输入信号相同或相反

一、控制要求

当选择开关接通时，输出 K4Y0 的状态与输入 K4X0 的状态相同；当选择开关断开时，输出 K4Y0 的状态与输入 K4X0 的状态相反。

二、I/O 端口分配表

PLC 的 I/O 端口分配见表 7-6。

表 7-6　　　　　　　　　　　　I/O 端口分配表

输入端口			输出端口		
输入端子	输入器件	作用	输出端子	输出器件	作用
X0~X7、X10~X17	SA1~SA16	输入数据	Y0~Y7、Y10~Y17	HL1~HL16	显示控制结果
X20	SA17	选择开关			

三、控制电路

控制电路如图 7-14 所示，SA1~SA17 为单极拨动开关。

四、 控制程序

输出信号与输入信号相同或相反的控制程序如图7-15所示。"WXOR"是逻辑异或指令。

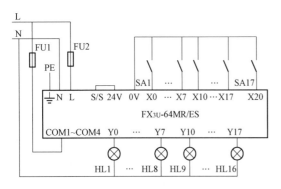

图7-14 控制电路

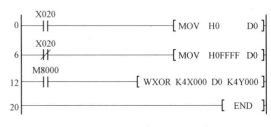

图7-15 逻辑异或控制程序

当选择开关X20接通时，异或逻辑运算过程如图7-16所示。设K4X0为HAAAA，与常数0相"异或"后，K4Y0也为HAAAA。输出信号与输入信号相同。

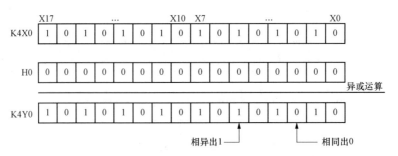

图7-16 逻辑 "异或" 指令的位运算过程

当选择开关X20分断时，异或逻辑运算过程如图7-17所示。设K4X0为HAAAA，与常数HFFFF相"异或"后，K4Y0为H5555。输出信号与输入信号相反。

图7-17 逻辑 "异或" 指令的位运算过程

实例 81   设置数据调整范围

一、 控制要求

要求K4Y0的初始数据值为7，调整范围为5～10。

二、 I/O端口分配表

PLC的I/O端口分配见表7-7。

表 7-7　　　　　　　　　　　　　　　　　　I/O 端口分配表

输入端口			输出端口		
输入端子	输入器件	作用	输出端子	输出器件	作用
X0	SB1 动合触点	数据增 1	Y0～Y7、Y10～Y17	HL1～HL16	显示控制结果
X1	SB2 动合触点	数据减 1	—	—	—

三、 控制电路

数据调整控制电路如图 7-18 所示。

四、 控制程序

数据调整控制程序如图 7-19 所示。"INCP"是脉冲加 1 指令，"DECP"是脉冲减 1 指令。

(1) 步 0～5：开机时将 7 送入 K4Y0。

(2) 步 6～9：当按下 SB1 时，X0 动合触点闭合，K4Y0 加 1。

(3) 步 10～13：当按下 SB2 时，X1 动合触点闭合，K4Y0 减 1。

(4) 步 14～23：K4Y0 小于 5，将 5 送入 K4Y0。

(5) 步 24～33：K4Y0 大于 10，将 10 送入 K4Y0。

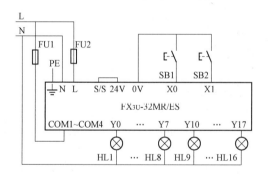

图 7-18　数据调整控制电路

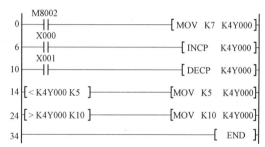

图 7-19　数据调整控制程序

实例 82　多挡位功率调整控制

一、 控制要求

某加热器有 7 个功率挡位，分别是 0.5kW、1kW、1.5kW、2kW、2.5kW、3kW 和 3.5kW。要求每按一次按钮 SB2 功率增加，功率上升一挡；每按一次按钮 SB3 功率减少，功率下降一挡；按停止按钮 SB1，加热停止。

二、 I/O 端口分配表

PLC 的 I/O 端口分配见表 7-8。

表 7-8　　　　　　　　　　　　　　　　　　I/O 端口分配表

输入端口			输出端口		
输入端子	输入器件	作用	输出端子	输出器件	控制对象
X0	SB1 动合触点	停止加热	Y0	KM1	$R_1/0.5\mathrm{kW}$

续表

输入端口			输出端口		
输入端子	输入器件	作用	输出端子	输出器件	控制对象
X1	SB2 动合触点	功率增加	Y1	KM2	$R_2/1\text{kW}$
X2	SB3 动合触点	功率减小	Y2	KM3	$R_3/2\text{kW}$

三、 控制线路

加热器功率调整控制线路如图 7-20 所示。

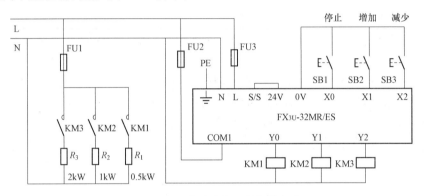

图 7-20　加热器功率调整控制电路

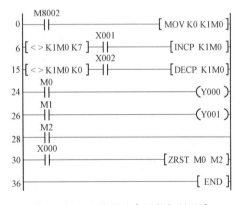

图 7-21　加热器功率调整控制程序

四、 控制程序

加热器功率调整控制程序如图 7-21 所示。

(1) 增加功率。开机后首次按下功率增加按钮 SB2 时，M0 状态为 1，Y0 通电，KM1 通电动作，加热功率为 0.5kW。以后每按一次按钮 SB2，KM1～KM3 按加 1 规律通电动作，直到 KM1～KM3 全部通电为止，最大加热功率为 3.5kW。

(2) 减小功率。每按一次减小功率按钮 SB3，KM1～KM3 按减 1 规律动作，直到 KM1～KM3 全部断电为止。

(3) 停止。当按下停止按钮 SB1 时，KM1～KM3 同时断电。

实例 83　电动机运转时间的调整与保持

一、 控制要求

某台电动机的运转时间可以根据生产工艺进行调整，调整范围为 10～30s，控制要求如下。

(1) 每按下一次增加按钮，运转时间增加 1s；每按下一次减少按钮，运转时间减少 1s。

(2) 当运转时间调整到最大或最小值时，指示灯点亮提醒。

(3) 已调整好的运转时间具有断电数据保持功能。

二、 I/O 端口分配表

PLC 的 I/O 端口分配见表 7-9。

表 7 - 9　　　　　　　　　　　　　　I/O 端口分配表

输入端口			输出端口		
输入端子	输入器件	作用	输出端子	输出器件	控制对象
X0	KH 动断触点	过载保护	Y0	KM	电动机 M
X1	SB1 动合触点	停止按钮	Y1	HL	指示灯 HL
X2	SB2 动合触点	启动按钮	—	—	—
X3	SB3 动合触点	运转时间增加按钮	—	—	—
X4	SB4 动合触点	运转时间减少按钮	—	—	—

三、 控制电路

电动机运转时间调整与保持控制电路如图 7 - 22 所示。

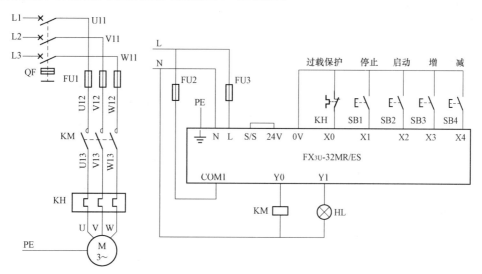

图 7 - 22　电动机运转时间调整与保持控制电路

四、 控制程序

电动机运转时间调整与保持控制程序如图 7 - 23 所示。断电数据保持寄存器为 D512 ~ D7999。使用 D1000 作为定时器 T0 的预置值寄存器，具有断电保存数据功能。

（1）步 0 ~ 15：应用脉冲加减指令使每次参数调整增加或减少 10。

（2）步 16 ~ 35：应用比较指令限定时间参数上下限范围。

（3）步 36 ~ 46：应用比较指令使时间参数达到上下限时指示灯亮。

（4）步 47 ~ 55：T0 延时控制 Y0。

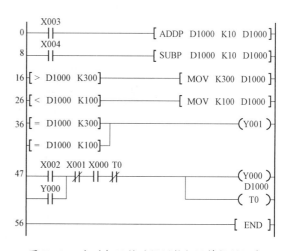

图 7 - 23　电动机运转时间调整与保持控制程序

实例 84　求 0＋1＋2＋3＋…＋100 的和

一、控制要求

求 0＋1＋2＋3＋…＋100 的和，将运算结果存入 D10，并在软元件/缓冲寄存器批量监视中监控 D0、D10。

二、控制程序与监控

1. 控制程序

应用循环指令求和程序如图 7-24 所示。指令 FOR 表示循环开始，NEXT 表示循环结束，FOR、NEXT 之间的程序称为循环体。指令 FOR、NEXT 必须成对出现，缺一不可。D0 为循环增量寄存器，X0 连接控制按钮。当 X0 接通时，对 D0、D10 清零；当 X0 分断时调用子程序 P0 开始循环，循环次数 100 次。每循环一次，循环增量 D0 中的数据自动加 1，（D10）与（D0）相加一次，结果存入 D10。共计相加 100 次后结束循环。

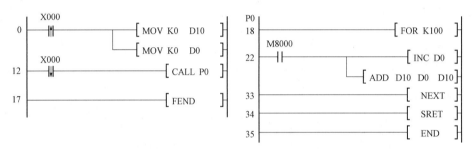

图 7-24　应用循环指令求和程序

2. 运行监控

单击软元件/缓冲寄存器批量监视按钮，在软元件中输入 D0，单击监视开始按钮，监控值如图 7-25 所示。当求 0＋1＋2＋3＋…＋100 和的程序运行后，循环增量（D0）＝ ＋100，运算结果（D10）＝ ＋5 050。

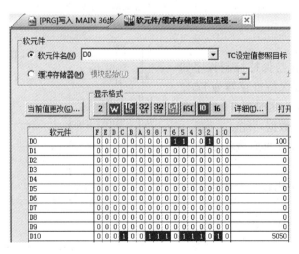

图 7-25　软元件监视

实例 85　当输入半径时输出圆的面积

一、控制要求

要求用输入 K4X0 作为圆的半径，用 K4Y0 输出圆的面积，范围为 0～32 767，如果数据溢出，则停止数据输出。

二、控制程序

求圆面积的控制程序如图 7-26 所示。

M8000
0
MOV K4X000 D0
FLT D0 D1
DEMUL D1 D1 D10
DEDIV K314 K100 D12
DEMUL D10 D12 D14
DINT D14 D20
MOV D20 K4Y000
D> D20 K32767
ZRST Y000 Y016
Y017
79
END

图 7-26　求圆面积控制程序

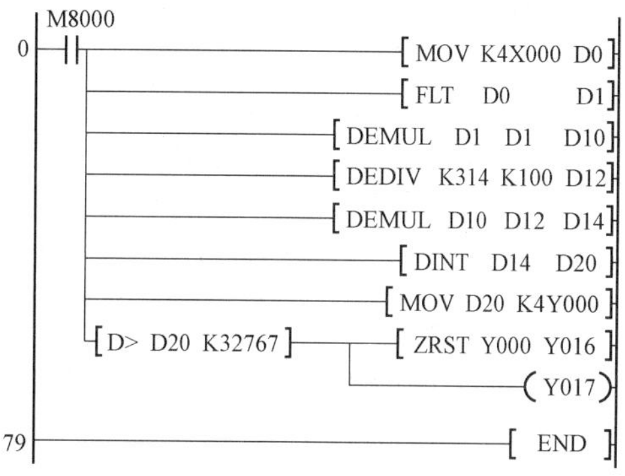

(1) 先将输入 K4X0 送入 D0，然后通过整数至浮点数转换指令 FLT 将（D0）转换为浮点数，保存在 D1 中。

(2) 再通过 32 位浮点数相乘指令 DEMUL，求出半径平方值（浮点数），保存在（D11、D10）中。

(3) 通过 32 位浮点数相除指令 DEDIV，求出圆周率 π=3.14，保存在（D13、D12）中。

(4) 用指令 DEMUL 求出半径平方与 π 的浮点数积（圆面积），保存在（D15、D14）中。

(5) 再通过 32 位浮点数转换为整数指令 DINT 将（D15、D14）转换为整数保存在（D21、D20）中。

(6) 通过传送指令 MOV，将（D20）传送输出 K4Y0。

(7) 当（D21、D20）的数据大于 32 767，即超出显示数据的输出范围时，复位 Y0～Y16，数值为 0。K4Y0 的最高位（符号位）Y17 置 1，表示数据溢出。

实例 86　将英寸转换为厘米

一、控制要求

要求用输入 K4X0 作为英寸数值，用输出 K4Y0 显示对应的厘米数值。

二、控制程序

将英寸转换为厘米的控制程序如图 7-27 所示。记英寸与厘米之间的转换关系为：1 英寸=2.54 厘米。

M8000
0
DEDIV K254 K100 D0
MOV K4X000 D10
FLT D10 D20
DEMUL D0 D20 D30
DINT D30 D40
MOV D40 K4Y000
51
END

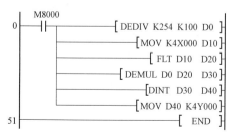

图 7-27　将英寸转换为厘米的控制程序

(1) 应用 32 位浮点数相除指令 DEDIV 求出常数 2.54，保存在（D1、D0）中。

(2) 应用传送指令 MOV，将 K4X0（英寸数值）传送到 D10 中。

(3) 应用整数至浮点数转换指令 FLT，将（D10）转换为浮点数（D21、D20）。

(4) 应用 32 位浮点数相乘指令 DEMUL，求出厘米数值（D31、D30）。

(5) 应用 32 位浮点数至整数转换指令 DINT，将厘米数值（D31、D30）转换为 32 位整数存储在（D41、D40）中。

(6) 应用传送指令 MOV，将（D40）传送到输出 K4Y0 进行显示。

实例 87 将厘米转换为英寸

一、 控制要求

要求用输入 K4X0 作为厘米数值，用输出 K4Y0 显示对应的英寸数值。

二、 控制程序

将厘米转换为英寸的控制程序如图 7-28 所示。

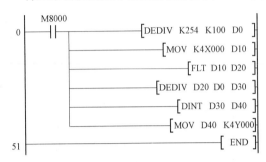

图 7-28 将厘米转换为英寸的控制程序

（1）应用 32 位浮点数相除指令 DEDIV 求出常数 2.54，保存在（D1、D0）中。

（2）应用传送指令 MOV，将 K4X0（厘米数值）传送到 D10 中。

（3）应用整数至浮点数转换指令 FLT，将（D10）转换为浮点数（D21、D20）。

（4）应用 32 位浮点数相除指令 DEDIV，求出英寸数值（D31、D30）。

（5）应用 32 位浮点数至整数转换指令 DINT，将英寸数值（D31、D30）转换为 32 位整数存储在（D41、D40）中。

（6）应用传送指令 MOV，将（D40）传送到输出 K4Y0 进行显示。

实例 88 求若干数据的总和与平均值

一、 控制要求

设有 10 个数据存储于软元件存储器 D600 开始的 10 个字软元件中，求它们的平均值与总和，并存储在存储器 D700 开始的单元中。

二、 控制程序

1. 设置软元件存储器 MAIN

软元件存储器 MAIN 的设置如图 7-29 所示。双击"导航"选项 →选择"软元件存储器"→"MAIN"选项，进入软元件存储器，双击表格左边的灰色框，选择软元件"D"，地址为 600～609（断电保持），分别输入相对应数据。

图 7-29 软元件存储器的设置

2. 控制程序

求 10 个数据平均值与总和的控制程序如图 7 - 30 所示。

（1）用求均值指令 MEAN，对 D600 开始 10 个单元的数据求平均值，保存在 D700 中。

（2）将均值（D700）乘以数据数量 10，求出总和，保存在 D701 中。

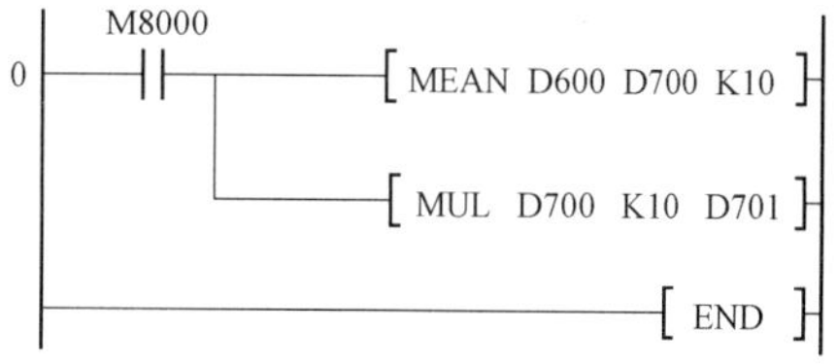

图 7 - 30　求 10 个数据总和与平均值的控制程序

实例 89　应用变址输出存储数据

一、控制要求

设有 10 个数据存储在 D600 开始的 10 个字软元件中。查找存储器表格的偏移量用 X0 设定（第一个字的偏移量为 0，第二个字的偏移量为 1，……，第 10 个字的偏移量为 9），在 X0 的上升沿用变址方式将表格中对应的数据输出到 K4Y0。

二、控制程序

1. 设置软元件存储器 MAIN

软元件存储器 MAIN 的设置如图 7 - 31 所示。双击"导航"选项，选择"软元件存储器"→"MAIN"选项，进入软元件存储器，双击表格左边的灰色框，选择软元件"D"，地址为 600～609（断电保持），显示为十六进制，分别输入相对应数据。

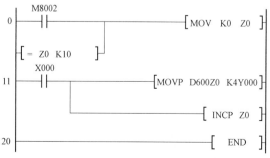

图 7 - 31　软元件存储器的设置

2. 控制程序

应用变址输出数据的控制程序如图 7 - 32 所示。

图 7 - 32　应用变址输出数据的控制程序

（1）步 0～10：开机，将变址寄存器 Z0 清零。

（2）步 11～19：X0 第一次按下，（Z0）＝0，D600Z0 为 D（600＋0），即 D600（H123），将其值送入 K4Y0 进行显示，（Z0）加 1；X0 第二次按下，（Z0）＝1，D600Z0 为 D601，即 H1234，送入 K4Y0 进行显示，（Z0）加 1。当 X0 第 10 次按下时，（Z0）＝9，D600Z0 为 D609，即 H9ABC，送入 K4Y0 进行显示，（Z0）＋1＝10，数据已经全部显示。在步 0～10 中，将 Z0 清零，从头开始。

第八章

时间控制

实例 90　**24h 延时控制**

一、 控制要求

按下启动按钮 X0，水泵 Y0 启动，24h 后水泵自动停止。

二、 I/O 端口分配表

PLC 的 I/O 端口分配见表 8-1。

表 8-1　　　　　　　　　　　　I/O 端口分配表

输入端口			输出端口		
输入端子	输入器件	作用	输出端子	输出器件	控制对象
X0	SB 动合触点	启动	Y0	KM	水泵

三、 控制程序

1. 使用普通编程方法实现 24h 延时

由于一个定时器最多只能延时 3 276.7s，因此可由特殊辅助继电器 M8014 产生的分钟脉冲和一个计数器构成控制程序，计数器预置值为 1min×60×24＝1 440min，程序如图 8-1 所示。

2. 使用计时器实现 24h 延时

使用计时器实现 24h 延时的控制程序如图 8-2 所示。

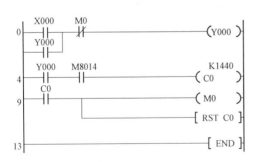

图 8-1　24h 延时控制程序 1

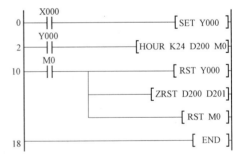

图 8-2　24h 延时控制程序 2

实例 91　**PLC 长延时控制**

一、 控制要求

编写一个长时间延时控制程序，设 X0 闭合 22 天后，输出端 Y0 接通；X1 闭合，Y0 断开。

二、控制程序

1. 使用普通编程方法实现长延时

计数器预置值为 $1min \times 60 \times 24 \times 22 = 31680min$，程序如图 8-3 所示。

2. 使用计时器实现长延时

延时时间为 $24h \times 22 = 528h$，使用计时器实现长延时的控制程序如图 8-4 所示。

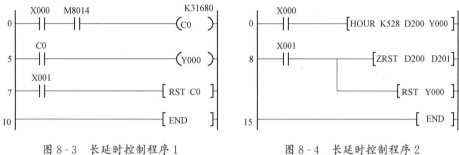

图 8-3　长延时控制程序 1　　　　　　图 8-4　长延时控制程序 2

实例 92　PLC 的日期时间设置

一、控制要求

设置 PLC 的实时时钟，并将实时时钟信息存储至存储器 D0～D6 中。

二、操作

（1）连线 FX₃U 系列 PLC，选择编程软件主菜单"在线"→"时钟设置"命令，单击"获取计算机时间"→"执行"按钮，则读取计算机系统的当前日期时间至 PLC，如图 8-5 所示。

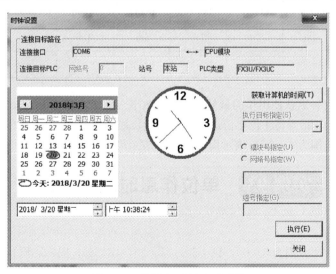

图 8-5　设置 PLC 的实时时钟

（2）将实时时钟信息读取到软元件的程序如图 8-6 所示。软元件/缓冲存储器批量监视如图 8-7 所示。D0～D6 共 7 个软元件分别存放当前年、月、日、时、分、秒和星期信息。例如，当前时钟信息为 2018 年 3 月 20 日 10 时 41 分 8

图 8-6　实时时钟读取程序

秒，星期二。

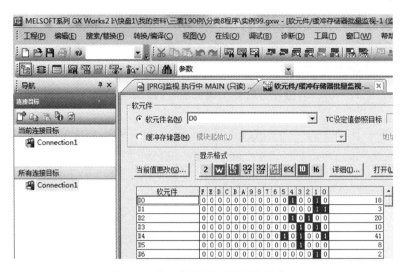

图 8-7 软元件/缓冲存储器批量监视

三、 TRD 指令

（1）TRD 指令从连线的 PLC 中读取可编程控制器实时时钟的时钟数据，读取源为保存时钟数据的特殊存储器（D8013～D8019），并把它们装入以 D0 为起始地址的 7 个元件中，读取过程见表 8-2。

表 8-2   实时时钟特殊存储器、 存储元件与时钟信息

时钟信息	年	月	日	时	分	秒	星期
实时时钟特殊存储器	D8018	D8017	D8016	D8015	D8014	D8013	D8019
存储元件	D0	D1	D2	D3	D4	D5	D6
数据	0～99	1～12	1～31	0～23	0～59	0～59	0（日）～6（六）

（2）PLC 的实时时钟默认使用年的最低两位有效数字。例如，17 表示 2017 年。当需要以 4 位表示年份时，可以用 MOV 指令将 4 位年份送入 D8018 中，如 MOV K2017 D8018。

（3）星期的取值范围为 0～6，0 表示周日，1～6 表示周一至周六。

实例 93 单位作息时间定时控制

一、 控制要求

设单位作息响铃时间分别为 8：00，11：50，14：20，18：30，周六、周日不响铃。

二、 控制程序

1. 设置软元件存储器 MAIN

软元件存储器 MAIN 的设置如图 8-8 所示。双击"导航"选项，选择"软元件存储器"→"MAIN"选项，进入软元件存储器，双击表格左边的灰色框，选择软元件"D"，地址为 20～31，分别输入 4 个时间的时、分、秒。

图 8 - 8 软元件存储器的设置

2. 编写控制程序

设电铃连接 PLC 输出端子 Y0，每次响铃时间 6s。作息时间定时控制程序如图 8 - 9 所示。

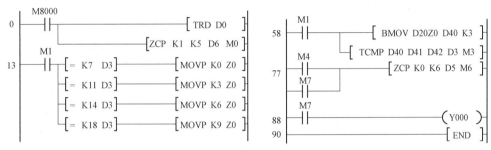

图 8 - 9 作息时间主程序

（1）步 0～12：读取实时时钟信息存储在 D0 起始的 7 个软元件中。区间比较是否在星期一至星期五，如果是，则 M1＝1，否则 M1＝0。

（2）步 13～57：使用了变址 Z0，在 7∶00 时，（Z0）＝K0，在步 58～76 中将（D20～D22）成批传送到 D40～D42 中；在 11∶00 时，（Z0）＝K3，将（D23～D25）成批传送到 D40～D42 中，以下相同。

（3）步 58～76：执行成批传送 BMOV，然后进行时间数据比较，读取的 D40、D41、D42（时、分、秒）与实时时钟 D3 开始的 3 个软元件进行比较，相等则到达响铃时间，M4＝1；否则 M4＝0。

（4）步 77～87：M4 只接通 1s，用区间比较 ZCP，比较实时时钟秒（D5）是否在 0～6s，如果还没有到 6s，则 M7＝1 进行继续比较；如果到达 6s，则 M7＝0，不再进行比较。

（5）步 88～89：在 0～6s 期间，M7＝1，Y0 线圈输出，响铃。

实例 94 路灯亮灭定时控制

一、 控制要求

设路灯（若十个）由接在 PLC 输出端子 Y0 和 Y1 的接触器各控制一半，不同季节开灯、关灯时间见表 8 - 3。

表 8 - 3 路灯开灯、 关灯时间

季节（月份）	全开灯时间	关一半灯时间	全关灯时间
夏季（6～8 月）	19∶00	00∶00	06∶00
冬季（12～翌年 2 月）	17∶10	00∶00	07∶10
春秋季（3～5 月、9～11 月）	18∶10	00∶00	06∶30

二、I/O端口分配表

PLC的I/O端口分配见表8-4。

表8-4　　　　　　　　　　　　　　　I/O端口分配表

输出端口		
输出端子	输出器件	控制对象
Y0	KM1	一半灯
Y1	KM2	另一半灯

三、控制电路

路灯控制电路如图8-10所示。

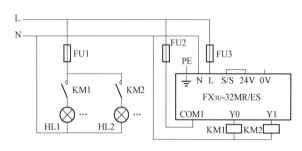

图8-10　路灯控制线路

四、控制程序

1. 设置软元件存储器MAIN

软元件存储器MAIN的设置如图8-11所示。双击"导航"选项，选择"软元件存储器"→"MAIN"选项，进入软元件存储器，双击表格左边的灰色框，选择软元件"D"。夏、冬和春秋季的每天有全开灯时间、关一半灯时间和全关灯时间，每个时间有时、分、秒，每个季节占用9个软元件，共有27软元件，地址为20~46。

	+0	+1	+2	+3	+4	+5	+6	+7	+8	+9
D20	19	0	0	0	0	0	6	0	0	17
D30	10	0	0	0	0	7	10	0	18	10
D40	0	0	0	0	6	30	0			

图8-11　软元件存储器的设置

2. 编写控制程序

路灯控制程序如图8-12所示。

（1）步0~12：读取实时时钟到D0开始的7个软元件中，区间比较月份D1是否在6~8月（夏季）。若是，则M1=1；若不是则M0=1或M2=1。

（2）步13~18：M1=1，K0送入变址Z0，步55~65中将D20开始9个软元件中的数据传送到D50开始的9个软元件中。

（3）步19~46：不是6~8月，则区间比较是否在3~5月或9~11月（春秋季）。若是，则M4或M7为1，K18送入变址Z0，步55~65中将D38开始的9个软元件中的数据传送到D50开始的9个软元件中。

（4）步47~54：不是夏季（M1=0）和春秋季（M4=0和M7=0），则将K9送入变址Z0，步55

～65 中将 D29 开始的 9 个软元件中的数据传送到 D50 开始的 9 个软元件中。

（5）步 55～65：应用成批传送 BMOV，将 D20Z0 开始的 9 个软元件中的数据传送到 D50 开始的 9 个软元件中，并调用子程序 P0。

（6）步 67～102：子程序 P0。在步 67～88 中，TCMP 为时间比较指令，将设置时间（D50～D52）与实时时钟（D3～D5）进行比较。如果相等，则步 89～91 中的 M10 动合触点闭合，Y0 与 Y1 置 1，灯全亮。TZCP 为时间区间比较指令，D53 开始的 3 个软元件（00：00：00）为关一半灯时间，D56 开始的 3 个软元件为全关灯时间，与实时时钟 D3 开始的 3 个软元件进行比较，M13 变为 1，则到了关一半灯时间，在步 92～94 中，M13 动合触点闭合，Y0 复位，关一半灯；M14 变为 1，则到了全关灯时间，步 95～101 中，在 M14 的上升沿，将 Y0 和 Y1 复位，灯全灭。

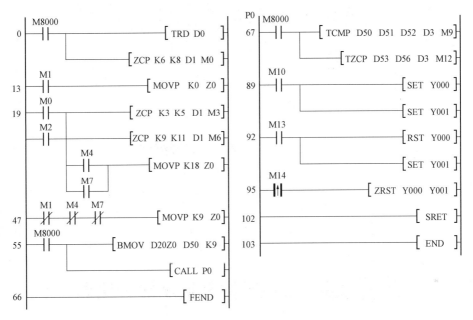

图 8-12 路灯控制程序

实例 95 用数码管显示时钟信息

一、控制要求

用 4 个数码管显示当前时钟信息。

二、I/O 端口分配表

PLC 的 I/O 端口分配见表 8-5。

表 8-5

I/O 端口分配表

输出端子	输出器件	作用	输出端子	输出器件	作用
Y0～Y3	数码管	分钟个位	Y10～Y13	数码管	小时个位
Y4～Y7	数码管	分钟十位	Y14～Y17	数码管	小时十位

三、控制电路

时钟显示电路如图 8-13 所示。74LS247 译码器输出逻辑为低电平有效，输出电流最大为 24mA，驱动共阳极数码管时需要串联至少几百欧的限流电阻。在正常译码状态下，输入一组 BCD 码，输出一组七段显示码。SM41056 为共阳极数码管，导通电压约为 2V，每段电流 5mA 左右。

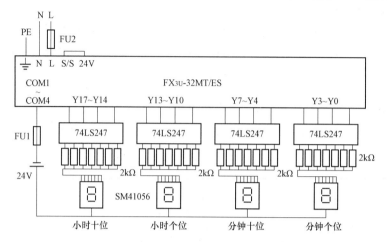

图 8-13　时钟显示电路

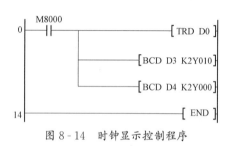

图 8-14　时钟显示控制程序

四、 控制程序

时钟显示控制程序如图 8-14 所示。

步 0～13：读取实时时钟信息，时钟信息存储在 D0 起始的 7 个软元件中。将二进制的小时 D3 转换为 BCD 码送到 K2Y10；将二进制的分钟 D4 转换为 BCD 码送到 K2Y0。

实例 96　设置定时并显示时钟信息

一、 控制要求

（1）用 4 个拨码开关设置定时的小时和分钟，定时时间到响铃 6s。

（2）用 4 个数码管显示当前时钟信息。

二、 I/O 端口分配表

PLC 的 I/O 端口分配见表 8-6。

表 8-6　　　　　　　　　　　　　　　　　I/O 端口分配表

输入端口			输出端口		
输入端子	输入器件	作用	输出端子	输出器件	作用
X0～X3	拨码开关	分钟个位	Y0～Y3	数码管	分钟个位
X4～X7	拨码开关	分钟十位	Y4～Y7	数码管	分钟十位
X10～X13	拨码开关	小时个位	Y10～Y13	数码管	小时个位
X14～X17	拨码开关	小时十位	Y14～Y17	数码管	小时十位
—	—	—	Y020	继电器线圈	响铃

三、控制电路

设置定时与显示时钟电路如图 8-15 所示。输入部分使用了 4 个 BCD 拨码开关，设置定时时间，当前设置的为 14：30。输出部分 74LS247 译码器输出逻辑为低电平有效，输出电流最大为 24mA，驱动共阳极数码管时需要串联至少几百欧的限流电阻。在正常译码状态下，输入一组 BCD 码，输出一组七段显示码。SM41056 为共阳极数码管，导通电压约为 2V，每段电流 5mA 左右。

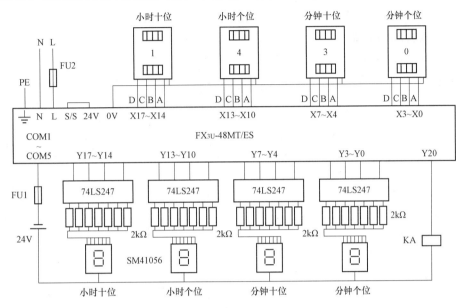

图 8-15　设置定时与时钟显示电路

四、控制程序

设置定时与时钟显示控制程序如图 8-16 所示。

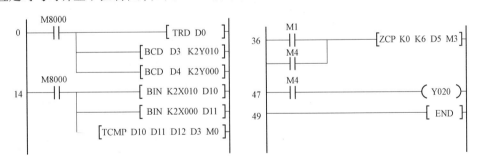

图 8-16　设置定时与时钟显示控制程序

（1）步 0~13：读取实时时钟信息，时钟信息存储在 D0 起始的 7 个软元件中。将二进制的小时 D3 转换为 BCD 码送到 K2Y10，显示小时；将二进制的分钟 D4 转换为 BCD 码送到 K2Y0，显示分钟。

（2）步 14~35：将小时设定 X10~X17 转换为二进制码存放到 D10 中；将分钟设定 X0~X7 转换为二进制码存放到 D11 中；用时间比较指令 TCMP 比较实时时钟时分秒 D3~D5 是否到设定的 D10 ~D12（时分秒），若是，则 M1＝1。

（3）步 36~46：到达设定时间，M1 动合闭合，用区间比较 ZCP，比较实时时钟秒（D5）是否在 0~6s。若是，则 M4＝1 进行继续比较；若不是，则到达 6s，M4＝0，不再进行比较。

（4）步 47~48：在 0~6s 期间，M4＝1，Y20 线圈输出，响铃。

实例 97 **修改并显示时钟信息**

一、 控制要求

（1）用 4 个拨码开关修改时钟的小时和分钟。

（2）用 4 个数码管显示当前时钟信息。

二、 I/O 端口分配表

PLC 的 I/O 端口分配见表 8-7。

表 8-7　　　　　　　　　　　　　I/O 端口分配表

输入端口			输出端口		
输入端子	输入器件	作用	输出端子	输出器件	作用
X0～X3	拨码开关	分钟个位	Y0～Y3	数码管	分钟个位
X4～X7	拨码开关	分钟十位	Y4～Y7	数码管	分钟十位
X10～X13	拨码开关	小时个位	Y10～Y13	数码管	小时个位
X14～X17	拨码开关	小时十位	Y14～Y17	数码管	小时十位
X20	按钮	修改	—	—	—

三、 控制电路

设置定时与显示时钟电路如图 8-17 所示。输入部分使用了 4 个 BCD 拨码开关修改时钟，当前修改的时间为 14：30。输出部分 74LS247 译码器输出逻辑为低电平有效，输出电流最大为 24mA，驱动共阳极数码管时需要串联至少几百欧的限流电阻。在正常译码状态下，输入一组 BCD 码，输出一组七段显示码。SM41056 为共阳极数码管，导通电压约为 2V，每段电流 5mA 左右。

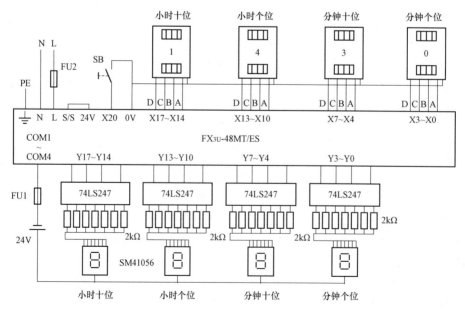

图 8-17　设置定时与时钟显示电路

四、 控制程序

1. 用时钟指令修改时钟

修改时钟与时钟显示控制程序如图 8-18 所示。

（1）步 0~13：读取实时时钟信息，时钟信息存储在 D0 起始的 7 个软元件中。将二进制的小时 D3 转换为 BCD 码送到 K2Y10，显示小时；将二进制的分钟 D4 转换为 BCD 码送到 K2Y0，显示分钟。

（2）步 14~38：当修改按钮 X20 按下时，将小时 X10~X17 转换为二进制码存放到 D10 中；将分钟 X0~X7 转换为二进制码存放到 D11 中；用成批传送指令将 D0 开始的实时时钟信息传送到 D20 开始的 7 个软元件中；将设定的小时 D10 和分钟 D11 传送到 D23 和 D24 中。

（3）步 39~43：当断开按钮 X20 时，将 D20 开始的时钟信息写入到实时时钟。

2. 停止时钟时修改时钟

停止时钟时修改时钟的控制程序如图 8-19 所示。

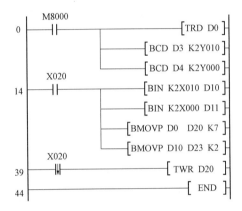

图 8-18　修改时钟与时钟显示控制程序

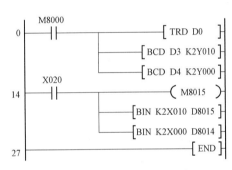

图 8-19　停止时钟时修改时钟的控制程序

（1）步 0~13：读取实时时钟信息，时钟信息存储在 D0 起始的 7 个软元件中。将二进制的小时 D3 转换为 BCD 码送到 K2Y10，显示小时；将二进制的分钟 D4 转换为 BCD 码送到 K2Y0，显示分钟。

（2）步 14~26：当修改按钮 X20 按下时，M8015 通电，停止时钟运行；将小时 X10~X17 转换为二进制码存放到 D8015 中；将分钟 X0~X7 转换为二进制码存放到 D8014 中；松开按钮 X20 时，新时间生效开始计时。

第九章

中断与高速控制

实例 98 外部输入中断的应用

一、 控制要求

（1）在输入端子 X0 的上升沿（中断指针 I001）通过中断使 Y0 置位。

（2）在输入端子 X1 的下降沿（中断指针 I100）通过中断使 Y0 复位。

二、 I/O 端口分配表

PLC 的 I/O 端口分配见表 9-1。

表 9-1   I/O 端口分配表

输入端口			输出端口		
输入端子	输入器件	作用	输出端子	输出器件	控制对象
X0	SB1 动合触点	置位按钮	Y0	HL	指示灯
X1	SB2 动合触点	复位按钮	—	—	—

三、 控制电路

外部输入中断的控制电路如图 9-1 所示。

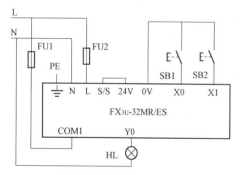

图 9-1 外部输入中断控制电路

四、 中断指针

所谓中断就是指当 CPU 执行正常程序时，系统中出现了某些急需处理的特殊请求，这时 CPU 暂时中断现行程序，转而去对随机发生的更紧迫事件进行处理（称为执行中断服务程序），当该事件处理完毕后，CPU 自动返回原来被中断的程序继续执行的过程。

FX 系列 PLC 有三种类型的中断，即外部输入中断、定时器中断和高速计数器中断。外部输入中断指针的编号和动作见表 9-2。I 表示中断；3 位数字中的第一位按输入 X0～X5 相应地为 0～5；第三位中 0 表示下降沿中断，1 表示上升沿中断。指针编号不能重复使用，同一个输入不能同时使用上升沿中断和下降沿中断，如 I001 和 I000 不能同时使用。

表 9-2   输入中断指针的编号和动作

输入编号	指针编号		禁止中断
	上升沿中断	下降沿中断	
X0	I001	I000	M8050
X1	I101	I100	M8051
X2	I201	I200	M8052

输入编号	指针编号		禁止中断
	上升沿中断	下降沿中断	
X3	I301	I300	M8053
X4	I401	I400	M8054
X5	I501	I500	M8055

五、 控制程序

外部输入中断控制程序如图 9 - 2 所示。

(1) 步 0～1：主程序。EI 为允许中断。

(2) 步 2～5：X0 的上升沿中断程序。当检测到 X0 的上升沿时，中断指针 I1 指向该中断程序，应用置位指令 SET 将 Y0 置位，HL 指示灯亮。

(3) 步 6～9：X1 的下降沿中断程序。当检测到 X1 的下降沿时，中断指针 I100 指向该中断程序，应用复位指令 RST 将 Y0 复位，HL 指示灯熄灭。

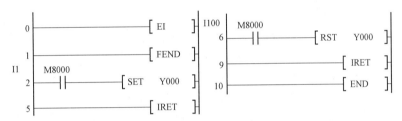

图 9 - 2　外部输入中断控制程序

实例 99　应用外部输入中断实现电动机连续运转控制

一、 控制要求

(1) 当按下启动按钮时，电动机通电运转。

(2) 当按下停止按钮或电动机发生过载故障时，电动机断电停止。

二、 I/O 端口分配表

PLC 的 I/O 端口分配见表 9 - 3。

表 9 - 3　　　　　　　　　　　　　　I/O 端口分配表

输入端口			输出端口		
输入端子	输入器件	作用	输出端子	输出器件	控制对象
X0	KH 动断触点	过载保护	Y1	KM	电动机 M
X1	SB1 动合触点	停止按钮	—	—	—
X2	SB2 动合触点	启动按钮	—	—	—

三、 控制线路

应用外部输入中断实现电动机连续运转的控制电路如图 9 - 3 所示。

四、 控制程序

根据控制要求和控制电路图编写的 PLC 程序如图 9 - 4 所示。

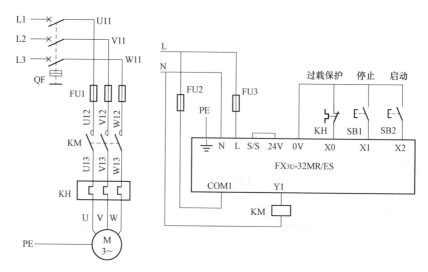

图 9-3　外部输入中断实现电动机连续运转控制电路

（1）步 0～1：主程序。EI 为允许中断。

（2）步 2～5：X2 的上升沿中断程序。当启动按钮 SB2 按下（检测到 X2 的上升沿）时，中断指针 I201 指向该中断程序，应用置位指令 SET 将 Y1 置位，电动机启动。

（3）步 6～9：X0 的下降沿中断程序。当过载保护 KH 断开（检测到 X0 的下降沿）时，中断指针 I0 指向该中断程序，应用复位指令 RST 将 Y1 复位，电动机停止。

（4）步 11～13：X1 的上升沿中断程序。当停止按钮 SB1 按下（检测到 X1 的上升沿）时，中断指针 I101 指向该中断程序，应用复位指令 RST 将 Y1 复位，电动机停止。

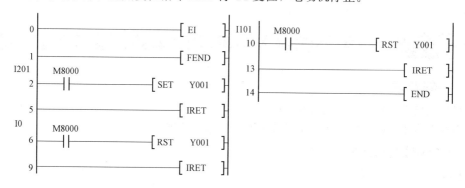

图 9-4　外部输入中断实现电动机连续运转控制程序

实例 100　应用外部输入中断实现报警

一、控制要求

（1）当按下启动按钮时，电动机通电运转。

（2）当按下停止按钮时，电动机断电停止。

（3）当检测到电动机发生过载故障时，电动机立即断电停止并发出报警信号；报警故障排除后，报警消失。

二、I/O 端口分配表

PLC 的 I/O 端口分配见表 9-4。

表 9-4　　　　　　　　　　　　　　　I/O 端口分配表

输入端口			输出端口		
输入端子	输入器件	作用	输出端子	输出器件	控制对象
X0	KH 动断触点	过载保护	Y0	KM	电动机 M
X1	SB1 动合触点	停止按钮	Y1	HL	报警
X2	SB2 动合触点	启动按钮	—	—	—

三、控制电路

应用外部输入中断实现报警的控制电路如图 9-5 所示。

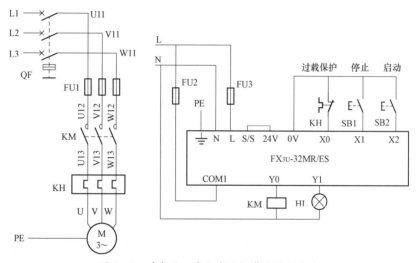

图 9-5　外部输入中断实现报警的控制电路

四、控制程序

根据控制要求和控制线路图编写的 PLC 程序如图 9-6 所示。

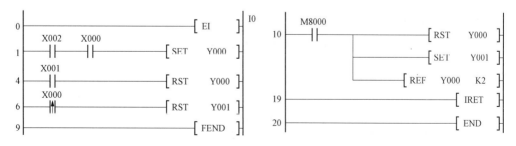

图 9-6　外部输入中断实现报警控制程序

（1）步 0~9：主程序。步 0 中，EI 为允许中断；步 1~3 中，热继电器正常，X0 动合闭合，按下启动按钮 SB2，X2 接通，Y0 置位，电动机启动；步 4~5 中，按下停止按钮 SB1，X1 动合接通，Y0 复位，电动机停止；步 6~8 中，热继电器动断触点 KH 闭合时，报警指示灯 Y1 复位。

（2）步 10~19：X0 的下降沿中断程序。当过载保护 KH 断开（检测到 X0 的下降沿）时，中断指针 I0 指向该中断程序，应用复位指令 RST 将 Y0 复位，电动机停止；Y1 置位，报警指示灯 HL 亮；

用刷新指令 REF 使 Y0 和 Y1 立即输出。

实例 101 应用定时器中断实现秒定时

一、 控制要求

应用定时器中断功能实现周期为 1s 的定时，并在输出 K2Y0 以每秒加 1 的形式输出二进制数据。

二、 中断指针

FX 系列 PLC 有三个定时器中断，中断指针的编号及动作见表 9-5。

表 9-5   定时器中断指针的编号和动作

指针编号	中断周期（ms）	禁止中断
I6□□	在指针的□□中，输入 10～99 的整数，如 I610 表示每 10ms 执行一次定时器中断	M8056
I7□□		M8057
I8□□		M8058

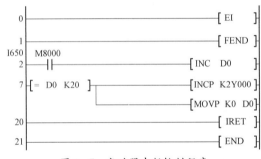

图 9-7 定时器中断控制程序

三、 控制程序

定时器中断的控制程序如图 9-7 所示。

（1）步 0～1：主程序。EI 为允许中断。

（2）步 2～20：定时器中断程序，每 50ms 执行一次定时器中断，中断指针 I650 指向该中断程序，（D0）加 1，当中断 20 次时（50ms × 20 = 1s），K2Y0 加 1，D0 清零。

实例 102 应用定时器中断实现秒脉冲输出

一、 控制要求

应用定时器中断功能实现周期为 1s 的高精度脉冲输出。

二、 I/O 端口分配表

PLC 的 I/O 端口分配见表 9-6。

表 9-6   I/O 端口分配表

输入端口			输出端口	
输入端子	输入器件	作用	输出端子	控制对象
X0	SB 动合触点	启动/停止按钮	Y0	秒脉冲输出

三、 控制电路

应用定时器中断实现秒脉冲输出的控制电路如图 9-8 所示。

四、　控制程序

定时器中断实现秒脉冲输出的应用程序如图 9-9 所示。

（1）步 0～8：主程序。步 0 中，EI 为允许中断；步 1～7 中，当 SB 没有按下时，输出秒脉冲；当按下 SB 时，X0 动合闭合，复位 D0 和 Y0，M8057 通电，禁止定时器中断，停止输出脉冲。

（2）步 9～25：定时器中断程序。每 10ms 执行一次定时器中断，中断指针 I710 指向该中断程序，（D0）加 1，当中断 50 次时（10ms×50＝0.5s），Y0 交替输出，D0 清零。

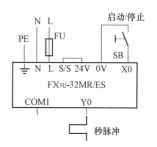

图 9-8　定时器中断输出秒脉冲的控制电路

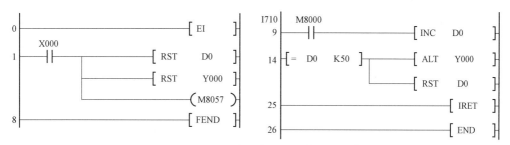

图 9-9　定时器中断实现秒脉冲控制程序

实例 103　应用单相单输入高速计数器计数

一、　控制要求

（1）当按下启动按钮时，使用高速计数器对脉冲信号计数，当计数值等于 50 时输出端指示灯亮。

（2）当按下复位按钮时，指示灯熄灭。

二、　I/O 端口分配表

PLC 的 I/O 端口分配见表 9-7。

表 9-7　　　　　　　　　　　　　　　　I/O 端口分配表

输入端口			输出端口		
输入端子	输入器件	作用	输出端子	输出器件	控制对象
X0	—	脉冲信号输入端	Y0	HL	指示灯
X1	SB1 动合触点	复位	—	—	—
X2	SB2 动合触点	启动	—	—	—

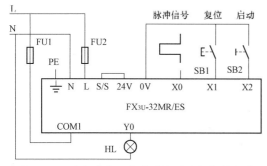

图 9-10　单相单输入高速计数器计数控制电路

三、　控制电路

单相单计数输入高速计数器计数控制电路如图 9-10 所示。

四、　高速计数器

三菱 FX 系列 PLC 的高速计数器的编号为 C235～C255，都是 32 位断电保持型双向计数器，计数范围为－2 147 483 648～＋2 147 483 647，高速计数器分为单相单计数输入、单相双计数输入和双相双计数输入三类。

1. 单相单输入高速计数器

单相单计数输入的高速计数器见表 9-8。

表 9-8　　　　　　　　　　　　　　　　　　单相单输入高速计数器

输入分配	无复位/开始计数端						有复位/开始计数端				
	C235	C236	C237	C238	C239	C240	C241	C242	C243	C244	C245
X0	U/D						U/D			U/D	
X1		U/D					R			R	
X2			U/D					U/D			U/D
X3				U/D				R	U/D		R
X4					U/D				R		
X5						U/D					
X6										S	
X7											S

注　U 为增计数；D 为减计数；R 为复位；S 为启动。

2. 增/减切换用特殊辅助继电器

增/减切换用特殊辅助继电器编号见表 9-9。

表 9-9　　　　　　　　　　　　　增/减切换用特殊辅助继电器编号

计数器号	增减指定	计数器号	增减指定
C235	M8235	C241	M8241
C236	M8236	C242	M8242
C237	M8237	C243	M8243
C238	M8238	C244	M8244
C239	M8239	C245	M8245
C240	M8240	—	—

五、 控制程序

1. 计数控制程序 1

计数控制程序 1 使用普通方法编程，如图 9-11 所示。

(1) 步 0～5：按下启动按钮 X2，C235 开始计数，设定值为 50。

(2) 步 6～8：按下复位按钮 X1，C235 复位。

(3) 步 9～10：C235 计数到 50 时，C235 动合闭合，Y0 线圈得电。

2. 计数控制程序 2

计数控制程序 2 使用高速计数器专用的比较置位编程，如图 9-12 所示。

(1) 步 0～18：按下启动按钮 X2，C235 开始计数，设定值为最大值 2 147 483 647；当计数到 50 时，Y0 置位。

(2) 步 19～22：按下复位按钮 X1，C235 和 Y0 复位。

图 9-11 计数控制程序 1

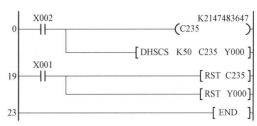

图 9-12 计数控制程序 2

3. 计数控制程序 3

计数控制程序 3 使用中断方法编程，高速计数器中断有 6 个，中断指针的编号为 I010～I060（数字中间 1～6 为高速计数器中断），中断禁止位 M8059。控制程序如图 9-13 所示。

（1）步 0～24：主程序。在步 0 中，允许中断；在步 1～19 中，按下启动按钮 X2，C235 开始计数，设定值为最大值 2 147 483 647；计数到 50 时，执行中断 I10；在步 20～23 中，按下复位按钮 X1，C235 和 Y0 复位。

（2）步 25～28：中断程序。中断时使 Y0 置位。

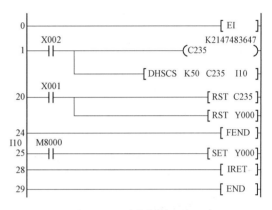

图 9-13 计数控制程序 3

实例 104 | **有复位/开始的单相计数器**

一、 控制要求

使用高速计数器对脉冲信号计数，计数增减方向可由开关 SA 外部控制。当计数值大于等于 50 且小于 100 时，指示灯亮；其余情况下，指示灯熄灭。

二、 I/O 端口分配表

PLC 的 I/O 端口分配见表 9-10。

表 9-10　　　　　　　　　　　　I/O 端口分配表

输入端口			输出端口		
输入端子	输入器件	作用	输出端子	输出器件	控制对象
X0	—	脉冲信号输入端	Y0	HL	指示灯
X1	SB1 动合触点	外部复位	—	—	—
X2	SA 动合触点	外部增减方向控制	—	—	—
X6	SB2 动合触点	开始	—	—	—

三、 控制电路

有复位/开始的高速计数器控制电路如图 9-14 所示。

四、 控制程序

有复位/开始的高速计数器控制程序如图 9-15 所示。

（1）步0～31：按下启动按钮SB2，C244开始计数，设定值为最大值2 147 483 647；当计数到50时，Y0置位；当计数到100时，Y0复位。

（2）步32～34：拨动增/减开关SA，X2闭合，M8244得电，进行减计数。

（3）当按下复位按钮SB1时，计数器当前值清零。

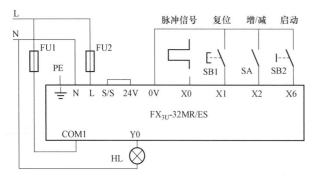

图9-14　有复位/开始的高速计数器控制电路　　　　图9-15　有复位/开始的高速计数器控制程序

实例 105　应用单相高速计数器实现速度测量

一、控制要求

与电动机同轴的测量轴沿圆周安装6个磁钢，用霍尔传感器测量转速，则每周输出6个脉冲，控制要求如下。

（1）当按下启动按钮时，电动机M启动，霍尔传感器测量的转速送入D200。

（2）当按下停止按钮时，电动机M停止。

二、I/O端口分配表

PLC的I/O端口分配见表9-11。

表9-11　　　　　　　　　　　　　　　I/O端口分配表

输入端口			输出端口		
输入端子	输入器件	作用	输出端子	输出器件	作用
X0	BM霍尔传感器	输入传感器信号	Y0	交流接触器KM	控制电动机
X1	SB1动合触点	停止按钮	—	—	—
X2	SB2动合触点	启动按钮	—	—	—

三、控制电路

速度测量控制电路如图9-16所示。

四、控制程序

速度测量的PLC程序如图9-17所示。

（1）步0～3：开机使C235复位。

（2）步4～7：电动机的启动（X2）和停止（X1）控制。

（3）步8～13：电动机Y0运行时，高速计数器C235计数。

（4）步14～17：产生3s的振荡周期，用于采样。

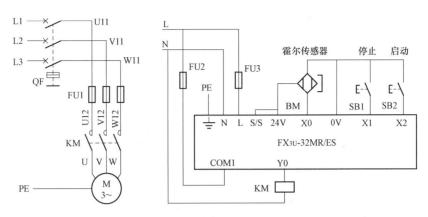

图 9-16 速度测量控制电路

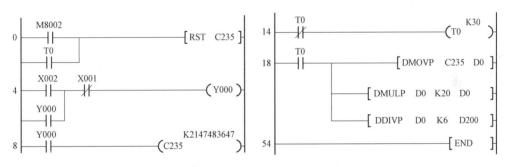

图 9-17 速度测量 PLC 程序

（5）步 18～53：3s 时间到，将 3s 时间内高速计数器测量值（C235）送到 32 位寄存器（D1D0）中，乘以 20，得到 1min 内的脉冲数，除以 6 变为转轴的转速（r/min），送入 D200；同时，在步 0～3中使 C235 复位。

实例 106　应用单相双输入高速计数器实现增减计数

一、控制要求

有两相脉冲 U 和 D，U 脉冲用于增计数，D 脉冲用于减计数，通过输出指示灯监视计数器的增减。

二、I/O 端口分配表

PLC 的 I/O 端口分配见表 9-12。

表 9-12　I/O 端口分配表

输入端口			输出端口		
输入端子	输入器件	作用	输出端子	输出器件	作用
X0	增脉冲 U	计数增加	Y0	HL	监视增减
X1	减脉冲 D	计数减少	—	—	—
X2	SB1 动合触点	计数器复位	—	—	—
X6	SB2 动合触点	计数器启动	—	—	—

三、 单相双输入高速计数器

单相双输入高速计数器的编号见表 9-13。

表 9-13　　　　　　　　　　　　　单相双输入高速计数器

输入编号	C246	C247	C248	C249	C250
X0	U	U	—	U	—
X1	D	D	—	D	—
X2	—	R	—	R	—
X3	—	—	U	—	U
X4	—	—	D	—	D
X5	—	—	R	—	R
X6	—	—	—	S	—
X7	—	—	—	—	S
增减监视	M8246	M8247	M8248	M8249	M8250

注　U 为增计数；D 为减计数；R 为复位；S 为启动。

四、 控制电路

增减计数控制应用了单相双输入高速计数器 C249，系统自动分配 X0 为 C249 的增计数信号输入端，X1 为 C249 的减计数信号输入端；X2 是复位端，X6 是启动端。其控制电路如图 9-18 所示。

五、 控制程序

根据增减计数器的接线图及控制要求，编写的 PLC 控制程序如图 9-19 所示。当减计数时，M8249＝1，Y0 线圈得电，HL 指示灯亮。

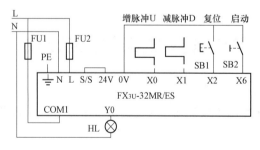

图 9-18　增减计数的控制电路

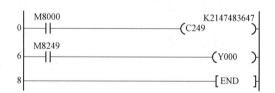

图 9-19　增减计数的 PLC 程序

实例 107　双相双输入高速计数器

一、 控制要求

有 A、B 两相正交脉冲信号，使用高速计数器对脉冲信号计数。

(1) 当计数值等于 50 时输出端 Y0 置位；当按下复位按钮时，Y0 复位。

(2) 减计数时，Y1 置位；增计数时，Y1 复位。

二、 I/O 端口分配表

PLC 的 I/O 端口分配见表 9-14。

表 9 - 14　　　　　　　　　　　　　　I/O 端口分配表

输入端口			输出端口		
输入端子	输入器件	作用	输出端子	输出器件	作用
X0	旋转编码器 A	A 脉冲信号输入端	Y0	HL1	计数值监视
X1	旋转编码器 B	B 脉冲信号输入端	Y1	HL2	增减监视
X2	SB 动合触点	外部复位	—	—	—

三、 双相双输入高速计数器

双相双输入高速计数器的编号见表 9 - 15。

表 9 - 15　　　　　　　　　　　　　双相双输入高速计数器

输入编号	C251	C252	C253	C254	C255
X0	A	A		A	
X1	B	B		B	
X2		R		R	
X3	—	—	A	—	A
X4	—	—	B	—	B
X5	—	—	R	—	R
X6				S	—
X7					S
增减监视	M8251	M8252	M8253	M8254	M8255

注 A 为 A 相输入；B 为 B 相输入；R 为复位；S 为启动。

四、 控制电路

双相双输入高速计数器控制电路如图 9 - 20 所示。

五、 控制程序

双相双输入高速计数器控制程序如图 9 - 21 所示。

(1) 步 0～18：开机，C251 开始计数，设定值为最大值＋2 147 483 647；使用高速计数器专用的比较指令 DHSCS，当计数到 50 时，Y0 置位。

(2) 步 19～22：按下复位按钮 X2 后，C251 和 Y0 复位。

(3) 步 23～24：M8251 监视计数器的增减，当计数器为减计数时，Y1 有输出。

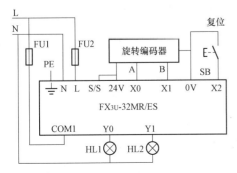

图 9 - 20　双相双输入高速计数器控制电路

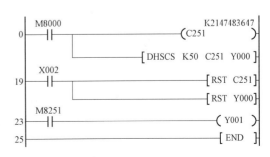

图 9 - 21　双相双输入高速计数器控制程序

实例 108 应用双相双输入高速计数器实现位置测量

一、 控制要求

某单向旋转机械上连接了一个 A/B 两相正交脉冲增量旋转编码器，计数脉冲的个数就代表了旋转轴的位置。编码器旋转一圈产生 1 000 个 A/B 相脉冲和一个复位脉冲（C 相或 Z 相），要求在 135°～270°指示灯亮，其余位置指示灯熄灭。

二、 I/O 端口分配表

PLC 的 I/O 端口分配见表 9 - 16。

表 9 - 16　　　　　　　　　　I/O 端口分配表

输入端口			输出端口		
输入端子	输入器件	作用	输出端子	输出器件	控制对象
X3	编码器 A 相	A 相脉冲	Y0	HL	指示灯
X4	编码器 B 相	B 相脉冲	—	—	—
X5	编码器 C/Z 相	C/Z 相脉冲	—	—	—
X7	SB 动合触点	启动/停止控制	—	—	—

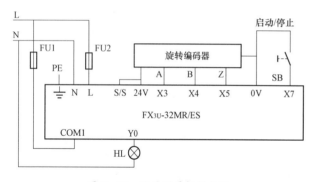

图 9 - 22　位置测量控制电路

三、 控制电路

位置测量的控制电路如图 9 - 22 所示。

四、 控制程序

测量时，由于旋转编码器一圈输出 1000 个脉冲，所以 135°位置对应的脉冲数为 135/360×1000＝375，270°位置对应的脉冲数为 270/360×1000＝750。

1. 应用高速计数器中断编程

应用高速计数器中断实现位置测量的 PLC 程序如图 9 - 23 所示。

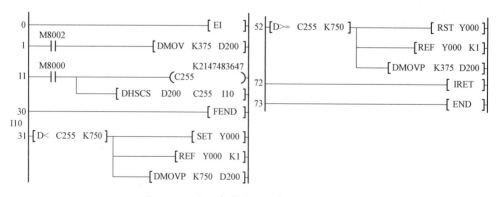

图 9 - 23　应用高速计数器中断编写的程序

（1）步 0～30：主程序。在步 0 中，允许中断；在步 1～10 中，开机将 375 送入 D200 开始的 32 位软元件中；在步 11～29 中，将高速计数器 C255 设定为最大值 2 147 483 647，调用高速计数器比较置位指令 DHSCS，当 C255 的当前值等于（D200），执行一次中断 I10。

（2）步 31～72：中断程序 I10。当设定值为 375 时，计数器 C255 的当前值等于 375，调用中断 I10，在步 31～51 中，置位 Y0，刷新输出，将 750 送入 D200 中；当计数器 C255 的当前值到 750 时，调用中断 I10，在步 52～71 中，复位 Y0，刷新输出，将 375 送入 D200 中。

2. 应用高速计数器专用的比较置位和复位指令编程

应用高速计数器专用比较指令编写的位置测量程序如图 9-24 所示。在步 0～31 中，将高速计数器 C255 设定为最大值 2 147 483 647，调用比较置位指令 DHSCS，当 C255 等于 375 时，使 Y0 置 1；当 C255 等于 750 时，使 Y0 复位为 0。

图 9-24　应用高速计数器比较置位和复位指令编写的程序

3. 应用高速计数器专用的区间比较指令 HSZ 编程

（1）设置软元件存储器 MAIN。利用特殊辅助继电器 M8130 可以将 HSZ 指令指定为表格高速比较模式。表格的构成和数据设定见表 9-17。

表 9-17　表格的构成与数据设定

项目　　　位置	比较数据		输出 Y 编号	置位/复位
	低位	高位		
软元件	D200	D201	D202	D203
数据	K375	K0	H00	K1
软元件	D204	D205	D206	D207
数据	K750	K0	H00	K0

软元件存储器 MAIN 的设置如图 9-25 所示。双击"导航"选项，选择"软元件存储器"→"MAIN"选项，进入软元件存储器设置，双击表格左边的灰色框，选择软元件"D"，地址为 200～207，分别输入对应数据。

图 9-25　软元件存储器的设置

图 9-26　应用区间比较指令 HSZ 编写的程序

（2）编写控制程序。应用高速计数器专用区间比较指令 HSZ 实现位置测量的 PLC 程序如图 9-26 所示。在步 0～22 中，将高速计数器 C255 设定为最大值 2 147 483 647，调用表格高速比较指令 DHSZ（D200 为表格起始寄存器，K2 表示 2

行，M8130 指定表格模式），当 C255 等于 375（D200）时，Y0 置 1；当 C255 等于 750（D204）时，Y0 复位为 0。

实例 109 固定频率脉冲输出

一、 控制要求

在 Y0 端子上输出 10kHz 的脉冲。

二、 I/O 端口分配表

PLC 的 I/O 端口分配见表 9 - 18。

表 9 - 18 I/O 端口分配表

输入端口			输出端口	
输入端子	输入器件	作用	输出端子	控制对象
X0	SB 动合触点	启动/停止按钮	Y0	固定频率脉冲输出

三、 控制电路

固定频率输出脉冲的控制电路如图 9 - 27 所示。特别注意的是，一定要使用晶体管输出类型的 PLC，脉冲输出端子只能选 Y0～Y2。

四、 控制程序

固定频率脉冲输出的 PLC 程序如图 9 - 28 所示。在步 0～7 中，从 Y0 输出频率为 10 000Hz 的信号，K0 为输出脉冲个数不限制。

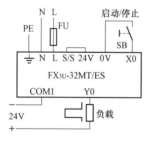

图 9 - 27 固定频率脉冲输出控制电路

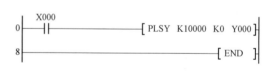

图 9 - 28 固定频率脉冲输出的 PLC 程序

实例 110 带加减速的脉冲输出

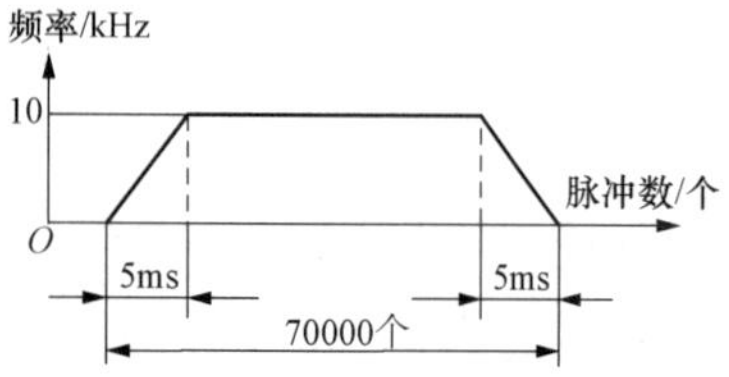

一、 控制要求

某步进电动机的运行控制要求先加速，然后匀速，再减速。控制的包络图如图 9 - 29 所示。输出脉冲的最大频率为 10kHz，输出脉冲个数为 70 000 个，加减速时间为 5ms。

二、 I/O 端口分配表

PLC 的 I/O 端口分配见表 9 - 19。

图 9 - 29 加减速控制包络图

表 9 - 19　　　　　　　　　　I/O 端口分配表

输入端口			输出端口		
输入端子	输入器件	作用	输出端子	输出器件	作用
X0	SB 动合触点	启动/停止按钮	Y0	—	脉冲输出
—	—	—	Y1	HL	脉冲输出完指示

三、 控制电路

带加减速的脉冲输出控制电路如图 9 - 30 所示。特别注意的是，一定要使用晶体管输出类型的 PLC，脉冲输出端子只能选 Y0～Y2。

四、 控制程序

带加减速的脉冲输出 PLC 程序如图 9 - 31 所示。

(1) 步 0～17：X0 为启动/停止，DPLSR 为 32 位带加减速的脉冲输出指令，最大频率为 10kHz，输出脉冲 70 000 个，加减速时间为 5ms，从 Y0 输出。

(2) 步 18～19：脉冲输出完，M8029 为 ON，Y1 有输出。

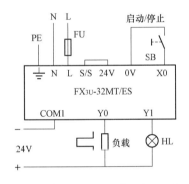

图 9 - 30　带加减速的脉冲输出控制电路　　　　图 9 - 31　带加减速的脉冲输出 PLC 程序

实例 111　脉宽可变的脉冲输出

一、 控制要求

输出一串脉冲，该串脉冲脉宽的初始值为 1ms，周期为 10ms，每接通一次 X0，脉宽递增 1ms。当脉宽达到 9ms 时，改为每接通一次脉宽递减 1ms，直到脉宽减为 1ms 为止。以上过程重复执行。

二、 I/O 端口分配表

PLC 的 I/O 端口分配见表 9 - 20。

表 9 - 20　　　　　　　　　　I/O 端口分配表

输入端口			输出端口	
输入端子	输入器件	作用	输出端子	作用
X0	SB 动合触点	脉宽增减按钮	Y2	脉冲输出

三、 控制电路

脉宽可变的脉冲输出控制电路如图 9 - 32 所示。特别注意的是，一定要使用晶体管输出类型的 PLC，脉冲输出端子只能选 Y0～Y2。

N L
脉宽增减
PE
FU
SB
X0
N L S/S 24V 0V
FX3U-32MT/ES
COM1
Y2
24V
负载

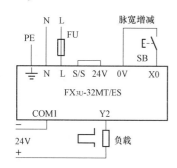

图 9 - 32 脉宽可变脉冲输出控制电路

四、 控制程序

输出脉宽可变脉冲的 PLC 程序如图 9 - 33 所示。

(1) 步 0～5：开机初始化，将 1 送到 D0，D0 存放脉宽。

(2) 步 6～17：M0 为脉宽增减标志位，M0＝0 为增，M0＝1 为减。

(3) 步 18～22：X0 每接通一次，(D0) 加 1。

(4) 步 23～27：X0 每接通一次，(D0) 减 1。

(5) 步 28～35：用脉宽调制输出指令 PWM 从 Y2 输出以 (D0) 为脉宽、周期为 10ms 的脉冲。

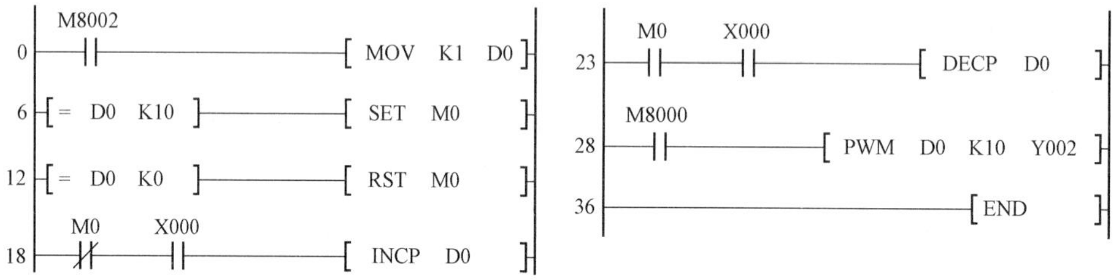

M8002
0 MOV K1 D0
6 = D0 K10 SET M0
12 = D0 K0 RST M0
M0 X000
18 INCP D0
M0 X000
23 DECP D0
M8000
28 PWM D0 K10 Y002
36 END

图 9 - 33 脉宽可变的 PLC 程序

第十章

应用数字量与模拟量扩展模块

实例 112 用数字量扩展模块实现Y—△降压启动控制

一、 控制要求

应用数字量扩展模块实现三相交流电动机 Y—△降压启动控制，并具有启动/报警指示，指示灯在启动过程中亮，启动结束时灭。如果发生电动机过载，停机并且灯光报警。

二、 I/O端口分配表

PLC 的 I/O 端口分配见表 10 - 1。

表 10 - 1   I/O端口分配表

输入端口			输出端口		
输入端子	输入器件	作用	输出端子	输出器件	控制对象
X20	KH 动断触点	过载保护	Y20	HL	启动/报警
X21	SB1 动合触点	停止	Y21	接触器 KM1	接通电源
X22	SB2 动合触点	启动	Y22	接触器 KM2	Y 连接
—	—	—	Y23	接触器 KM3	△连接

三、 控制电路

应用数字量扩展模块实现 Y—△降压启动控制的电路如图 10 - 1 所示。

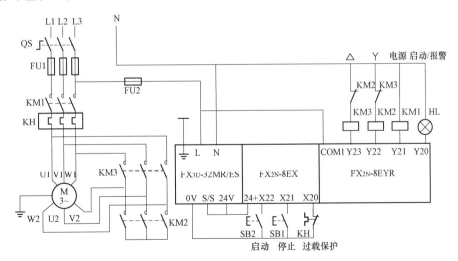

图 10 - 1   Y—△降压启动控制电路

四、 控制程序

编写的 Y—△降压启动控制程序如图 10 - 2 所示。程序工作原理如下。

（1）Y 联结启动，延时 10s。在步 0～6 中，当按下启动按钮 SB2 时，X22 接通，执行数据传送指令后，Y22、Y21 和 Y20 接通。Y 接触器 KM2 和电源接触器 KM1 通电，电动机 Y 联结启动，指示灯 HL 通电亮。在步 7～11 中，Y21 接通使定时器 T0 通电延时 10s。

（2）Y 联结分断。在步 12～20 中，T0 延时到，T0 动合触点接通，执行数据传送指令后，Y21 和 Y20 保持接通，电源接触器 KM1 保持通电，指示灯 HL 通电亮。Y22 断电，Y 接触器 KM2 断电。同时使定时器 T1 通电延时 1s。

（3）△联结运转。在步 21～26 中，T1 延时到，T1 动合触点接通，执行数据传送指令后，Y21 和 Y23 接通，电源接触器 KM1 保持通电，△接触器 KM3 通电，电动机△联结运转，指示灯熄灭。

（4）停机。在步 27～32 中，当按下停止按钮 SB1 时，X21 动合接通，执行数据传送指令后，Y20～Y23 全部断开，电动机断电停机。

（5）过载保护。在正常情况下，热继电器动断触点接通输入继电器 X20，使 X20 动断触点断开，不执行数据传送指令；当发生过载时，热继电器动断触点分断，X20 动断触点闭合，执行数据传送指令，Y23、Y22 和 Y21 断开，电动机断电停机。Y20 通电，指示灯 HL 亮报警。

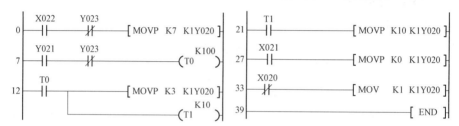

图 10-2　Y—△降压启动程序梯形图

实例 113　使用 FX₂ₙ-2AD 实现压力测量与控制

一、控制要求

风机向管道送风，压力传感器测量管道的压力，量程为 0～1 000Pa，输出的信号是直流 4～20mA，其控制要求如下。

（1）将测量压力数据保存到 D10 中。

（2）当压力大于 800Pa 时，HL1 指示灯亮，否则熄灭，同时风机停止送风。

（3）当压力小于 750Pa 时，风机自动启动。

（4）当压力小于 200Pa 时，HL2 指示灯亮，否则熄灭。

二、I/O 端口分配表

PLC 的 I/O 端口分配见表 10-2。

表 10-2　　　　　　　　　　　　　　I/O 端口分配表

输入端口			输出端口		
输入端子	输入器件	作用	输出端子	输出器件	控制对象
X0	KH 动断触点	过载保护	Y0	KM	风机
X1	SB1 动合触点	停止按钮	Y1	HL1	压力大于 800Pa 指示灯
X2	SB2 动合触点	启动按钮	Y2	HL2	压力小于 200Pa 指示灯

三、 控制电路

压力测量控制电路如图 10-3 所示。

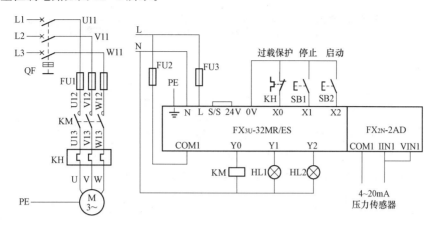

图 10-3　压力测量控制电路图

四、 控制程序

根据压力测量控制线路编写的 PLC 程序如图 10-4 所示。压力 0～1000Pa 传感器输出 4～20mA 电流，对应的数字量为 0～4000，所测的数字量除以 4 即可换算成对应的压力。

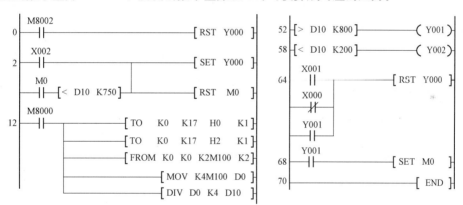

图 10-4　压力测量 PLC 控制程序

（1）步 0～1：开机 Y0 复位。

（2）步 2～11：当按下启动按钮 SB2 时，X2 接通，Y0 置 1，风机启动。或者当压力超过 800Pa 时，步 52～57 中 Y1 线圈通电，步 64～67 中 Y1 动合触点闭合，Y0 复位，风机停机，同时步 68～69 中 Y1 动合触点闭合，M0 置 1，步 2～11 中 M0 动合触点闭合，当压力低于 750Pa 时，Y0 置 1，电动机重新启动，M0 复位。

（3）步 12～51：利用 TO 指令，向第 0 个模块的 BFM♯17 传送至 H0（即 b1b0＝00），选择转换通道为通道 1；向第 0 个模块的 BFM♯17 传送至 H2（即 b1b0＝10），b1 位由 0→1，开始转换。利用 FROM 指令，从第 0 个模块的 BFM♯1 和♯0 分别读取到 K2M108 和 K2M100。将 K4M100 传送到 D0 中，(D0) 除以 4 换算成压力保存到 D10 中。

（4）步 52～57：当测量压力高于 800Pa 时，Y1 有输出，HL1 指示灯亮。

（5）步 58～63：当测量压力小于 200Pa 时，Y2 有输出，HL2 指示灯亮。

（6）步 64～67：当按下停止按钮 SB1（X1＝1）、过载保护 KH 动断触点断开（X0＝0）或压力高于 800Pa（Y1＝1）时，Y0 复位，风机停止。

（7）步 68～69：当压力高于 800Pa（Y1 动合触点闭合）时，M0 置 1。

实例 114　使用 FX₂ₙ - 4AD 实现张力测量

一、 控制要求

某张力传感器的量程为 0～1 000N，输出的信号是直流 0～10V，控制要求如下。

（1）将测量张力数据保存到 D10 中。

（2）当张力大于 800N 时，HL1 指示灯亮，否则熄灭。

（3）当张力小于 100N 时，HL2 指示灯亮，否则熄灭。

（4）当读取张力信号错误时，HL3 指示灯亮，否则熄灭。

二、 I/O 端口分配表

PLC 的 I/O 端口分配见表 10 - 3。

表 10 - 3　　　　　　　　　　　I/O 端口分配表

输入端口			输出端口		
输入端子	输入器件	作用	输出端子	输出器件	控制对象
X0	SB 动合触点	启动/停止按钮	Y0	HL1	张力大于 800N 指示灯
—	—	—	Y1	HL2	张力小于 100N 指示灯
—	—	—	Y2	HL3	读取张力错误指示灯

三、 控制电路

张力测量控制电路如图 10 - 5 所示。

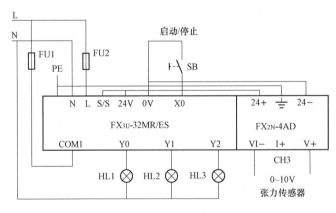

图 10 - 5　张力测量控制电路图

四、 控制程序

根据张力测量控制电路编写的 PLC 程序如图 10 - 6 所示。张力 0～1000N 传感器输出 0～10V，对应的数字量为 0～2000，所测得的数字量除以 2 即可换算成所测的张力。

（1）步 0～16：开机读取 0 号特殊功能模块的 ID 号。从 BFM＃30 读出到 D0，然后与 K2010 进行比较，判别 0 号的模块是否是 FX₂ₙ - 4AD。如果是，则 M1＝1。

（2）步17～35：当M1＝1时，先对0号模块的BFM♯0写入H3033，关闭通道1、2、4，通道3预设为－10～＋10V；然后设置通道3的采样次数为4。

（3）步36～66：当按下启动按钮SB时，X0接通，由于M1＝1，读取错误状态BFM♯29到K4M10。如果没有错误（M10和M20都为0），则从BFM♯7读取通道3的平均值到D1，然后除以2换算成对应张力保存到D10中。

（4）步67～72：当测量张力大于800N时，Y0有输出，HL1指示灯亮。

（5）步73～78：当测量张力小于100N时，Y1有输出，HL2指示灯亮。

（6）步79～81：当FX$_{2N}$－4AD有错误时，M10或M20为1，Y2有输出，HL3指示灯亮。

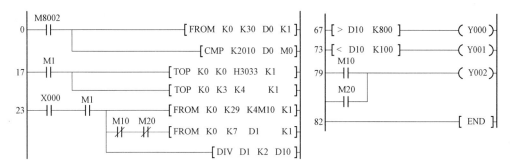

图 10-6　张力测量 PLC 控制程序

实例 115　使用 FX$_{2N}$-8AD 实现气体流量的测量

一、控制要求

某气体流量计的量程为 0～1m³/s，输出的信号是 4～20mA。同时气体测量要进行温度和压力的补偿，温度传感器使用 K 型热电偶，压力传感器的量程为 0～100kPa，输出 0～10V。控制要求如下。

（1）将所测的流量换算成 25℃、0kPa 的流量，以单位 0.001m³/s 保存到 D10 中。

（2）当流量超过上限 1m³/s 时，HL1 指示灯亮，否则熄灭。

（3）当温度低于下限 0℃时，HL2 指示灯亮，否则熄灭；当温度高于上限 300℃时，HL3 指示灯亮，否则熄灭。

（4）当压力低于下限 0kPa 时，HL4 指示灯亮，否则熄灭；当压力高于上限 100kPa 时，HL5 指示灯亮，否则熄灭。

二、I/O 端口分配表

PLC 的 I/O 端口分配见表 10-4。

表 10-4　　　　　　　　　　　　　　I/O 端口分配表

输入端口			输出端口		
输入端子	输入器件	作用	输出端子	输出器件	控制对象
X0	SB1 动合触点	启动/停止按钮	Y0	HL1	流量上限指示灯
X1	SB2 动合触点	上下限报警清除	Y1	HL2	温度下限指示灯
—	—	—	Y2	HL3	温度上限指示灯
—	—	—	Y3	HL4	压力下限指示灯
—	—	—	Y4	HL5	压力上限指示灯

三、 控制电路

气体流量测量控制电路如图 10 - 7 所示。通道 1 输入 4～20mA（数字量 0～8000）用于测量气体流量（0～1m³/s），通道 2 输入 K 型热电偶（数字量－1000～12 000）用于测温度（－100℃～1200℃），通道 3 输入 0～10V（数字量 0～16 000）用于测气体压力（0～100kPa）。

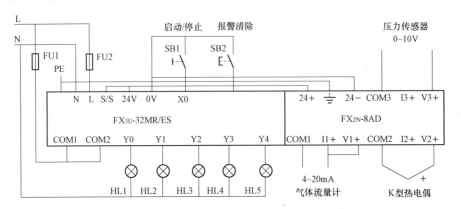

图 10 - 7　气体流量测量控制电路图

四、 控制程序

1. 设置软元件存储器 MAIN

软元件存储器 MAIN 的设置如图 10 - 8 所示。双击"导航"选项，选择"软元件存储器"→"MAIN"选项，进入软元件存储器，双击表格左边的灰色框，选择软元件"D"，地址为 600～601，选择十六进制显示，分别输入 H0F093、H0FFFF。双击表格左边的灰色框，选择软元件"D"，地址为 610～617。双击表格左边的灰色框，选择软元件"D"，地址为 620～627，选择十进制显示，分别输入 8000、3000、16 000。

图 10 - 8　软元件存储器的设置

2. 控制程序编写

根据气体流量测量控制线路编写的 PLC 程序如图 10 - 9 所示。

（1）步 0～27：开机将 D600 开始的两个单元（H0F093、H0FFFF）写入到 BFM♯0 和♯1 中，通道 1 选择 4～20mA，通道 2 选择热电偶，通道 3 选择－10V～＋10V，通道 4～8 关闭；将 D611 开

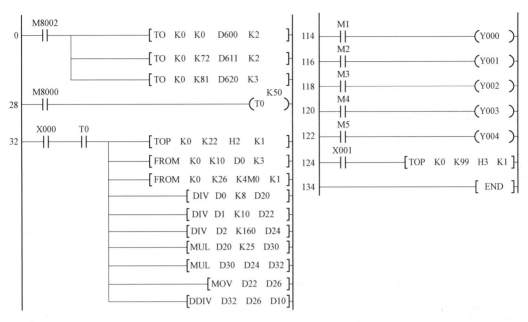

图 10-9　气体流量测量 PLC 控制程序

始的两个单元写入到 BFM♯72 和♯73 中，通道 2 和通道 3 的下限都设为 0；将 D620 开始的 3 个单元（8000、3000、16 000）写入到 BFM♯81～♯83 中，设置流量对应的数字量上限为 8000（$1m^3/s$）、温度对应的数字量上限为 3000（300℃）、压力对应的数字量上限为 16 000（100kPa）。

（2）步 28～31：修改输入模式（BFM♯0 和♯1）需要 5s，所以 T0 延时 5s。

（3）步 32～113：当按下启动按钮 SB 时，X0 接通，T0 延时时间到，先对 0 号模块的 BFM♯22 写入 H2，允许上下限检测；将 BFM♯10 开始的 3 个单元转换数据读取到 D0～D2 中；从 BFM♯26 中读取上下限错误状态到 K4M0 中；将所测流量数据（D0）除以 8 转换为 0～1000 保存到 D20；将所测温度（D1）除以 10 转换为 −100～1200 保存到 D22 中；将所测压力数据（D2）除以 160 转化为 0～100 保存到 D24 中；由（PV）/T＝K 知，通过 V_0＝$25×(PV)/T$ 可以将所测的流量转化为 25℃、0kPa 对应的流量，所以将所测流量（D20）乘以 25，再乘以（D24），除以（D26），最后保存到 D10 中。

（4）步 114～115：如果超出流量上限，则 M1＝1，Y0 有输出，HL1 指示灯亮。

（5）步 116～117：如果低于温度下限，则 M2＝1，Y1 有输出，HL2 指示灯亮。

（6）步 118～119：如果超出温度上限，则 M3＝1，Y2 有输出，HL3 指示灯亮。

（7）步 120～121：如果低于压力下限，则 M4＝1，Y3 有输出，HL4 指示灯亮。

（8）步 122～123：如果超出压力上限，则 M5＝1，Y4 有输出，HL5 指示灯亮。

（9）步 124～133：按下上下限报警清除按钮 SB2，X1＝1，将 H3 写入 BFM♯99，清除上下限报警。

实例 116　使用 FX₂ₙ - 4AD - TC 实现炉温的测量与控制

一、　控制要求

某电阻炉需要对温度进行控制，测温传感器使用热电偶，控制要求如下。

（1）温度控制范围为 700℃～800℃。

（2）将测量温度保存到 D10 中，便于显示。

（3）当温度大于 800℃时，HL1 指示灯亮，否则熄灭，同时停止加热。

（4）当温度低于 700℃时，HL2 指示灯亮，否则熄灭，同时启动加热。

（5）当超出测温范围时，停止加热。

二、 I/O 端口分配表

PLC 的 I/O 端口分配见表 10 - 5。

表 10 - 5   I/O 端口分配表

输入端口			输出端口		
输入端子	输入器件	作用	输出端子	输出器件	作用
X0	SB1 动合触点	停止按钮	Y0	KM	加热电阻炉
X1	SB2 动合触点	启动按钮	Y1	指示灯 HL1	炉温高于 800℃
—	—	—	Y2	指示灯 HL2	炉温低于 700℃

三、 控制电路

炉温测量控制电路如图 10 - 10 所示。

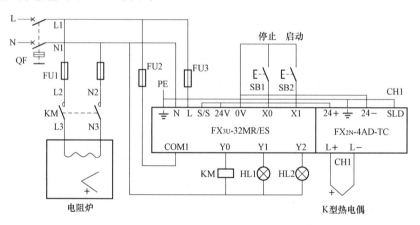

图 10 - 10   炉温测量控制电路图

四、 控制程序

根据炉温测量控制线路编写的 PLC 程序如图 10 - 11 所示。K 型热电偶传感器的测量范围为 −100℃～1200℃，对应的数字量是 −1000～+12 000，所以所测的数字量除以 10 即可换算成所测的温度。

（1）步 0～1：机读取 0 号特殊功能模块的 ID 号。从 BFM♯30 读出到 D0，然后与 2030 进行比较，判别 0 号的模块是否是 FX₂N - 4AD - TC。如果是，则 M1＝1。

（2）步 17～35：如果 M1＝1，先对 0 号模块的 BFM♯0 写入 H3330，通道 1 预设为 K 型热电偶，关闭通道 2、3、4，然后设置通道 1 的采样次数为 4。

（3）步 36～37：当按下启动按钮 SB2 时，X1 有输入，M100 置 1。

（4）步 38～40：当 M100＝1 时，Y0 有输出，电阻炉加热。

（5）步 41～71：当 M100＝1 且 M1＝1 时，先读取错误状态 BFM♯29 到 K4M10。如果没有错误（M10 和 M20 都为 0），则从 BFM♯5 读取通道 1 的平均值到 D20，然后除以 10 换算成对应温度保存到 D10 中。

（6）步 72～78：当测量温度高于 800℃时，Y1 有输出，HL1 指示灯亮。同时 M5 置 1，步 38～40 中 M5 动断断开，Y0 断电，停止加热。

（7）步 79～85：当温度低于 700℃时，Y2 有输出，HL2 指示灯亮。同时 M5 复位，步 38～40 中 M5 动断重新接通，Y0 通电，重新开始加热。

（8）步 86～88：当按下停止按钮 SB1，X0 动合接通，或者 FX₂N - 4AD - TC 超出测温范围时（M20＝1），M100 复位。步 38～71 中的 M100 动合断开，停止加热和读取温度。

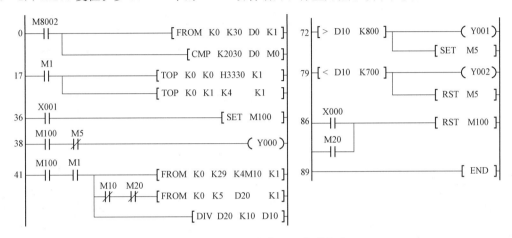

图 10 - 11　炉温测量 PLC 控制程序

实例 117　使用 FX₂N - 4AD - PT 实现烘仓温度的测量与控制

一、控制要求

某维纶生产线需要对烘仓温度进行控制，温度检测使用铂热电阻，控制要求如下。

（1）温度控制范围为 200℃～250℃。

（2）将测量温度保存到 D10 中，便于显示。

（3）当温度大于 250℃时，HL1 指示灯亮，否则熄灭，同时停止加热。

（4）当温度低于 200℃时，HL2 指示灯亮，否则熄灭，同时启动加热。

（5）当超出 300℃时，生产线停止，同时停止加热。

二、I/O 端口分配表

PLC 的 I/O 端口分配见表 10 - 6。

表 10 - 6　　　　　　　　　　　I/O 端口分配表

输入端口			输出端口		
输入端子	输入器件	作用	输出端子	输出器件	控制对象
X0	SB1 动合触点	停止按钮	Y0	KM1	生产线控制
X1	SB2 动合触点	启动按钮	Y1	KM2	加热烘仓
—	—	—	Y2	指示灯 HL1	烘仓温度高于 250℃
—	—	—	Y3	指示灯 HL2	烘仓温度低于 200℃

三、 控制电路

烘仓温度测量控制电路如图 10 - 12 所示。生产线主电路略。

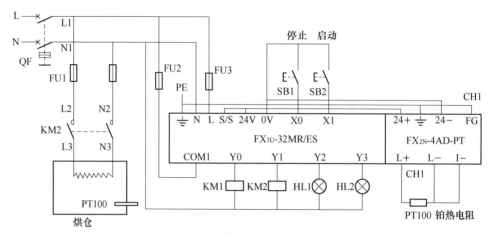

图 10 - 12　烘仓温度测量控制电路图

四、 控制程序

根据烘仓温度测量控制线路编写的 PLC 程序如图 10 - 13 所示。铂热电阻 PT100 的测量范围为
－100℃～600℃，对应的数字量是－1000～＋6000，所以所测得的数字量除以 10 即可换算成所测的
温度。

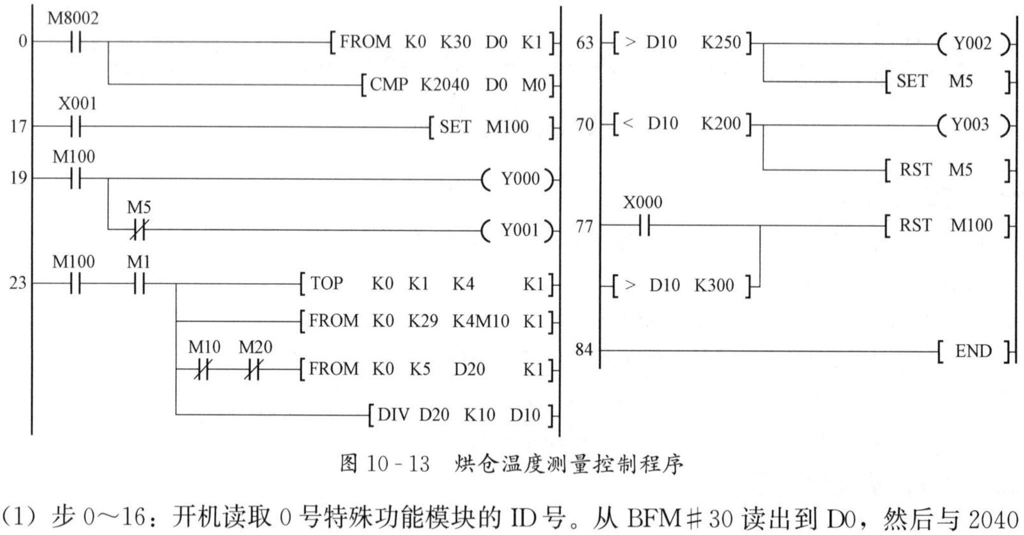

图 10 - 13　烘仓温度测量控制程序

（1）步 0～16：开机读取 0 号特殊功能模块的 ID 号。从 BFM＃30 读出到 D0，然后与 2040 进行比
较，判别 0 号的模块是否是 FX$_{2N}$ - 4AD - PT。如果是，则 M1＝1。

（2）步 17～18：当按下启动按钮 SB2 时，X1 有输入，M100 置 1。

（3）步 19～22：当 M100＝1 时，Y0 有输出，生产线运行；同时 Y1 有输出，开始加热。

（4）步 23～62：当 M100＝1 且 M1＝1 时，先设置通道 1 的采样次数为 4；然后读取错误状态
BFM＃29 到 K4M10，如果没有错误（M10 和 M20 都为 0），则从 BFM＃5 读取通道 1 的平均值到
D20，然后除以 10 换算成对应温度保存到 D10 中。

（5）步 63～69：当测量温度高于 250℃时，Y2 有输出，HL1 指示灯亮。同时 M5 置 1，步 19～
22 中 M5 动断断开，Y1 断电，停止加热。

（6）步 70～76：当测量温度低于 200℃时，Y3 有输出，HL2 指示灯亮。同时 M5 复位，步 19～

22 中 M5 动断重新接通，Y1 通电，重新开始加热。

（7）步 77～84：当按下停止按钮 SB1（X0 动合接通）或者温度超过 300℃时，M100 复位。步 19～62 中的 M100 动合断开，生产线停机，同时停止加热和读取温度。

实例 118　使用 FX₂N-2DA 实现电动机调速控制

一、控制要求

（1）当按下启动按钮时，电动机以拨码开关设定的频率（0～50Hz）进行运转。

（2）通过拨动拨码开关可以进行调速。

（3）当按下停止按钮时，电动机停止。

二、I/O 端口分配表

PLC 的 I/O 端口分配见表 10-7。

表 10-7　　　　　　　　　　　　　I/O 端口分配表

输入端口			输出端口		
输入端子	输入器件	作用	输出端子	输出器件	控制对象
X11	SB1 动合触点	启动按钮	Y0	变频器 STF	电动机 M
X10	SB2 动合触点	停止按钮	—	—	—
X0～X7	拨码开关	设定频率	—	—	—

三、控制电路

应用 FX₂N-2DA 实现的调速控制电路如图 10-14 所示。

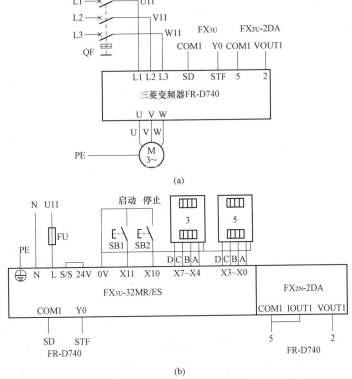

(a)

(b)

图 10-14　使用 FX₂N-2DA 实现的调速控制电路

（a）主电路；（b）控制电路

四、 变频器参数设置

调速使用的变频器参数设置见表10-8。设置方法见变频器相关内容。

表 10-8　　　　　　　　　　　　　　变频器参数设置

序号	参数代号	初始值	设置值	说　　明
1	Pr. 1	120.0	50.00	输出频率的上限（Hz）
2	Pr. 7	5.0	0.5	电动机加速时间（s）
3	Pr. 8	5.0	0.5	电动机减速时间（s）
4	Pr. 9	变频器额定电流（2.20A）	0.20	电动机的额定电流（A）
5	Pr. 160	9999	0	扩展功能显示选择（显示所有参数，开放隐藏参数）
6	Pr. 73	1	0	端子2输入0～10V，不可反转运行
7	Pr. 80	9999	0.10	电动机容量（kW）
8	Pr. 125	50	50	端子2输入最大频率（Hz）
9	Pr. 178	60	60	STF端子功能选择（正转启动）
10	Pr. 79	0	2	外部运行模式

注　表中电动机为380V/0.2A/0.04kW/1430r/min，请按照电动机实际参数进行设置。

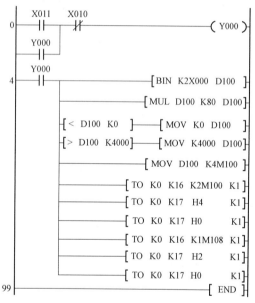

图 10-15　用 FX₂N-2DA 实现的调速控制程序

五、 控制程序

使用 FX₂N-2DA 实现调速控制的 PLC 程序如图 10-15 所示。

（1）步0～3：自锁控制。当按下启动按钮 SB1 时，X11 有输入，Y0 得电自锁，变频器 STF 有输入，电动机以端子2输入的电压对应的频率进行启动。

（2）步4～98：模拟输出控制。在电动机运转（Y0 动合触点闭合）时，首先将拨码开关 X7～X0 设定的转速（0～50Hz）转换为二进制保存到 D100，由于模拟量输出 0～10V 对应的数字量为 0～4000，所以先将（D100）乘以 80 送到 D100 中；限定（D100）在 0～4000 内；将（D100）送到 K4M100 中，取低 8 位 K2M100 送到 0 号模块 FX₂N-2DA 的缓冲区 BFM♯16 中，然后将 BFM♯17 的 b2 从 1→0 进行保持；取高 4 位 K1M108 送到 0 号模块 FX₂N-2DA 的缓冲区 BFM♯16 中，然后将 BFM♯17 的 b1 从 1→0 进行转换输出。

实例 119　使用 FX₂N-4DA 实现两台电动机调速控制

一、 控制要求

（1）当按下启动按钮时，电动机 M1 以拨码开关设定的频率（0～50Hz）进行运转。

（2）延时 5s 后，电动机 M2 以拨码开关设定的频率（0～50Hz）进行运转。

（3）通过拨动拨码开关可以调速。

（4）当按下停止按钮时，电动机 M1、M2 同时停止。

二、I/O 端口分配表

PLC 的 I/O 端口分配见表 10-9。

表 10-9　　　　　　　　　　　　　I/O 端口分配表

输入端口			输出端口		
输入端子	输入器件	作用	输出端子	输出器件	控制对象
X11	SB1 动合触点	启动按钮	Y0	变频器 A1 的 STF	电动机 M1
X10	SB2 动合触点	停止按钮	Y1	变频器 A2 的 STF	电动机 M2
X20~X27	拨码开关	M1 频率设定	—	—	—
X30~X37	拨码开关	M2 频率设定	—	—	—

三、控制电路

应用 FX$_{2N}$-4DA 实现的调速控制电路如图 10-16 所示。

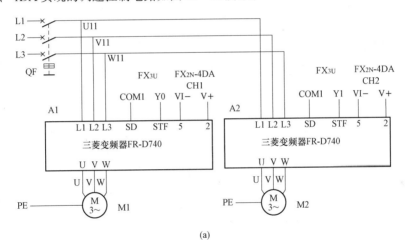

(a)

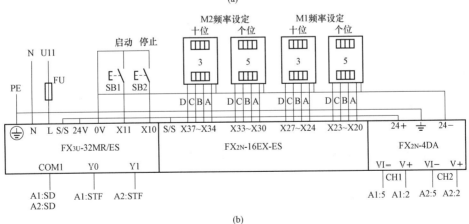

(b)

图 10-16　使用 FX$_{2N}$-4DA 实现的调速控制电路

（a）主电路；（b）控制电路

四、变频器参数设置

变频器 A1 和 A2 参数设置见表 10-10。设置方法见变频器相关内容。

表 10-10   变 频 器 参 数 设 置

序号	参数代号	初始值	设置值	说　　明
1	Pr. 1	120.0	50.00	输出频率的上限（Hz）
2	Pr. 7	5.0	0.5	电动机加速时间（s）
3	Pr. 8	5.0	0.5	电动机减速时间（s）
4	Pr. 9	变频器额定电流（2.20A）	0.20	电动机的额定电流（A）
5	Pr. 160	9999	0	扩展功能显示选择（显示所有参数，开放隐藏参数）
6	Pr. 73	1	0	端子2输入0～10V，不可反转运行
7	Pr. 80	9999	0.10	电动机容量（kW）
8	Pr. 125	50	50	端子2输入最大频率（Hz）
9	Pr. 178	60	60	STF端子功能选择（正转启动）
10	Pr. 79	0	2	外部运行模式

注　表中电动机为 380V/0.2A/0.04kW/1430r/min，请按照电动机实际参数进行设置。

五、 控制程序

使用 FX$_{2N}$-4DA 实现调速控制的 PLC 程序如图 10-17 所示。

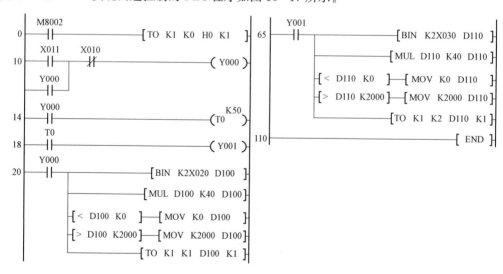

图 10-17　用 FX$_{2N}$-4DA 实现的调速控制程序

（1）步 0～9：开机将 H0 写入 BFM♯0，分配 1 号位置模块（FX$_{2N}$-4DA）的 CH1～CH4 都为 -10～10V 电压输出。

（2）步 10～13：自锁控制。当按下启动按钮 SB1 时，X11 有输入，Y0 得电自锁，变频器 A1 的 STF 有输入，电动机 M1 启动。

（3）步 14～17：延时控制。T0 延时 5s。

（4）步 18～19：T0 延时到，Y1 得电，变频器 A2 的 STF 有输入，电动机 M2 启动。

（5）步 20～64：电动机 M1 的频率控制。在电动机 M1 运转（Y0 动合触点闭合）时，首先将拨码开关 X27～X20 设定的转速（0～50Hz）转换为二进制保存到 D100 中，由于模拟量输出 0～10V 对应的数字量为 0～2000，所以先将（D100）乘以 40 送到 D100 中；然后限定（D100）在 0～2000 内；

最后将（D100）写入到 1 号位置模块的 BFM♯1。

（6）步 65～109：电动机 M2 的频率控制。在电动机 M2 运转（Y1 动合触点闭合）时，首先将拨码开关 X37～X30 设定的转速（0～50Hz）转换为二进制保存到 D110 中，由于模拟量输出 0～10V 对应的数字量为 0～2000，所以先将（D110）乘以 40 送到 D110 中；然后限定（D110）在 0～2000 内；最后将（D110）写入到 1 号位置模块的 BFM♯2。

实例 120　使用 FX0N - 3A 实现管道气体恒压 PID 控制

一、 控制要求

风机向管道送风，压力传感器测量管道的压力，量程为 0～1000Pa，输出的信号是直流 0～10V，其控制要求如下。

（1）按下启动按钮，风机启动送风，根据设定的压力进行恒压控制。

（2）将测量的压力保存到 D10 中，便于显示。

（3）当压力大于 800Pa 时，HL1 指示灯亮，否则熄灭。

（4）当压力小于 100Pa 时，HL2 指示灯亮，否则熄灭。

（5）按下停止按钮，风机停止。

二、 I/O 端口分配表

PLC 的 I/O 端口分配见表 10 - 11。

表 10 - 11　　　　　　　　　　　　I/O 端口分配表

输入端口			输出端口		
输入端子	输入器件	作用	输出端子	输出器件	控制对象
X0	变频器故障输出	故障保护	Y0	KM	风机
X1	SB1 动合触点	停止按钮	Y1	HL1	压力大于 800Pa 指示灯
X2	SB2 动合触点	启动按钮	Y2	HL2	压力小于 100Pa 指示灯

三、 控制电路

管道恒压控制电路如图 10 - 18 所示。

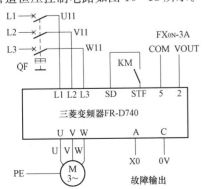
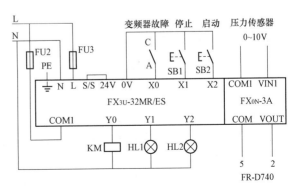

图 10 - 18　管道恒压控制电路图

四、变频器参数设置

调速使用的变频器参数设置见表 10 - 12。设置方法见变频器相关内容。

表 10 - 12 变 频 器 参 数 设 置

序号	参数代号	初始值	设置值	说　　明
1	Pr. 1	120.0	50.00	输出频率的上限（Hz）
2	Pr. 7	5.0	0.5	电动机加速时间（s）
3	Pr. 8	5.0	0.5	电动机减速时间（s）
4	Pr. 9	变频器额定电流（2.20A）	0.20	电动机的额定电流（A）
5	Pr. 160	9999	0	扩展功能显示选择（显示所有参数，开放隐藏参数）
6	Pr. 73	1	0	端子 2 输入 0～10V，不可反转运行
7	Pr. 80	9999	0.10	电动机容量（kW）
8	Pr. 125	50	50	端子 2 输入最大频率（Hz）
9	Pr. 178	60	60	STF 端子功能选择（正转启动）
10	Pr. 79	0	2	外部运行模式

注　表中电动机为 380V/0.2A/0.04kW/1430r/min，请按照电动机实际参数进行设置。

五、控制程序

1. PID 存储软元件的分配

PID 运算存储软元件的分配见表 10 - 13。

表 10 - 13 PID 软元件的分配

软元件	内容	设定值	软元件	内容	设定值	软元件	内容	设定值
D0	压力设定	7500	D510	采样时间（ms）	30	D515	微分增益（%）	10
D10	压力测量显示	—	D511	动作方向	H21	D532	输出上限设定值	250
D500	目标值	—	D512	滤波常数（%）	10	D533	输出下限设定值	0
D501	测量值	—	D513	比例增益（%）	70	—	—	—
D502	输出值	—	D514	积分时间（100ms）	10	—	—	—

2. 编写 PID 控制程序

根据管道恒压控制线路编写的 PLC 程序如图 10 - 19 所示。压力 0～1 000Pa 传感器输出 0～10V 电压，对应的数字量是 0～250，则设定压力除以 4 即可换算成对应的数字量 0～250，测量值乘以 4 即换算成对应的压力。数字量 0～250 对应的模拟量输出为 0～10V。

（1）步 0～43：开机预设 PID 参数，采样时间 30ms，H21 表示输出值上下限设定有效、逆动作，滤波常数 10%，比例增益 70%，积分时间 10×100ms=1s，微分增益 10%，由于模拟量输出 0～10V 对应的是 0～250，所以输出值上限设定为 250，输出值下限设定为 0。复位输出值 D502。

（2）步 44～48：风机的启停控制。X2、X1、X0 分别为启动、停止、变频器故障。

（3）步 49～75：当风机启动（Y0=1）时，将预设压力（D0）除以 4 换算成 0～250，然后送入 PID 目标值（D500）。当测量压力（D10）大于 800Pa 时，Y1 有输出，HL1 指示灯亮。当测量压力

（D10）小于 100Pa 时，Y2 有输出，HL2 指示灯亮。

（4）步 76～106：用 FX0N-3A 专用指令 RD3A 读取第 0 个模块第一个通道的数据到 PID 测量值（D501），然后乘以 4 换算成压力 0～1000Pa，用 WR3A 将 PID 计算输出值（D502）写入到第 0 个模块的第一个输出通道中，最后用 PID 进行计算。

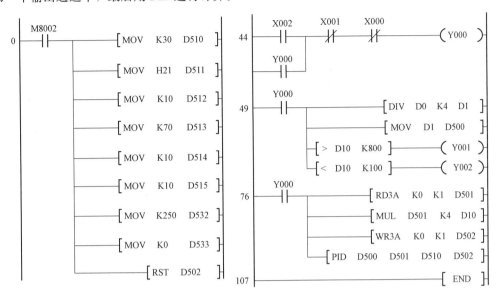

图 10-19　压力测量 PLC 控制程序

实例 121　使用 FX₂N-5A 实现恒压供水系统 PID 控制

一、控制要求

如图 10-20 所示，有一个水箱需要维持一定的水位，该水箱的水以变化的速度流出，这就需要一个用变频器控制的电动机拖动水泵供水。当出水量增大时，变频器输出频率提高，使电动机升速，增加供水量；反之电动机降速，减少供水量，始终维持水位不变化。该系统也称为恒压供水系统。

压力传感器测量管道的压力，量程为 0～100kPa，输出的信号是直流 0~10V，液位范围为 0～10m。其控制要求如下。

（1）按下启动按钮，水泵电动机启动送液，根据设定的液位（D0）进行恒压控制。

（2）将测量的液位高度（单位 mm）保存到 D10 中，便于显示。

（3）当变频器出现故障时，HL 指示灯亮，否则熄灭。

（4）按下停止按钮，水泵停止。

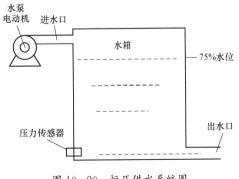

图 10-20　恒压供水系统图

二、I/O 端口分配表

PLC 的 I/O 端口分配见表 10-14。

表 10 - 14   I/O 端口分配表

输入端口			输出端口		
输入端子	输入器件	作用	输出端子	输出器件	控制对象
X0	变频器故障输出	故障保护	Y0	KM	电动机
X1	SB1 动合触点	停止按钮	Y1	HL 指示灯	变频器故障
X2	SB2 动合触点	启动按钮	—	—	—

三、 控制电路

使用 FX₂ₙ-5A 实现的恒压供水系统主电路及控制电路如图 10-21 所示。

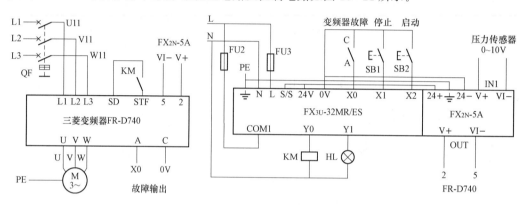

图 10 - 21   恒压供水系统控制电路

四、 变频器参数设置

变频器参数设置见表 10-15。设置方法见变频器相关内容。

表 10 - 15   变 频 器 参 数 设 置

序号	参数代号	初始值	设置值	说　明
1	Pr. 1	120.0	50.00	输出频率的上限（Hz）
2	Pr. 7	5.0	0.5	电动机加速时间（s）
3	Pr. 8	5.0	0.5	电动机减速时间（s）
4	Pr. 9	变频器额定电流（2.20A）	0.20	电动机的额定电流（A）
5	Pr. 160	9999	0	扩展功能显示选择（显示所有参数，开放隐藏参数）
6	Pr. 73	1	0	端子 2 输入 0~10V，不可反转运行
7	Pr. 80	9999	0.10	电动机容量（kW）
8	Pr. 125	50	50	端子 2 输入最大频率（Hz）
9	Pr. 178	60	60	STF 端子功能选择（正转启动）
10	Pr. 79	0	2	外部运行模式

注　表中电动机为 380V/0.2A/0.04kW/1430r/min，请按照电动机实际参数进行设置。

五、控制程序

1. PID 存储软元件的分配

PID 运算存储软元件的分配见表 10 - 16。

表 10 - 16　　　　　　　　　　　　　　PID 软元件的分配

软元件	内容	设定值	软元件	内容	设定值	软元件	内容	设定值
D0	液位设定（mm）	7500	D510	采样时间（ms）	30	D515	微分增益（%）	10
D10	液位测量（mm）	—	D511	动作方向	H21	D532	输出上限	32000
D500	目标值	—	D512	滤波常数（%）	10	D533	输出下限	0
D501	测量值	—	D513	比例增益（%）	70	—	—	—
D502	输出值	—	D514	积分时间（100ms）	10	—	—	—

2. 编写 PID 控制程序

根据管道恒压控制线路编写的 PLC 程序如图 10 - 22 所示。1m 液位的压力为 10kPa，0～10m 对应的压力为 0～100kPa，传感器输出为 0～10V 电压，对应的数字量是 0～32 000；数字量 0～32 000 对应的模拟量输出 0～10V。设定值 0～10 000mm 乘以 32 除以 10 可以换算成对应的数字量 0～32 000。测量值 0～32 000 乘以 10 除以 32 可以换算成对应的测量液位高度 0～10 000mm。

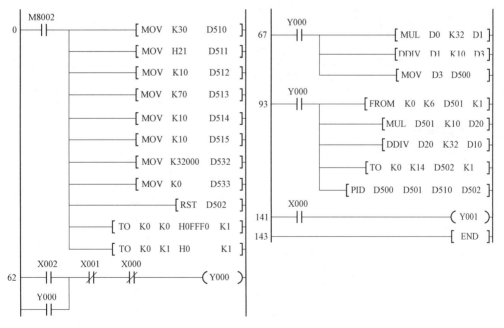

图 10 - 22　恒压供水系统 PLC 控制程序

（1）步 0～61：开机预设 PID 参数，采样时间 30ms，H21 表示输出值上下限设定有效、逆动作，滤波常数 10%，比例增益 70%，积分时间 10×100ms＝1s，微分增益 10%，由于模拟量输出 0～10V 对应的是 0～32 000，所以输出值上限设定为 32 000，输出值下限设定为 0。复位输出值 D502。将 H0FFF0 写入到 0 号模块的 BFM♯0，分配输入通道 1（IN1）为 −10～＋10V（数字量 −32 000～＋ 32 000）输入，关闭输入通道 2～4（IN2～IN4）；将 H0 写入到 0 号模块的 BFM♯1，分配输出通道 1

（OUT）为—10～+10V（数字量—32 000～+32 000）输出。

（2）步62～66：水泵的启停控制。X2、X1、X0分别为启动、停止、变频器故障。

（3）步67～92：当水泵启动（Y0＝1）时，将预设液位高度0～10 000mm（D0）乘以32，再除以10，换算成0～32 000，再送入PID目标值（D500）。

（4）步93～140：从第0个模块的BFM♯6（8次采样的平均值）中读取数据到PID测量值D501中。然后乘以10，除以32换算成液位高度0～10 000mm保存到D10中。将PID计算输出值（D502）写入到第0个模块的BFM♯14（输出数据）中。最后用PID进行计算。

（5）步141～142：当变频器出现故障（X0动合闭合）时，Y1有输出，HL指示灯亮。

实例 122 使用 FX₃U - 4AD 实现电压测量

一、 控制要求

（1）将模拟量输入0～10V转换为数字量保存到D10中。

（2）当电压大于9V时，HL1指示灯亮，否则熄灭。

（3）当电压小于1V时，HL2指示灯亮，否则熄灭。

二、 I/O 端口分配表

PLC的I/O端口分配见表10-17。

表 10 - 17　　　　　　　　　　　　　　　　I/O 端口分配表

输入端口			输出端口		
输入端子	输入器件	作用	输出端子	输出器件	作用
X0	SB动合触点	启动/停止按钮	Y0	HL1	输入电压高于9V
—	—	—	Y1	HL2	输入电压低于1V

三、 控制电路

电压测量控制电路如图10-23所示。

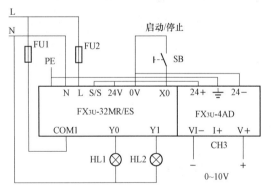

图 10 - 23　电压测量控制电路图

四、 控制程序

PLC控制程序如图10-24所示。0号单元的通道3选择了模式2，模拟量输入电压—10～+10V对应的数字量为—10 000～+10 000。

（1）步0～5：开机将H0F2FF送入0号单元（U0）的BFM♯0（G0），关闭通道1、2、4，通道3预设为模式2（—10～+10V，直接显示）。

（2）步6～9：T0延时5s（模式设置更改有效时间）。

（3）步10～16：T0延时到（T0动合闭合），当按下启动按钮SB时，X0接通，从0号单元（U0）的BFM♯12（G12）读取通道3的数据到D10。

（4）步17～22：当输入电压高于9V（K9000）时，Y0有输出，HL1指示灯亮。

（5）步23～28：当输入电压小于1V（K1000）时，Y1有输出，HL2指示灯亮。

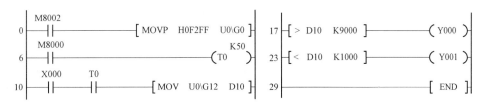

图 10-24 电压测量 PLC 控制程序

实例 123 使用 FX₃ᵤ-4AD-ADP 实现电流测量

一、控制要求

（1）将模拟量输入 4～20mA 转换为数字量保存到 D10 中。

（2）当输入电流大于上限（20mA）时，HL1 指示灯亮，否则熄灭。

（3）当输入电流小于下限（4mA）时，HL2 指示灯亮，否则熄灭。

二、I/O 端口分配表

PLC 的 I/O 端口分配见表 10-18。

表 10-18　　　　　　　　　　　　　　　　I/O 端口分配表

输入端口			输出端口		
输入端子	输入器件	作用	输出端子	输出器件	作用
X0	SB 动合触点	启动/停止按钮	Y0	HL1	输入电流高于 20mA
—	—	—	Y1	HL2	输入电流低于 4mA

三、控制电路

电流测量控制电路如图 10-25 所示。

四、控制程序

PLC 控制程序如图 10-26 所示。

（1）步 0～2：M8260 线圈一直通电，切换第一台的通道 1 为电流输入（4～20mA）。

（2）步 3～9：开机复位第一台的错误状态（D8268.6 硬件错误，D8268.7 数据错误）。

（3）步 10～15：设置第一台通道 1 的平均次数为 5 次。

（4）步 16～21：当按钮 SB（X0）按下时，将第一台通道 1 的输入数据保存到 D10 中。

（5）步 22～25：当通道 1 的上限溢出（输入电流高于 20mA，D8268.0=1）时，Y0 有输出，HL1 指示灯亮。

（6）步 26～29：当通道 1 的下限溢出（输入电流小于 4mA，D8268.8=1）时，Y1 有输出，HL2 指示灯亮。

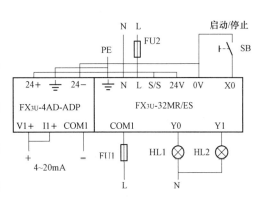

图 10-25　电流测量控制电路图

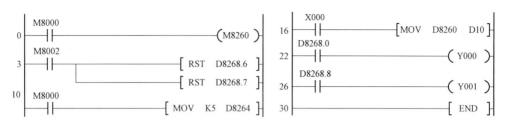

图 10-26 电流测量 PLC 控制程序

实例 124　使用 FX₃ᵤ-4DA 实现电压输出

一、 控制要求

(1) 每按一次电压增大按钮，输出电压增加 0.1V。

(2) 每按一次电压减小按钮，输出电压减小 0.1V。

(3) 输出电压用电压表监视。

二、 I/O 端口分配表

PLC 的 I/O 端口分配见表 10-19。

表 10-19　　　　　　　　　　　　　I/O 端口分配表

输入端口		
输入端子	输入器件	作用
X0	SB1 动合触点	增大 0.1V
X1	SB2 动合触点	减小 0.1V

三、 控制电路

电压输出控制电路如图 10-27 所示。

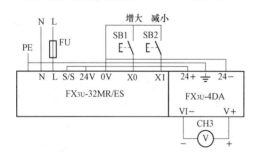

图 10-27　电压输出控制电路图

四、 控制程序

PLC 控制程序如图 10-28 所示。0 号单元的通道 3 选择了 0 模式，模拟量输出电压 -10~+10V 对应的数字量为 -32 000~+32 000。

(1) 步 0~10：开机将 HF0FF 送入 0 号单元 (U0) 的 BFM♯0 (G0)，关闭通道 1、2、4，通道 3 预设为模式 0 (-10~+10V)；D0 清零。

(2) 步 11~14：T0 延时 5s（模式更改设置有效时间）。

(3) 步 15~22：当按下增加按钮 SB1 时，X0 动合触点接通，D0 加 320，即输出电压增加 0.1V。

(4) 步 23~30：当按下减少按钮 SB2 时，X1 动合触点接通，D0 减 320，即输出电压减小 0.1V。

(5) 步 31~40：限制输出对应的数字量 (D0) 的上限为 32 000。

(6) 步 41~50：限制输出对应的数字量 (D0) 的下限为 0。

(7) 步 51~56：T0 延时到 (T0 动合闭合)，将数字量 (D0) 送入 0 号单元 (U0) 的 BFM♯3 (G3)，从通道 3 输出模拟电压。

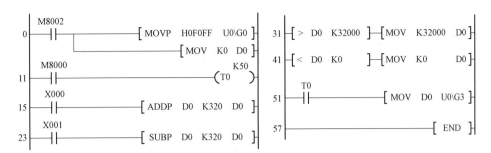

图 10 - 28　电压输出 PLC 控制程序

实例 125　使用 FX_{3U} - 4DA - ADP 实现电流输出

一、 控制要求

(1) 每按一次电流增大按钮，输出电流增加 0.1mA。

(2) 每按一次电流减小按钮，输出电流减小 0.1mA。

(3) 输出电流用毫安电流表监视。

二、 I/O 端口分配表

PLC 的 I/O 端口分配见表 10 - 20。

表 10 - 20　　　　　　　　　　　　I/O 端口分配表

输入端口		
输入端子	输入器件	作用
X0	SB1 动合触点	增大 0.1mA
X1	SB2 动合触点	减小 0.1mA

三、 控制电路

电流输出控制电路如图 10 - 29 所示。

四、 控制程序

PLC 控制程序如图 10 - 30 所示。数字量 0～4000 对应的输出电流 4～20mA，则 1mA 对应的数字量为 4000/16＝250。

(1) 步 0～4：M8260 线圈一直通电，切换第一台的通道 1 为电流输出（4～20mA）；M8264 线圈通电，通道 1 输出保持解除。

(2) 步 5～13：开机复位第一台的错误状态（D8268.6 硬件错误）；D0 清零。

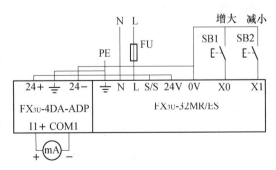

图 10 - 29　电流输出控制电路图

(3) 步 14～21：当按下增加按钮 SB1 时，X0 动合触点接通，D0 加 25，即输出电流增加 0.1mA。

(4) 步 22～29：当按下减少按钮 SB2 时，X1 动合触点接通，D0 减 25，即输出电流减少 0.1mA。

(5) 步 30～39：限制输出对应的数字量（D0）的上限为 4 000。

(6) 步 40～49：限制输出对应的数字量（D0）的下限为 0。

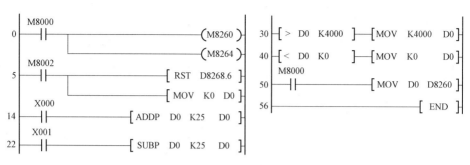

图 10-30 电流输出 PLC 控制程序

（7）步 50～55：将数字量（D0）送入 D8260，从通道 1 输出模拟电流。

实例 126　使用 FX₃U-3A-ADP 实现压力测量

一、 控制要求

某压力传感器测量范围为 0～10kPa，输出 4～20mA 电流，控制要求如下。

（1）将 4～20mA 模拟量电流输入到 FX₃U-3A-ADP，同时通过电压表监视 0～10V 输出（即 0～10kPa）。

（2）当压力大于 8kPa 时，HL 指示灯亮，否则熄灭。

二、 I/O 端口分配表

PLC 的 I/O 端口分配见表 10-21。

表 10-21　　　　　　　　　　　　　　　　I/O 端口分配表

输入端口			输出端口		
输入端子	输入器件	作用	输出端子	输出器件	作用
X0	SB 动合触点	启动/停止按钮	Y0	HL	压力大于 8kPa

三、 控制电路

压力测量控制电路如图 10-31 所示。

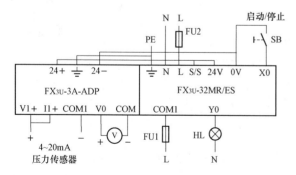

图 10-31　压力测量控制电路图

四、 控制程序

PLC 控制程序如图 10-32 所示。由于输入 4～20mA 对应的数字量为 0～3200，输出 0～10V 对应的数字量为 0～4000，所以要将 0～3200 转换为 0～4000，故先乘以 4000，然后除以 3200。

（1）步 0～6：M8260 线圈一直通电，切换第一台的输入通道 1 为电流输入（4～20mA）；M8266 通电，输出保持解除锁定；M8268 通电，输入通道 2 不使用。

（2）步 7～32：当按钮 SB（X0）按下时，将第一台通道 1 的输入数据（D8260）乘以 4000 保存到 D101 和 D100 中；然后除以 3200，保存到 D100 中，最后结果送入 D8262，由输出通道输出。

（3）步 33～38：0～10kPa 对应的输出数字量为 0～4000，则 8kPa 对应的数字量为 3200，当 (D100) 大于 3200 时，Y0 通电，HL 指示灯亮。

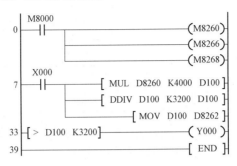

图 10-32 压力测量 PLC 控制程序

实例 127 使用 FX₃ᵤ-4AD-PTW-ADP 实现烘仓温度的测量与控制

一、控制要求

某维纶生产线需要对烘仓温度进行控制，温度检测使用铂热电阻（测温范围−100℃～600℃），控制要求如下。

（1）温度控制范围为 200～250℃。

（2）将测量温度保存到 D10，便于显示。

（3）当温度大于 250℃时，HL1 指示灯亮，否则熄灭，同时停止加热。

（4）当温度低于 200℃时，HL2 指示灯亮，否则熄灭，同时启动加热。

（5）当超出 300℃时，生产线停止，同时停止加热。

二、I/O 端口分配表

PLC 的 I/O 端口分配见表 10-22。

表 10-22   I/O 端口分配表

输入端口			输出端口		
输入端子	输入器件	作用	输出端子	输出器件	控制对象
X0	SB1 动合触点	停止按钮	Y0	KM1	生产线控制
X1	SB2 动合触点	启动按钮	Y1	KM2	加热烘仓
—	—	—	Y2	指示灯 HL1	烘仓温度高于 250℃
—	—	—	Y3	指示灯 HL2	烘仓温度低于 200℃

三、控制电路

烘仓温度测量控制电路如图 10-33 所示。生产线主电路略。

四、控制程序

PLC 程序如图 10-34 所示。铂热电阻 PT100 的测量范围为−100～600℃，对应的数字量是−1000～+6000，所测得的数字量除以 10 即可换算成所测的温度。

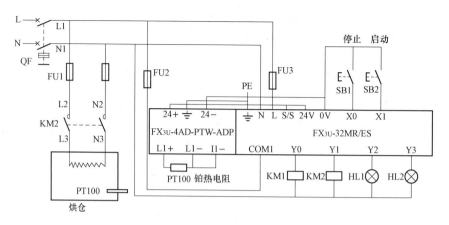

图 10 - 33　烘仓温度测量控制电路图

（1）步 0～11：开机复位第一台的错误状态（D8268.6 硬件错误，D8268.7 数据错误）；通道 1 数据平均次数 5 次。

（2）步 12～13：当按下启动按钮 SB2 时，X1 有输入，M100 置 1。

（3）步 14～17：当 M100＝1 时，Y0 有输出，生产线运行；同时 Y1 有输出，开始加热。

（4）步 18～25：当 M100＝1 时，将第一台通道 1 的 5 次平均值（D8260）除以 10 换算成对应温度保存到 D10 中。

（5）步 26～32：当测量温度高于 250℃时，Y2 有输出，HL1 指示灯亮。同时 M5 置 1，步 14～17 中 M5 动断断开，Y1 断电，停止加热。

（6）步 33～39：当测量温度低于 200℃时，Y3 有输出，HL2 指示灯亮。同时 M5 复位，步 14～17 中 M5 动断重新接通，Y1 通电，重新开始加热。

（7）步 40～46：当按下停止按钮 SB1（X0 动合接通）或者温度超过 300℃时，M100 复位。步 14～25 中的 M100 动合断开，生产线停机，同时停止加热和读取温度。

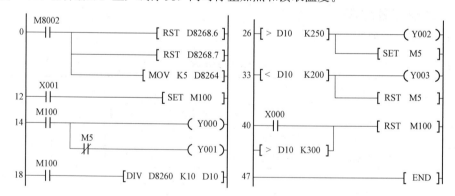

图 10 - 34　烘仓温度测量控制程序

实例 128　使用 FX₃U - 4AD - TC - ADP 实现炉温的测量与控制

一、控制要求

某电阻炉需要对温度进行控制，测温传感器使用热电偶，控制要求如下。

（1）温度控制范围为 700℃～800℃。

（2）将测量温度保存到 D10 中，便于显示。

（3）当测量温度大于 800℃时，HL1 指示灯亮，否则熄灭，同时停止加热。

（4）当测量温度低于 700℃时，HL2 指示灯亮，否则熄灭，同时启动加热。

二、I/O 端口分配表

PLC 的 I/O 端口分配见表 10 - 23。

表 10 - 23　　　　　　　　　　　　　I/O 端口分配表

输入端口			输出端口		
输入端子	输入器件	作用	输出端子	输出器件	作用
X0	SB1 动合触点	停止按钮	Y0	KM	加热电阻炉
X1	SB2 动合触点	启动按钮	Y1	指示灯 HL1	炉温高于 800℃
—	—	—	Y2	指示灯 HL2	炉温低于 700℃

三、控制电路

炉温测量控制电路如图 10 - 35 所示。

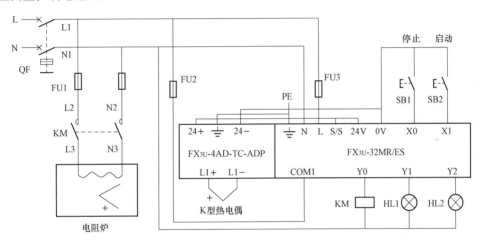

图 10 - 35　炉温测量控制电路图

四、控制程序

根据炉温测量控制线路编写的 PLC 程序如图 10 - 36 所示。K 型热电偶传感器的测量范围为 −100～ 1000℃，对应的数字量是 −1000～+10 000，所测得的数字量除以 10 即可换算成所测的温度。

（1）步 0～11：开机复位第一台的错误状态（D8268.6 硬件错误，D8268.7 数据错误）；通道 1 数据平均次数 5 次。

（2）步 12～13：当按下启动按钮 SB2 时，X1 有输入，M100 置 1。

（3）步 14～16：当 M100＝1 时，Y0 有输出，电阻炉加热。

（4）步 17～24：当 M100＝1 时，将第一台通道 1 的 5 次平均值（D8260）除以 10 换算成对应温度保存到 D10 中。

（5）步 25～31：当测量温度高于 800℃时，Y1 有输出，HL1 指示灯亮。同时 M5 置 1，步 14～16 中 M5 动断断开，Y0 断电，停止加热。

（6）步 32～38：当测量温度低于 700℃时，Y2 有输出，HL2 指示灯亮。同时 M5 复位，步 14～

16 中 M5 动断重新接通，Y0 通电，重新开始加热。

（7）步 39～40：当按下停止按钮 SB1 时，X0 动合接通，M100 复位。步 14～24 中的 M100 动合断开，停止加热和读取温度。

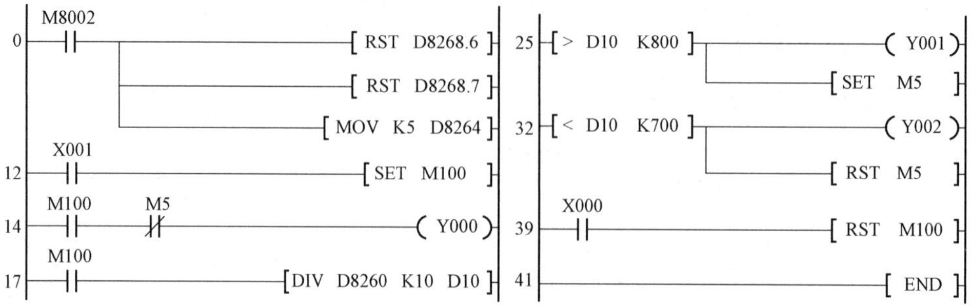

图 10-36　炉温测量 PLC 控制程序

第十一章

变频器的控制

实例 129 变频器的面板操作控制

一、 控制要求

通过三菱变频器 FR-D740 实现面板操作控制，使用操作面板设定变频器的输出频率为 30Hz，并控制电动机点动、正转、反转和停止。

二、 控制线路

应用变频器实现面板操作控制电路如图 11-1 所示。

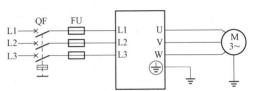

图 11-1 变频器面板操作电路图

三、 变频器的配线及参数设置

1. 变频器的基本配线

变频器 FR-D700 的基本电路如图 11-2 所示。

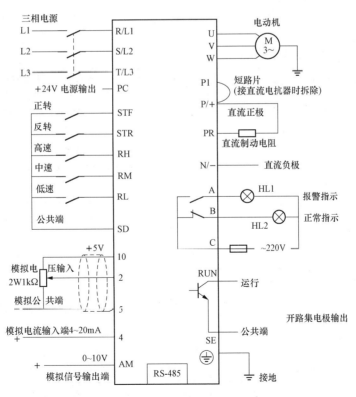

图 11-2 三菱变频器 FR-D700 基本电路

主电路端子符号与功能说明见表 11-1。

表 11 - 1   主电路端子功能说明

端子符号	端子功能说明
$\perp$	接地端。变频器外壳必须可靠接大地
P/+、N/-	连接制动单元
P/+、PR	在 P/+、PR 间可接直流制动电阻
P/+、P1	拆除短路片后，可接直流电抗器，将电容滤波改为 LC 滤波，以提高滤波效果和功率因数
R/L1、S/L2、T/L3	三相电源输入端，接三相交流电源
U、V、W	变频器输出端，接三相交流异步电动机

控制电路端子符号与功能说明见表 11 - 2。

表 11 - 2   控制电路端子功能说明

端子符号	端子功能说明	备　注
STF	正转控制命令端	输入信号端；SD 是输入信号公共端
STR	反转控制命令端	
RH、RM、RL	高、中、低速及多段速度选择控制端	
PC	直流 24V 正极	PC 与 SD 之间输出电流 0.1A
SD	直流 24V 负极；输入信号公共端	
10	频率设定用电源，直流 5V	输入模拟电压、电流信号进行频率设定；5V（10V）对应最大输出频率；20mA 对应最大输出频率
2	模拟电压输入端，可设定为 0~5V、0~10V	
4	模拟电流输入端，可设定为 4~20mA	
5	模拟输入公共端	
A、B、C	变频器正常：B—C 闭合，A—C 断开 变频器故障：B—C 断开，A—C 闭合	触点容量：交流 230V/0.3A；直流 30V/0.3A
RUN	变频器正在运行（集电极开路）	变频器输出频率高于启动频率时为低电平，否则为高电平
SE	RUN 的公共端（集电极开路）	
AM	模拟信号输出端（从输出频率、输出电流、输出电压中选择一种监视），输出信号与监视项目内容呈比例关系	输出电流 1mA，输出直流电压 0~10V。5 为输出公共端
RS485	PU 通信端口	最长通信距离 500m

注　端子 SD、SE 与 5 是不同组件的公共端，不要相互连接也不要接地；PC 与 SD 之间不能短路。

2. 变频器的参数设置

通过变频器的面板按键可以设置变频器功能参数和状态监视，面板操作按键如图 11 - 3 所示。面板操作按键与状态指示灯的说明见表 11 - 3。

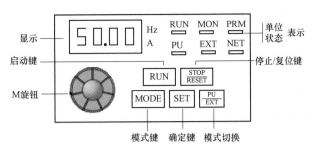

图 11 - 3　变频器面板操作按键

表 11 - 3　　　　　　　　　　　　**面板按键、状态指示灯说明**

按键、状态指示灯	说　　　明
RUN	启动键
STOP/RESET	停止/复位键。用于停止运行和保护动作后复位变频器
MODE	模式键。用于选择操作模式或设定模式
SET	确定键。用来选择或确定频率和参数的设定
PU/EXT	用于切换 PU 或外部运行模式
M 旋钮	用于变更参数的设定值
Hz 灯	显示输出频率时,灯亮
A 灯	显示输出电流时,灯亮
RUN 灯	变频器运行时灯亮,正转/灯亮,反转/闪烁
MON 灯	监视模式时灯亮
PRM 灯	参数设置时灯亮
PU 灯	面板操作模式(PU 模式)时灯亮
EXT 灯	外部操作模式时灯亮
NET 灯	网络运行模式时灯亮

利用变频器面板功能键设定参数的操作步骤:

(1)接通变频器电源,变频器面板显示"监视模式 0.00",MON 灯亮。

(2)模式切换。反复按模式键"MODE",轮流出现"参数设定模式 PRM"→"报警历史 E－－－－"→返回"监视模式 0.00"。

反复按"PU/EXT"键,轮流出现"外部运行模式 EXT"→"PU 运行模式"→"PU 点动运行模式 JOG"。

(3)显示输出内容。在"监视模式"下,按"SET"键,轮流显示输出频率、输出电流、输出电压。

(4)参数设定。例如,将参数 Pr 79"操作模式选择"的设定值由"2"(外部操作模式)变更为"1"(面板操作模式)。操作如下。

用"MODE"键切换到"参数设定模式"(PRM 灯亮)→按"PU/EXT"键切换到"PU 运行模式"(PU 灯亮)→旋转"M 旋钮"→"P.79"→按"SET"→显示现在的设定值"2"→旋转"M 旋钮"→显示变更值"1"→按"SET"键→显示闪烁的"P.79"→按"SET"键,变更成功。

（5）恢复出厂设定值的操作。通常出厂设定值能满足大多数的控制要求，因此在使用前可先恢复出厂设定值。

按"MODE"键切换到"参数设定模式"（PRM灯亮）→按"PU/EXT"键切换到"PU运行模式"（PU灯亮）→旋转"M旋钮"→全部清除"ALLC"→"SET"键→显示参数"0"→旋转"M旋钮"→显示参数"1"→"SET"键→显示闪烁的"ALLC"→"SET"键，完成恢复出厂设定值。

四、 变频器参数设置

面板操作控制的变频器参数设置见表11-4。

表 11 - 4　　　　　　　　　　　　变 频 器 参 数 设 置 表

序号	参数代号	初始值	设置值	说　　　　明
1	Pr. 1	120.0	50.00	输出频率的上限（Hz）
2	Pr. 9	变频器额定电流（2.20A）	0.20	电动机的额定电流（A）
3	Pr. 160	9999	0	扩展功能显示选择（显示所有参数，开放隐藏参数）
4	Pr. 80	9999	0.10	电动机容量（kW）
5	Pr. 15	5.00	30.00	点动频率（Hz）
6	Pr. 16	0.5	0.5	点动加减速时间（s）
7	Pr. 79	0	1	PU运行模式

注　表中电动机为380V/0.2A/0.04kW/1430r/min，请按照电动机实际参数进行设置。

五、 运行操作

参数设置之后，按"MODE"键→MON灯亮→按"PU/EXT"键→显示"JOG"。

（1）点动。当按下"RUN"按键时，电动机启动，启动结束后显示频率值30Hz。松开"RUN"按键，电动机减速停止。

（2）切断电源。

实例 130　应用变频器实现正反转点动控制

一、 控制要求

通过三菱变频器FR-D740实现正反转点动控制，控制要求如下。

（1）当按下正转点动按钮时，电动机通电正转，松开正转点动按钮后，电动机断电停止。

（2）当按下反转点动按钮时，电动机通电反转，松开反转点动按钮后，电动机断电停止。

二、 I/O端口分配表

PLC的I/O端口分配见表11-5。

表 11 - 5　　　　　　　　　　　　I/O端口分配表

输入端口			输出端口		
输入端子	输入器件	作用	输出端子	输出器件	控制对象
X0	SB1动合触点	正转点动按钮	Y0	变频器STF	电动机M正转
X1	SB2动合触点	反转点动按钮	Y1	变频器STR	电动机M反转

三、控制电路

应用变频器实现正反转点动控制电路如图 11-4 所示。

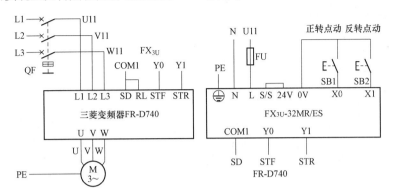

图 11-4　应用变频器实现正反转点动控制电路

四、变频器参数设置

变频器参数的设置见表 11-6。

表 11-6　　　　　　　　　点动控制的变频器参数设置

序号	参数代号	初始值	设置值	说　　明
1	Pr.1	120.0	50.00	输出频率的上限（Hz）
2	Pr.9	变频器额定电流（2.50A）	0.30	电动机的额定电流（A）
3	Pr.160	9999	0	扩展功能显示选择（显示所有参数，开放隐藏参数）
4	Pr.80	9999	0.10	电动机容量（kW）
5	Pr.15	5.00	30.00	点动频率（Hz）
6	Pr.16	0.5	0.5	点动加减速时间（s）
7	Pr.178	60	60	STF 端子功能选择（正转启动）
8	Pr.179	61	61	STR 端子功能选择（反转启动）
9	Pr.180	0	5	RL 为点动频率选择
10	Pr.79	0	2	外部运行模式

注　表中电动机为 380V/0.2A/0.04kW/1430r/min，请按照电动机实际参数进行设置。

五、控制程序

正反转点动控制程序如图 11-5 所示。步 0 为正转点动控制，步 2 为反转点动控制。

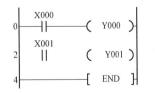

图 11-5　正反转点动控制程 PLC 序

实例 131　应用变频器实现正转连续控制

一、控制要求

通过三菱变频器 FR-D740 实现正转连续控制，控制要求如下：

（1）当按下启动按钮时，电动机通电运转。

（2）当按下停止按钮时，电动机断电停止。

二、 I/O 端口分配表

PLC 的 I/O 端口分配见表 11 - 7。

表 11 - 7　　　　　　　　　　　　　　I/O 端口分配表

输入端口			输出端口		
输入端子	输入器件	作用	输出端子	输出器件	控制对象
X1	SB1 动合触点	启动按钮	Y0	变频器 RL	选择运行频率
X2	SB2 动合触点	停止按钮	Y1	变频器 STF	电动机 M 启动

三、 控制电路

应用变频器实现正转连续控制的电路如图 11 - 6 所示。

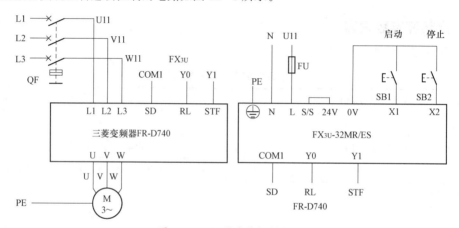

图 11 - 6　正转连续控制电路

四、 变频器参数设置

应用变频器实现正转连续控制的变频器参数设置见表 11 - 8。设置参数前应将参数 Pr. 79 变更为 0。

表 11 - 8　　　　　　　　　　　正转连续控制的变频器参数设置

序号	参数代号	初始值	设置值	说　　明
1	Pr. 1	120.0	50.00	输出频率的上限（Hz）
2	Pr. 6	10.00	30.00	电动机的运行频率（Hz）
3	Pr. 7	5.0	0.5	电动机加速时间（s）
4	Pr. 8	5.0	0.5	电动机减速时间（s）
5	Pr. 9	变频器额定电流（2.20A）	0.20	电动机的额定电流（A）
6	Pr. 160	9999	0	扩展功能显示选择（显示所有参数，开放隐藏参数）
7	Pr. 80	9999	0.10	电动机容量（kW）
8	Pr. 178	60	60	STF 端子功能选择（正转启动）
9	Pr. 180	0	0	外部频率选择
10	Pr. 79	0	2	外部运行模式

注　表中电动机为 380V/0.2A/0.04kW/1430r/min，请按照电动机实际参数进行设置。

五、　控制程序

应用变频器实现正转连续控制的 PLC 程序如图 11-7 所示。

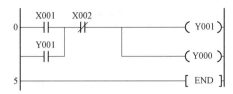

图 11-7　正转连续控制 PLC 程序

实例 132　应用变频器实现正反转控制

一、　控制要求

应用三菱变频器 FR-D740 实现正反转控制，控制要求如下。

(1) 当按下正转启动按钮时，电动机通电正转。

(2) 当按下反转启动按钮时，电动机通电反转。

(3) 当按下停止按钮时，电动机断电停止。

二、　I/O 端口分配表

PLC 的 I/O 端口分配见表 11-9。

表 11-9　　　　　　　　　　I/O 端口分配表

输入端口			输出端口		
输入端了	输入器件	作用	输出端了	输出器件	控制对象
X1	SB1 动合触点	正转按钮	Y0	变频器 RL	选择运行频率
X2	SB2 动合触点	反转按钮	Y1	变频器 STF	电动机 M 正转
X3	SB3 动合触点	停止按钮	Y2	变频器 STR	电动机 M 反转

三、　控制电路

应用变频器实现正反转控制的电路如图 11-8 所示。

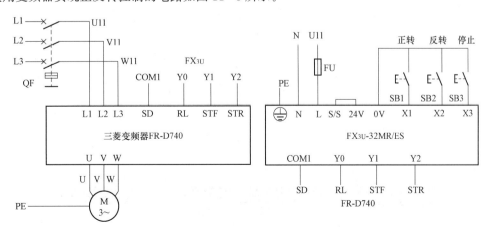

图 11-8　正反转控制电路

四、 变频器参数设置

正反转控制的变频器参数设置见表 11-10。设置参数前应将参数 Pr.79 变更为 0。

表 11-10 正反转控制的变频器参数设置

序号	参数代号	初始值	设置值	说　明
1	Pr.1	120.0	50.00	输出频率的上限（Hz）
2	Pr.6	10.00	30.00	RL 电动机的运行频率（Hz）
3	Pr.7	5.0	0.5	电动机加速时间（s）
4	Pr.8	5.0	0.5	电动机减速时间（s）
5	Pr.9	变频器额定电流（2.20A）	0.20	电动机的额定电流（A）
6	Pr.160	9999	0	扩展功能显示选择（显示所有参数，开放隐藏参数）
7	Pr.80	9999	0.10	电动机容量（kW）
8	Pr.178	60	60	STF 端子功能选择（正转启动）
9	Pr.179	61	61	STR 端子功能选择（反转启动）
10	Pr.180	0	0	外部频率选择
11	Pr.79	0	2	外部运行模式

注　表中电动机为 380V/0.2A/0.04kW/1430r/min，请按照电动机实际参数进行设置。

五、 控制程序

应用变频器实现正反转控制的 PLC 程序如图 11-9 所示。

（1）步 0~6：正转控制。当按下正转按钮 SB1 时，X1 有输入，Y1 得电自锁，同时 M0 得电，步 14~16 中 M0 动合闭合，Y0 得电，变频器 STF 和 RL 有输入，电动机正转启动。

（2）步 7~13：反转控制。当按下反转按钮 SB2 时，X2 有输入，步 0~6 中的 X2 动断触点断开，Y1 断电，自锁解除，正转停止；Y2 得电自锁，同时 M1 得电，步 14~16 中 M1 动合闭合，Y0 得电，变频器 STR 和 RL 有输入，电动机反转启动。

（3）在反转时，按下正转按钮 SB1，接通 X1，步 7~13 中的 X1 动断触点断开，Y2 断电，自锁解除，反转停止；同时，Y1 通电自锁，电动机正转。

（4）当按下停止按钮时，不管是正转或是反转，电动机都停止。

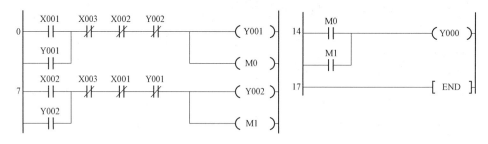

图 11-9　PLC 正反转控制程序

实例 133　应用变频器实现自动往返控制

一、 控制要求

使用 PLC 和变频器组成自动往返控制电路。当按下启动按钮后，要求变频器的输出频率按图

11-10 所示曲线自动运行一个周期。

由变频器的输出频率曲线可知，当按下启动按钮时，电动机启动，斜坡上升时间为 10s，正转运行频率为 25Hz，机械装置前进。当机械装置的撞块触碰行程开关 SQ1 时，电动机先减速停止，后开始反向启动，斜坡下降/上升时间均为 10s，反转运行频率为 40Hz，机械装置后退。当机械装置的撞块触碰原点行程开关 SQ2 时，电动机停止。

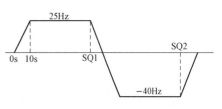

图 11-10 变频器输出频率曲线

二、I/O 端口分配表

PLC 的 I/O 端口分配见表 11-11。

表 11-11   I/O 端口分配表

输入端口			输出端口		
输入端子	输入器件	作用	输出端子	输出器件	控制对象
X1	SB 动合触点	启动按钮	Y0	变频器 RL	选择正转运行频率
X2	SQ1 动合触点	换向位置	Y1	变频器 STF	电动机 M 正转
X3	SQ2 动合触点	原点位置	Y2	变频器 RM	选择反转运行频率
—	—	—	Y3	变频器 STR	电动机 M 反转

三、控制电路

PLC 与变频器的自动往返控制电路如图 11-11 所示。

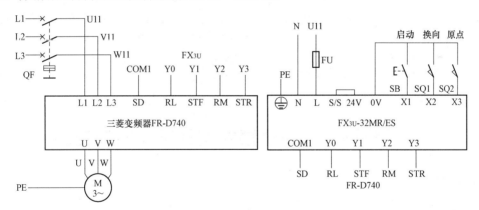

图 11-11 PLC 与变频器自动往返控制电路

四、变频器参数设置

变频器参数设置见表 11-12。设置参数前应将参数 Pr.79 变更为 0。

表 11-12   变频器参数设置

序号	参数代号	初始值	设置值	说　明
1	Pr.1	120.0	50.00	输出频率的上限（Hz）
2	Pr.5	30.00	40.00	RM 选择的反转运行频率（Hz）
3	Pr.6	10.00	25.00	RL 选择的正转运行频率（Hz）
4	Pr.7	5.0	10.0	电动机加速时间（s）

序号	参数代号	初始值	设置值	说　　明
5	Pr. 8	5.0	10.0	电动机减速时间（s）
6	Pr. 9	变频器额定电流（2.20A）	0.20	电动机的额定电流（A）
7	Pr. 160	9999	0	扩展功能显示选择（显示所有参数，开放隐藏参数）
8	Pr. 80	9999	0.10	电动机容量（kW）
9	Pr. 178	60	60	STF端子功能选择（正转启动）
10	Pr. 179	61	61	STR端子功能选择（反转启动）
11	Pr. 180	0	0	外部频率选择
12	Pr. 79	0	2	外部运行模式

注　表中电动机为380V/0.2A/0.04kW/1430r/min，请按照电动机实际参数进行设置。

五、　控制程序

PLC和变频器自动往返控制程序如图11-12所示。

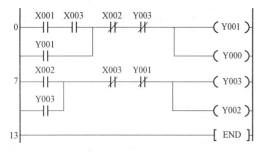

图11-12　PLC和变频器自动往返控制程序

（1）正转运行/前进。步0～6中，在原点压住原点位置开关SQ2（X3），按下启动按钮SB（X1），输出端Y1通电自锁，同时Y0得电，变频器STF、RL有输入，输出25Hz，电动机正转前进。

（2）反转运行/后退。步7～12中，当行程开关SQ1动作（X2接通）时，输出端Y0、Y1断开，正转停止；Y3通电自锁，同时Y2得电，变频器STR、RM有输入，输出40Hz，电动机反转后退。

（3）停止。步7～12中，当后退返回原点时，触动行程开关SQ2动作，X3动断触点断开，输出端Y3断开，电动机停止。

实例 134　应用变频器实现直流制动控制

一、　控制要求

应用三菱变频器FR-D740实现直流制动控制，控制要求如下。

（1）当按下启动按钮时，电动机通电运转。

（2）当按下停止按钮时，电动机断电直流制动。

二、　I/O端口分配表

应用变频器实现直流制动控制的PLC I/O分配见表11-13。

表11-13　　　　　　　　　　　I/O端口分配表

输入端口			输出端口		
输入端子	输入器件	作用	输出端子	输出器件	控制对象
X1	SB1动合触点	启动按钮	Y0	变频器RL	选择运行频率
X2	SB2动合触点	停止按钮	Y1	变频器STF	电动机M

三、控制电路

应用变频器实现直流制动控制电路如图 11 - 13 所示。

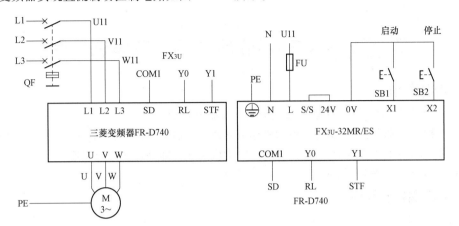

图 11 - 13　直流制动控制电路

四、变频器参数设置

直流制动控制的变频器参数设置见表 11 - 14。设置参数前应将参数 Pr.79 变更为 0。

表 11 - 14　　　　　　　　　　直流制动控制的变频器参数设置

序号	参数代号	初始值	设置值	说　　　明
1	Pr. 1	120.0	50.00	输出频率的上限（Hz）
2	Pr. 6	10.00	30.00	电动机的运行频率（Hz）
3	Pr. 7	5.0	1.0	电动机加速时间（s）
4	Pr. 8	5.0	5.0	电动机减速时间（s）
5	Pr. 9	变频器额定电流（2.20A）	0.20	电动机的额定电流（A）
6	Pr. 160	9999	0	扩展功能显示选择（显示所有参数，开放隐藏参数）
7	Pr. 10	3.00	10.00	直流制动的动作频率（Hz）
8	Pr. 11	0.5	1	直流制动的动作时间（s）
9	Pr. 12	4.0	4.0	直流制动动作电源电压的百分比（%）
10	Pr. 80	9999	0.10	电动机容量（kW）
11	Pr. 178	60	60	STF 端子功能选择（正转启动）
12	Pr. 180	0	0	外部频率选择
13	Pr. 79	0	2	外部运行模式

注　表中电动机为 380V/0.2A/0.04kW/1430r/min，请按照电动机实际参数进行设置。

五、控制程序

应用变频器实现直流制动控制的 PLC 控制程序如图 11 - 14 所示。

（1）在步 0～4 中，当按下启动按钮 SB1 时，X1 闭合，Y1 得电自锁，变频器 STF 有输入；同时，Y0 得电，RL 有输入，

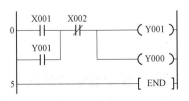

图 11 - 14　PLC 控制直流制动程序

电动机以 RL 指定的频率运行。

（2）当按下停止按钮 SB2 时，X2 动断触点断开，Y0、Y1 断电，运行频率减到 10Hz 时，变频器进行直流制动，制动时间为 1s。

实例 135 应用变频器实现三段速控制

一、 控制要求

通过三菱变频器 FR-D740 实现三段速控制，控制要求如下。

（1）每当按下启动/调速按钮时，电动机逐级升速，即启动→低速状态→中速状态→高速状态。

（2）在高速状态下按下启动/调速按钮时，电动机降速，即高速状态→中速状态。

（3）在任何状态下按下停止按钮时，电动机停止。

二、 I/O 端口分配表

PLC 的 I/O 端口分配见表 11-15。

表 11-15   I/O 端口分配表

输入端口			输出端口		
输入端子	输入器件	作用	输出端子	输出器件	控制对象
X1	SB1 动合触点	启动/调速按钮	Y0	变频器 RL	低速频率选择
X2	SB2 动合触点	停止按钮	Y1	变频器 RM	中速频率选择
—	—	—	Y2	变频器 RH	高速频率选择
—	—	—	Y3	变频器 STF	变频器正转启动

三、 控制线路

应用变频器实现三段速控制的电路如图 11-15 所示。

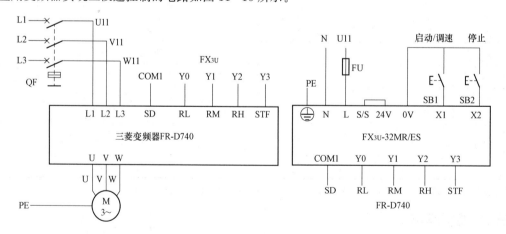

图 11-15 三段速控制电路

四、 变频器参数设置

变频器参数设置见表 11-16。设置参数前应将参数 Pr.79 变更为 0。

表 11 - 16 三段速控制的变频器参数设置

序号	参数代号	初始值	设置值	说　明
1	Pr. 1	120.0	50.00	输出频率的上限（Hz）
2	Pr. 4	50.00	50.00	RH 高速频率
3	Pr. 5	30.00	40.00	RM 中速频率
4	Pr. 6	10.00	25.00	RL 低速频率
5	Pr. 7	5.0	1.0	电动机加速时间（s）
6	Pr. 8	5.0	1.0	电动机减速时间（s）
7	Pr. 9	变频器额定电流（2.20A）	0.20	电动机的额定电流（A）
8	Pr. 160	9999	0	扩展功能显示选择（显示所有参数，开放隐藏参数）
9	Pr. 80	9999	0.10	电动机容量（kW）
10	Pr. 178	60	60	STF 端子功能选择（正转启动）
11	Pr. 180	0	0	RL
12	Pr. 181	1	1	RM
13	Pr. 182	2	2	RH
14	Pr. 79	0	2	外部运行模式

注 表中电动机为 380V/0.2A/0.04kW/1430r/min，请按照电动机实际参数进行设置。

五、 设计顺控功能图

电动机三段速顺控功能图如图 11 - 16 所示。初始状态 S0 和 S1 是并行流程模式，开机初始化将 S0 和 S1 同时置位激活。S1 为单流程模式，S500、S501 和 S502 均为选择流程模式。例如，在 S501 状态中，当按下启动/调速按钮 SB2 时，转移至 S502 状态；当按下停止按钮 SB1 时，转移至 S500 状态。同理，可以分析状态 S500 和 S502 的转移方向。

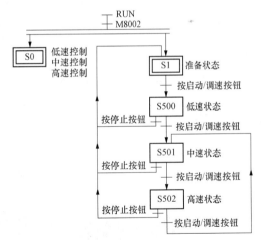

图 11 - 16 电动机三段速顺控功能图

六、 编写顺控程序

电动机三段速顺控程序如图 11 - 17 所示。程序控制原理如下：

（1）步 0～9：利用初始化脉冲 M8002 使初始状态 S0 和 S1 置位激活。

（2）步 10～20：状态继电器 S0 的控制范围。当 S500、S501 和 S502 分别为活动状态时，其动合触点闭合，输出继电器 Y0、Y1 和 Y2 分别通电，用于控制变频器的低速 RL、中速 RM 和高速 RH。同时 S500、S501 和 S502 任意一个为活动状态，Y3 通电，变频器 STF 有输入，控制电动机正转启动。由于状态 S0 没有转移条件和转移方向，所以 S0 始终为活动状态。

（3）步 21～24：状态继电器 S1 的控制范围。当按下启动/调速按钮 SB1 时，X1 触点闭合，程序转移到状态 S500（低速）。

（4）步 25～35：状态继电器 S500 的控制范围，在步 29 中，当按下启动/调速按钮 SB1 时，X1 触点闭合，程序转移到状态 S501（中速）；在步 33 中，当按下停止按钮 SB2 时，X2 动合触点闭合，程序转移到状态 S1（准备）。

（5）步 36～46：状态继电器 S501 的控制范围。在步 40 中，当按下启动/调速按钮 SB1 时，X1 触点闭合，程序转移到状态 S502（高速）；在步 44 中，当按下停止按钮 SB2 时，X2 动合触点闭合，程序转移到状态 S1（准备）。

（6）步 47～57：状态继电器 S502 的控制范围。在步 51 中，当按下启动/调速按钮 SB1 时，X1 触点闭合，程序转移到状态 S501（中速）；在步 55 中：当按下停止按钮 SB2 时，X2 动合触点闭合，程序转移到状态 S1（准备）。

（7）由于启动/调速按钮 X1 在多个状态中充当转移条件，所以在程序中设定了延时 1s 的定时器 T0、T1 和 T2，从而限制程序不能连续转移。

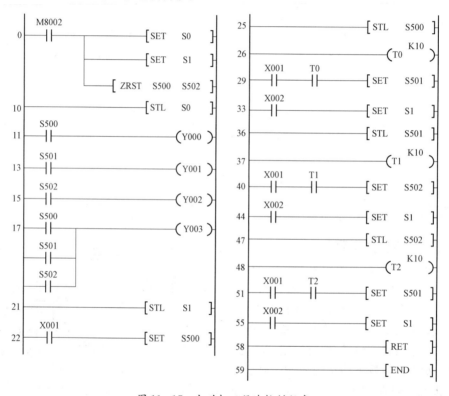

图 11-17 电动机三段速控制程序

实例 136 应用变频器实现七段速控制

一、 控制要求

通过三菱变频器 FR-D740 实现七段速控制，七段速运行曲线如图 11-18 所示。控制要求如下。

（1）当按下启动按钮时，电动机通电从速度 1～速度 7 间隔 10s 运行。

（2）到速度 7 返回到速度 1 反复运行。

（3）当按下停止按钮时，电动机断电停止。

二、 I/O 端口分配表

PLC 的 I/O 端口分配见表 11-17。

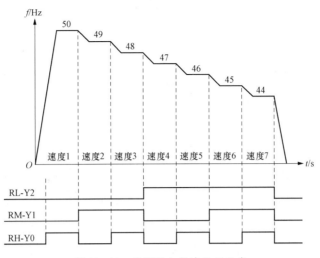

图 11-18　变频器七段速运行曲线

表 11-17　　　　　　　　　　　I/O 端口分配表

输入端口			输出端口		
输入端子	输入器件	作用	输出端子	输出器件	控制对象
X1	SB1 动合触点	启动按钮	Y0	变频器 RH	频率选择 1
X2	SB2 动合触点	停止按钮	Y1	变频器 RM	频率选择 2
—	—	—	Y2	变频器 RL	频率选择 3
—	—	—	Y4	变频器 STF	正转启动

三、控制电路

应用变频器实现七段速控制电路如图 11-19 所示。

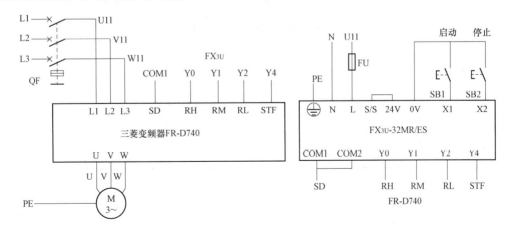

图 11-19　七段速控制电路

四、变频器参数设置

七段速控制变频器参数设置见表 11-18。设置参数前应将参数 Pr.79 变更为 0。

表 11-18 七段速控制的变频器参数设置

序号	参数代号	初始值	设置值	说　明
1	Pr. 1	120.0	50.00	输出频率的上限（Hz）
2	Pr. 4	50.00	50.00	1速（工艺1速）（Hz）
3	Pr. 5	30.00	49.00	2速（工艺2速）（Hz）
4	Pr. 6	10.00	47.00	3速（工艺4速）（Hz）
5	Pr. 7	5.0	1.0	电动机加速时间（s）
6	Pr. 8	5.0	1.0	电动机减速时间（s）
7	Pr. 9	变频器额定电流（2.20A）	0.20	电动机的额定电流（A）
8	Pr. 160	9999	0	扩展功能显示选择（显示所有参数，开放隐藏参数）
9	Pr. 80	9999	0.10	电动机容量（kW）
10	Pr. 24	9999	45.00	4速（工艺6速）（Hz）
11	Pr. 25	9999	46.00	5速（工艺5速）（Hz）
12	Pr. 26	9999	48.00	6速（工艺3速）（Hz）
13	Pr. 27	9999	44.00	7速（工艺7速）（Hz）
14	Pr. 178	60	60	STF端子功能选择（正转启动）
15	Pr. 180	0	0	RL
16	Pr. 181	1	1	RM
17	Pr. 182	2	2	RH
18	Pr. 79	0	2	外部运行模式

注　表中电动机为380V/0.2A/0.04kW/1430r/min，请按照电动机实际参数进行设置。

五、控制程序

变频器多段速运行与PLC控制端子的关系见表11-19。由表11-19可以看出，用PLC的输出端子Y2、Y1、Y0分别控制变频器的多段速控制端RL、RM、RH，可以设定七种速度。从工艺段速1到工艺段速7，Y2、Y1、Y0的状态从001变化到111，对应变频器的输出频率从50Hz下降到44Hz。

表 11-19 变频器多段速的 PLC 控制

工艺多段速	1	2	3	4	5	6	7
变频器设置的多段速	1	2	6	3	5	4	7
RL——Y2	0	0	0	1	1	1	1
RM——Y1	0	1	1	0	0	1	1
RH——Y0	1	0	1	0	1	0	1
变频器输出频率/Hz	50	49	48	47	46	45	44

注　表中"0"表示断开；"1"表示接通。

七段速控制的PLC程序如图11-20所示。

（1）步0～5：D0设初值1，即开机时Y0状态ON，变频器输出50Hz。

（2）步6～9：自锁控制。X1接启动按钮，X2接停止按钮，Y4接变频器正转控制端STF。按下启动按钮时，STF接通，变频器按加速时间（1s）启动至50Hz的运转频率。

（3）步10～31：计数控制。使用定时器T0产生10s的振荡周期，每10s（D0）加1，如果（D0）小于8，则将（D0）传送到K1Y0，使Y2、Y1、Y0分别控制变频器多段速控制端RL、RM、RH的接通或断开，变频器按设定的多段输出频率控制电动机逐步降速运行。

（4）步 32～48：重复及停止复位控制。当（D0）=8 时，Y3～Y0 复位，D0 设初值 1，变频器（电动机）按加速时间（1s）加速到 50Hz，进入下一个循环；当按下停止按钮 X2 时，电动机停机，Y3～Y0 复位，D0 设初值 1，为下次开车做好准备。

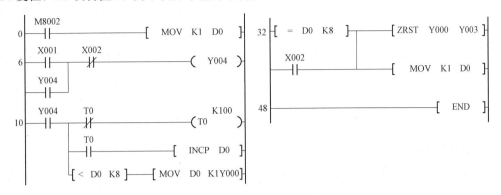

图 11-20　PLC 七段速控制程序

实例 137　应用变频器实现十五段速控制

一、控制要求

通过三菱变频器 FR-D740 实现十五段速控制，十五段速运行曲线如图 11-21 所示。控制要求如下。

（1）当按下启动按钮时，电动机通电从速度 1 到速度 15 间隔 10s 运行。

（2）到速度 15 后返回到速度 1 反复运行。

（3）当按下停止按钮时，电动机断电停止。

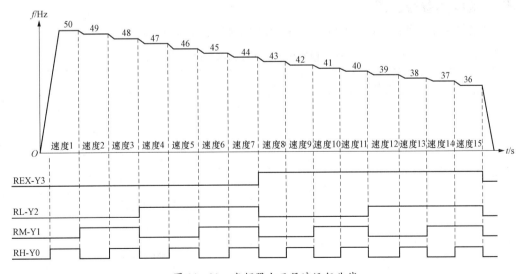

图 11-21　变频器十五段速运行曲线

二、I/O 端口分配表

PLC 的 I/O 端口分配见表 11-20。

表 11-20
I/O端口分配表

输入端口			输出端口		
输入端子	输入器件	作用	输出端子	输出器件	控制对象
X1	SB1 动合触点	启动按钮	Y0	变频器 RH	频率选择 1
X2	SB2 动合触点	停止按钮	Y1	变频器 RM	频率选择 2
—	—	—	Y2	变频器 RL	频率选择 3
—	—	—	Y3	变频器 STR（REX）	频率选择 4
—	—	—	Y4	变频器 STF	正转启动

三、控制电路

应用变频器实现十五段速控制电路如图 11-22 所示。

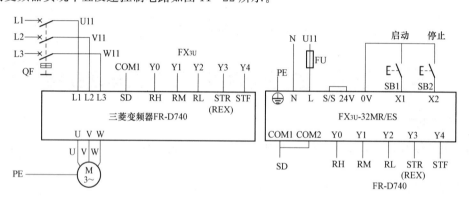

图 11-22 十五段速控制电路

四、变频器参数设置

十五段速控制变频器参数设置见表 11-21。设置参数前应将参数 Pr.79 变更为 0。

表 11-21   十五段速控制的变频器参数设置

序号	参数代号	初始值	设置值	说　明
1	Pr. 1	120	50	输出频率的上限（Hz）
2	Pr. 4	50	50	1 速（工艺 1 速）（Hz）
3	Pr. 5	30	49	2 速（工艺 2 速）（Hz）
4	Pr. 6	10	47	3 速（工艺 4 速）（Hz）
5	Pr. 7	5	1	电动机加速时间（s）
6	Pr. 8	5	1	电动机减速时间（s）
7	Pr. 9	变频器额定电流（2.2A）	0.2	电动机的额定电流（A）
8	Pr. 160	9999	0	扩展功能显示选择（显示所有参数，开放隐藏参数）
9	Pr. 80	9999	0.1	电动机容量（kW）
10	Pr. 24	9999	45	4 速（工艺 6 速）（Hz）

续表

序号	参数代号	初始值	设置值	说　明
11	Pr. 25	9999	46	5 速（工艺 5 速）(Hz)
12	Pr. 26	9999	48	6 速（工艺 3 速）(Hz)
13	Pr. 27	9999	44	7 速（工艺 7 速）(Hz)
14	Pr. 232	9999	43	8 速（工艺 8 速）(Hz)
15	Pr. 233	9999	39	9 速（工艺 12 速）(Hz)
16	Pr. 234	9999	41	10 速（工艺 10 速）(Hz)
17	Pr. 235	9999	37	11 速（工艺 14 速）(Hz)
18	Pr. 236	9999	42	12 速（工艺 9 速）(Hz)
19	Pr. 237	9999	38	13 速（工艺 13 速）(Hz)
20	Pr. 238	9999	40	14 速（工艺 11 速）(Hz)
21	Pr. 239	9999	36	15 速（工艺 15 速）(Hz)
22	Pr. 178	60	60	STF 端子功能选择（正转启动）
23	Pr. 179	61	8	STR 定义为 REX（与 RL、RM、RH 构成十五段速）
24	Pr. 180	0	0	RL
25	Pr. 181	1	1	RM
26	Pr. 182	2	2	RH
27	Pr. 79	0	2	外部运行模式

注　表中电动机为 380V/0.2A/0.04kW/1430r/min，请按照电动机实际参数进行设置。

五、控制程序

变频器多段速运行与 PLC 控制端子的关系见表 11 - 22。由表 11 - 22 可以看出，用 PLC 的输出端子 Y3、Y2、Y1、Y0 分别控制变频器的多段速控制端 REX、RL、RM、RH，可以设定 15 种速度。从工艺段速 1 到工艺段速 15，Y3、Y2、Y1、Y0 的状态 0001 变化到 1111，对应变频器的输出频率从 50Hz 下降到 36Hz。

表 11 - 22　　　　　　　　　　**变频器多段速的 PLC 控制**

工艺多段速	1	2	3	4	5	6	7	8	9	10	11	12	13	14	15
变频器设置的多段速	1	2	6	3	5	4	7	8	12	10	14	9	13	11	15
REX——Y3	0	0	0	0	0	0	0	1	1	1	1	1	1	1	1
RL——Y2	0	0	0	1	1	1	1	0	0	0	0	1	1	1	1
RM——Y1	0	1	1	0	0	1	1	0	0	1	1	0	0	1	1
RH——Y0	1	0	1	0	1	0	1	0	1	0	1	0	1	0	1
变频器输出频率/Hz	50	49	48	47	46	45	44	43	42	41	40	39	38	37	36

注　表中"0"表示断开；"1"表示接通。

十五段速控制的 PLC 程序如图 11-23 所示。

（1）步 0～5：D0 设初值 1，即开机时 Y0 状态 ON，变频器输出 50Hz。

（2）步 6～9：自锁控制。X1 接启动按钮，X2 接停止按钮，Y4 接变频器正转控制端 STF。按下启动按钮时，STF 接通，变频器按加速时间（1s）启动至 50Hz 的运转频率。

（3）步 10～31：计数控制。使用定时器 T0 产生 10s 的振荡周期，每 10s（D0）加 1，如果（D0）小于 16，将（D0）传送到 K1Y0，使 Y3、Y2、Y1、Y0 分别控制变频器多段速控制端 REX、RL、RM、RH 的接通或断开，变频器按设定的多段输出频率控制电动机逐步降速运行。

（4）步 32～47：重复及停止复位控制。当（D0）＝16 时，Y3～Y0 复位，D0 设初值 1，变频器（电动机）按加速时间（1s）加速到 50Hz，进入下一个循环；当按下停止按钮 X2 时，电动机停机，Y3～Y0 复位，D0 设初值 1，为下次开车做好准备。

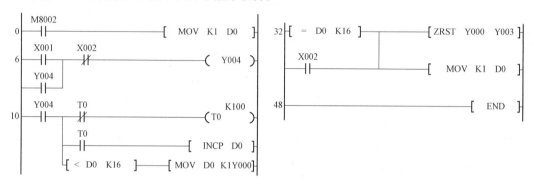

图 11-23　PLC 十五段速控制程序

实例 138　应用变频器实现正反转电压调速控制

一、控制要求

应用三菱变频器 FR-D740 实现正反转电压调速控制，控制要求如下。

（1）当按下正转按钮时，电动机通电正转。

（2）当按下反转按钮时，电动机通电反转。

（3）可以根据输入数据 D0（0～50Hz）进行调速。

（4）当按下停止按钮时，电动机断电停止。

二、I/O 端口分配表

PLC 的 I/O 端口分配见表 11-23。

表 11-23　　　　　　　　　　　　　I/O 端口分配表

输入端口			输出端口		
输入端子	输入器件	作用	输出端子	输出器件	控制对象
X1	SB1 动合触点	正转按钮	Y0	变频器 STF	电动机 M 正转
X2	SB2 动合触点	反转按钮	Y1	变频器 STR	电动机 M 反转
X3	SB3 动合触点	停止按钮	—	—	—

三、控制电路

电压调速控制电路如图 11 - 24 所示。FX$_{2N}$ - 2DA 为两通道模拟量输出模块，图中使用了通道 CH1，输出 0～10V 电压用于调速。在输出电压时，应将 COM1 与 IOUT1 短接。

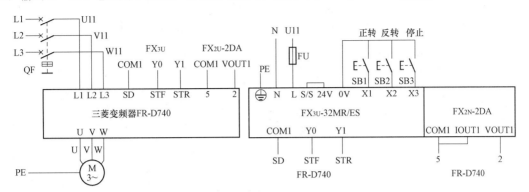

图 11 - 24　电压调速控制电路

四、变频器参数设置

电压调速控制的变频器参数设置见表 11 - 24。

表 11 - 24　　　　　　　　　电压调速控制的变频器参数设置

序号	参数代号	初始值	设置值	说　明
1	Pr. 1	120	50	输出频率的上限（Hz）
2	Pr. 7	5	0.5	电动机加速时间（s）
3	Pr. 8	5	0.5	电动机减速时间（s）
4	Pr. 9	变频器额定电流（2.20A）	0.2	电动机的额定电流（A）
5	Pr. 160	9999	0	扩展功能显示选择（显示所有参数，开放隐藏参数）
6	Pr. 73	1	10	端子 2 输入 0～10V，可正反转运行
7	Pr. 80	9999	0.1	电动机容量（kW）
8	Pr. 125	50	50	端子 2 输入最大频率（Hz）
9	Pr. 178	60	60	STF 端子功能选择（正转启动）
10	Pr. 179	61	61	STR 端子功能选择（反转启动）
11	Pr. 79	0	2	外部运行模式

注　表中电动机为 380V/0.2A/0.04kW/1430r/min，请按照电动机实际参数进行设置。

五、控制程序

电压调速控制的 PLC 程序如图 11 - 25 所示。

（1）步 0～5：正转控制。当按下正转按钮 SB1 时，X1 有输入，步 6～11 中的 X1 动断触点断开，Y1 断电，自锁解除，反转停止；Y0 得电自锁，变频器 STF 有输入，电动机正转启动。

（2）步 6～11：反转控制。当按下反转按钮 SB2 时，X2 有输入，步 0～5 中的 X2 动断触点断开，Y0 断电，自锁解除，正转停止；Y1 得电自锁，变频器 STR 有输入，电动机反转启动。

（3）步12～102：模拟输出控制。预先设定转速（0～50Hz）保存在软元件 D0 中，在正转或反转（Y0 或 Y1 动合触点闭合）时，由于模拟量输出 0～10V 对应的数字量为 0～4000，所以先将（D0）乘以 80 送到 D100 中；限定（D100）在 0～4000 内；（D100）送到 K4M100 中，取低 8 位 K2M100 送到 2DA 模块的缓冲区 BFM♯16 中，然后将 BFM♯17 的 b2 从 1→0 进行保持；取高 4 位 K1M108 送到 2DA 模块的缓冲区 BFM♯16 中，然后将 BFM♯17 的 b1 从 1→0 进行转换输出。

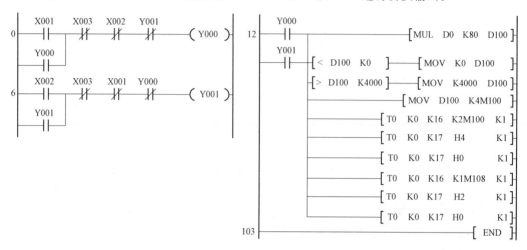

图 11-25　电压调速控制程序

实例 139　应用变频器实现 4～20mA 电流调速控制

一、　控制要求

应用三菱变频器 FR-D740 实现 4～20mA 调速控制，控制要求如下。

（1）当按下启动按钮时，电动机通电启动。

（2）可以根据输入数据 D0（0～50Hz）进行调速。

（3）当按下停止按钮时，电动机断电停止。

二、　I/O 端口分配表

PLC 的 I/O 端口分配见表 11-25。

表 11-25　　　　　　　　　　　　　　　　I/O 端口分配表

输入端口			输出端口		
输入端子	输入器件	作用	输出端子	输出器件	控制对象
X1	SB1 动合触点	启动按钮	Y0	变频器 STF、AU	电动机 M
X2	SB2 动合触点	停止按钮	—	—	—

三、　控制电路

变频调速控制电路如图 11-26 所示。FX₂ₙ-2DA 输出电流为 4～20mA。变频器使用电流输入进行调速时，应使用端子 4 作为模拟量输入。将变频器的 RL 端子定义为 AU 输入端，作为端子 4 的选择端。同时将端子 4 的电压/电流选择开关拨到电流侧。

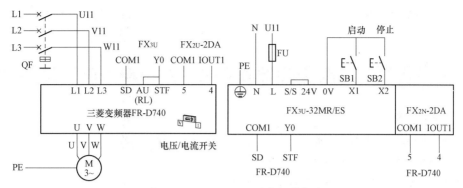

图 11-26　4～20mA 调速控制电路

四、变频器参数设置

4～20mA 电流调速控制的变频器参数设置见表 11-26。

表 11-26　　　　　　　　　　　　电流调速控制的变频器参数设置

序号	参数代号	初始值	设置值	说　　　明
1	Pr.1	120	50	输出频率的上限（Hz）
2	Pr.7	5	0.5	电动机加速时间（s）
3	Pr.8	5	0.5	电动机减速时间（s）
4	Pr.9	变频器额定电流（2.20A）	0.2	电动机的额定电流（A）
5	Pr.160	9999	0	扩展功能显示选择（显示所有参数，开放隐藏参数）
6	Pr.267	0	0	端子 4 输入 4～20mA
7	Pr.80	9999	0.1	电动机容量（kW）
8	Pr.178	60	60	STF 端子功能选择（正转启动）
9	Pr.180	0	4	定义 RL 端为 AU 输入
10	Pr.79	0	2	外部运行模式

注　表中电动机为 380V/0.2A/0.04kW/1430r/min，请按照电动机实际参数进行设置。

五、控制程序

4～20mA 电流调速控制的 PLC 程序如图 11-27 所示。

（1）步 0～3：自锁控制。当按下启动按钮 SB1 时，X1 有输入，Y0 得电自锁，变频器 STF 和 AU 有输入，电动机以端子 4 输入电流对应的频率进行启动。

（2）步 4～93：模拟输出控制。预先设定转速（0～50Hz）保存在软元件 D0 中，在电动机运转（Y0 动合触点闭合）时，由于模拟量输出 4～20mA 对应的数字量为 0～4000，所以先将（D0）乘以 80 送到 D100 中；限定（D100）在 0～4000 内；（D100）送到 K4M100 中，取低 8 位 K2M100 送到 2DA 模块的缓冲区 BFM♯16 中，然后将 BFM♯17 的 b2 从 1→0 进

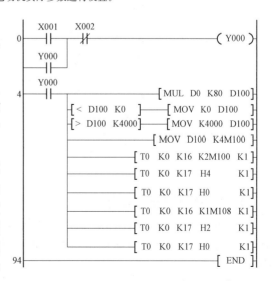

图 11-27　4～20mA 电流调速控制程序

行保持；取高 4 位 K1M108 送到 2DA 模块的缓冲区 BFM♯16 中，然后将 BFM♯17 的 b1 从 1→0 进行转换输出。

实例 140 应用变频器实现 0～20mA 电流调速控制

一、 控制要求

应用三菱变频器 FR‑D740 实现 0～20mA 调速控制，控制要求如下。

（1）当按下启动按钮时，电动机通电启动。

（2）可以根据输入数据 D0（0～50Hz）进行调速。

（3）当按下停止按钮时，电动机断电停止。

二、 I/O 端口分配表

PLC 的 I/O 端口分配见表 11‑27。

表 11‑27　　　　　　　　　　　　　　　　I/O 端口分配表

输入端口			输出端口		
输入端子	输入器件	作用	输出端子	输出器件	控制对象
X1	SB1 动合触点	启动按钮	Y0	变频器 STF、AU	电动机 M
X2	SB2 动合触点	停止按钮	—	—	—

三、 控制电路

变频调速控制电路如图 11‑28 所示。FX$_{2N}$‑4DA 输出电流为 0～20mA。变频器使用电流输入进行调速时，应使用端子 4 作为模拟量输入。将变频器的 RL 端子定义为 AU 输入端，作为端子 4 的选择端。同时将端子 4 的电压/电流选择开关拨到电流侧。

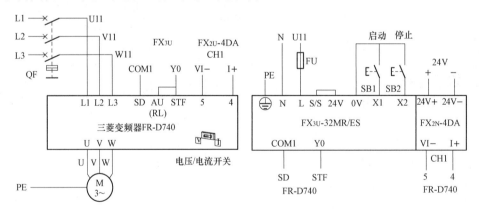

图 11‑28　0～20mA 调速控制电路

四、 变频器参数设置

0～20mA 电流调速控制的变频器参数设置见表 11‑28。参数 C5～C7 的设定，旋转 M 旋钮→"C———"→旋转 M 旋钮→按"SET"键→旋转 M 旋钮修改参数→按"SET"键两次→修改完成。

表 11 - 28　　　　　　　　　　　　　　电流调速控制的变频器参数设置

序号	参数代号	初始值	设置值	说　　　明
1	Pr.1	120	50	输出频率的上限（Hz）
2	Pr.7	5	0.5	电动机加速时间（s）
3	Pr.8	5	0.5	电动机减速时间（s）
4	Pr.9	变频器额定电流（2.2A）	0.2	电动机的额定电流（A）
5	Pr.160	9999	0	扩展功能显示选择（显示所有参数，开放隐藏参数）
6	Pr.267	0	0	端子4输入4～20mA
7	Pr.80	9999	0.1	电动机容量（kW）
8	Pr.178	60	60	STF端子功能选择（正转启动）
9	Pr.180	0	4	定义RL端为AU输入
10	Pr.126	50	50	端子4最大输入频率（Hz）
11	C5	0	0	端子4输入偏置侧的频率（Hz）
12	C6	20	0	端子4输入偏置侧电流的换转值（%）
13	C7	100	100	端子4输入增益侧电流的换转值（%）
14	Pr.79	0	2	外部运行模式

注　表中电动机为 380V/0.2A/0.04kW/1430r/min，请按照电动机实际参数进行设置。

五、控制程序

0～20mA 电流调速控制的 PLC 程序如图 11 - 29 所示。

（1）步 0～9：开机将 H2 写入 BFM#0，分配 0 号位置模块（FX$_{2N}$－4DA）的 CH1 为 0～20mA 电流输出。

（2）步 10～13：自锁控制。当按下启动按钮 SB1 时，X1 有输入，Y0 得电自锁，变频器的 STF 有输入，电动机启动。

（3）步 14～53：电动机的调速控制。预先设定转速（0～50Hz）保存在软元件 D0 中，在电动机 运转（Y0 动合触点闭合）时，由于模拟量输出 0～20mA 对应的数字量为 0～1000，所以先将（D0）乘以 20 送到 D100 中；限定（D100）在 0～1000 内；最后将（D100）写入到 0 号位置模块的 BFM #1。

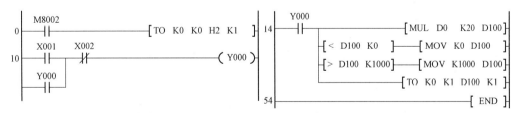

图 11 - 29　0～20mA 电流调速控制程序

实例 141　应用变频器实现纺纱机电气控制

一、控制要求

某纺纱机电气控制系统由 PLC 和变频器构成，控制要求如下。

（1）定长停车。使用霍尔传感器将纱线输出轴的旋转圈数转换成高速脉冲信号，送入 PLC 进行计数，当纱线长度达到设定值（即纱线输出轴旋转圈数达到 70 000）后自动停车。

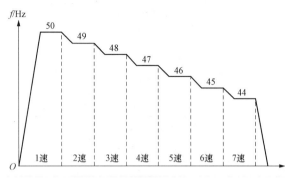

图 11-30 纺纱机变频器七段调速频率曲线

（2）在纺纱过程中，随着纱线在纱管上的卷绕，纱锭直径逐步增大，为了保证在整个纺纱过程中纱线的张力均匀，主轴应降速运行。生产工艺要求变频器输出频率曲线如图 11-30 所示。在纺纱过程中主轴转速分为七段速，启动频率为 50Hz，每当纱线输出轴旋转 10 000 转时，输出频率下降 1Hz，最后一段的输出频率为 44Hz。

（3）中途因断纱停车后再次开车时，应保持为停车前的速度状态。

二、 I/O 端口分配表

PLC 的 I/O 端口分配见表 11-29。

表 11-29   I/O 端口分配表

输入端口			输出端口		
输入端子	输入器件	作用	输出端子	输入端子	作用
X0	霍尔传感器 BM	高速计数	Y0	变频器 RH	频率选择 1
X1	SB1 动合触点	启动按钮	Y1	变频器 RM	频率选择 2
X2	SB2 动合触点	停止按钮	Y2	变频器 RL	频率选择 3
—	—	—	Y4	变频器 STF	正转启动

三、 控制电路

纺纱机变频调速控制电路如图 11-31 所示。纱线的长度由霍尔传感器测量，霍尔传感器 BM 有 3 个端子，分别是正极（接 24＋端）、负极（接 0V 端）和输出信号端（接 X0 端）。当纱线输出轴旋转，固定在输出轴外周上的磁钢掠过霍尔传感器表面时，产生脉冲信号送入高速脉冲输入端 X0 计数。

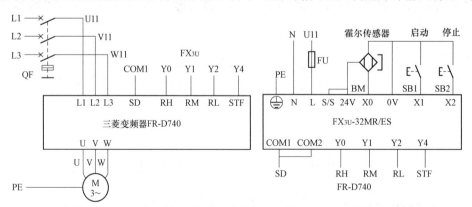

图 11-31 纺纱机变频调速控制电路

四、 变频器参数设置

变频调速控制的变频器参数设置见表 11-30。

表 11 - 30　　　　　　　　　　　　　　变频调速控制的变频器参数设置

序号	参数代号	初始值	设置值	说　　明
1	Pr.1	120	50	输出频率的上限（Hz）
2	Pr.4	50	50	1速（Hz）
3	Pr.5	30	49	2速（Hz）
4	Pr.6	10	47	4速（Hz）
5	Pr.7	5	1	电动机加速时间（s）
6	Pr.8	5	1	电动机减速时间（s）
7	Pr.9	变频器额定电流（2.2A）	0.2	电动机的额定电流（A）
8	Pr.160	9999	0	扩展功能显示选择（显示所有参数，开放隐藏参数）
9	Pr.80	9999	0.1	电动机容量（kW）
10	Pr.24	9999	45	6速（Hz）
11	Pr.25	9999	46	5速（Hz）
12	Pr.26	9999	48	3速（Hz）
13	Pr.27	9999	44	7速（Hz）
14	Pr.178	60	60	STF端子功能选择（正转启动）
15	Pr.180	0	0	RL
16	Pr.181	1	1	RM
17	Pr.182	2	2	RH
18	Pr.79	0	2	外部运行模式

注　表中电动机为380V/0.2A/0.04kW/1430r/min，请按照电动机实际参数进行设置。

五、控制程序

纺纱机的 PLC 控制程序如图 11 - 32 所示。

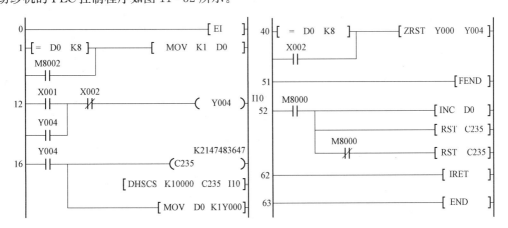

图 11 - 32　纺纱机的 PLC 控制程序

（1）步 0：允许中断。

（2）步 1～11：D0 为多段速计数，用 D0 的低 3 位控制输出继电器的相应位（Y2～Y0）。当开机或（D0）＝8 时，使 D0 的初始值为 1，即开机时 Y0 状态 ON，变频器输出 50Hz。

（3）步 12～15：X1 接启动按钮，X2 接停止按钮，Y4 接变频器正转控制端 STF。按下启动按钮时，STF 接通，变频器按加速时间（1s）启动至 50Hz 的运转频率。

（4）步 16～39：电动机运行时，Y4 动合触点闭合，高速计数器 C235 对霍尔传感器输入的脉冲进行计数，当计数到 10 000 时，产生中断，调用中断 I10，（D0）加 1，（D0）传送到 K1Y0，使 Y2、Y1、Y0 分别控制变频器多段速控制端 RL、RM、RH 的接通或断开，变频器按设定的多段输出频率控制电动机逐步降速运行。

（5）步 40～50：当（D0）＝8（总旋转圈数为 10 000×7＝70 000 转）或按下停止按钮 X2 时，Y4～Y0 复位，电动机停机。

（6）步 52～62：中断程序 I10。（D0）加 1，复位 C235 的触点，当前值清零，解除 C235 的复位映像。

中途停车后，再次开车时为了保持停车前的状态，使用 D0 保存输出状态数据，高速计数器 C235 保存纱线的当前长度，下次开车时能够继续从原有的状态运行。

第十二章

步进与伺服控制

实例 142　步进电动机正反转运行控制（步进速度控制）

一、 控制要求

（1）当按下启动按钮时，步进电动机正转运行，速度为 60r/min。

（2）当按下反转按钮时，步进电动机反转运行，速度为 60r/min。

（3）当按下停车按钮时，步进电动机停止。

二、 I/O 端口分配表

PLC 的 I/O 端口分配见表 12-1。

表 12-1　　　　　　　　　　　　　I/O 端口分配表

输入端口			输出端口		
输入端子	输入器件	作用	输出端子	输出器件	作用
X0	SB1 动合触点	正转按钮	Y0	PUL+	运行
X1	SB2 动合触点	反转按钮	Y2	DIR+	反转
X2	SB3 动合触点	停止按钮	—	—	—

三、 控制电路

步进电动机正反转控制电路如图 12-1 所示。由于用 PLC 输出的高频脉冲送入步进驱动器，从而控制步进电动机，所以 PLC 要选用晶体管输出类型。步进驱动器的 PUL+/−表示步进脉冲信号输入正端/负端，DIR+/−表示步进方向信号输入正端/负端。步进驱动器的输入信号采用共阳极接法，使用电源电压 DC24V 时，限流电阻为 2kΩ。步

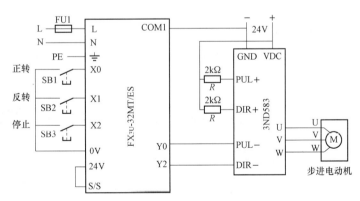

图 12-1　步进电动机速度控制电路

进驱动器的电源电压可以为 DC20～50V，这里使用了 DC24V。

四、 3ND583 步进驱动器 DIP 设置

根据步进电动机驱动扭矩的大小及每转步数可以对 DIP 开关进行设置，具体设置见表 12-2。SW1～SW4 用于设置驱动器的输出相电流（有效值），表 12-2 中选择驱动器输出相电流为 3.2A。SW5 用于选择有无半流功能，所谓半流功能是指无步进脉冲 500ms 后，驱动器输出电流自动降为额定输出电流的 70%，用来防止电动机发热，选择 OFF 表示有半流功能。SW6～SW8 用来选择每转步

数,这里选择全 OFF 表示 10 000,即 10 000 个脉冲步进电动机旋转一圈。

表 12 - 2   步进驱动器 DIP 设置

SW1	SW2	SW3	SW4	SW5	SW6	SW7	SW8
OFF	ON	ON	OFF	OFF	OFF	OFF	OFF

五、 控制程序

步进电动机速度控制 PLC 程序如图 12 - 2 所示。按照控制要求,步进电动机的运行速度为 60r/min (1r/s),而步进驱动器设定的为 10 000 个脉冲/转,所以需要 PLC 输出脉冲的频率为 10 000Hz。

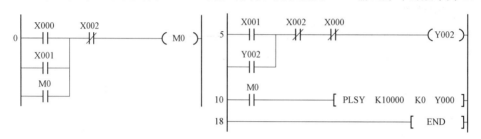

图 12 - 2　步进电动机速度控制程序

1. 正转控制

在步 0~4 中,当按下正转启动按钮 SB1 (X0) 时,M0 通电自锁;步 5~9 中 X0 动断触点分断,Y2 断电,禁止反转;步 10~17 中,M0 动合触点闭合,用脉冲输出指令 PLSY 从 Y0 连续输出频率为 10 000Hz 的脉冲,步进电动机以 1r/s 的速度运行。

2. 反转控制

当按下反转按钮 SB2 (X1) 时,步 0~4 中的 M0 通电自锁,同时 5~9 中的 Y2 也通电自锁,步 10~17 中,输出 10 000Hz 的频率使步进电动机以 1r/s 的速度反转。

3. 停止控制

不论步进电动机正在正转还是反转,当按下停止按钮 SB3 时,X2 动断触点断开,M0 和 Y2 都断电,停止输出脉冲,步进电动机停止。

实例 143　步进电动机的位置控制

一、 控制要求

假设由步进电动机通过同步轮驱动机械手移动,同步轮齿距为 3mm,共 24 个齿,步进电动机每转一圈,机械手移动 72mm,驱动器细分步数设置为 10 000 步/圈,即每步机械手位移 0.0072mm。

(1) 按下原点回归按钮,确认机械手回归到原点停止。

(2) 在原点时按下启动按钮,让机械手移动 500mm,需要的脉冲个数为 500/0.0072=69 444。步进电动机以图 12 - 3 所示频率前进,最高频率为 10 000Hz,加减速时间为 100ms,然后延时 5s,以频率 10 000Hz 返回,到达原点,延时 6s,进入下一个周期。

(3) 当按下停止按钮时,一个周期执行完毕,机械手返回到原点停止。

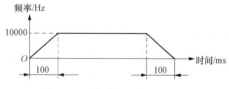

图 12 - 3　步进电动机控制包络图

二、 I/O 端口分配表

PLC 的 I/O 端口分配见表 12-3。

表 12-3　　　　　　　　　　　　　　I/O 端口分配表

输入端口			输出端口		
输入端子	输入器件	作用	输出端子	输出器件	作用
X0	SB1 动合触点	启动按钮	Y0	PUL+	运行
X1	SB2 动合触点	停止按钮	Y2	DIR+	反转
X2	SB3 动合触点	原点回归按钮	—	—	—
X3	SQ 动合触点	原点限位	—	—	—

三、 控制电路

步进电动机位置控制电路如图 12-4 所示。

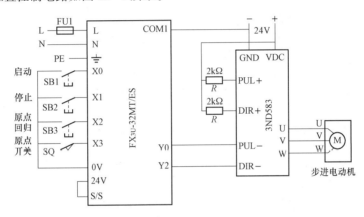

图 12-4　步进电动机位置控制电路

四、 3ND583 步进驱动器 DIP 设置

步进驱动器 DIP 开关的设置见表 12-4。

表 12-4　　　　　　　　　　　　　　步进驱动器 DIP 设置

SW1	SW2	SW3	SW4	SW5	SW6	SW7	SW8
OFF	ON	ON	OFF	OFF	OFF	OFF	OFF

五、 控制程序

根据控制线路图和控制要求编写的 PLC 程序如图 12-5 所示。

（1）步 0～2：原点条件。当机械手在原点时，压住原点开关 SQ，X3 动合触点闭合，M8044＝1。

（2）步 3～10：初始状态。初始化状态指令 IST 的 M0 为运行模式的初始输入，M0～M7 分别表示手动操作、原点回归、步进、运行一周、连续、复位开始、自动开始、停止。S20～S22 为自动操作模式的起始状态位。

（3）步 11～12：M0＝0，不使用手动操作。

（4）步 13～15：当按下原点回归按钮（X2）时，M1 和 M5 线圈通电，表示原点回归、复位开始。

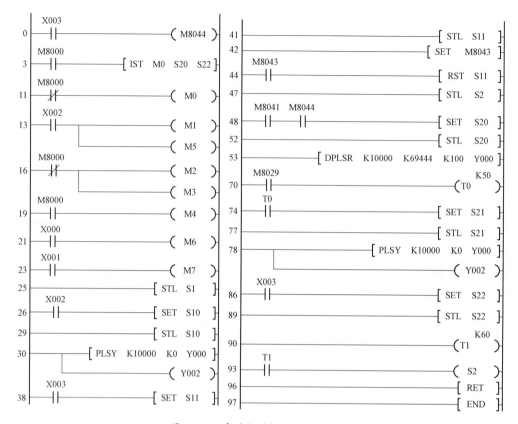

图 12-5 步进电动机位置控制程序

(5) 步 16～18：M2 和 M3 都为 0，不使用步进和运行一周。

(6) 步 19～20：连续运行。

(7) 步 21～22：当按下启动按钮（X0）时，M6 通电，启动。

(8) 步 23～24：当按下停止按钮（X1）时，X1 动合触点接通，M7 通电，停止。

(9) 步 25～46：用于原点回归的初始状态 S1。当按下原点回归按钮（X2）时，转移到状态 S10，从 Y0 连续发出频率为 10 000Hz 的脉冲，同时 Y2 通电，步进电动机反转运行，机械手向原点返回。当回到原点（X3＝1）时，转移到 S11，置位 M8043，复位完毕，最后复位 S11。

(10) 步 47～95：为自动运行用初始状态 S2。

1. 连续运行

M8041 为转移开始，自动运行时一直保持；M8044 为原点条件（在原点）。当在原点并按下启动按钮时，M8041 和 M8044 都为 1，转移到 S20。步 53～69 中用 32 位带加减速脉冲输出指令 DPLSR 从 Y0 输出最高频率 10 000Hz、加减速时间 100ms、脉冲个数 69 444 个脉冲。脉冲输出完（M8029＝1），到达 500mm 位置，T0 延时 5s。延时到，转移到 S21，步 78～85 中用脉冲输出指令 PLSY 从 Y0 输出频率 10 000Hz 的连续脉冲，同时 Y2 通电，步进电动机反转，拖动机械手返回。当到原点时，压住原点开关（X3＝1），转移到 S22，T1 延时 6s。延时到，S2 通电，进入下一个周期。

2. 停止

当按下停止按钮时，M8041 保持解除，一个周期运行完后，机械手返回到原点停止。

实例 144 伺服电动机圆周运动控制（伺服相对位置控制）

一、 控制要求

使用交流伺服电动机驱动如图 12 - 6 所示的三工位圆形工作台按规定的角度旋转。控制要求如下。

（1）当按下复位按钮时，工作台顺时针旋转。当原点位置金属凸点靠近电感传感器时停止旋转，即工作台复位。

（2）当按下启动按钮时，工作台逆时针旋转 120°，从工位 1 位置旋转到工位 2 位置停止；延时 5s 后，从工位 2 位置旋转到工位 3 位置停止；再次延时 5s 后，从工位 3 位置旋转到工位 1 位置复位，完成一个工作周期。

（3）当按下停止按钮或伺服驱动器未准备好时，立即停止。

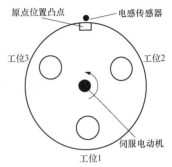

图 12 - 6 三工位旋转工作台

二、 I/O 端口分配表

PLC 的 I/O 端口分配见表 12 - 5。

表 12 - 5　　　　　　　　　I/O 端口分配表

输入端口			输出端口		
输入端子	输入器件	作用	输出端子	输出器件	作用
X0	SB4 动合触点	启动	Y0	伺服驱动器 PP	输出脉冲
X1	SB5 动合触点	停止	Y1	伺服驱动器 NP	输出方向
X2	SB6 动合触点	复位	Y2	伺服驱动器 CR	在原点回归后清零
X3	SQ 动合触点	原点位置	—	—	—
X4	伺服驱动器 RD	伺服准备好	—	—	—

三、 控制电路

三工位旋转工作台控制系统由 PLC（晶体管输出型）、伺服驱动器和伺服电动机构成，电路如图 12 - 7 所示。伺服驱动器采用漏型工作方式，直流 24V 正极接 OPC 和 DICOM，负极接 DOCOM，驱动器无报警，电流从 DICOM 流出经继电器 RA 线圈进入 ALM，驱动器启停保护电路中 RA 动合触点闭合。低压断路器 QF 合上，当按下启动按钮 SB3 时，接触器 KM 线圈得电，KM 自锁触点闭合自锁，KM 主触点闭合，220V 单相交流电送到 L1、L3，为主电路供电。Y0 输出一定数量脉冲到 PP 用于控制工作台的旋转角度，Y1 用于控制伺服电动机的反转，Y2 用于原点回归后伺服驱动器脉冲清零。

四、 伺服参数设置

接通伺服驱动器电源，按表 12 - 6 进行设置伺服驱动器参数。伺服电动机每转一圈需 131 072 个脉冲，如果输入 36 000 个脉冲伺服电动机转动一圈，则电子齿轮应设为 4096/1125，即 36 000×4096/1125＝131 072。工作台正常工作时每工位旋转 120°，则脉冲数为 36 000/3＝12 000。

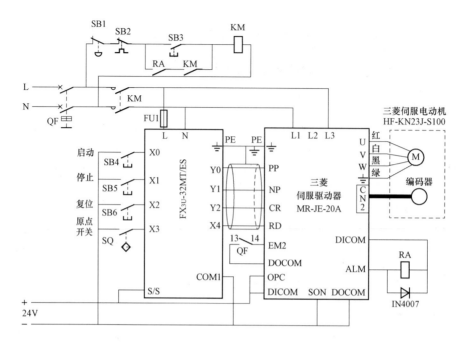

图 12-7 PLC、伺服驱动器和伺服电动机控制电路图

表 12-6   伺服驱动器的参数设置

参数	名称	默认值	设置值	功能
PA01	运行模式	1000	1000	位置控制模式
PA06	电子齿轮分子	1	4096	指令脉冲倍率分子
PA07	电子齿轮分母	1	1125	指令脉冲倍率分母
PA13	指令脉冲形式	0100	0001	脉冲＋方向
PA21	功能选择 A-3	0001	0001	使用电子齿轮
PD01	输入输出信号自动 ON 选择 1	0000	0C00	SON 为外部开启，LSP、LSN 为自动开启
PD34	功能选择 D-5	0000	0010	报警时 ALM 为断开

五、控制程序

PLC 程序如图 12-8 所示。

(1) 步 0～9：当按下停止按钮（X1）或伺服驱动器未准备好（X4）时，脉冲输出立即停止标志位 M8349 线圈通电，Y0 脉冲输出立即停止；原点检出标志位 M10 复位，自动运行状态位 S12、S13 复位。

(2) 步 10～19：将原点回归用的输出清零地址 H2（Y2）送入 D8464；同时 M8464 线圈通电，清零信号软元件指定功能有效；M8341 线圈通电，清零信号输出功能有效。

(3) 步 20～22：原点回归方向指定标志 M8342 线圈运行时不通电，原点回归方向为反转方向。

(4) 步 23～56：设定最高速度 100 000Hz 到（D8344、D8343），爬行速度 100Hz 到 D8345、原点回归速度 10 000Hz 到（D8347、D8346），加速时间 100ms 到 D8348，减速时间 100ms 到 D8349。

(5) 步 57～61：未在原点回归（S0＝0）、正转运行（S12＝0）和停止（M8394＝0）时，运行标

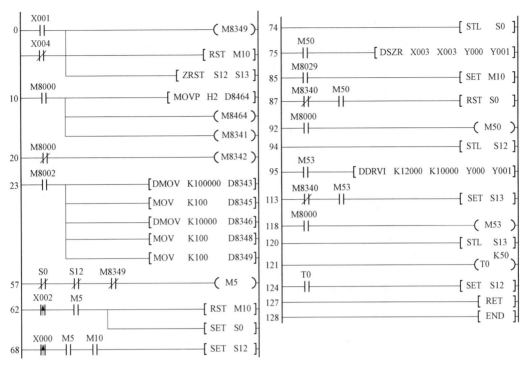

图 12-8 工作台 PLC 程序

志位 M5 线圈通电。

（6）步 62～67：在运行时（M5=1），按下复位按钮（X2），复位原点标志位 M10，置位 S0 进行原点回归。

（7）步 68～73：在运行（M5=1）和原点已经找到（M10=1）时，按下启动按钮（X0），置位 S12，进行正转自动运行。

（8）步 74～93：用于原点回归的状态位 S0 控制范围。当原点回归时，执行顺控状态 S0。由步 92～93 可知，M50 线圈得电，动合触点闭合，步 75～84 中执行带 DOG 搜索的原点回归指令，零点信号和原点信号都为 X3，从 Y0 输出脉冲，方向控制为 Y1。指令执行结束（M8029=1），置位 M10，原点已经找到。等待一个运算周期，步 87～91 中 Y0 没有输出（M8340=0），M50 动合触点闭合，复位 S0，原点回归结束。

（9）步 94～119：伺服电动机正转控制状态 S12 控制范围。控制过程与原点回归相似，使用相对位置指令 DDRVI，从 Y0 输出 12 000 个脉冲，频率为 10 000Hz，方向控制为 Y1。脉冲输出完（M8340=0），伺服电动机逆时针转过 120°，经过一个运算周期，M53 动合触点闭合，置位 S13，转移到状态 S13。

（10）步 120～126：延时控制。T0 延时 5s，延时时间到，置位 S12，转移到状态 S12，再继续进入下一个工位。

实例 145　工作台定位控制（伺服位置控制）

一、控制要求

工作台定位控制的安装图如图 12-9 所示。已知丝杠的螺距为 5mm。控制要求如下。

（1）当按下复位按钮时，工作台返回，撞击原点开关时停在原点。

（2）在原点，当按下启动按钮时，工作台右移到 10mm 位置处停止，延时 2s，然后再往右移动到 20mm 位置处停止；再延时 5s，工作台向左移动到—20mm 处停止；延时 5s，进入下一个周期。

（3）在工作台移动过程中，当按下停止按钮时，工作台立即停止移动。

（4）当按下手动左行按钮时，工作台寸动左移。

（5）当按下手动右行按钮时，工作台寸动右移。

（6）在手动移位后，按下启动按钮，应先移动到 10mm 位置，然后再向后执行。

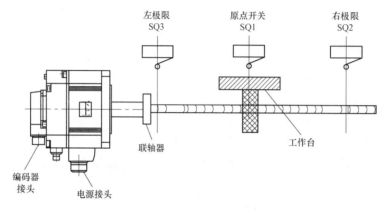

图 12-9　工作台定位控制的安装图

二、 I/O 端口分配表

PLC 的 I/O 端口分配见表 12-7。

表 12-7　　　　　　　　　　　　　　　I/O 端口分配表

输入端口			输出端口		
输入端子	输入器件	作用	输出端子	输出器件	作用
X0	SB4 动合触点	启动	Y0	伺服驱动器 PP	输出脉冲
X1	SB5 动合触点	停止	Y1	伺服驱动器 NP	输出方向
X2	SB6 动合触点	复位	Y2	伺服驱动器 CR	在原点回归后清零
X3	SQ1 动合触点	原点开关	—	—	—
X4	SB7 动合触点	手动左行	—	—	—
X5	SB8 动合触点	手动右行	—	—	—
X6	伺服驱动器 RD	伺服准备好			

三、 控制电路图

工作台定位运行控制电路图如图 12-10 所示。

四、 伺服驱动器参数设置

伺服驱动器的参数设置见表 12-8。伺服电动机每转一圈需 131 072 个脉冲，如果输入 50 000 个脉冲伺服电动机转动一圈，则电子齿轮应设为 8192/3125，即 50 000×8192/3125＝131 072。所以 PA06 设为 8192，PA07 设为 3125。伺服电动机每转一圈，丝杠移动一个螺距 5mm，即每个脉冲丝杠移动 $0.1\mu m$。

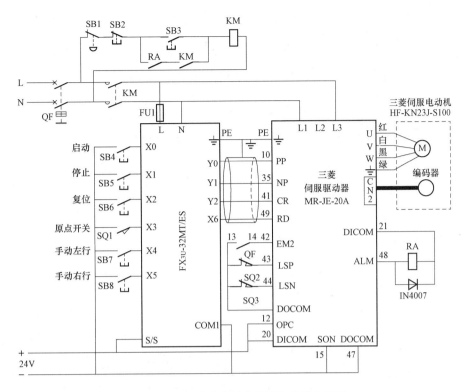

图 12 - 10　工作台往返定位运行控制电路图

表 12 - 8　伺服驱动器的参数设置

参数	名称	默认值	设置值	功能
PA01	运行模式	1000	1000	位置控制模式
PA06	电子齿轮分子	1	8192	指令脉冲倍率分子
PA07	电子齿轮分母	1	3125	指令脉冲倍率分母
PA13	指令脉冲形式	0100	0001	脉冲＋方向
PA21	功能选择 A－3	0001	0001	使用电子齿轮
PD01	输入输出信号自动 ON 选择 1	0000	0000	SON、LSP、LSN 为外部开启
PD34	功能选择 D－5	0000	0010	报警时 ALM 为断开

五、 PLC 控制程序

1. 内置定位参数的设定

双击导航窗口的工程视窗的"参数"→"PLC 参数"选项，打开"存储器容量设置"页面，设置存储器容量在 16 000 以上，选中"内置定位设置"；打开"内置定位设置"页面，按照如图 12 - 11 所示对 Y0 进行设置。单击"详细设置"按钮，打开"详细设置"对话框，如图 12 - 12 所示。设置 Y0 的旋转方向信号为 Y1，编号 1 为绝对定位 DDRVA，脉冲数为 100 000（两圈 10mm 处），速度为 50 000Hz；编号 2 为绝对定位 DDRVA，脉冲数为 200 000（4 圈 20mm 处），速度为 50 000Hz；编号 3 为相对定位 DDRVI，脉冲数为－400 000（反转 8 圈－20mm 处），速度为 50 000Hz；编号 4 为相对定位 DDRVI，脉冲数为 999 999（手动右行），速度为 10 000Hz；编号 5 为相对定位 DDRVI，脉冲数为－999 999（手动左行），速度为 10 000Hz。

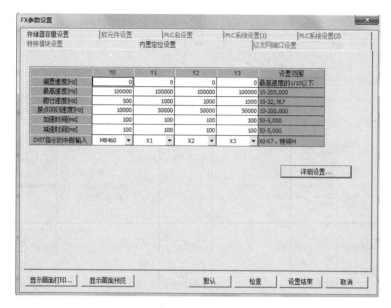

图 12-11　内置定位设置

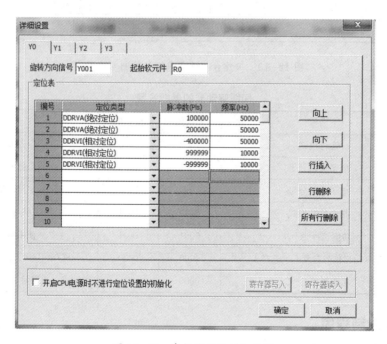

图 12-12　表格定位的详细设置

2. 控制程序

PLC 程序如图 12-13 所示。

（1）开机初始化。

1）步 0～9：当按下停止按钮 SB5（X1）或伺服驱动器未准备好（X6）时，脉冲输出立即停止标志位 M8349 线圈通电，Y0 脉冲输出立即停止；原点检出标志位 M10 复位，自动运行状态位 S10～S14 复位。

2）步 10～19：将原点回归用的输出清零地址 H2（Y2）送入 D8464；同时 M8464 线圈通电，清

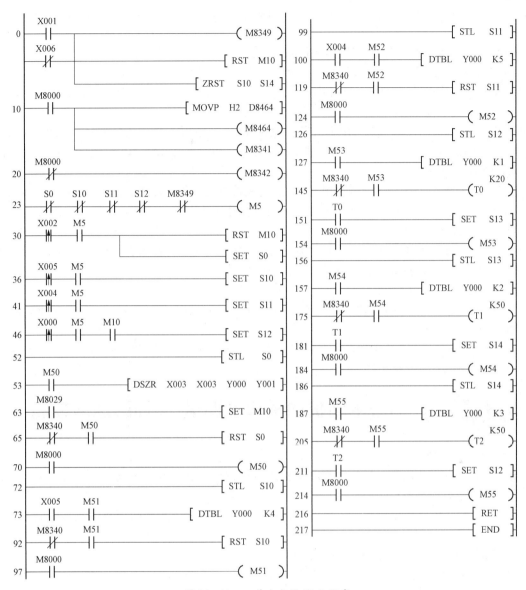

图 12-13 工作台定位 PLC 程序

零信号软元件指定功能有效；M8341 线圈通电，清零信号输出功能有效。

3）步 20～22：原点回归方向指定标志 M8342 线圈运行时不通电，原点回归方向为反转方向。

4）步 23～29：未在原点回归、手动右行、手动左行、正转运行和停止时，运行标志位 M5 线圈通电。

（2）原点回归。步 30～35：在运行时（M5=1），按下复位按钮 SB6（X2），复位原点标志位 M10，置位 S0 进行原点回归。执行步 52～71 中的顺控状态 S0。步 70～71 中，M50 线圈通电，动合触点闭合，步 53～62 中执行带 DOG 搜索的原点回归指令，零点信号和原点信号都为 X3，从 Y0 输出脉冲，方向控制为 Y1。指令执行结束（M8029=1），置位 M10，原点已经找到。等待一个运算周期，步 65～69 中 Y0 没有输出（M8340=0），M50 动合触点闭合，复位 S0，原点回归结束。

（3）工作台左右移动调整。当按下手动右行按钮 SB8 时，X5 有输入，步 36～40 中对 S10 进行置位。步 72～98 为状态位 S10 的控制范围。步 97～98 中，M51 线圈通电，动合触点闭合，步 73～91 中执行表格方式定位，使用表格编号 4 的设置从 Y0 输出脉冲，工作台右行。松开按钮 SB8，步 92～

96 中 Y0 没有输出（M8340＝0），等待一个运算周期后，M51 动合触点闭合，复位 S10，手动右行调整结束。

手动左行与手动右行相似，请读者自行分析。

（4）自动定位运行控制。

1）步 46～51：在运行（M5＝1）和原点已经找到（M10＝1）时，按下启动按钮 SB4（X0），置位 S12，进行正转自动运行。

2）步 126～155：状态位 S12 的控制范围。执行表格方式定位，使用表格编号 1 的设置从 Y0 输出脉冲，进行绝对位置定位，工作台右行到 10mm 处。脉冲输出完（M8340＝0），T0 延时 2s，置位 S13，转移到状态位 S13。

3）步 156～185：状态位 S13 的控制范围。执行表格方式定位，使用表格编号 2 的设置从 Y0 输出脉冲，进行绝对位置定位，工作台右行到 20mm 处。脉冲输出完（M8340＝0），T1 延时 5s，置位 S14，转移到状态位 S14。

4）步 186～215：状态位 S14 的控制范围。执行表格方式定位，使用表格编号 3 的设置从 Y0 输出脉冲，进行相对位置定位，工作台左行到 −20mm 处。脉冲输出完（M8340＝0），T2 延时 5s，置位 S12，转移到状态位 S12，进入下一个周期。

（5）停止。当按下停止按钮 SB5 时，步 0～9 中的 X1 动合触点接通，M8349 线圈通电，伺服电动机立即停止。

（6）重新启动定位。无论工作台停在任何位置，当重新按下启动按钮 SB4 时，工作台先移动到 10mm 位置处，然后再继续向下执行。

实例 146 　伺服电动机的模拟量调速 （伺服速度控制）

一、 控制要求

（1）当按下正转启动按钮时，伺服电动机逆时针方向旋转，旋转速度可以由模拟量 0～10V 调速。

（2）当按下反转启动按钮时，伺服电动机顺时针方向旋转，旋转速度可以由模拟量 0～10V 调速。

（3）当按下停止按钮时，伺服电动机停止。

（4）当逆时针转速在 100r/min 以下或顺时针转速在 −100r/min 时～0 时，伺服电动机停止，并发出报警。

二、 I/O 端口分配表

PLC 的 I/O 端口分配见表 12 - 9。

表 12 - 9　　　　　　　　　　　　　I/O 端口分配表

输入端口			输出端口		
输入端子	输入器件	作用	输出端子	输出器件	作用
X0	SB4 动合触点	正转启动	Y1	伺服驱动器 ST1	正转
X1	SB5 动合触点	反转启动	Y2	伺服驱动器 ST2	反转
X2	SB6 动合触点	停止	Y3	HL	低速报警
X3	伺服驱动器 ZSP	零速保护	—	—	—
X4	伺服驱动器 RD	伺服准备好	—	—	—

三、控制电路图

伺服电动机模拟量控制的电路图如图 12-14 所示。

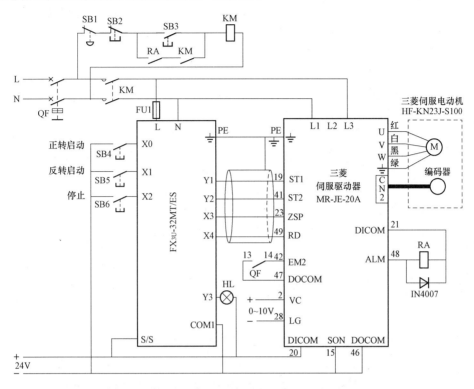

图 12-14 伺服电动机模拟量调速控制电路图

Y2 和 Y1 输出到 ST2 和 ST1 用于控制伺服电动机的正反转。当 ST1 为 ON、ST2 为 OFF 时，控制伺服电动机逆时针正转；当 ST1 为 OFF、ST2 为 ON 时，控制伺服电动机顺时针反转。X3 为伺服驱动器输出的零速 ZSP 信号，X4 为伺服驱动器输出的准备 RD 信号。

四、伺服驱动器参数设置

伺服电动机模拟量调速控制的伺服驱动器参数设置见表 12-10。

表 12-10 模拟调速伺服驱动器参数设置

参数	名称	默认值	设置值	说明
PA01	运行模式	1000	1002	速度控制模式
PC01	速度加速时间常数	0	100	单位 ms
PC02	速度减速时间常数	0	100	单位 ms
PC12	模拟速度指令最大转速	0	1000	单位 r/min
PC17	零速度	50	100	单位 r/min
PC23	功能选择 C-2	0000	0000	停止时伺服锁定
PD01	输入输出信号自动 ON 选择 1	0000	0C00	LSP、LSN 自动开启、SON 外部开启
PD03	输入软元件选择 1L	0202	0202	SON 伺服开启（引脚 15 功能）
PD11	输入软元件选择 5L	0703	0703	ST1 逆时针运行（引脚 19 功能）
PD13	输入软元件选择 6L	0806	0806	ST2 顺时针运行（引脚 41 功能）
PD24	输入软元件选择 2	000C	000C	ZSP 零速（引脚 23 功能）
PD34	功能选择 D-5	0000	0010	报警时 ALM 为断开

五、 PLC 控制程序

伺服电动机模拟量调速控制的 PLC 程序如图 12-15 所示。

(1) 步 0～2：当停止按钮 SB6 未按下（X2 动合触点断开）且伺服驱动器准备好（X4 动断触点断开）时，M10 线圈不通电。

(2) 步 3～7：正转控制。

(3) 步 8～12：反转控制。

(4) 步 13～18：在正转或反转时，检测到零速（转速低于 100r/min），X3 动合触点闭合，T0 延时 5s。

(5) 步 19～20：T0 延时到，Y3 有输出，指示灯 HL 亮。

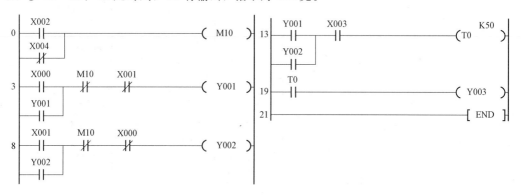

图 12-15　伺服电动机模拟量调速的 PLC 控制程序

实例 147　伺服电动机七段速运行控制（伺服速度控制）

一、 控制要求

(1) 当按下启动按钮时，伺服电动机按照图 12-16 所示速度曲线循环运行。

(2) 在运行过程中，若按下停止按钮，则运行完当前周期后再停止。

(3) 当出现故障报警时，系统停止运行。

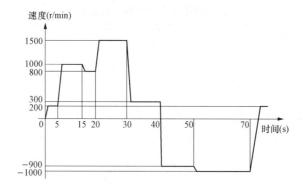

图 12-16　伺服电动机七段速运行曲线图

二、 I/O 端口分配表

PLC 的 I/O 端口分配见表 12-11。

表 12 - 11　　　　　　　　　　　　　　I/O 端口分配表

输入端口			输出端口		
输入端子	输入器件	作用	输出端子	输出器件	作用
X0	SB4 动合触点	启动	Y0	SP1	速度选择 1
X1	SB5 动合触点	停止	Y1	SP2	速度选择 2
X2	伺服驱动器 RD	伺服准备好	Y2	SP3	速度选择 3
—	—	—	Y3	ST1	正转
—	—	—	Y4	ST2	反转

三、 控制电路图

伺服电动机七段速运行控制的电路图如图 12 - 17 所示。

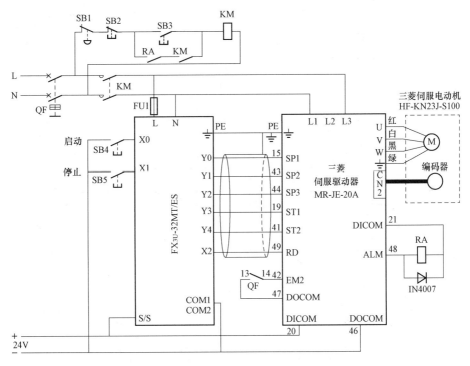

图 12 - 17　伺服电动机七段速运行控制电路图

Y2～Y0 输出到 SP3～SP1 用于选择伺服驱动器中已经设置好的七种速度，Y4 和 Y3 输出到 ST2 和 ST1 用于控制伺服电动机的正反转。ST2、ST1 和 SP3～SP1 的控制信号与伺服驱动器的速度对应关系见表 12 - 12。

表 12 - 12　　　　　　ST2、 ST1、 SP3～SP1 的控制信号与伺服驱动器速度对应关系

ST2 (Y4)	ST1 (Y3)	SP3 (Y2)	SP2 (Y1)	SP1 (Y0)	对应速度
0	1	0	0	1	速度 1 (PC05＝200)
0	1	0	1	0	速度 2 (PC06＝1000)
0	1	0	1	1	速度 3 (PC07＝800)

ST2（Y4）	ST1（Y3）	SP3（Y2）	SP2（Y1）	SP1（Y0）	对应速度
0	1	1	0	0	速度4（PC08＝1500）
0	1	1	0	1	速度5（PC09＝300）
1	0	1	1	0	速度6（PC10＝900）
1	0	1	1	1	速度7（PC11＝1000）

注　0表示OFF，该端子与DOCOM断开；1表示ON，该端子与DOCOM接通。

四、 伺服驱动器参数设置

伺服电动机七段速运行控制的伺服驱动器参数设置见表12-13。

表12-13　　　　　　　　　　伺服驱动器参数设置

参数	名称	默认值	设置值	说明
PA01	运行模式	1000	1002	速度控制模式
PC01	速度加速时间常数	0	100	单位ms
PC02	速度减速时间常数	0	100	单位ms
PC05	内部速度指令1	100	200	单位r/min
PC06	内部速度指令2	500	1000	单位r/min
PC07	内部速度指令3	1000	800	单位r/min
PC08	内部速度指令4	200	1500	单位r/min
PC09	内部速度指令5	300	300	单位r/min
PC10	内部速度指令6	500	900	单位r/min
PC11	内部速度指令7	800	1000	单位r/min
PC23	功能选择C—2	0000	0000	停止时伺服锁定
PD01	输入输出信号自动ON选择1	0000	0C04	LSP、LSN、SON自动开启
PD03	输入软元件选择1L	0202	2002	SP1（引脚15功能，速度默认SON）
PD11	输入软元件选择5L	0703	0703	ST1（引脚19功能，速度默认ST1）
PD13	输入软元件选择6L	0806	0806	ST2（引脚41功能，速度默认ST2）
PD17	输入软元件选择8L	0A0A	210A	SP2（引脚43功能，速度默认LSP）
PD19	输入软元件选择9L	0B0B	220B	SP3（引脚44功能，速度默认LSN）
PD34	功能选择D—5	0000	0010	报警时ALM为断开

五、 PLC控制程序

伺服电动机七段速运行控制的PLC程序如图12-18所示。

（1）步0～2：开机进入初始状态S0。

（2）步3～21：初始状态S0的控制范围。当按下启动按钮SB4时，X0有输入，M0置位；当按下停止按钮SB5（X1）或伺服驱动器RD未准备好（X2没有输入）时，M0复位，Y0～Y4和S20～S26复位；启动时，转移到S20。

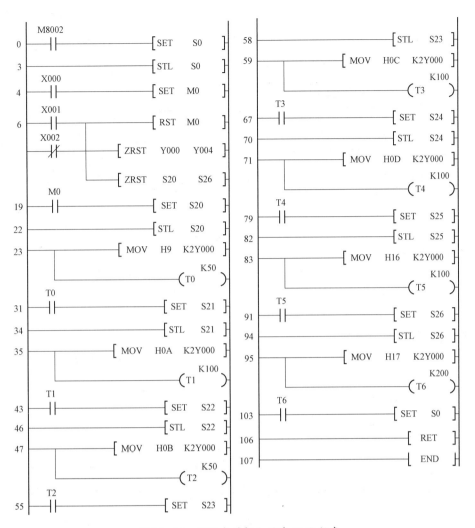

图 12-18　伺服电动机七段速 PLC 程序

（3）步 22～33：第一段速控制。将 H9（二进制 1001）送入 K2Y0，ST1=1 表示正转，001 表示选择内部速度指令 1，同时 T0 延时 5s；T0 延时到，转移到 S21。

（4）步 34～45：第二段速控制。

（5）步 46～57：第三段速控制。

（6）步 58～69：第四段速控制。

（7）步 70～81：第五段速控制。

（8）步 82～93：第六段速控制。将 H16（二进制 10110）送入 K2Y0，ST2=1 用于反转控制，0110 表示选择内部速度指令 6。

（9）步 94～105：第七段速控制。

实例 148　**工作台往返限位运行控制（伺服速度控制）**

一、控制要求

伺服电动机通过丝杠拖动一个工作台作直线运动，如图 12-19 所示。开始时，工作台处于 A、B

之间的任意位置。

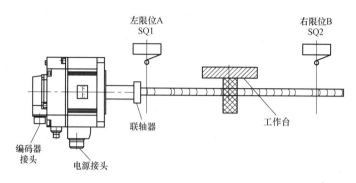

图 12-19 工作台往返控制安装图

1. 自动控制

（1）自动/手动开关闭合，选择自动控制。当按下自动启动按钮时，工作台右移，碰到右限位 B，停 2s 开始左移，碰到左限位 A，停 2s 开始右移，如此反复运动。

（2）当按下停止按钮时，工作台立即停止。

2. 手动控制

自动/手动开关断开，选择手动控制，通过手动按钮慢速左移和慢速右移可以移到 A、B 之间任意位置。

二、 I/O 端口分配表

PLC 的 I/O 端口分配见表 12-14。

表 12-14   I/O 端口分配表

输入端口			输出端口		
输入端子	输入器件	作用	输出端子	输出器件	作用
X0	SB4 动合触点	自动/手动选择	Y0	SP1	速度选择 1
X1	SB5 动合触点	自动启动	Y1	SP2	速度选择 2
X2	SB6 动合触点	停止	Y2	ST1	正转
X3	SB7 动合触点	手动慢左	Y3	ST2	反转
X4	SB8 动合触点	手动慢右	—	—	—
X5	SQ1 动合触点	左限位 A	—	—	—
X6	SQ2 动合触点	右限位 B	—	—	—
X7	伺服驱动器 RD	伺服准备好	—	—	—

三、 控制电路图

工作台往返限位运行控制的电路图如图 12-20 所示。

Y1、Y0 输出到 SP2、SP1 用于选择伺服驱动器中已经设置好的两种速度，Y3 和 Y2 输出到 ST2 和 ST1 用于控制伺服电动机的正反转。ST2、ST1 和 SP2、SP1 的控制信号与伺服驱动器的速度对应关系见表 12-15。

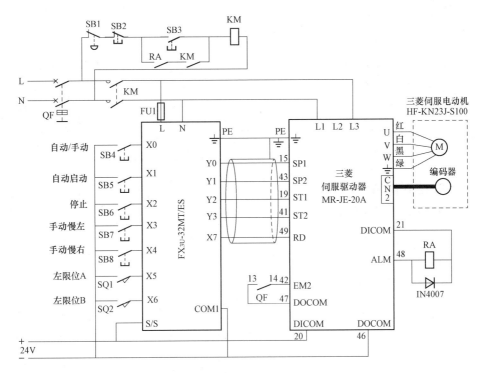

图 12-20 工作台往返限位运行控制电路

表 12-15　　　　**ST2、 ST1、 SP2、 P1 的控制信号与伺服驱动器速度对应关系**

自动运行控制				
ST2（Y3）	ST1（Y2）	SP2（Y1）	SP1（Y0）	对应速度
1	0	0	1	速度 1
0	1			（PC05＝1000）
手动运行控制				
1	0	1	0	速度 2
0	1			（PC06＝300）

注　0 表示 OFF， 该端子与 DOCOM 断开； 1 表示 ON， 该端子与 DOCOM 接通。

四、 伺服驱动器参数设置

工作台往返限位控制的伺服驱动器参数设置见表 12-16。

表 12-16　　　　**工作台往返限位运行控制的伺服驱动器参数设置**

参数	名称	默认值	设置值	说明
PA01	运行模式	1000	1002	速度控制模式
PC01	速度加速时间常数	0	100	ms
PC02	速度减速时间常数	0	100	ms
PC05	内部速度指令 1	100	1000	r/min
PC06	内部速度指令 2	500	300	r/min
PC23	功能选择 C-2	0000	0000	停止时伺服锁定
PD01	输入输出信号自动 ON 选择 1	0000	0C04	LSP、LSN、SON 自动开启

续表

参数	名称	默认值	设置值	说明
PD03	输入软元件选择 1L	0202	2002	SP1（引脚 15 功能，速度默认 SON）
PD11	输入软元件选择 5L	0703	0703	ST1（引脚 19 功能，速度默认 ST1）
PD13	输入软元件选择 6L	0806	0806	ST2（引脚 41 功能，速度默认 ST2）
PD17	输入软元件选择 8L	0A0A	210A	SP2（引脚 43 功能，速度默认 LSP）
PD34	功能选择 D-5	0000	0010	报警时 ALM 为断开

五、PLC 控制程序

工作台往返限位运行控制的 PLC 程序如图 12-21 所示。

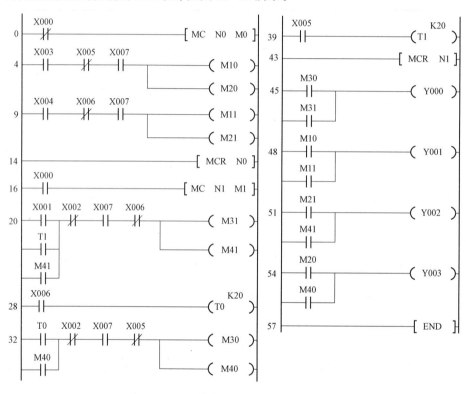

图 12-21 工作台往返限位运行 PLC 程序

1. 手动控制过程

（1）步 0～3：将自动/手动选择开关 SB4 断开，X0 没有输入，执行主控程序 N0。

（2）步 4～8：当按下手动慢左按钮 SB7 时，X3 有输入，如果伺服驱动器准备好（X7=1），M10 和 M20 得电，步 48～50 中的 M10 动合触点闭合，Y1 有输出。步 54～56 中 M20 动合触点闭合，Y3 有输出，伺服驱动器 ST2、SP2 输入为 ON，伺服电动机以速度 2（300r/min）反转运行，通过丝杠拖动工作台慢速左移，当工作台碰到 A 位置的限位开关 SQ1 时，SQ1 动合触点闭合，X5 有输入，PLC 的 Y3 和 Y1 的输出为 OFF，伺服电动机停止。

（3）步 9～13：当按下手动慢右钮 SB8 时，X4 有输入，如果伺服驱动器准备好（X7=1），则 M11 和 M21 得电，步 48～50 中的 M11 动合触点闭合，Y1 有输出。步 51～53 中 M21 动合触点闭合，Y2 有输出，伺服驱动器 ST1、SP2 输入为 ON，伺服电动机以速度 2（300r/min）正转运行，通过丝杠拖动工作台慢速右移，当工作台碰到 B 位置的限位开关 SQ2 时，SQ2 动合触点闭合，X6 有输入，PLC 的 Y2 和 Y1 的输出为 OFF，伺服电动机停止。

2. 自动控制过程

（1）将自动/手动选择开关 SB4 闭合，X0 有输入，步 0～3 中的主控 N0 不执行，转而执行步 16～19 中的主控 N1。

（2）步 20～27：如果伺服驱动器准备好（X7=1），当按下自动启动按钮 SB5 时，X1 动合触点闭合，M31 和 M41 通电自锁，步 45～47 中 Y0 有输出，同时步 51～53 中 Y2 有输出，伺服驱动器 ST1、SP1 输入为 ON，伺服电动机以速度 1（1000r/min）正转运行，通过丝杠拖动工作台快速右移。

（3）当工作台碰到 B 位置的限位开关 SQ2 时，SQ2 动合触点闭合，X6 有输入，X6 的动断触点断开，伺服电动机停止。步 28～31 中 T0 延时 2s。

（4）步 32～38：T0 延时 2s 时间到，M30 和 M40 通电自锁，步 45～47 中 Y0 有输出，同时步 54～56 中 Y3 有输出，伺服驱动器 ST2、SP1 输入为 ON，伺服电动机以速度 1（1000r/min）反转运行，通过丝杠拖动工作台快速左移。

（5）当工作台碰到 A 位置的限位开关 SQ1 时，SQ1 动合触点闭合，X5 有输入，X5 的动断触点断开，伺服电动机停止。步 39～42 中 T1 延时 2s。

（6）T1 延时 2s 时间到，步 20～27 中 T1 动合触点闭合，转为正转运行，进入下一个循环。

（7）当按下停止按钮 SB6（X2）或伺服驱动器未准备好（X7=0）时，不论正转或是反转，伺服电动机都停转，工作台停止移动。

实例 149　卷纸机收卷恒张力控制 （伺服转矩控制）

一、 控制要求

有一收卷系统，如图 12-22 所示。要求在收卷时纸张所受到的张力保持不变，当收卷到 100m 时，伺服电动机停止，同时，切刀动作将纸张切断，然后开始下一个过程，卷纸的长度由与测量辊同轴的编码器来测量。

（1）当按下启动按钮时，伺服电动机运转，到 100m 时，切刀动作，将纸张切断，切断时间是 5s。

（2）当按下暂停按钮时，伺服电动机暂停，计长保留，下次启动时在此基础上进行累加。

（3）当按下停止按钮时，伺服电动机停止，计长重新开始。

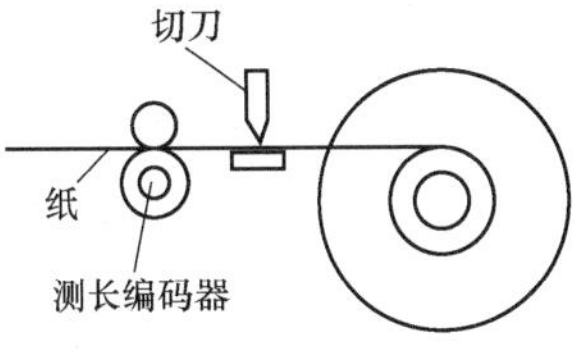

图 12-22　纸张收卷系统

二、 I/O 端口分配表

PLC 的 I/O 端口分配见表 12-17。

表 12-17　　　　　　　　　　　I/O 端口分配表

输入端口			输出端口		
输入端子	输入器件	作用	输出端子	输出器件	作用
X0		计长编码器脉冲输入	Y0	SP1	速度选择 1
X1	SB4 动合触点	启动	Y1	RS1	转矩控制 1
X2	SB5 动合触点	暂停	Y3	切刀线圈	切断纸张
X3	SB6 动合触点	停止	—	—	—
X4	伺服驱动器 RD	伺服准备好	—	—	—

三、 控制电路图

纸张收卷系统要求在收卷的过程中受到的张力保持不变，开始时，收卷半径小，要求电动机转得快，当收卷半径逐渐变大时，伺服电动机的转速逐渐变慢。因此采用转矩控制模式。卷纸机收卷恒张力控制电路图如图 12-23 所示。

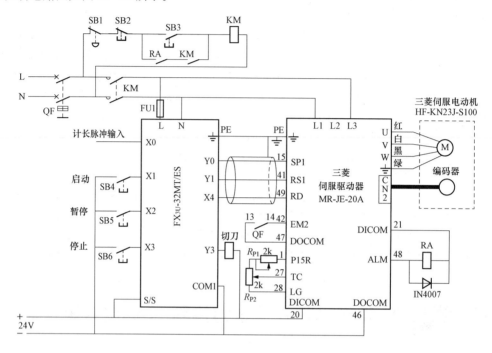

图 12-23　卷纸机收卷恒张力控制电路

四、 伺服驱动器参数设置

伺服驱动器的参数设置见表 12-18。

表 12-18　　　　　卷纸机收卷恒张力控制的伺服驱动器参数设置

参数	名称	默认值	设置值	说明
PA01	运行模式	1000	1004	转矩控制模式
PC01	速度加速时间常数	0	100	单位 ms
PC02	速度减速时间常数	0	100	单位 ms
PC05	内部速度指令 1	100	1000	单位 r/min
PC13	模拟转矩指令最大输出	100	100	%
PC23	功能选择 C-2	0000	0000	停止时伺服锁定
PD01	输入输出信号自动 ON 选择 1	0000	0C04	SON、LSP、LSN 为自动开启
PD04	输入软元件选择 1H	0002	0020	SP1（引脚 15 功能）
PD14	输入软元件选择 6H	0008	0008	RS1（引脚 41 功能）
PD34	功能选择 D-5	0000	0010	报警时 ALM 为断开

五、 PLC 控制程序

由于要测量纸张的长度，所以需要安装一个编码器，假设编码器的分辨率是 1 000 脉冲/转，安装编码器的测长辊的周长是 50mm，则纸张长度与编码器输出脉冲之间的关系是编码器输出脉冲数（个）＝纸张的长度（m）×1 000/50×1000＝纸张的长度（m）×20 000。卷纸机收卷恒张力控制的 PLC 控制程序如图 12‑24 所示。

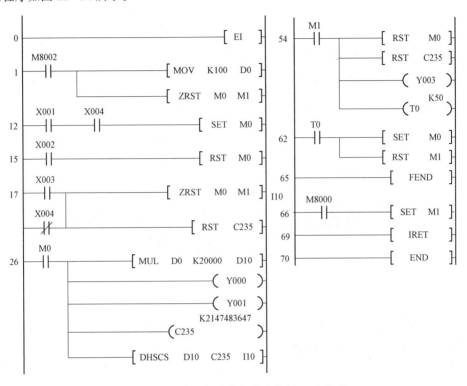

图 12‑24 卷纸机收卷恒张力控制 PLC 程序

1. 启动控制

（1）步 0：中断允许。

（2）步 1～11：开机初始化，先预置纸张长度 100m 到 D0，复位 M0 和 M1，M0 运行标志位，M1 为计长到标志位。

（3）步 12～14：当伺服驱动器准备好（X4＝1）时，按下启动按钮 SB4，X1 有输入，M0 置 1。

（4）步 26～53：当运行（M0＝1）时，纸张长度（D0）乘以 20 000 送入 D10，将纸张长度转换为脉冲数。PLC 的输出 Y0、Y1 为 ON，伺服驱动器的 SP1、RS1 有输入，伺服驱动器按设定的速度输出驱动信号，驱动伺服电动机运转，带动卷纸辊旋转进行卷纸。在开始时，卷纸辊直径较小，伺服驱动器 U、V、W 输出频率较高，电动机转速较快，随着卷纸辊上的卷纸直径不断增大，伺服驱动器输出的频率自动不断降低，电动机转速逐渐下降，卷纸辊的转速变慢，从而保证卷纸时卷纸辊对纸张的张力符合恒定要求。可调节 RP1、RP2 电位器，使驱动器 TC 端输入电压在 0～8V 变化，TC 端输入电压越高，伺服驱动器输出的驱动信号幅度越大，伺服电动机输出转矩越大。

在卷纸过程中，PLC 的 X0 接收测量辊编码器送来的脉冲信号，由高速计数器 C235 进行计数。当计数到（D10）时，卷纸已经达到指定的长度，产生中断 I10，调用步 66～68 的中断程序 I10，M1 置 1。

（5）步 54～61：计长到（M1＝1），M1 动合触点闭合，M0 复位，伺服电动机停止；复位高速计数器 C235；PLC 的 Y3 输出为 ON，切刀线圈得电，控制切刀动作，将纸张切断。同时 T0 延时 5s，由切刀切断纸张。

（6）步 62～64：T0 延时时间到，M1 复位，M0 置 1，自动进入下一个循环。

2. 暂停控制

在卷纸过程中，若按下暂停按钮 SB5，则步 15～16 中的 X2 接通，M0 复位。步26～53 中的 M0 断开，Y0、Y1 输出为 OFF，伺服电动机停转，停止卷纸。同时，高速计数器将脉冲数量保存下来。当再按下启动按钮 SB4 时，M0 置 1，PLC 的 Y0、Y1 输出为 ON，伺服电动机重新运转，高速计数器在原来保存的脉冲数量基础上继续进行计数，直到达到设定的纸张长度，驱动切刀进行切断。

3. 停止控制

在卷纸过程中，当按下停止按钮 SB6（X3＝1）或伺服驱动器未准备好（X4＝0）时，步 17～25 中的 M0 和 M1 复位，PLC 的 Y0、Y1 输出为 OFF，伺服电动机停转，停转卷纸。同时将高速计数器 C235 的当前脉冲数清零。

实例 150　工作台往返定位运行控制（伺服位置速度控制）

一、 控制要求

工作台往返定位控制的安装图如图 12 - 25 所示。已知丝杠的螺距为 5mm。控制要求如下。

（1）当按下复位按钮时，工作台返回，撞击原点开关时停在原点。

（2）在原点，当按下自动启动按钮时，工作台右移 45mm 处停止，延时 2s，然后往左返回到 30mm 处，工作台又停止 2s，又往右移动，进入下一个循环。

（3）当按下停止按钮时，伺服电动机立即停止。

（4）当按下手动左行按钮时，工作台按模拟量转速左移。

（5）当按下手动右行按钮时，工作台按模拟量转速右移。

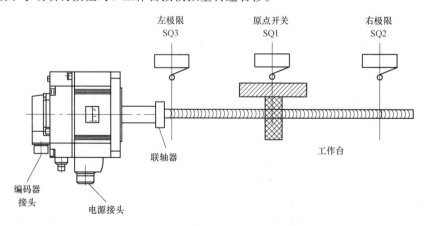

图 12 - 25　工作台往返定位控制的安装图

二、 I/O 端口分配表

PLC 的 I/O 端口分配见表 12 - 19。

表 12 - 19   I/O 端口分配表

输入端口			输出端口		
输入端子	输入器件	作用	输出端子	输出器件	作用
X0	SB4 动合触点	启动	Y0	PP	正向定位脉冲
X1	SB5 动合触点	停止	Y1	NP	反向定位选择
X2	SB6 动合触点	复位	Y2	ST1	速度正转
X3	SQ1 动合触点	原点开关	Y3	CR/ST2	清零/速度反转
X4	SB7 动合触点	手动左行	Y4	LOP	位置/速度选择
X5	SB8 动合触点	手动右行	—	—	—
X6	伺服驱动器 RD	伺服准备好	—	—	—
X7	伺服驱动器 ZSP	零速	—	—	—

三、 控制电路图

工作台往返定位运行控制电路图如图 12 - 26 所示。

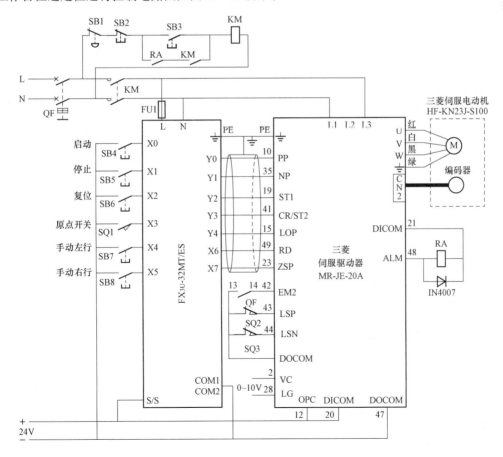

图 12 - 26   工作台往返定位运行控制电路图

四、 伺服驱动器参数设置

伺服驱动器的参数设置见表 12 - 20。伺服电动机每转一圈需 131072 个脉冲,如果输入 50 000 个脉冲伺服电动机转动一圈，则电子齿轮应设为 8192/3125，即 50 000×8192/3125＝131 072。所以 PA06 设为 8 192，PA07 设为 3 125。伺服电动机每转一圈，丝杠移动一个螺距 5mm，即每个脉冲丝杠移动 0.1μm。

表 12 - 20　　　　　　　　工作台往返定位控制的伺服驱动器参数设置

参数	名称	默认值	设置值	功能
PA01	运行模式	1000	1001	位置/速度控制模式
PA06	电子齿轮分子	1	8192	指令脉冲倍率分子
PA07	电子齿轮分母	1	3125	指令脉冲倍率分母
PA13	指令脉冲形式	0100	0001	脉冲＋方向
PA21	功能选择 A - 3	0001	0001	使用电子齿轮
PC01	速度加速时间常数	0	100	单位 ms
PC02	速度减速时间常数	0	100	单位 ms
PC12	模拟速度指令最大转速	0	1000	单位 r/min
PC17	零速度	50	0	单位 r/min
PC23	功能选择 C - 2	0000	0000	停止时伺服锁定
PD01	输入输出信号自动 ON 选择 1	0000	0004	SON 为自动开启，LSP、LSN 为外部开启
PD03	输入软元件选择 1L	0202	2323	LOP（引脚 15 功能，位置/速度选择）
PD11	输入软元件选择 5L	0703	0703	ST1（引脚 19 功能，正转）
PD13	输入软元件选择 6L	0806	0806	CR/ST2（引脚 41 功能，清零/反转）
PD17	输入软元件选择 8L	0A0A	0A0A	LSP（引脚 43 功能，正转极限）
PD19	输入软元件选择 9L	0B0B	0B0B	LSN（引脚 44 功能，反转极限）
PD34	功能选择 D - 5	0000	0010	报警时 ALM 为断开

五、　PLC 控制程序

1. 内置定位参数的设定

双击导航窗口的工程视窗的"参数"→"PLC 参数"选项，打开"存储器容量设置"页面，设置存储器容量在 16000 以上，选中"内置定位设置"选项；打开"内置定位设置"页面，按照图 12 - 27 所示对 Y0 进行设置。单击"详细设置"按钮，打开"详细设置"对话框，如图 12 - 28 所示。设置 Y0 的旋转方向信号为 Y1，编号 1 为绝对定位 DDRVA，脉冲数为 450 000（45mm 处），速度为 50 000Hz；编号 2 为绝对定位 DDRVA，脉冲数为 300 000（30mm 处），速度为 50 000Hz。

2. 控制程序

工作台往返定位运行控制的 PLC 程序如图 12 - 29 所示。

（1）开机初始化。

1）步 0～9：当按下停止按钮 SB5（X1＝1）或伺服驱动器未准备好（X6＝0）时，脉冲输出立即停止标志位 M8349 线圈通电，Y0 脉冲输出立即停止；原点检出标志位 M10 复位，自动运行状态位 S10～S13 复位。

2）步 10～19：将原点回归用的输出清零地址 H3（Y3）送入 D8464；同时 M8464 线圈通电，清

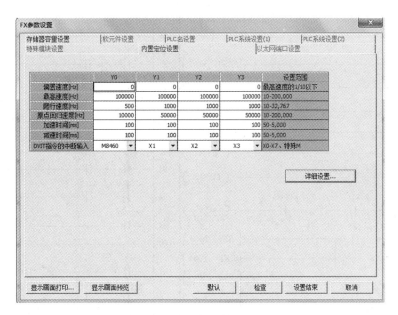

图 12-27 内置定位设置

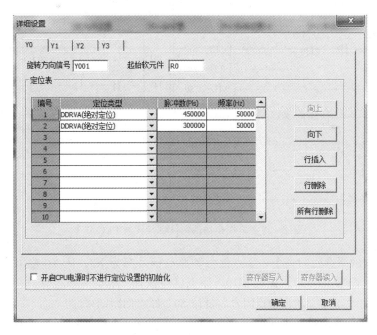

图 12-28 表格定位的详细设置

零信号软元件指定功能有效；M8341 线圈通电，清零信号输出功能有效。

3) 步 20～22：原点回归方向指定标志 M8342 线圈运行时不通电，原点回归方向为反转方向。

4) 步 23～29：未在原点回归、手动右行、手动左行、正转运行和停止时，运行标志位 M5 线圈通电。

(2) 原点回归。步 30～37：当伺服电动机零速（X7＝1）且运行标志位接通（M5＝1）时，按下复位按钮 SB6（X2），复位原点标志位 M10，Y4 复位（LOP 为 0，位置控制），置位 S0 进行原点回归。执行步 60～79 中的顺控状态 S0。由步 78～79 可知，M50 线圈通电，动合触点闭合，步 61～70

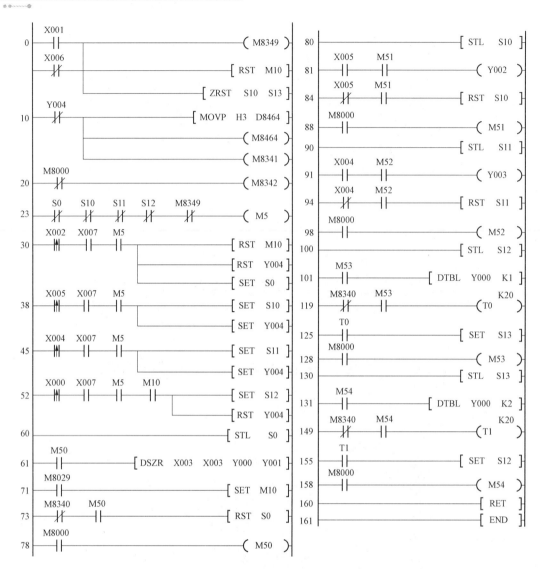

图 12-29　工作台往返定位运行控制 PLC 程序

中执行带 DOG 搜索的原点回归指令，零点信号和原点信号都为 X3，从 Y0 输出脉冲，方向控制为 Y1。指令执行结束（M8029＝1），置位 M10，原点已经找到。等待一个运算周期，步 73～77 中 Y0 没有输出（M8340＝0），M50 动合触点闭合，复位 S0，原点回归结束。

（3）工作台左右移动调整。在伺服电动机零速（X7＝1）且运行标志位接通（M5＝1）的情况下，当按下手动右行按钮 SB8 时，X5 有输入，步 38～44 中对 S10 进行置位，对 Y4 置位（LOP＝1，速度控制）。步 80～89 为状态位 S10 的控制范围。由步 88～89 可知，M51 线圈通电，动合触点闭合，步 81～83 中 Y2 线圈通电，伺服电动机以模拟量设定的转速正转运行，工作台右行。松开按钮 SB8，在步 84～87 中，等待一个运算周期，M51 动合触点闭合，复位 S10，手动右行调整结束。

手动左行与手动右行相似，请自行分析。

（4）自动定位运行控制。

步 52～59：在伺服电动机零速（X7＝1）、运行标志位接通（M5＝1）且原点已经找到（M10＝1）的情况下，按下启动按钮 SB4（X0），置位 S12，复位 Y4（LOP＝0，位置控制），进行正转自动运行。

步 100～129：状态位 S12 的控制范围。执行表格方式定位，使用表格编号 1 的设置从 Y0 输出脉冲，进行绝对位置定位，工作台右行到 45mm 处。脉冲输出完（M8340＝0），T0 延时 2s，置位 S13，转移到状态位 S13。

步 130～159：状态位 S13 的控制范围。执行表格方式定位，使用表格编号 2 的设置从 Y0 输出脉冲，进行绝对位置定位，工作台左行到 30mm 处。脉冲输出完（M8340＝0），T1 延时 2s，置位 S12，转移到状态位 S12，进入下一个周期。

（5）停止。当按下停止按钮 SB5 时，步 0～9 中的 X1 动合触点接通，M8349 线圈通电，伺服电动机立即停止。

实例 151 触摸屏与 PLC 的通信连接及
工程下载

一、 控制要求

（1）正确连接触摸屏的供电电源及通信端口。

（2）选择合适的 PLC 类型和通信参数。

二、 触摸屏的电源端和通信接口

MCGS TPC7062K 触摸屏为昆仑通态自动化公司的产品，触摸屏的背面如图 13 - 1 所示。它有一个电源接线端、一个 LAN 口、两个 USB 口和一个串行通信口 COM。

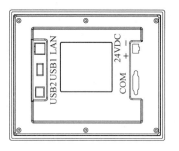

1. 电源接口

使用的电源为 DC24V，因触摸屏消耗电流较大，而 FX 系列 PLC 的 24V 电源输出电流有限，所以通常使用外部 24V 直流电源为触摸屏供电。

2. USB 口

USB1 为主口，兼容 USB1.1；USB2 为从口，主要用于触摸屏与计算机通信，下载工程。

图 13 - 1 TPC7062K 的背面接口

3. COM 口

COM 口为 9 针 D 形阳性接头，用于触摸屏与 PLC 通信。可以用作 RS - 232 或 RS - 485，引脚定义见表 13 - 1。

表 13 - 1 COM 的用途及引脚定义

接口	引脚	引脚定义
RS - 232	2	RXD
	3	TXD
	5	GND
RS - 485	7	+
	8	−

4. LAN 口

LAN 口为 RJ45 接口，用于触摸屏与以太网的连接。

三、 触摸屏与 PLC 和计算机的连接与通信

1. 触摸屏与三菱 FX 系列 PLC 的编程口连接与通信

(1) 触摸屏与三菱 FX 系列 PLC 的编程口和计算机的连接。触摸屏的接口使用 RS-232，FX 系列 PLC 的编程口为 RS-422，可以制作如图 13-2 所示的连接电缆。触摸屏侧使用 9 针的 D 形阴头，PLC 侧使用 8 针的圆形阳头，串接电阻可以选择为 2~5kΩ。

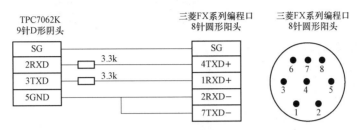

图 13-2　TPC7062K 与 PLC 编程口的连接

TPC7062K 与 FX 系列 PLC、计算机的通信连接如图 13-3 所示。外置 24V 直流电源为触摸屏供电。TPC7062K 的微型接口 USB2 通过 USB 电缆将扁平接口连接到计算机的 USB 口。确认安装好 USB 驱动，方法是：打开"设备管理器"，在"移动设备"下会显示"MCGS USB Sync"。TPC7062K 的通信接口 COM 通过自制电缆连接到 FX 系列 PLC 的编程口。

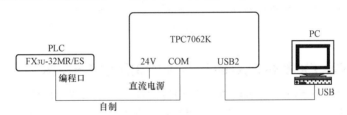

图 13-3　TPC7062K 与 PLC 编程口和计算机的连接

(2) 触摸屏与三菱 FX 系列 PLC 的编程口的通信设置。双击"MCGS 组态环境"打开组态软件，如图 13-4 所示。显示 MCGS 的工作台，在设备窗口中双击"设备窗口"图标进入"设备工具箱"，双击添加"通用串口父设备"，然后双击"三菱 FX 系列编程口"添加子设备，如图 13-5 所示。双击"设备 0— [三菱 FX 系列编程口]"，进入如图 13-6 所示的设备编辑窗口。选择 CPU 类型为"4-FX$_3$uCPU"，然后单击"确认"按钮，触摸屏和 PLC 就可以通信了。

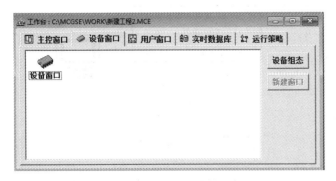

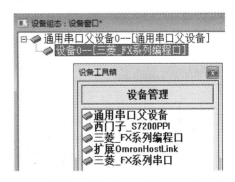

图 13-4　MCGS 的工作台界面　　　　　　　　图 13-5　设备管理窗口界面

图 13-6 设备编辑窗口界面

2. 触摸屏与三菱 FX 系列 PLC 的 RS-485 串口连接与通信

（1）触摸屏与三菱 FX 系列 PLC 的 RS-485 串口和计算机的连接。触摸屏的接口使用 RS-485，FX 系列 PLC 使用的接口是 FX$_{3U}$-485-BD，可以制作如图 13-7 所示的连接电缆。触摸屏侧使用 9 针的 D 形阴头，PLC 侧使用 FX$_{3U}$-485-BD 扩展模块。

TPC7062K 与 FX 系列 PLC、计算机的通信连接如图 13-8 所示。外置 24V 直流电源为触摸屏供电。TPC7062K 的微型接口 USB2 通过 USB 电缆将扁平接口连接到计算机的 USB 口。确认安装好 USB 驱动，方法是：打开"设备管理器"，在"移动设备"下会显示"MCGS USB Sync"。TPC7062K 的通信接口 COM 通过自制电缆连接到 FX$_{3U}$-485-BD 扩展模块。FX 系列 PLC 的编程口与计算机的 USB 口连接，便于调试触摸屏和 PLC 的通信。

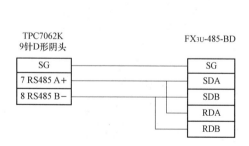

图 13-7 TPC7062K 与 PLC 串口的连接

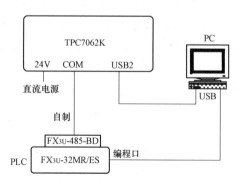

图 13-8 TPC7062K 与 FX$_{3U}$-485-BD 和
计算机的连接

（2）触摸屏与三菱 FX 系列 PLC 的编程口的通信设置。

1) 触摸屏侧通信设置。双击"MCGS组态环境"打开组态软件，显示 MCGS 的工作台，在设备窗口中双击"设备窗口"进入"设备工具箱"，双击添加"通用串口父设备"，然后双击"三菱 FX 系列串口"添加子设备，如图 13-9 所示。双击"通用串口父设备 0—［通用串口父设备］"，进入"通用串口设备属性编辑"窗口，如图 13-10 所示。串口端口号选择"1 - COM2"，即使用 RS-485 通信；波特率 9600bit/s，7 位数据位，1 位停止位，偶校验。双击"设备 0—［三菱 FX 系列串口］"，进入如图 13-11 所示的设备编辑窗口。选择 PLC 类型为"2 - FX"，然后单击"确认"按钮。

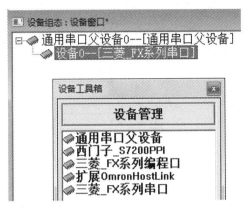

图 13-9　设备管理窗口界面

图 13-10　通用串口设备属性编辑界面

图 13-11　设备编辑窗口界面

2) PLC 侧通信设置。打开 GX Works2，展开"导航"→"工程"→"参数"→"PLC 参数"选项，双击"PLC 参数"选项，显示"FX 参数设置"窗口，如图 13-12 所示。选择"CH1"，勾选"进行通信设置"，选择专用协议通信、数据长度 7bit、偶数校验、停止位 1bit，传送速度 9600bit/s，H/W 类型为 RS-485。

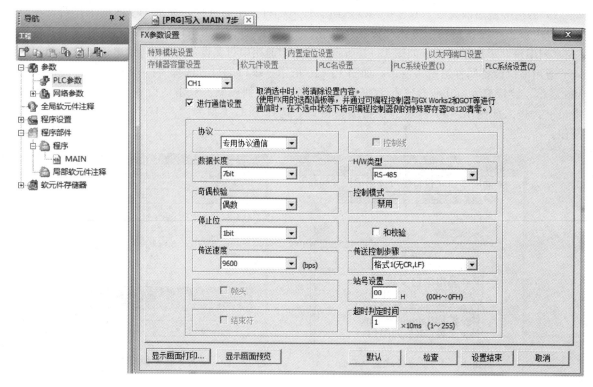

图 13-12　PLC 通信参数的设置界面

实例 152　应用触摸屏、PLC 实现电动机连续运行

一、控制要求

（1）当点击触摸屏中"启动"按钮或按下启动按钮时，电动机通电连续运转。

（2）当点击触摸屏中"停止"按钮或按下停止按钮时，电动机断电停止。

（3）当电动机过载时，触摸屏中过载指示灯亮。

二、I/O 端口分配表

PLC 的 I/O 端口分配及触摸屏对应地址见表 13-2。

表 13-2　　　　　　　　　　I/O 端口分配及触摸屏对应地址

输入端口				输出端口		
输入端子	输入器件	触摸屏地址	作用	输出端子	输出器件	控制对象
X0	KH 动断触点	X0	过载保护	Y0	接触器 KM	电动机 M
X1	SB1 动合触点	M1	停止按钮	—	—	—
X2	SB2 动合触点	M0	启动按钮	—	—	—

三、控制电路

应用触摸屏和 PLC 实现电动机连续运行控制电路如图 13-13 所示。

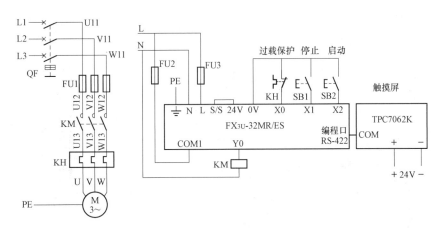

图 13-13　电动机连续运行控制电路

四、触摸屏画面的组态

通过如图 13-14 所示的触摸屏界面对电动机进行控制，并用绿色/红色的圆形图标表示电动机的运转/停止状态。画面中的"启动"按钮与 M0 关联，"停止"按钮与 M1 关联，显示电动机运转状态的圆形图标与 Y0 关联，显示过载报警的圆形图标与 X0 关联。具体的组态过程如下。

1. 新建工程

单击"新建工程"选项建立一个新工程，选择触摸屏的类型为 TPC7062KX，然后单击"工程另存为"选项另存为"启动停止控制"文件，然后在设备窗口中双击"设备窗口"进入"设备工具箱"，双击添加"通用串口父设备"，然后双击"三菱 FX 系列编程口"添加子设备。双击"设备 0—［三菱 FX 系列编程口］"，选择 CPU 类型为"4-FX₃ᵤCPU"，然后单击"确认"按钮。

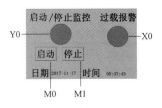

图 13-14　触摸屏控制界面

2. 添加变量并与设备通道连接

在工作台的"实时数据库"中，单击"新增对象"按钮，如图 13-15 所示。添加 4 个开关型的数据，命名为"电动机""启动""停止"和"过载"。双击"设备 0—［三菱 FX 系列编程口］"，进入设备编辑窗口，单击"增加设备通道"按钮，在弹出的窗口中，选择"M 辅助寄存器"、通道地址 0、通道个数为 2、读写方式为读写，然后单击"确认"按钮，添加了作为触摸屏和 PLC 的开关型通道数据 M0 和 M1。用同样的方法增加 Y0。然后双击所建立的通道，与对应的变量连接起来，如图 13-16 所示。

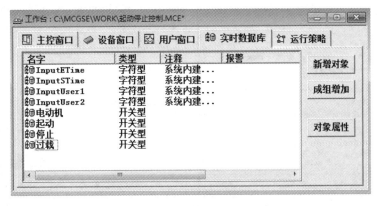

图 13-15　添加变量数据界面

图 13 - 16　增加数据通道并连接变量界面

3. 创建窗口画面

在工作台中，单击"用户窗口"→"新建窗口"选项，新建了一个"窗口0"。在其上单击右键选择属性，将窗口名称命名为"启动停止"。

图 13 - 17　工具箱及标签属性界面

（1）创建文本标签。打开"启动停止"窗口，单击"工具箱"中的标签 **A**，在窗口中用鼠标画出一个区域，输入"启动/停止监控"。双击这个标签打开"标签动画组态属性设置"对话框，选择边线颜色为"没有边线"，单击 **Aª** 可以设置字体及大小，如图 13 - 17 所示。将这个标签进行复制粘贴，更改文本，分别变为"过载报警""日期""时间"。

（2）创建指示灯。在工具箱中，单击 **○** 按钮，画出一个圆。双击这个圆，在其"属性设置"中选中"填充颜色"；在"填充颜色"页面，表达式选择变量"电动机"，填充颜色连接中0为红色，1为绿色，如图13 - 18所示。通过复制粘贴一个圆，双击修改变量选择为"过载"，填充颜色连接中0为红色，1为银色。

图 13 - 18　指示灯的组态界面

（3）创建启动/停止按钮。在工具箱中，单击标准按钮 ⌐，画出一个按钮。双击这个按钮，将其"基本属性"中的文本改为"启动"。在"操作属性"页面，选中"抬起功能"下的"数据对象值操作"，动作选择"按1松0"与变量"启动"，如图13-19所示。通过复制粘贴一个按钮，更改文本为"停止"，在"抬起功能"中选择变量"停止"。

（4）创建日期和时间。单击"工具箱"中的标签 A，在画面中的"日期"后用鼠标画出一个区域，双击这个标签打开"标签动画组态属性设置"对话框，选择边线颜色为"没有边线"，单击 Aª 可以设置字体及大小，输入输出连接选中"显示输出"。单击"显示输出"页面，表达式选择变量"＄Date"，输出值类型选中"字符串输出"，如图13-20所示。通过复制粘贴，粘贴在画面的"时间"后面，在"显示输出"中，选择表达式为变量"＄Time"。

图 13-19 按钮的组态界面

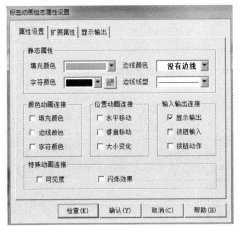

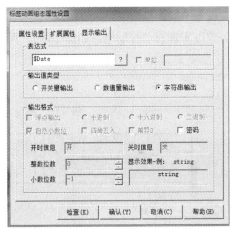

图 13-20 日期和时间的组态界面

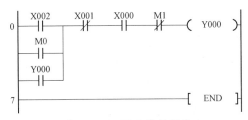

图 13-21 PLC 控制程序

五、控制程序

PLC控制程序如图13-21所示。在程序中，启动按钮X2与组态画面的"启动"按钮M0并联，停止按钮X1与组态画面的"停止"按钮M1串联，以实现两处启动/停止控制。

实例 153 应用触摸屏、PLC 和变频器实现
电动机点动

一、控制要求

由触摸屏或按钮通过变频器实现以下控制。

1. 点动正转

（1）当点击触摸屏中"点动正转"按钮或按下正转点动按钮时，电动机通电正转。

（2）当松开触摸屏中"点动正转"按钮或正转点动按钮时，电动机断电停止。

2. 点动反转

（1）当点击触摸屏中"点动反转"按钮或按下反转点动按钮时，电动机通电反转。

（2）当松开触摸屏中"点动反转"按钮或反转点动按钮时，电动机断电停止。

二、I/O 端口分配表

PLC 的 I/O 端口分配及触摸屏对应地址见表 13-3。

表 13-3　　　　　　　　　I/O 端口分配及触摸屏对应地址

输入端口				输出端口		
输入端子	输入器件	触摸屏地址	作用	输出端子	输出器件	控制对象
X0	SB1 动合触点	M0	正转点动按钮	Y0	变频器 STF	电动机 M 正转
X1	SB2 动合触点	M1	反转点动按钮	Y1	变频器 STR	电动机 M 反转

三、控制电路

应用触摸屏实现点动控制电路如图 13-22 所示。

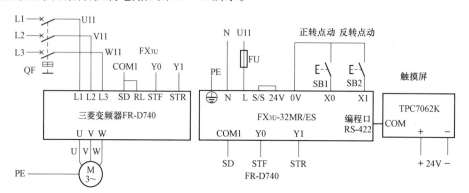

图 13-22　触摸屏点动控制电路

四、触摸屏变量及点动控制界面

触摸屏变量界面如图 13-23 所示。在设备编辑窗口中，单击"增加设备通道"选项，增加两个 M 辅助寄存器，添加了 M0 和 M1；再增加两个 Y 输出寄存器，添加了 Y0 和 Y1，并分别与对应的变量连接起来，如图 13-24 所示。点动控制触摸屏界面如图 13-25 所示。

图 13-23　触摸屏变量界面　　　　　图 13-24　触摸屏变量与通道连接界面

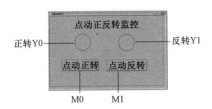

图 13-25 触摸屏点动控制界面

五、变频器参数设置

变频器参数的设置见表 13-4。

表 13-4   点动控制的变频器参数设置

序号	参数代号	初始值	设置值	说　明
1	Pr.1	120	50	输出频率的上限（Hz）
2	Pr.9	变频器额定电流（2.5A）	0.2	电动机的额定电流（A）
3	Pr.160	9999	0	扩展功能显示选择（显示所有参数，开放隐藏参数）
4	Pr.80	9999	0.1	电动机容量（kW）
5	Pr.15	5	30	点动频率（Hz）
6	Pr.16	0.5	0.5	点动加减速时间（s）
7	Pr.178	60	60	STF 端子功能选择（正转启动）
8	Pr.179	61	61	STR 端子功能选择（反转启动）
9	Pr.180	0	5	RL 为点动选择
10	Pr.79	0	2	外部运行模式

注　表中电动机为 380V/0.2A/0.04kW/1430r/min，请按照电动机实际参数进行设置。

六、控制程序

根据控制要求和控制线路图编写的 PLC 程序如图 13-26 所示。

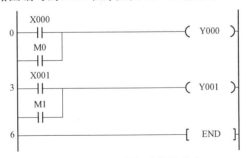

图 13-26　PLC 点动控制程序

实例 154　应用触摸屏、PLC 和变频器实现电动机连续运行

一、控制要求

（1）当点击触摸屏中"启动"按钮或按下启动按钮时，电动机通电运转。

（2）当点击触摸屏中"停止"按钮或按下停止按钮时，电动机断电停止。

二、I/O 端口分配表

PLC 的 I/O 端口分配及触摸屏对应地址见表 13-5。

表 13 - 5　　　　　　　　　　　I/O 端口分配及触摸屏对应地址

输入端口				输出端口		
输入端子	输入器件	触摸屏地址	作用	输出端子	输出器件	控制对象
X0	变频器故障输出	X0	故障保护	Y0	变频器 STF	电动机 M
X1	SB1 动合触点	M0	启动按钮	—	—	—
X2	SB2 动合触点	M1	停止按钮	—	—	—

三、 控制电路

应用触摸屏、PLC 和变频器实现正转连续控制的控制电路如图 13 - 27 所示。

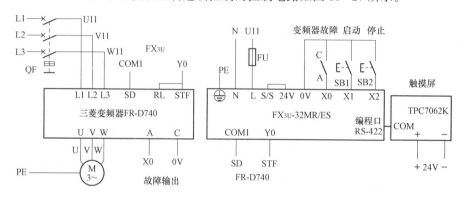

图 13 - 27　触摸屏正转连续控制电路

四、 触摸屏变量及界面

在设备编辑窗口中，单击"增加设备通道"选项，增加两个 M 辅助寄存器，添加了 M0 和 M1；再增加一个 Y0 输出寄存器，并分别与对应的变量连接起来，如图 13 - 28 所示。连续运行控制触摸屏界面如图 13 - 29 所示。

图 13 - 28　触摸屏变量与设备连接界面

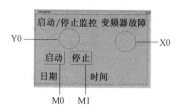

图 13 - 29　触摸屏界面

五、变频器参数设置

变频器参数设置见表 13 - 6。

表 13 - 6 正转连续控制的变频器参数设置

序号	参数代号	初始值	设置值	说　　明
1	Pr. 1	120	50	输出频率的上限（Hz）
2	Pr. 6	10	30	RL 电动机的运行频率（Hz）
3	Pr. 7	5	0.5	电动机加速时间（s）
4	Pr. 8	5	0.5	电动机减速时间（s）
5	Pr. 9	变频器额定电流（2.20A）	0.2	电动机的额定电流（A）
6	Pr. 160	9999	0	扩展功能显示选择（显示所有参数，开放隐藏参数）
7	Pr. 80	9999	0.1	电动机容量（kW）
8	Pr. 178	60	60	STF 端子功能选择（正转启动）
9	Pr. 180	0	0	外部频率选择
10	Pr. 79	0	2	外部运行模式

注　表中电动机为 380V/0.2A/0.04kW/1430r/min，请按照电动机实际参数进行设置。

六、控制程序

根据控制要求和控制线路编写的 PLC 程序如图 13 - 30 所示。

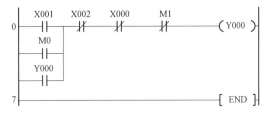

图 13 - 30　PLC 正转连续控制程序

实例 155　应用触摸屏、PLC 和变频器实现电动机正反转控制

一、控制要求

（1）当点击触摸屏中"正转启动"按钮或按下正转按钮时，电动机通电正转。

（2）当点击触摸屏中"反转启动"按钮或按下反转按钮时，电动机通电反转。

（3）当点击触摸屏中"停止"按钮或按下停止按钮时，电动机断电停止。

二、I/O 端口分配表

PLC 的 I/O 端口分配及触摸屏对应地址见表 13 - 7。

表 13‑7　　　　　　　　　　I/O 端口分配及触摸屏对应地址

输入端口				输出端口		
输入端子	输入器件	触摸屏地址	作用	输出端子	输出器件	控制对象
X0	变频器故障输出	X0	故障保护	Y0	变频器 RL	选择运行频率
X1	SB1 动合触点	M0	正转按钮	Y1	变频器 STF	电动机 M 正转
X2	SB2 动合触点	M1	反转按钮	Y2	变频器 STR	电动机 M 反转
X3	SB3 动合触点	M2	停止按钮	—	—	—

三、 控制电路

应用触摸屏、PLC 和变频器正反转控制电路如图 13‑31 所示。

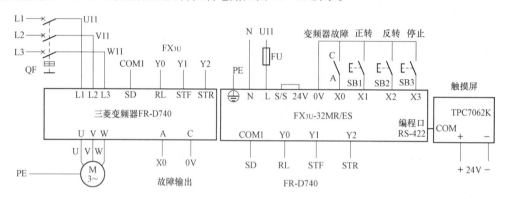

图 13‑31　触摸屏正反转控制电路

四、 触摸屏变量及界面

在设备编辑窗口中，单击"增加设备通道"按钮，增加三个 M 辅助寄存器，添加了 M0、M1 和 M2；再增加两个 Y 输出寄存器，添加了 Y1 和 Y2，并分别与对应的变量连接起来，如图 13‑32 所示。连续运行控制触摸屏界面如图 13‑33 所示。

图 13‑32　触摸屏变量与设备连接界面

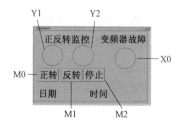

图 13‑33　触摸屏界面

五、 变频器参数设置

变频器参数的设置见表 13-8。

表 13-8　　　　　　　　正反转控制的变频器参数设置

序号	参数代号	初始值	设置值	说　　明
1	Pr. 1	120	50	输出频率的上限（Hz）
2	Pr. 6	10	30	RL 电动机的运行频率（Hz）
3	Pr. 7	5	0.5	电动机加速时间（s）
4	Pr. 8	5	0.5	电动机减速时间（s）
5	Pr. 9	变频器额定电流（2.2A）	0.2	电动机的额定电流（A）
6	Pr. 160	9999	0	扩展功能显示选择（显示所有参数，开放隐藏参数）
7	Pr. 80	9999	0.1	电动机容量（kW）
8	Pr. 178	60	60	STF 端子功能选择（正转启动）
9	Pr. 179	61	61	STR 端子功能选择（反转启动）
10	Pr. 180	0	0	外部频率选择
11	Pr. 79	0	2	外部运行模式

注　表中电动机为 380V/0.2A/0.04kW/1430r/min，请按照电动机实际参数进行设置。

六、 控制程序

根据控制要求、控制线路及触摸屏界面编写的 PLC 控制程序如图 13-34 所示。

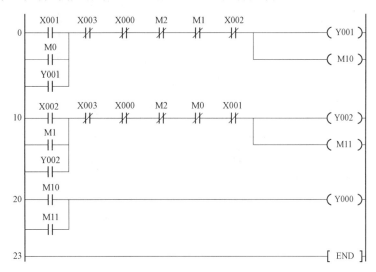

图 13-34　PLC 正反转控制程序

实例 156　应用触摸屏实现参数设置与显示

一、 控制要求

（1）在触摸屏的"设定转速窗口"中设置电动机的转速，当在触摸屏中点击"正转"或按下正转按钮时，电动机通电以设定转速运转，监控指示灯显示绿色，同时在触摸屏中的"当前转速"内显示电动机的当前转速。

（2）当在触摸屏中点击"反转"或按下反转按钮时，电动机以设定转速反转，监控指示灯显示红色，同时在触摸屏中的"当前转速"内显示电动机的当前转速。

（3）当在触摸屏中点击"停止"或按下停止按钮时，电动机断电停止。

二、I/O端口分配表

PLC的I/O端口分配及触摸屏对应地址见表13-9。

表 13-9   I/O端口分配及触摸屏对应地址

输入端口				输出端口		
输入端子	输入器件	触摸屏地址	作用	输出端子	输出器件	控制对象
X0	旋转编码器 A	—	A 相脉冲	Y0	变频器 STF	电动机 M 正转
X1	旋转编码器 B	—	B 相脉冲	Y1	变频器 STR	电动机 M 反转
X2	变频器故障输出	X2	故障保护	—	—	—
X3	SB1 动合触点	M0	正转按钮	—	—	—
X4	SB2 动合触点	M1	反转按钮	—	—	—
X5	SB3 动合触点	M2	停止按钮	—	—	—

三、控制线路

应用触摸屏实现参数设置与显示的控制电路如图13-35所示。

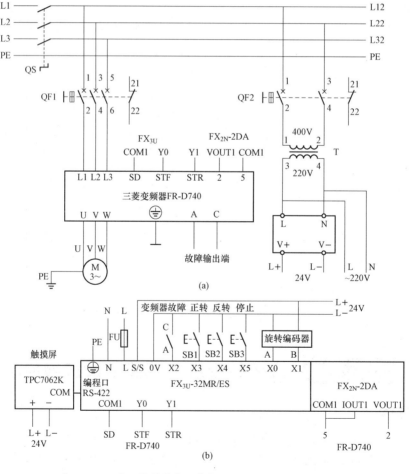

图 13-35　应用触摸屏实现参数设置与显示的控制电路图

（a）主电路；（b）控制电路

四、 触摸屏变量及界面

参数的设置与显示运行控制触摸屏界面如图 13-36 所示。

1. 新增变量对象

新增对象开关量"正转""反转""停止"
"变频器故障"和数值型"设定转速""测量转速"和"电动机"。

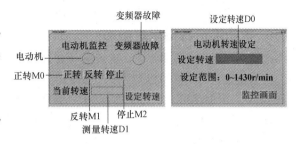

2. 连接变量与设备通道

在设备编辑窗口中，单击"增加设备通道"
按钮，增加三个辅助寄存器，添加了 M0、M1
和 M2；再增加两个 D 数据寄存器，分别为 D0
和 D1，并分别与对应的变量连接起来，如图 13-37 所示。

图 13-36　参数的设置与显示运行控制触摸屏界面

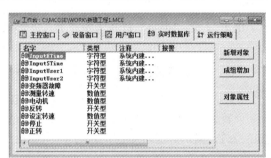

图 13-37　触摸屏变量与设备连接界面

3. 新建窗口

在工作台中，单击"用户窗口"→"新建窗口"选项，新建了一个"窗口 0"。在其上单击右键选择属性，窗口名称命名为"监控窗口"。然后再新建一个窗口，命名为"设定转速"。

4. 当前转速输出显示组态

文本、指示灯和按钮的组态前面已经讲过，这里不再赘述。在"工具箱"中单击 **A** 按钮，在当前转速后画出一个框，然后双击这个框。在"属性设置"页面的"输入输出连接"中选择"显示输出"选项。打开"显示输出"页面，表达式选择"测量转速"，选中"单位"，输入"r/min"，如图 13-38 所示。

图 13-38　输出显示的属性设置界面

5. 设定转速组态

在"工具箱"中单击 **abl** 按钮，在设定转速后画出一个框，然后双击这个框。打开"操作属性"页面，表达式选择"设定转速"，选中"单位"，输入"r/min"。

6. 电动机运行指示灯组态

电动机不运行时显示银色，正转运行时显示绿色，反转运行时显示红色，所以设置变量"电动机"为数值型。当"电动机"为0、1、2时对应的颜色分别为银、绿、红。双击电动机指示灯，在"属性设置"页面选中"填充颜色"；在"填充颜色"页面，表达式选择"电动机"，分别将0、1、2对应为银、绿、红。

在工作台的"运行策略"中，双击"循环策略"进入，双击 **图标** 图标进入"策略属性设置"，把"循环时间"设为100ms，单击"确定"按钮。单击工具条中的 **图标** 图标，弹出"策略工具箱"对话框，在策略组态中，单击工具条中的"新增策略行"图标 **图标**。单击"策略工具箱"中的"脚本程序"，把鼠标移出"策略工具箱"，会出现一个"小手"，把"小手"放在 **▭** 上，单击鼠标左键，则显示如图13-39所示的组态。

 按照设定的时间循环运行

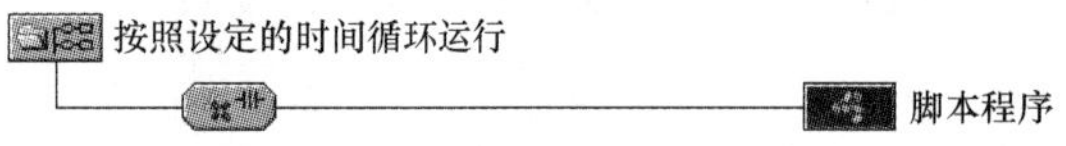

脚本程序

图13-39 电动机运行策略组态

双击 **图标** 进入脚本程序编辑环境，编写脚本语言。当"测量转速"小于0时，电动机是反转，使"电动机"=2，指示灯显示红色；当"测量转速"大于0时，电动机是正转，使"电动机"=1，指示灯显示绿色；否则，"电动机"=0，电动机停止，指示灯显示银色。程序如下：

```
IF   测量转速<0 THEN
  电动机 = 2
ELSE
IF   测量转速>0 THEN
  电动机 = 1
ELSE
  电动机 = 0
ENDIF
ENDIF
```

编写好脚本程序，单击"确认"按钮退出。

7. 画面切换

在"监控窗口"中，添加一个标签 **A**，输入"设定转速"，双击这个标签，打开"属性设置"页面。"属性设置"页面选中"按钮动作"，在"按钮动作"页面，选中"打开用户窗口"，然后选择"设定转速窗口"，单击"确认"按钮。用同样的方法可以在"设定转速窗口"中组态一个"监控画面"的画面切换按钮。

五、 变频器参数设置

变频器参数设置见表13-10。

表13-10　　　　　　　　　　电压调速控制的变频器参数设置

序号	参数代号	初始值	设置值	说　明
1	Pr.1	120	50	输出频率的上限（Hz）
2	Pr.7	5	0.5	电动机加速时间（s）

续表

序号	参数代号	初始值	设置值	说 明
3	Pr. 8	5	0.5	电动机减速时间（s）
4	Pr. 9	变频器额定电流（2.2A）	0.2	电动机的额定电流（A）
5	Pr. 160	9999	0	扩展功能显示选择（显示所有参数，开放隐藏参数）
6	Pr. 73	1	10	端子 2 输入 0～10V，可正反转运行
7	Pr. 80	9999	0.1	电动机容量（kW）
8	Pr. 125	50	50	端子 2 输入最大频率（Hz）
9	Pr. 178	60	60	STF 端子功能选择（正转启动）
10	Pr. 179	61	61	STR 端子功能选择（反转启动）
11	Pr. 79	0	2	外部运行模式

注 表中电动机为 380V/0.2A/0.04kW/1430r/min，请按照电动机实际参数进行设置。

六、 控制程序

根据控制要求和控制线路编写的参数设置与显示 PLC 程序如图 13 - 40 所示。

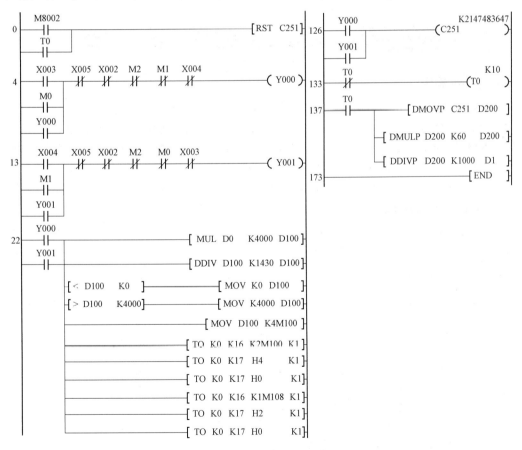

图 13 - 40 PLC 控制程序

（1）步 0～3：开机初始化，开机或采样时间 T0 到使 C251 清零。

（2）步 4～12：正转控制。当按下正转按钮 SB1 或点击触摸屏按钮"正转"时，X3 或 M0 有输入，步 13～21 中的 X3 或 M0 动断触点断开，Y1 断电，自锁解除，反转停止；Y0 得电自锁，变频器 STF 有输入，电动机正转启动。

（3）步 13～21：反转控制。当按下反转按钮 SB2 或点击触摸屏按钮"反转"时，X4 或 M1 有输入，步 4～12 中的 X4 或 M1 动断触点断开，Y0 断电，自锁解除，正转停止；Y1 得电自锁，变频器 STR 有输入，电动机反转启动。

（4）步 22～125：模拟输出控制。在电动机运转（Y0 或 Y1 动合触点闭合）时，由于模拟量输出 0～10V 对应的数字量为 0～4000，所以先将设定转速（D0）乘以 4000，然后除以额定转速 1430，换算成设定转速对应的数字存到 D100 中；限定（D100）在 0～4000；（D100）送到 K4M100 中，取低 8 位 K2M100 送到 0 号模块 FX$_{2N}$-2DA 的缓冲区 BFM♯16 中，然后将 BFM♯17 的 b2 从 1→0 进行保持；取高 4 位 K1M108 送到 0 号模块 FX$_{2N}$-2DA 的缓冲区 BFM♯16 中，然后将 BFM♯17 的 b1 从 1→0 进行转换输出。

（5）步 126～132：电动机（Y0 或 Y1 动合触点闭合）运行时，高速计数器 C251 计数。

（6）步 133～136：产生 1s 的振荡周期，用于采样。

（7）步 137～172：1s 时间到，将 1s 时间内高速计数器测量值 C251 送到 32 位软元件（D201 D200）中，乘以 60，得到 1min 内的脉冲数，除以 1000（旋转编码器每转输出的脉冲数）变为转轴的转速（单位 r/min），送入 D1，通过触摸屏显示；同时步 0～3 中的 C251 复位。

实例 157　应用触摸屏实现位故障报警

一、控制要求

（1）在触摸屏的转速设定画面中，通过"设定转速"设置电动机的转速。

（2）当点击触摸屏中"启动"按钮或按下启动按钮时，电动机通电以设定转速运转。

（3）触摸屏中可以显示电动机的"当前转速"，当出现主电路跳闸、变频器出现故障、车门打开、紧急停车等故障时，应能显示相对应的故障，并立即停车。

（4）当点击触摸屏中"停止"按钮或按下停止按钮、紧急停车按钮时，电动机断电停止。

二、I/O 端口分配表

PLC 的 I/O 端口分配及触摸屏对应地址见表 13-11。

表 13-11　　　　　　　　　　　I/O 端口分配及触摸屏对应地址

输入端口				输出端口		
输入端子	输入器件	触摸屏地址	作用	输出端子	输出器件	控制对象
X0	旋转编码器 A	—	A 相脉冲	Y0	变频器 STF	电动机 M
X1	旋转编码器 B	—	B 相脉冲	—	—	—
X2	QF1 动断触点	X2	主电路跳闸	—	—	—
X3	变频器故障输出	X3	变频器故障	—	—	—
X4	SQ 动合触点	X4	门限保护	—	—	—
X5	SB1 动断触点	X5	紧急停车	—	—	—
X6	SB2 动合触点	M0	启动按钮	—	—	—
X7	SB3 动合触点	M1	停止按钮	—	—	—

三、 控制电路

根据控制要求设计的主电路和控制电路如图 13 - 41 所示。

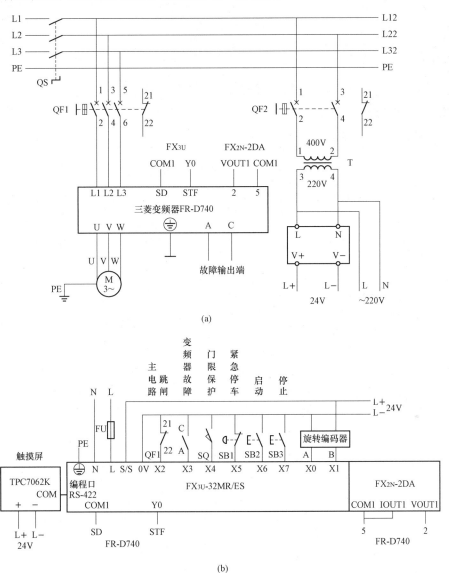

(a)

(b)

图 13 - 41 应用触摸屏实现位故障报警的主电路和控制电路

(a) 主电路; (b) 控制电路

四、 触摸屏的变量及界面

位故障报警的运行控制触摸屏界面如
图 13 - 42 所示。触摸屏变量与通道连接如
图 13 - 43 所示。

在组态变量时,要对变量的报警属性
进行设置。双击开关型的主电路跳闸故障
变量,打开报警属性页面,如图 13 - 44 所

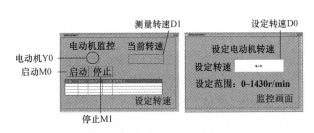

图 13 - 42 位故障报警的触摸屏界面

示,选中"允许进行报警处理"和"开关量报警"选项,在"报警注释"中输入"检查:1. PLC 端

口 X2；2. QF1；3. 电动机"，报警值设为 1。当 X2＝1 时，就触发这个报警。

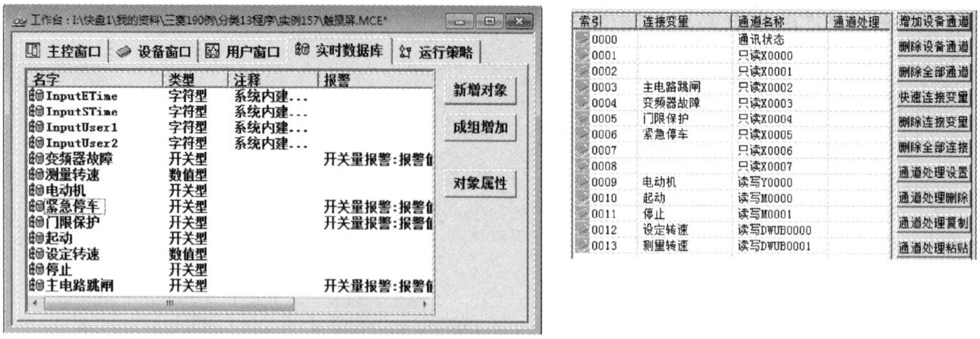

图 13-43　触摸屏的变量与通道连接界面

图 13-44　触摸屏变量报警设置界面

按照同样的方法，组态变量"变频器故障""门限保护""紧急停车"的报警，在"报警注释"中分别输入"检查：1. PLC端口 X3；2. 变频器""检查：1. PLC端口 X4；2. 车门；3. 行程开关 SQ""检查：1. PLC 端口 X5；2. 紧急情况"。"变频器故障"的报警值设为 1，"门限保护"和"紧急停车"的报警值设为 0。然后单击 ，在监控画面中画出合适的范围。

五、 变频器参数设置

变频器参数设置见表 13-12。

表 13-12 电压调速控制的变频器参数设置

序号	参数代号	初始值	设置值	说　　明
1	Pr. 1	120	50	输出频率的上限（Hz）
2	Pr. 7	5	0.5	电动机加速时间（s）
3	Pr. 8	5	0.5	电动机减速时间（s）
4	Pr. 9	变频器额定电流（2.20A）	0.2	电动机的额定电流（A）
5	Pr. 160	9999	0	扩展功能显示选择（显示所有参数，开放隐藏参数）
6	Pr. 73	1	0	端子 2 输入 0～10V，不可反转运行
7	Pr. 80	9999	0.1	电动机容量（kW）
8	Pr. 125	50	50	端子 2 输入最大频率（Hz）
9	Pr. 178	60	60	STF 端子功能选择（正转启动）
10	Pr. 79	0	2	外部运行模式

注　表中电动机为 380V/0.2A/0.04kW/1430r/min，请按照电动机实际参数进行设置。

六、 控制程序

根据控制要求和控制电路所编写的 PLC 程序如图 13-45 所示。

（1）步 0～3：开机初始化，开机或采样时间 T0 到使 C251 清零。

（2）步 4～13：启动/停止控制。低压断路器 QF1 预先闭合，QF1 的动断触点断开，X2＝0；变

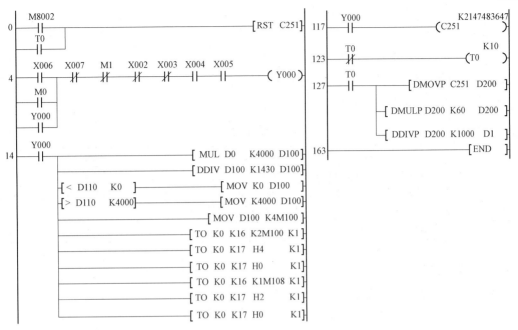

图 13 - 45　PLC 控制程序

频器没有故障，X3＝0；车门关闭，压住行程开关 SQ，SQ 动合触点闭合，X4＝1；没有按下急停按钮，SB1 动断触点接通，X5＝1。当按下启动按钮 SB2 或点击触摸屏按钮"启动"时，X6 或 M0 有输入，Y0 得电自锁，变频器 STF 有输入，电动机正转启动。

（3）步 14～116：模拟输出控制。在电动机运转（Y0 动合触点闭合）时，由于模拟量输出 0～10V 对应的数字量为 0～4000，所以先将设定转速（D0）乘以 4000，然后除以额定转速 1430，换算成设定转速对应的数字量存到 D100 中；限定（D100）在 0～4000；（D100）送到 K4M100 中，取低 8 位 K2M100 送到 0 号模块 FX_{2N} - 2DA 的缓冲区 BFM♯16 中，然后将 BFM♯17 的 b2 从 1→0 进行保持；取高 4 位 K1M108 送到 0 号模块 FX_{2N} - 2DA 的缓冲区 BFM♯16 中，然后将 BFM♯17 的 b1 从 1→0 进行转换输出。

（4）步 117～122：电动机（Y0 动合触点闭合）运行时，高速计数器 C251 计数。

（5）步 123～126：产生 1s 的振荡周期，用于采样。

（6）步 127～162：1s 时间到，将 1s 时间内高速计数器测量值 C251 送到 32 位（D201 D200）中，乘以 60，得到 1min 内的脉冲数，除以 1000（旋转编码器每转输出的脉冲数）变为转轴的转速（单位 r/min），送入 D1，通过触摸屏显示，同时步 0～3 中的 C251 复位。

实例 158　应用触摸屏实现字故障报警

一、控制要求

有一个水箱需要维持一定的水位，该水箱的水以变化的速度流出，这就需要一个用变频器控制的电动机拖动水泵供水。当出水量增大时，变频器输出频率提高，使电动机升速，增加供水量；反之电动机降速，减少供水量，始终维持水位不变化。压力传感器测量管道的压力，量程为 0～100kPa，输出的信号是直流 0～10V，液位范围 0～10m。其控制要求如下：

（1）按下启动按钮，水泵电动机启动送液，根据设定的液位（单位 mm）进行恒压控制。

（2）将测量的液位高度保存到 D1 中进行显示。

（3）当液位高度低于1m时，下限报警；当高于10m时，上限报警。

（4）当变频器出现故障时报警。

（5）按下停止按钮，水泵停止。

二、 I/O端口分配表

PLC的I/O端口分配见表13-13。

表 13-13 I/O端口分配表

输入端口				输出端口		
输入端子	输入器件	触摸屏地址	作用	输出端子	输出器件	控制对象
X0	变频器故障输出	X0	故障保护	Y0	变频器STF	电动机
X1	SB1 动合触点	M1	停止按钮	—	—	—
X2	SB2 动合触点	M0	启动按钮	—	—	—

三、 控制线路

控制系统主电路及控制电路如图13-46所示。

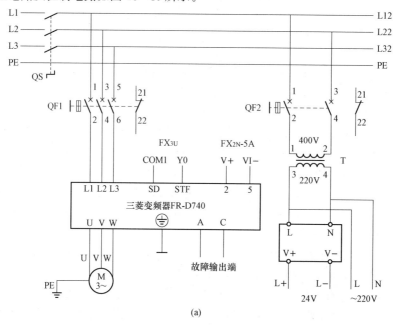

(a)

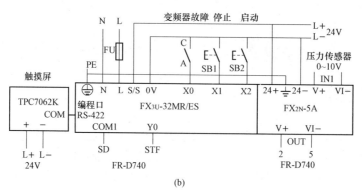

(b)

图 13-46　系统主电路和控制电路

（a）主电路； （b）控制电路

四、 触摸屏的变量及界面

字故障报警的运行控制触摸屏界面如图 13-47 所示。触摸屏变量与通道连接如图 13-48 所示。

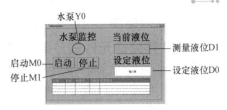

图 13-47 触摸屏界面

在组态变量时，要对变量的报警属性进行设置。双击开关型的"变频器故障"变量，打开"报警属性"页面，选中"允许进行报警处理"和"开关量报警"，在"报警注释"中输入"检查：1. PLC 端口 X0；2. 变频器"，报警值设为 1。当 X0＝1 时，就触发这个报警。

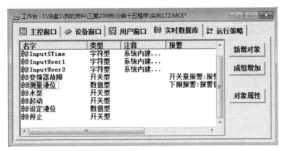

图 13-48 触摸屏的变量与通道连接

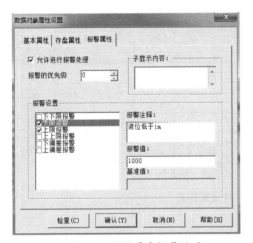

图 13-49 触摸屏字报警设置

双击"测量液位"变量，打开"报警属性"页面，如图 13-49 所示。选中"允许进行报警处理"和"下限报警"，在"报警注释"中输入"液位低于 1m"，报警值设为 1000。当测量液位低于 1m 时，就触发这个报警。选中"上限报警"，在"报警注释"中输入"测量液位高于 10m"，报警值设为 10 000。当测量液位高于 10m 时，就触发这个报警。

五、 变频器参数设置

调速使用的变频器参数设置见表 13-14。设置方法见变频器相关内容。

表 13-14 变 频 器 参 数 设 置

序号	参数代号	初始值	设置值	说　　明
1	Pr. 1	120	50	输出频率的上限（Hz）
2	Pr. 7	5	0.5	电动机加速时间（s）
3	Pr. 8	5	0.5	电动机减速时间（s）
4	Pr. 9	变频器额定电流（2.2A）	0.2	电动机的额定电流（A）
5	Pr. 160	9999	0	扩展功能显示选择（显示所有参数，开放隐藏参数）
6	Pr. 73	1	0	端子 2 输入 0～10V，不可反转运行
7	Pr. 80	9999	0.1	电动机容量（kW）
8	Pr. 125	50	50	端子 2 输入最大频率（Hz）
9	Pr. 178	60	60	STF 端子功能选择（正转启动）
10	Pr. 79	0	2	外部运行模式

注　表中电动机为 380V/0.2A/0.04kW/1430r/min，请按照电动机实际参数进行设置。

六、 控制程序

1. PID 存储软元件的分配

PID 运算存储软元件的分配见表 13-15。根据软元件的分配输入到软元件存储器 MAIN 中，如图 13-50 所示。预设 PID 参数，采样时间 30ms，H21 表示输出值上下限设定有限、逆动作，滤波常数 10%，比例增益 70%，积分时间 10×100ms＝1s，微分增益 10%，由于模拟量输出 0～10V 对应的是 0～32 000，所以输出值上限设定为 32 000，输出值下限设定为 0。

表 13-15　　　　　　　　　　　　PID 软元件的分配

软元件	内容	软元件	内容	设定值	软元件	内容	设定值
D0	液位设定（mm）	D510	采样时间（ms）	30	D515	微分增益（%）	10
D1	液位测量（mm）	D511	动作方向	H21(33)	D532	输出上限	32000
D500	目标值	D512	滤波常数（%）	10	D533	输出下限	0
D501	测量值	D513	比例增益（%）	70	—	—	—
D502	输出值	D514	积分时间（100ms）	10	—	—	—

图 13-50　软元件存储器界面

2. 编写 PID 控制程序

根据控制线路编写的 PLC 程序如图 13-51 所示。1m 液位的压力为 10kPa，则 0～10m 对应的压力 0～100kPa，传感器输出 0～10V 电压，对应的数字量是 0～32 000；数字量 0～32 000 对应的模拟量输出 0～10V。设定值 0～10 000mm 乘以 32 除以 10 即可换算成对应的数字量 0～32 000。测量值 0～32 000 乘以 10 除以 32 即可换算成对应的测量液位高度 0～10 000mm。

（1）步 0～21：开机复位 PID 输出 D502，将 H0FFF0 写入到 0 号模块的 BFM♯0，分配输入通道 1（IN1）为－10～＋10V（数字量－32 000～＋32 000）输入，关闭通道 2～通道 4（IN2～IN4）；将 H0 写入 0 号模块的 BFM♯1，分配输出通道 1（OUT）为－10～＋10V（数字量－32 000～＋32 000）输出。

（2）步 22～26：水泵的启停控制。X2、X1、X0 分别为启动、停止、变频器故障。

（3）步 27～52：当水泵启动（Y0＝1）时，将预设液位 0～10 000mm（D0）乘以 32，然后除以 10，换算成 0～32 000，然后送入 PID 目标值（D500）。

（4）步 53～105：从第 0 个模块的 BFM♯6（8 次采样的平均值）中读取数据到 D501 中。然后乘以 10，除以 32 换算成液位 0～10 000mm，送入 D1 进行液位高度显示。将 PID 计算结果（D502）写入第 0 个模块的 BFM♯14（输出数据）中，进行调速。最后用 PID 进行计算。

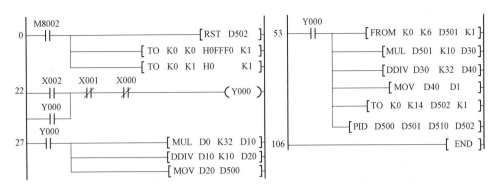

图 13-51　PLC 控制程序

实例 159　应用触摸屏实现设备控制与报警

一、控制要求

某设备由主电动机 M1 和风机 M2 组成，风机向管道输送气流，保持管道恒压，压力传感器的测量范围为 0～1000Pa，输出 4～20mA 电流，控制要求如下。

（1）M2 先启动，延时 5s，压力达到设定压力时 M1 启动；停止时，M1 先停，延时 5s，M2 才停。

（2）在触摸屏的设定画面中，设置 M1 的"M1 设定转速""M1 轧车转速"和"设定压力"。

（3）当点击触摸屏中"启动"按钮或按下启动按钮时，电动机顺序启动运转。

（4）触摸屏中可以显示"主电机转速"和"管道压力"，当出现 M1 跳闸、M2 跳闸、变频器 A1 故障、变频器 A2 故障、车门打开、紧急停车，轧车故障、压力过低和压力过高等故障时，应能显示相对应的故障报警，并立即停车。

（5）当点击触摸屏中"停止"按钮或按下停止按钮、紧急停车按钮时，电动机断电停止。

二、I/O 端口分配表

PLC 的 I/O 端口分配及触摸屏对应地址见表 13-16。

表 13-16　　　　　　　　　　I/O 端口分配及触摸屏对应地址

输入端口				输出端口		
输入端子	输入器件	触摸屏地址	作用	输出端子	输出器件	控制对象
X0	旋转编码器 A	—	A 相脉冲	Y0	A1 变频器 STF	主电动机 M1
X1	旋转编码器 B	—	B 相脉冲	Y1	A2 变频器 STF	风机 M2
X2	QF1 动断触点	X2	M1 跳闸	—	—	—
X3	QF2 动断触点	X3	M2 跳闸	—	—	—
X4	变频器 A1 故障输出	X4	A1 故障	—	—	—
X5	变频器 A2 故障输出	X5	A2 故障	—	—	—
X6	SQ 动合触点	X6	门限保护	—	—	—
X7	SB1 动断触点	X7	紧急停车	—	—	—
X10	SB2 动合触点	M0	启动按钮	—	—	—
X11	SB3 动合触点	M1	停止按钮	—	—	—

三、 控制电路

根据控制要求设计的主电路和控制电路如图 13-52 所示。

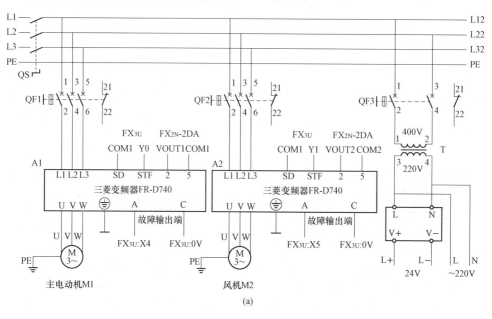

(a)

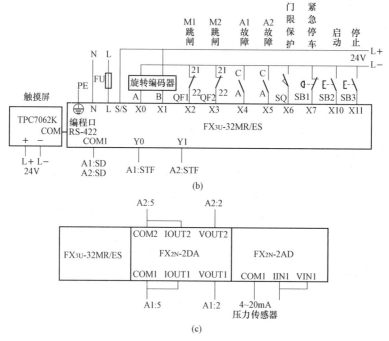

(b)

(c)

图 13-52　应用触摸屏实现故障报警的控制电路

（a）主电路；　（b）控制电路 1；　（c）控制电路 2

四、 触摸屏的变量及界面

设备运行控制触摸屏界面如图 13-53 所示。触摸屏变量与通道连接界面如图 13-54 所示。

1. 位故障报警的组态

在组态变量时，要对变量的报警属性进行设置。双击开关型的"M1 跳闸"变量，打开"报警属

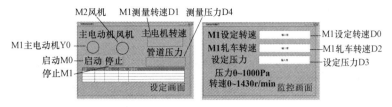

图 13-53　位故障报警的触摸屏界面

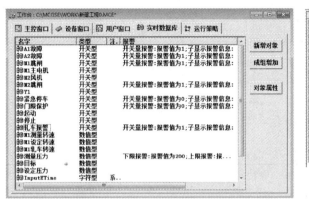

图 13-54　触摸屏的变量与通道连接界面

性"页面，选中"允许进行报警处理"和"开关量报警"，在"报警注释"中输入"检查：1. PLC 端口 X2；2. QF1；3. M1 主电动机"，报警值设为 1。当 X2＝1 时，就触发这个报警。

按照同样的方法，组态变量"M2 跳闸""A1 故障""A2 故障"，在"报警注释"中分别输入"检查：1. PLC 端口 X3；2. QF2；3. M2 风机""检查：1. PLC 端口 X4；2. A1 变频器""检查：1. PLC 端口 X5；2. A2 变频器"，报警值都设为 1。组态变量"门限保护""紧急停车"的报警，分别输入"检查：1. PLC 端口 X6；2. 车门；3. 行程开关 SQ""检查：1. PLC 端口 X7；2. 紧急情况"，报警值都设为 0。

2. 字故障报警的组态

在组态变量时，要对变量的报警属性进行设置。双击"测量压力"变量，打开"报警属性"页面，选中"允许进行报警处理"和"下限报警"，在"报警注释"中输入"压力过低"，报警值设为 200。当测量压力低于 200Pa 时，就触发这个报警。选中"上限报警"，在"报警注释"中输入"压力过高"，报警值设为 800。当测量压力高于 800Pa 时，就触发这个报警。

然后单击 按钮，在监控画面中画出合适的范围。

3. 风机监控指示灯的组态

电动机不运行时显示银色，运行时显示绿色。双击 M2 风机的指示灯，在"属性设置"页面选中"填充颜色"；在"填充颜色"页面，表达式选择"M2 风机"，分别将 0、1 对应为银、绿。

在工作台的"运行策略"中，双击"循环策略"进入，编写脚本程序。程序如下：

```
IF （Y1 = 1　AND 目标＞0 ） THEN
M2 风机 = 1
ELSE
M2 风机 = 0
EDNIF
```

只有当 Y1 有输出并且 PID 的目标值 D502 大于 0 时，风机才会启动。编写好脚本程序，单击"确认"按钮退出。

五、 变频器参数设置

变频器 A1 和 A2 参数设置见表 13 - 17。

表 13 - 17 变频器参数设置

序号	参数代号	初始值	设置值	说　　明
1	Pr. 1	120	50	输出频率的上限（Hz）
2	Pr. 7	5	0.5	电动机加速时间（s）
3	Pr. 8	5	0.5	电动机减速时间（s）
4	Pr. 9	变频器额定电流（2.2A）	0.2	电动机的额定电流（A）
5	Pr. 160	9999	0	扩展功能显示选择（显示所有参数，开放隐藏参数）
6	Pr. 73	1	0	端子 2 输入 0～10V，不可反转运行
7	Pr. 80	9999	0.1	电动机容量（kW）
8	Pr. 125	50	50	端子 2 输入最大频率（Hz）
9	Pr. 178	60	60	STF 端子功能选择（正转启动）
10	Pr. 79	0	2	外部运行模式

注　表中电动机为 380V/0.2A/0.04kW/1430r/min，请按照电动机实际参数进行设置。

六、 控制程序

1. PID 存储软元件的分配

PID 运算存储软元件的分配见表 13 - 18。根据软元件的分配输入到软元件存储器 MAIN 中，如图 13 - 55 所示。预设 PID 参数，采样时间 30ms，H21 表示输出值上下限设定有限、逆动作，滤波常数 10%，比例增益 70%，积分时间 10×100ms=1s，微分增益 10%，由于模拟量输出 0～10V 对应的是 0～4 000，所以输出值上限设定为 4 000，输出值下限设定为 0。

表 13 - 18 PID 运算存储软元件的分配

软元件	内容	软元件	内容	设定值	软元件	内容	设定值
D3	设定压力（Pa）	D510	采样时间（ms）	30	D515	微分增益（%）	10
D4	测量压力（Pa）	D511	动作方向	H21 (33)	D532	输出上限	4000
D500	目标值	D512	滤波常数（%）	10	D533	输出下限	0
D501	测量值	D513	比例增益（%）	70	—	—	—
D502	输出值	D514	积分时间（100ms）	10	—	—	—

图 13 - 55　软元件存储器界面

2. 故障位

故障位的地址分配见表 13 - 19。

表 13 - 19　　　　　　　　　　　　　　　故障位的地址分配

故障位	M10	M11	M12	M13	M14	M15	M16
定义	M1 跳闸	M2 跳闸	A1 故障	A2 故障	门限保护	紧急停车	轧车故障

3. 编写控制程序

根据控制要求和控制线路所编写的 PLC 出现如图 13 - 56 所示。

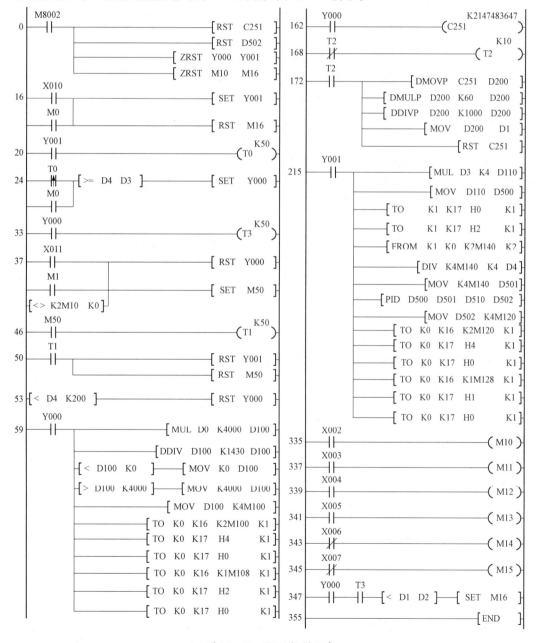

图 13 - 56　PLC 控制程序

(1) 步 0～15：开机初始化。开机使高速计数器 C251 和 PID 输出 D502 清零，输出 Y0 和 Y1 复位，故障位 M10～M16 复位。

(2) 步 16～19：风机启动控制。按下启动按钮 SB2 或点击触摸屏按钮"启动"，X010 或 M0 有输入，Y1 置 1，A2 变频器 STF 有输入，风机启动。

(3) 步 20～23：T0 延时 5s。

(4) 步 24～32：M1 主电动机控制。T0 延时到，管道压力 D4 高于设定压力 D3，主电动机启动。当压力低于 200Pa 时，主电机停止，压力再达到设定压力 D3 时，按触摸屏的 M0，主电动机可以重新启动。

(5) 步 33～36：主电动机轧车检测。主电动机 Y0 启动后，T3 延时 5s，步 347～354 中，如果主电机转速 D1 低于轧车转速 D2 时，M16＝1，使主电动机停止。

(6) 步 37～45：停止控制。当按下停止按钮 X011、触摸屏 M1 或有故障时，Y0 复位，主电动机停止，M50＝1。

(7) 步 46～49：风机停止延时。T1 延时 5s。

(8) 步 50～52：T1 延时到，Y1 和 M50 复位，风机停止。

(9) 步 53～58：管道压力是否低于最低压力 200Pa。如果是，则 Y0 复位，主电动机停止。

(10) 步 59～161：主电动机调速控制。在主电动机运转（Y0 动合触点闭合）时，由于模拟量输出 0～10V 对应的数字量为 0～4000，所以先将设定转速（D0）乘以 4000，然后除以额定转速 1430，换算成设定转速对应的数字量存到 D100 中；限定（D100）在 0～4000；（D100）送到 K4M100 中，取低 8 位 K2M100 送到 0 号模块 FX$_{2N}$-2DA 的缓冲区 BFM♯16 中，然后将 BFM♯17 的 b2 从 1→0 进行保持；取高 4 位 K1M108 送到 0 号模块 FX$_{2N}$-2DA 的缓冲区 BFM♯16 中，然后将 BFM♯17 的 b1 从 1→0 进行转换输出。

(11) 步 162～167：主电动机（Y0 动合触点闭合）运行时，高速计数器 C251 计数。

(12) 步 168～171：产生 1s 的振荡周期，用于采样。

(13) 步 172～214：1s 时间到，将 1s 时间内高速计数器测量值 C251 送到 32 位（D201 D200）中，乘以 60，得到 1min 内的脉冲数，除以 1000（旋转编码器每转输出的脉冲数）变为转轴的转速（r/min），送入 D1，通过触摸屏显示；同时 C251 复位。

(14) 步 215～334：风机的 PID 控制。将设定压力 D3 乘以 4，变为 0～4000 送入 D110，然后送入 PID 的目标值 D500 中；利用 TO 指令，向第一个模块的 BFM♯17 送 H0（即 b1b0＝00），选择转换通道为通道 1；向第一个模块的 BFM♯17 送 H2（即 b1b0＝10），b1 位由 0→1，开始转换。利用 FROM 指令，从第一个模块的 BFM♯1 和♯0 分别读取到 K2M148 和 K2M140。将 K4M140 除以 4 换算成压力保存到 D4 中。同时送入 PID 的测量值 D501 中。然后进行 PID 计算，将计算结果送入 FX$_{2N}$-2DA 的通道 2 输出模拟量，对风机进行调速控制。

(15) 步 335～336：正常运行时，主电动机 M1 的低压断路器 QF1 预先闭合，QF1 的动断触点断开，X2＝0。当主电路跳闸时，QF1 动断触点接通，X2＝1，M10＝1。

(16) 步 337～338：正常运行时，风机 M2 的低压断路器 QF2 预先闭合，QF2 的动断触点断开，X3＝0。当风机主电路跳闸时，QF2 动断触点接通，X3＝1，M11＝1。

(17) 步 339～340：当主电动机变频器 A1 发生故障时，X4 有输入，M12＝1。

(18) 步 341～342：当风机变频器 A2 发生故障时，X5 有输入，M13＝1。

(19) 步 343～344：正常运行时，关闭车门，压住行程开关 SQ，SQ 动合触点闭合，X6＝1。当车门打开时，X6＝0，X6 的动断触点接通，M14＝1。

(20) 步 345～346：当急停按钮按下时，X7 没有输入，动断触点接通，M15＝1。

(21) 步 347～354：如果主电动机转速 D1 低于轧车转速 D2，则 M16＝1，进行轧车报警。

实例 160 应用组态王与 PLC 实现启停监控

一、控制要求

计算机安装有组态王软件，通过与 PLC 通信实现以下控制。

(1) 在组态王中单击"启动"或按下启动按钮，电动机启动。

(2) 在组态王中单击"停止"或按下停止按钮，电动机停止。

二、I/O 端口分配表

PLC 的 I/O 端口分配见表 13-20。

表 13-20　　　　　　　　　　　　I/O 端口分配表

输入端口				输出端口			
输入端子	输入器件	组态王地址	作用	输出端子	输出器件	组态王地址	控制对象
X0	KH 动断触点	—	过载保护	Y0	KM	Y0	电动机 M
X1	SB1 动合触点	M1	停止按钮	—	—	—	—
X2	SB2 动合触点	M0	启动按钮	—	—	—	—

三、控制电路

根据控制要求，设计的控制电路如图 13-57 所示。

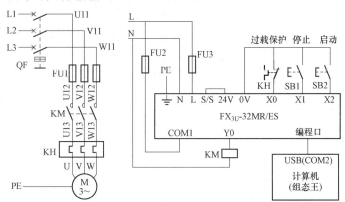

图 13-57　应用组态王实现起停监控的控制电路

四、组态王界面的组态

通过如图 13-58 所示的组态王控制界面对电动机进行控制，并用蓝色/白色的圆形图标表示电动机的运转/停止状态。画面中的启动按钮与 M0 关联，停止按钮与 M1 关联，显示电动机运转状态的圆形图标与 Y0 关联。具体的组态过程如下。

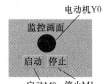

图 13-58　组态王控制界面

1. 配置计算机与 PLC 的连接

计算机与 PLC 的连接设置如图 13-59 所示。通信电缆为 USB-SC09-FX，驱动安装好之后，自动映射一个 COM 端口"USB2.0-SERIAL"。双击这个端口，进入属性页面，设置通信参数波特率为 9600、7 位数、偶校验、停止位为 1 位。单击"高级"按钮，选择 COM 端口号为"COM2"。

2. 新建工程

双击桌面"组态王 6.55"图标，打开"工程管理器"，点击新建 □ 图标，弹出"新建工程向导之

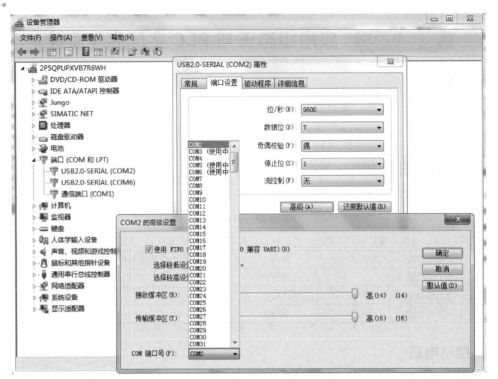

图13-59 计算机与PLC的连接设置界面

一"对话框，点击"下一步"，弹出"新建工程向导之二"对话框，单击"浏览"按钮制定新建工程存储的路径。点击"下一步"，弹出"新建工程向导之三"对话框，在对话框的输入工程名称中输入"组态王与FX3U"，在工程描述中输入"启停控制"，再单击"完成"按钮。

3. 组态王使用串口的配置

双击工程"组态王与FX3U"，进入"工程浏览器"，双击"设备"下的"COM2"选项，弹出"设置串口"界面，如图13-60所示。设置串口的波特率为9600、数据位为7位、偶校验、停止位为1位、通信方式为RS232。

图13-60 设置串口界面

在工程浏览器的左侧选中"COM2"，再双击右侧的新建按钮![按钮]，弹出"设备配置向导——生产厂家、设备名称、通信方式"对话框，展开"PLC"选定"三菱"下"FX2"的"编程口"通信方式，如图 13-61 所示。再单击"下一步"按钮，弹出"设备配置向导——逻辑名称"对话框，为外部设备取逻辑名称为"FX3U"；单击"下一步"按钮，弹出"设备配置向导——选择串口号"对话框，选择串口为"COM2"；单击"下一步"按钮，弹出"设备配置向导——设备地址指南"对话框，将地址修改为"1"。再单击"下一步"，然后单击"完成"按钮即可。

图 13-61　设备配置向导界面

4. 组态变量

在"工程浏览器"界面，选择左侧的"数据词典"选项，双击"新建"，弹出"定义变量"对话框，如图 13-62 所示。定义变量名为"启动"，变量类型为"I/O 离散"，连接设备为"FX3U"，寄存器为"M0"，数据类型为"Bit"，读写属性为"读写"。

按照同样的方法定义变量名"停止"，变量类型为"I/O 离散"，连接设备为"FX3U"，寄存器为"M1"，数据类型为"Bit"，读写属性选择"读写"。定义变量名"电动机"，变量类型为"I/O 离散"，连接设备为"FX3U"，寄存器为"Y0"，数据类型为"Bit"，读写属性选择"读写"。

5. 组态界面

在"工程浏览器"界面，选择左侧的

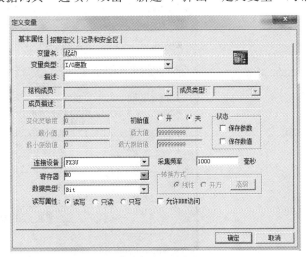

图 13-62　定义变量界面

"画面"，双击"新建"，弹出"新建画面"对话框，画面名称输入"监控"，单击"确定"按钮，进入开发系统。

（1）指示灯的组态。选择工具箱中的椭圆按钮 ●，在画面中画出一个圆。双击这个圆，弹出"动画连接"对话框，选择"填充属性"选项，进入"填充属性连接"对话框，单击右边的 **?** 按钮，选择前面所建立的变量"电动机"，将阈值100.00改为1，如图13-63所示。

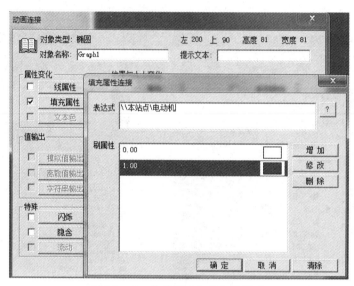

图13-63　监控指示灯的组态界面

（2）按钮的组态。选择工具箱中的按钮 ⊞，在画面中画出一个按钮。在这个按钮上单击右键，选择"字符串替换"选项，将"文本"替换为"启动"。然后双击这个按钮，弹出"动画连接"对话框，如图13-64所示。选择"按下时"，进入"命令语言"对话框，单击左下角的"变量［.域］"按钮，选择本站点的启动，编辑区出现"\本站点\启动"，在后面输入"=1;"（注意，在英文状态下输入），如图13-65所示。当按钮"启动"按下时，变量"启动"=1。按照同样的方法，在"弹起时"命令框中，输入"\本站点\启动=0;"。

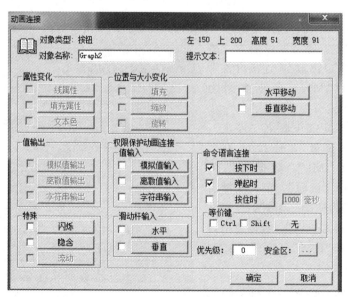

图13-64　按钮的动画连接对话框

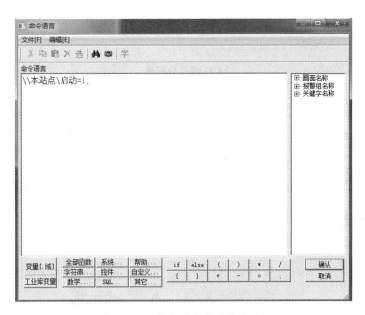

图 13-65 按钮的命令语言对话框

"停止"按钮的组态与"启动"按钮的组态过程类似。

最后，单击"文件"菜单，选择"全部保存"选项，整个工程被保存。

6. 设置运行系统

回到工程浏览器，双击"设置运行系统"图标，弹出"运行系统设置"对话框，选中画面"监控"作为主画面，再单击"确定"按钮即可。

注意：安装完成组态软件后，最好将组态软件解密狗插在并行口上（若为 USB 口则插在 USB 接口上），否则，组态软件只能进入演示方式，两小时必须重新启动程序，而且在此状态下，用户最多只能使用 64 点，用户能使用的变量就非常有限，很容易不够用。

五、 控制程序

PLC 控制程序如图 13-66 所示。在程序中，启动按钮 X2 与组态画面的"启动"按钮 M0 并联，停止按钮 X1 与组态画面的"停止"按钮 M1 串联，以实现两处启动/停止控制。

六、 运行调试

连接好 PLC 和计算机，单击组态王"工程浏览器"中的"VIEW"按钮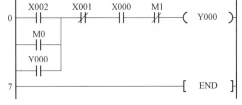，启动组态王的运行系统即可进行监控。

图 13-66 PLC 控制程序

实例 161 应用组态王与 PLC 实现速度监控

一、 控制要求

计算机安装有组态王软件，通过与 PLC 通信实现如下控制：

(1) 在组态王中单击"启动"或按下启动按钮，电动机以设定速度启动。

(2) 在组态王中单击"停止"或按下停止按钮，电动机停止。

(3) 在组态王中能设定速度并显示测量速度。

二、I/O 端口分配表

PLC 的 I/O 端口分配见表 13 - 21。

表 13 - 21   I/O 端口分配表

输入端口				输出端口			
输入端子	输入器件	组态王	作用	输出端子	输出器件	组态王	控制对象
X0	旋转编码器 A 相	—	测量转速	Y0	变频器 STF	Y0	电动机 M
X1	SB1 动合触点	M1	停止按钮	—	—	—	—
X2	SB2 动合触点	M0	启动按钮	—	—	—	—

三、控制电路

根据控制要求，设计的控制电路如图 13 - 67 所示。

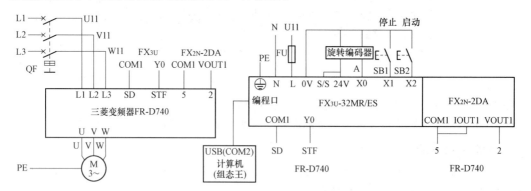

图 13 - 67   使用组态王监控速度的控制电路

四、组态王界面的组态

通过如图 13 - 68 所示的组态王画面对电动机进行控制，并用蓝色/白色的圆形图标表示电动机的运转/停止状态。画面中的启动按钮与 M0 关联，停止按钮与 M1 关联，显示电动机运转状态的圆形图标与 Y0 关联。设定速度与 D0 关联，测量速度与 D10 关联。具体的组态过程如下。

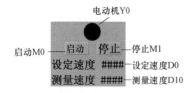

图 13 - 68   组态王监控界面

1. 新建变量

在"工程浏览器"页面，选择左侧的"数据词典"，双击"新建"，弹出"定义变量"对话框。定义变量名为"设定速度"，变量类型为"I/O 整数"，连接设备"FX3U"，寄存器"D0"，数据类型为"SHORT"，读写属性为"读写"。按照同样的方法定义变量名"测量速度"，变量类型为"I/O 整数"，连接设备"FX3U"，寄存器"D10"，数据类型为"SHORT"，读写属性为"读写"。

2. 模拟值输入/输出组态

指示灯、按钮前面已经介绍过，这里不再赘述，本例主要做设定速度和测量速度的组态。在工具箱中单击文本按钮 **T**，单击画面，输入"＃＃＃＃"，双击进入"动画连接"对话框，如图 13 - 69 所示。选中"模拟值输出"，进入"模拟值输出连接"对话框，单击右边的"?"按钮，选中变量"设定速度"；选中"模拟值输入"，进入"模拟值输入连接"对话框，单击右边的"?"按钮，选中变量"设定速度"，其范围的最大值为 1430，最小值为 0，表示输入范围是 0～1430r/min。对于测量速度，只设定"模拟值输出"，选择"测量速度"。

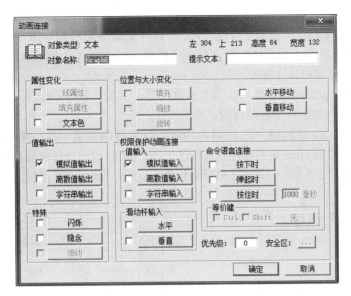

图 13-69　设定速度的动画连接界面

3. 设置运行系统

回到工程浏览器，双击"设置运行系统"图标，弹出"运行系统设置"对话框，选中画面"监控"作为主画面，再单击"确定"按钮即可。

五、 变频器参数设置

变频器参数设置见表 13-22。

表 13-22　　　　　　　　　　　　　　　　变 频 器 参 数 设 置

序号	参数代号	初始值	设置值	说明
1	Pr. 1	120	50	输出频率的上限（Hz）
2	Pr. 7	5	0.5	电动机加速时间（s）
3	Pr. 8	5	0.5	电动机减速时间（s）
4	Pr. 9	变频器额定电流（2.2A）	0.2	电动机的额定电流（A）
5	Pr. 160	9999	0	扩展功能显示选择（显示所有参数，开放隐藏参数）
6	Pr. 73	1	0	端子 2 输入 0～10V，不可反转运行
7	Pr. 80	9999	0.1	电动机容量（kW）
8	Pr. 125	50	50	端子 2 输入最大频率（Hz）
9	Pr. 178	60	60	STF 端子功能选择（正转启动）
10	Pr. 79	0	2	外部运行模式

注　表中电动机为 380V/0.2A/0.04kW/1430r/min，请按照电动机实际参数进行设置。

六、 控制程序

PLC 控制程序如图 13-70 所示。

（1）步 0～5：电动机的启停控制。其中，X1、M1 为停止按钮和组态王界面中的"停止"按钮；X2、M0 为启动按钮和组态王界面中的"启动"按钮。

（2）步 6～108：电动机的调速控制。当电动机运转（Y0 动合触点闭合）时，由于 FX$_{2N}$-2DA 的模拟量输出 0～10V 对应的数字量为 0～4000，所以先将设定转速（D0）乘以 4000，然后除以额定转速 1430，换算成设定转速对应的数字量存到 D100 中；限定（D100）在 0～4000；（D100）送到 K4M200 中，取低 8 位 K2M200 送到 0 号模块 FX₂N-2DA 的缓冲区 BFM♯16 中，然后将 BFM♯17 的 b2 从 1→0 进行保持；取高 4 位 K1M208 送到 0 号模块 FX₂N-2DA 的缓冲区 BFM♯16 中，然后将 BFM♯17 的 b1 从 1→0 进行转换输出。

（3）步 109～114：电动机运行时（Y0 动合触点闭合），高速计数器 C235 计数。

（4）步 115～118：产生 1s 的振荡周期，用于采样。

（5）步 119～161：1s 时间到，将 1s 时间内高速计数器测量值 C235 送到 32 位软元件（D201 D200）中，乘以 60，得到 1min 内的脉冲数，除以 1 000（旋转编码器每转输出的脉冲数）变为转轴的转速（单位 r/min），送入 D10，送到主站通过组态王显示；同时 C235 复位。

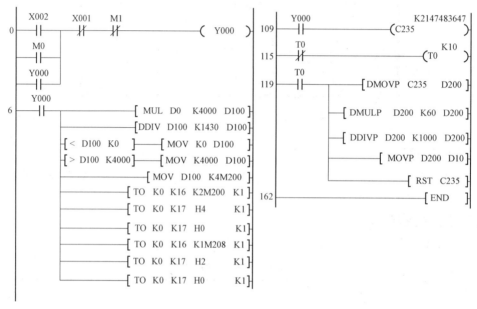

图 13-70　PLC 控制程序

七、运行调试

连接好 PLC 和计算机，单击组态王"工程浏览器"中的"VIEW"按钮 ，启动组态王的运行系统即可进行监控。

实例 162　应用组态王与 PLC 实现速度监控与报警

一、控制要求

计算机安装有组态王软件，通过与 PLC 通信实现以下控制。

（1）在组态王中单击"启动"或按下启动按钮，电动机以设定速度启动。

（2）在组态王中单击"停止"或按下停止按钮，电动机停止。

（3）在组态王中能设定速度并显示测量速度。

（4）当出现主电路跳闸、变频器故障、车门打开、紧急停车、轧车故障时，在组态王中进行报警。

二、I/O 端口分配表

PLC 的 I/O 端口分配见表 13-23。

表 13-23　　　　　　　　　　　　　　I/O 端口分配表

输入端口				输出端口			
输入端子	输入器件	组态王	作用	输出端子	输出器件	组态王	控制对象
X0	旋转编码器 A 相	—	测量转速	Y0	变频器 STF	Y0	电动机 M
X2	QF1 动断触点	X2	主电路跳闸	—	—	—	—
X3	变频器故障输出	X3	变频器故障	—	—	—	—
X4	SQ 动合触点	X4	门限保护	—	—	—	—
X5	SB1 动断触点	X5	紧急停车	—	—	—	—
X6	SB2 动合触点	M0	启动按钮	—	—	—	—
X7	SB3 动合触点	M1	停止按钮	—	—	—	—

三、控制电路

根据控制要求，设计的控制电路如图 13-71 所示。

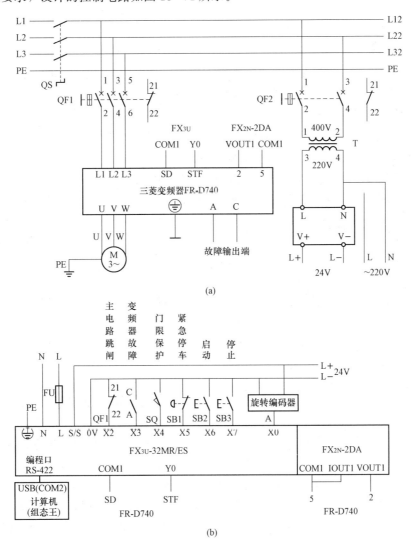

(a)

(b)

图 13-71　使用组态王监控速度的主电路和控制电路

（a）主电路；　（b）控制电路

四、 组态王界面的组态

通过如图 13-72 所示的组态王画面对电动机进行控制，并用蓝色/白色的圆形图标表示电动机的运转/停止状态。画面中的启动按钮与 M0 关联，停止按钮与 M1 关联，显示电动机运转状态的圆形图标与 Y0 关联。设定速度与 D0 关联，测量速度与 D10 关联。具体的组态过程如下。

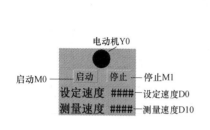

图 13-72　组态王监控和报警界面

1. 报警组定义

在"工程浏览器"面，选择左侧的"报警组"，双击"请双击这儿进入＜报警组＞对话框"，弹出"报警组定义"对话框。将"RootNode"修改为"电机调速"。

2. 新建变量与报警组态

在"工程浏览器"界面，选择左侧的"数据词典"，双击"新建"选项，弹出"定义变量"对话框。定义变量名为"主电路跳闸"，变量类型为"I/O 离散"，连接设备"FX₃U"，寄存器"X2"，数据类型为"Bit"，读写属性为"只读"。选择"报警定义"页面，选中开关量报警下的"离散"和"开通（1）"，报警文本输入"主电路跳闸"，如图 13-73 所示。

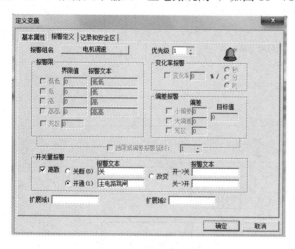

图 13-73　报警定义组态

按照同样的方法定义变量名分别为"变频器故障""车门打开""紧急停车"，寄存器分别为"X3""X4""X5"，选择"报警定义"页面，选中开关量报警下的"离散"，分别选择"开通（1）""关断（0）""关断（0）"，报警文本分别输入"变频器故障""车门打开""紧急停车"。

双击"测量速度"变量，选择"报警定义"页面，选中报警限下的"低"，界限值输入300，报警文本输入"轧车故障"。

3. 报警界面组态

指示灯、按钮、模拟值输出和模拟值输入前面已经介绍过，这里不再赘述，本例主要做报警的组态。在"工程浏览器"界面，选择左侧的"画面"，双击"新建"，弹出"新建画面"对话框，画面名称输入"报警画面"，类型选择"弹出式"，单击"确定"按钮，进入开发系统。单击"工具箱"中的报警窗口 🔔，在画面中画出合适的区域。双击进入"报警窗口配置属性页"，如图 13-74 所示。用户可以进行合适的报警窗口属性配置。

4. 报警窗口自动弹出

使用系统提供的"＄新报警"变量可以实现当系统产生报警信息时将报警窗口自动弹出，在

"工程浏览器"中选择"命令语言"中的"事件命令语言"选项，在右侧双击"新建"图标，弹出"事件命令语言"编辑框，设置如图 13-75 所示。当出现新报警时，弹出"报警画面"。

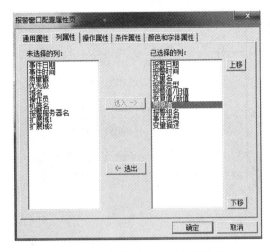

图 13-74　报警窗口配置属性界面

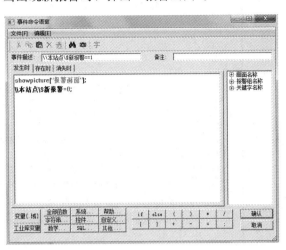

图 13-75　事件命令语言编辑框界面

五、变频器参数设置

变频器参数设置见表 13-24。

表 13-24　　　　　　　　　　　　　　变频器参数设置

序号	参数代号	初始值	设置值	说　明
1	Pr.1	120	50	输出频率的上限（Hz）
2	Pr.7	5	0.5	电动机加速时间（s）
3	Pr.8	5	0.5	电动机减速时间（s）
4	Pr.9	变频器额定电流（2.2A）	0.2	电动机的额定电流（A）
5	Pr.160	9999	0	扩展功能显示选择（显示所有参数，开放隐藏参数）
6	Pr.73	1	0	端子 2 输入 0～10V，不可反转运行
7	Pr.80	9999	0.1	电动机容量（kW）
8	Pr.125	50	50	端子 2 输入最大频率（Hz）
9	Pr.178	60	60	STF 端子功能选择（正转启动）
10	Pr.79	0	2	外部运行模式

注　表中电动机为 380V/0.2A/0.04kW/1430r/min，请按照电动机实际参数进行设置。

六、控制程序

PLC 控制程序如图 13-76 所示。

（1）步 0～14：电动机的启停控制。其中，X7、M1 为停止按钮和组态王界面中的"停止"；X6、M0 为启动按钮和组态王界面中的"启动"。当没有离散量报警（K1M10＝H0C）时，按下启动按钮，M22 复位，电动机启动。

（2）步 15～24：正常运行时，低压断路器 QF1 闭合，QF1 的动断触点断开，X2＝0；变频器没有故障，X3＝0；车门关闭，压住行程开关 SQ，X4＝1；紧急停车按钮没有按下，X5＝1。将故障输入 X5～X2 移位到 M13～M10，即 K1M10＝1100（H0C）。

（3）步 25～36：电动机要在 15s 内升速到 300r/min，否则，M22＝1，步 0～14 中 M22 动断触点

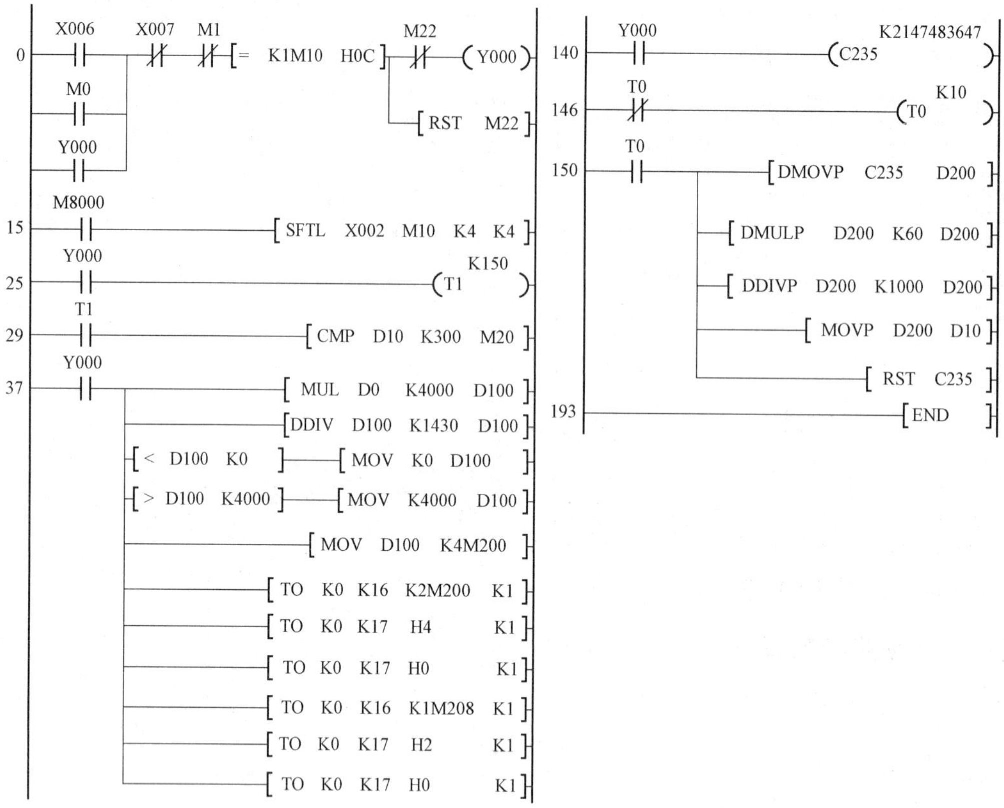

图 13-76 PLC 控制程序

断开，电动机停机。其中 D10 为测量转速。

(4) 步 37～139：电动机的调速控制。当电动机运转（Y0 动合触点闭合）时，由于 FX$_{2N}$-2DA 的模拟量输出 0～10V 对应的数字量为 0～4000，所以先将设定转速（D0）乘以 4000，然后除以额定转速 1430，换算成设定转速对应的数字量存到 D100 中；限定（D100）在 0～4000；（D100）送到 K4M200 中，取低 8 位 K2M200 送到 0 号模块 FX$_{2N}$-2DA 的缓冲区 BFM♯16 中，然后将 BFM♯17 的 b2 从 1→0 进行保持；取高 4 位 K1M208 送到 0 号模块 FX$_{2N}$-2DA 的缓冲区 BFM♯16 中，然后将 BFM♯17 的 b1 从 1→0 进行转换输出。

(5) 步 140～145：电动机运行时（Y0 动合触点闭合），高速计数器 C235 计数。

(6) 步 146～149：产生 1s 的振荡周期，用于采样。

(7) 步 150～192：1s 时间到，将 1s 时间内高速计数器测量值 C235 送到 32 位软元件（D201 D200）中，乘以 60，得到 1min 内的脉冲数，除以 1000（旋转编码器每转输出的脉冲数）变为转轴的转速（单位 r/min）送入 D10，送到主站通过组态王显示；同时 C235 复位。

第十四章

通信控制

实例 163　两台 FX₃ᵤ 通过普通并联链接实现通信控制

一、 控制要求

两台 FX₃ᵤ 通过普通并联链接实现以下控制。

(1) 主站设有触摸屏，当点击触摸屏中"启动"按钮或按下启动按钮时，主站电动机运转。经过 10s，从站电动机以触摸屏中设定的转速运转。

(2) 从站的测量转速可以通过触摸屏显示。

(3) 当点击触摸屏中"停止"按钮或按下停止按钮时，主站和从站电动机同时停止。

(4) 当出现主站电动机过载、从站主电路跳闸或从站变频器故障时，主、从站电动机同时停止，并通过触摸屏显示故障报警。

二、 I/O 端口分配表

PLC 的 I/O 端口分配及触摸屏对应地址见表 14-1。

表 14-1　　　　　　　　　PLC 的 I/O 端口分配及触摸屏对应地址

输入端口				输出端口		
输入端子	输入器件	触摸屏地址	作用	输出端子	输出器件	控制对象
主站						
X0	KH 动断触点	X0	过载保护	Y0	KM	主站电动机
X1	SB1 动合触点	M1	停止按钮	—	—	—
X2	SB2 动合触点	M0	启动按钮	—	—	—
从站						
X0	编码器 A 相		测量转速	Y0	变频器 STF	从站电动机
X1	QF3 动断触点	M900	从站主电路跳闸	—	—	—
X2	变频器故障	M901	从站变频器故障	—	—	—

三、 普通并联连接的通信配置与共享软元件

1. 并联连接的通信配置

并联连接是指两台 FX₃ᵤ 可编程控制器通过通信板 FX₃ᵤ-485-BD 联网，并分别设置为主站和从站。并联链接有两种接线方式：一种是用一对屏蔽双绞线相连，终端电阻为 110 Ω；另一种是两对屏蔽双绞线相连，终端电阻为 330 Ω，如图 14-1 所示。图 14-1 中通信板称为 485BD，SDA 和 SDB 为发射数据端，RDA 和 RDB 为接收数据端，SG 为设备接地端，终端电阻的作用是为了消除在通信电缆中的信号反射。

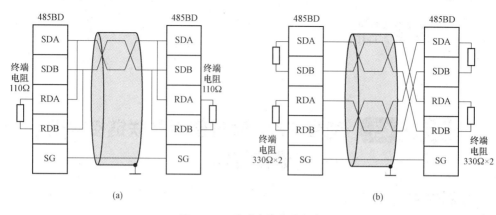

图 14-1 并联连接接线方式

（a）一对接线方式； （b）两对接线方式

2. 设定主站/从站

普通并联连接的主站/从站是通过用户程序中的特殊辅助继电器来设定的，当 M8070＝1 时该 PLC 为主站，M8071＝1 时为从站。通常在程序中利用 M8000 设定 PLC 为主站或从站。

3. 共享软元件

普通并联连接的主站/从站各自控制 100 个位软元件和 10 个字软元件，但主站与从站可以通过周期性的自动通信来实现这些软元件共享，普通并联连接模式如图 14-2 所示。例如，主站 PLC 只能控制 M800～M899 的状态，但使用范围却为 M800～M999；同理，从站 PLC 只能控制 M900～M999 的状态，但使用范围却为 M800～M999。

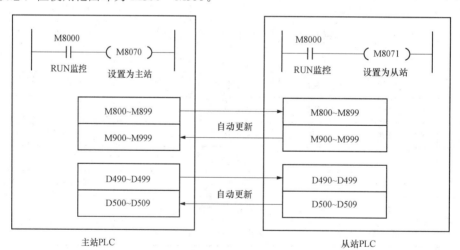

图 14-2 普通并联连接模式的软元件

四、 控制电路

通过普通并联连接实现调速的控制电路如图 14-3 所示。

五、 触摸屏变量及界面

1. 触摸屏变量连接与报警

触摸屏变量与连接界面如图 14-4 所示。在组态变量时，要对变量的报警属性进行设置。双击开

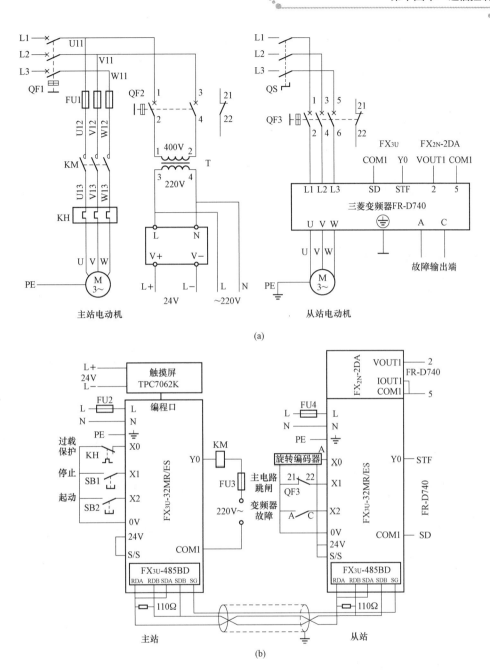

图 14-3　通过普通并联连接实现调速的主电路和控制电路

（a）主电路；（b）控制电路

关型的"主站电动机过载"变量，打开"报警属性"页面，选中"允许进行报警处理"和"开关量报警"选项，在"报警注释"中输入"主站电动机过载"，报警值设为 0。当 X0＝0 时，就触发这个报警。

　　按照同样的方法，组态变量"从站主电路跳闸""从站变频器故障"的报警，在"报警注释"中分别输入"从站主电路跳闸""从站变频器故障"，报警值都设为 1。然后单击 ▣ 按钮，在监控画面中画出合适的显示报警范围。

图 14-4 触摸屏变量与连接界面

2. 从站电动机运行监控设置

从站电动机不运行时显示银色，运行时显示绿色。双击从站电动机指示灯，在"属性设置"页面选中"填充颜色"；在"填充颜色"页面，表达式选择"从站电动机"，分别将 0、1 对应为银、绿。

在工作台的"运行策略"中，编写"循环策略"脚本程序。程序如下：

```
IF 从站测量速度＞0 THEN
从站电动机 = 1
ELSE
从站电动机 = 0
ENDIF
```

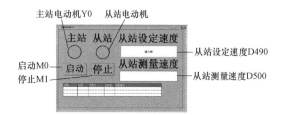

图 14-5 触摸屏界面

编写好脚本程序，单击"确认"按钮退出。

3. 组态监控界面

触摸屏的监控界面如图 14-5 所示。

六、 变频器参数设置

变频器的参数设置见表 14-2。

表 14-2　　　　　　　　变 频 器 参 数 设 置

序号	参数代号	初始值	设置值	说　　　明
1	Pr. 1	120	50	输出频率的上限（Hz）
2	Pr. 7	5	0.5	电动机加速时间（s）
3	Pr. 8	5	0.5	电动机减速时间（s）
4	Pr. 9	变频器额定电流（2.2A）	0.2	电动机的额定电流（A）
5	Pr. 160	9999	0	扩展功能显示选择（显示所有参数，开放隐藏参数）
6	Pr. 73	1	0	端子2输入0～10V，不可反转运行
7	Pr. 80	9999	0.1	电动机容量（kW）
8	Pr. 125	50	50	端子2输入最大频率（Hz）
9	Pr. 178	60	60	STF端子功能选择（正转启动）
10	Pr. 79	0	2	外部运行模式

注　表中电动机为 380V/0.2A/0.04kW/1430r/min，请按照电动机实际参数进行设置。

七、控制程序

1. 主站控制程序

主站控制程序如图 14-6 所示。其中，M800 控制从站电动机，M900 为从站主电路跳闸，M901 为从站变频器故障，D490 设定从站运行速度，D500 为来自于从站的测量速度。

（1）步 0～2：M8070＝1，PLC 设置为主站。

（2）步 3～5：当按下启动按钮 SB2（X2）或点击触摸屏"启动"按钮（M0）时，Y0 置 1，主站电动机启动运行。

（3）步 6～9：当主站电动机运行（Y0 动合触点闭合）时，T0 延时 10s。

（4）步 10～11：T0 延时到，M800＝1，从站电动机启动。

（5）步 12～17：当按下停止按钮 SB1（X1＝1）、主站电动机过载（X0＝0）、点击触摸屏"停止"按钮（M1＝1）、从站主电路跳闸（M900＝1）或从站变频器故障（M901＝1）时，Y0 复位，主站电动机停止。同时 M800 线圈断电，从站电动机同时停止。

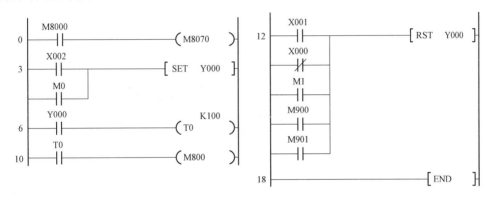

图 14-6　主站控制程序

2. 从站控制程序

从站控制程序如图 14-7 所示。其中，M900 为从站主电路跳闸，M901 为从站变频器故障，D490 为来自于主站的设定运行速度，D500 为发送到主站的测量速度。

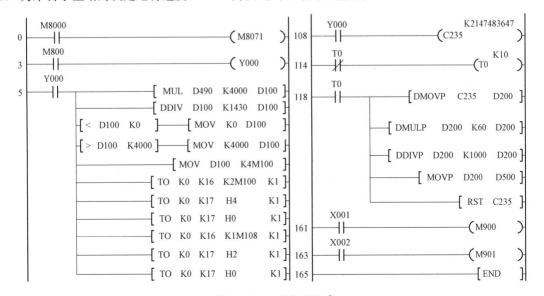

图 14-7　从站控制程序

（1）步 0～2：M8071＝1，PLC 设置为从站。

（2）步 3～4：当接收到主站的启动信号（M800＝1）时，Y0 线圈通电，从站电动机启动。

（3）步 5～107：从站电动机的调速控制。在电动机运转（Y0 动合触点闭合）时，由于模拟量输出 0～10V 对应的数字量为 0～4000，所以先将主站触摸屏中的设定转速（D490）乘以 4000，然后除以额定转速 1430，换算成设定转速对应的数字量存到 D100 中；限定（D100）在 0～4000 内；（D100）送到 K4M100 中，取低 8 位 K2M100 送到 0 号模块 FX₂N‐2DA 的缓冲区 BFM♯16 中，然后将 BFM♯17 的 b2 从 1→0 进行保持；取高 4 位 K1M108 送到 0 号模块 FX₂N‐2DA 的缓冲区 BFM♯16 中，然后将 BFM♯17 的 b1 从 1→0 进行转换输出。

（4）步 108～113：从站电动机（Y0 动合触点闭合）运行时，高速计数器 C235 计数。

（5）步 114～117：产生 1s 的振荡周期，用于采样。

（6）步 118～160：1s 时间到，将 1s 内高速计数器测量值 C235 送到 32 位（D201 D200）寄存器中，然后乘以 60，得到 1min 内的脉冲数，除以 1000（旋转编码器每转输出的脉冲数）变为转轴的转速（单位 r/min），送入 D500，送到主站通过触摸屏显示；同时 C235 复位。

（7）步 161～162：正常运行时，从站低压断路器 QF3 合上，QF3 动断触点断开，X1＝0。当从站主电路跳闸时，QF3 动断触点接通，X1＝1，线圈 M900 ＝1，发送到主站触摸屏中报警。

（8）步 163～164：当从站变频器故障时，X2＝1，线圈 M901＝1，发送到主站触摸屏中报警。

实例 164 两台 FX₃U 通过高速并联链接实现通信控制

一、 控制要求

两台 FX₃U 通过高速并联链接实现以下控制。

（1）主站设有触摸屏，当点击触摸屏中"启动"按钮或按下启动按钮时，主站电动机运转。经过 10s，从站电动机以触摸屏中设定的转速运转。

（2）将从站的测量转速通过触摸屏显示。

（3）当点击触摸屏中"停止"按钮或按下停止按钮时，主站和从站电动机同时停止。

（4）当出现主站电动机过载、从站主电路跳闸或从站变频器故障时，主、从站电动机同时停止，并通过触摸屏显示故障报警。

二、 I/O 端口分配表

PLC 的 I/O 端口分配及触摸屏对应地址见表 14‐3。

表 14‐3 PLC 的 I/O 端口分配及触摸屏对应地址

输入端口				输出端口		
输入端子	输入器件	触摸屏地址	作用	输出端子	输出器件	控制对象
主站						
X0	KH 动断触点	X0	过载保护	Y0	KM	主站电动机
X1	SB1 动合触点	M1	停止按钮			
X2	SB2 动合触点	M0	启动按钮			
从站						
X0	编码器 A 相		测量转速	Y0	变频器 STF	从站电动机
X1	QF3 动断触点	M10	从站主电路跳闸			
X2	变频器故障输出	M11	从站变频器故障			

三、 高速并联连接的共享软元件

并联连接有普通和高速两种工作模式，通过特殊辅助继电器 M8162 来设置。当 M8162 状态为 OFF 时为普通模式；状态为 ON 时为高速模式。在高速模式下主站/从站各自仅有两个数据寄存器，没有位存储器。并联链接高速模式的设置和共享软元件如图 14-8 所示。

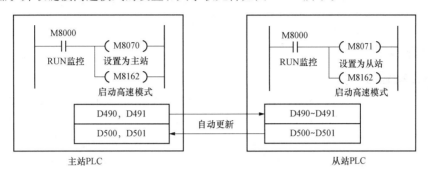

图 14-8　并联连接高速模式及共享软元件

四、 控制电路

通过高速并联连接实现调速的控制电路如图 14-3 所示（实例 163）。

五、 触摸屏变量及界面

1. 触摸屏变量连接与报警

触摸屏变量与连接如图 14-9 所示。

图 14-9　触摸屏变量与连接界面

2. 从站电动机运行监控设置

从站电动机不运行时显示银色，运行时显示绿色。双击从站电动机指示灯，在"属性设置"页面选中"填充颜色"；在"填充颜色"页面，表达式选择"从站电动机"，分别将 0、1 对应为银、绿。

在工作台的"运行策略"中，编写"循环策略"脚本程序。程序如下：

```
IF 从站测量速度＞0 THEN
从站电动机＝1
ELSE
从站电动机＝0
ENDIF
```

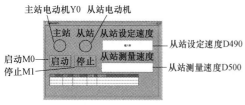

图 14-10 触摸屏界面

编写好脚本程序，单击"确认"按钮退出。

3. 组态监控界面

触摸屏的监控界面如图 14-10 所示。

六、 变频器参数设置

变频器的参数设置见表 14-2（实例 163）。

七、 控制程序

1. 主站控制程序

主站控制程序如图 14-11 所示。其中，D490 为设定从站运行速度，D491 为控制从站命令；D500 为来自于从站的测量速度，D501 为来自于从站的故障信息。

（1）步 0~14：M8070=1，PLC 设置为主站；M8162=1，设置为高速模式；将控制命令 K4M30 送入 D491，对从站进行控制，其中 M30 为从站的启动；同时，读取从站的故障信息 D501 到 K4M10 中。当从站主电路跳闸时，M10=1；当从站变频器故障时，M11=1。

（2）步 15~17：当按下启动按钮（X2）或点击触摸屏的"启动"（M0）时，Y0 置 1，主站电动机启动运行。

（3）步 18~21：当主站电动机运行（Y0 动合触点闭合）时，T0 延时 10s。

（4）步 22~23：T0 延时到，M30=1，使从站电动机启动。

（5）步 24~29：当按下停止按钮 SB1（X1=1）、主站电动机过载（X0=0）、按下触摸屏中的"停止"（M1）、从站主电路跳闸（M10=1）或从站变频器故障（M11=1）时，Y0 复位，主站电动机停止。同时，步 22~23 中的 M30 线圈断电，从站电动机同时停止。

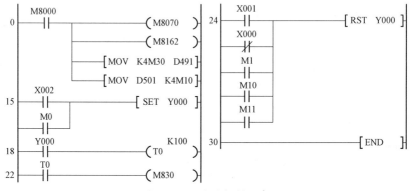

图 14-11 主站控制程序

2. 从站控制程序

从站控制程序如图 14-12 所示。其中，D490 为来自于主站的设定运行速度，D491 为来自于主站的控制命令；D500 为发送到主站的测量速度，D501 为发送到主站的故障信息。

（1）步 0~14：M8071=1，PLC 设置为从站；M8162=1，设置为高速模式；读取来自主站的控制信息 D491 到 K4M0（M0 启动）；将从站的故障信息 K4M20（M20 主电路跳闸，M21 变频器故障）送入 D501。

（2）步 15~16：当接收到主站的启动信号（M0=1）时，Y0 通电，从站电动机启动。

（3）步 17~119：从站电动机的调速控制。在电动机运转（Y0 动合触点闭合）时，由于模拟量输出 0~10V 对应的数字量为 0~4000，所以先将主站触摸屏中的设定转速（D490）乘以 4000，然后除以额定转速 1430，换算成设定转速对应的数字量存到 D100 中；限定（D100）在 0~4000；（D100）送到 K4M100 中，取低 8 位 K2M100 送到 0 号模块 FX₂ₙ-2DA 的缓冲区 BFM#16 中，然后将 BFM#

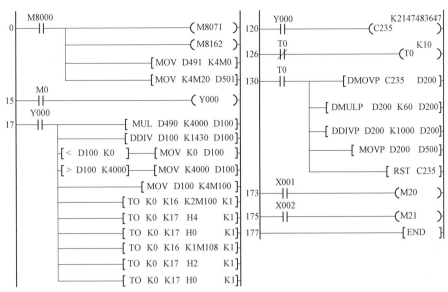

图 14-12　从站控制程序

17 的 b2 从 1→0 进行保持；取高 4 位 K1M108 送到 0 号模块 FX_{2N}-2DA 的缓冲区 BFM♯16 中，然后将 BFM♯17 的 b1 从 1→0 进行转换输出。

（4）步 120～125：从站电动机（Y0 动合触点闭合）运行时，高速计数器 C235 计数。

（5）步 126～129：产生 1s 的振荡周期，用于采样。

（6）步 130～172：1s 时间到，将 1s 内高速计数器测量值 C235 送到 32 位（D201 D200）中，乘以 60，得到 1min 内的脉冲数，除以 1000（旋转编码器每转输出的脉冲数）变为转轴的转速（r/min），送入 D500，送到主站通过触摸屏显示；同时 C235 复位。

步 173～174：正常运行时，从站低压断路器 QF3 合上，QF3 动断触点断开，X1＝0。当从站主电路跳闸时，QF3 动断触点接通，X1＝1，线圈 M20＝1，发送到主站触摸屏中报警。

步 175～176：当从站变频器故障时，X2＝1，线圈 M21＝1，发送到主站触摸屏中报警。

实例 165　两台 FX_{3U} 通过 N∶N 链接实现通信控制

一、控制要求

某生产线有两台 FX_{3U}，通过 N∶N 通信实现如下控制要求。

（1）主站设有触摸屏，主站电动机启动后，延时 5s，从站电动机以触摸屏中设定转速启动。

（2）通过主站、从站和触摸屏都可以启动/停止控制。

（3）通过触摸屏可以设定从站的速度，显示从站的测量速度。当有故障时，应报警显示。

二、I/O 端口分配表

PLC 的 I/O 端口地址分配见表 14-4。

表 14-4　　　　　　　　　　　　　　　　PLC 的 I/O 端口分配

输入端口				输出端口		
输入端子	输入器件	触摸屏地址	作用	输出端子	输出器件	控制对象
主站 0						
X0	SB1 动合触点	M0	启动	Y0	KM1	主站电动机
X1	SB2 动合触点	M1	停止	—	—	—

续表

输入端口				输出端口		
输入端子	输入器件	触摸屏地址	作用	输出端子	输出器件	控制对象
X2	KH1 动断触点	X2	主站电动机过载保护	—	—	—
从站 1						
X0	旋转编码器 A 相	—	测速	Y0	变频器 STF	从站电动机
X1	SB3 动合触点		启动	—	—	—
X2	SB4 动合触点		停止	—	—	—
X3	变频器故障输出	M1066	变频器故障	—	—	—

三、 控制电路

根据控制要求，设计的控制电路如图 14-13 所示。

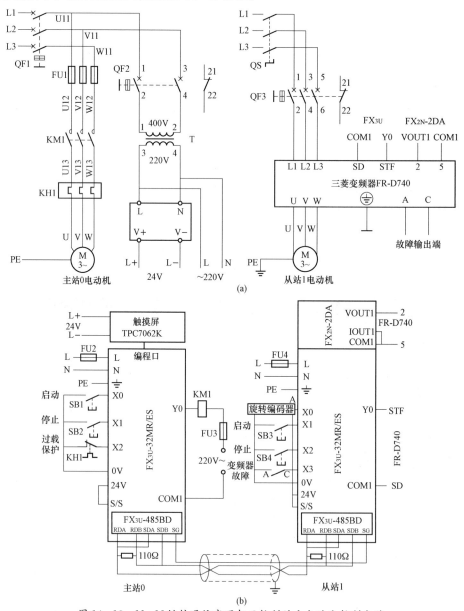

图 14-13 N：N链接通信实现相互控制的主电路和控制电路

（a）主电路；（b）控制电路

四、 N∶N网络的通信配置与共享软元件

1. N∶N网络的配置

N∶N网络的功能是指在最多8台FX可编程控制器之间，通过RS-485-BD通信板进行通信连接。N∶N通信网络通过一对屏蔽双绞线把各站点的RS-485-BD通信板连接起来，例如，5台PLC组成的N∶N网络配置如图14-14所示。

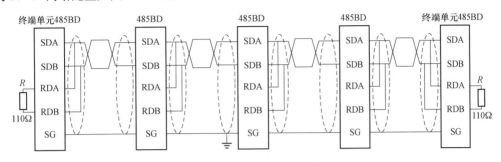

图14-14　N∶N网络配置

2. N∶N网络连接模式及共享软元件

FX系列PLC的N∶N网络通信模式有三种，各模式下各站使用的位、字软元件见表14-5。

表 14-5　　　　　　　　　　　　　　　N∶N网络共享软元件

站号	模式0		模式1		模式2	
	位元件	4点字元件	32点位元件	4点字元件	64点位元件	8点字元件
0	—	D0~D3	M1000~M1031	D0~D3	M1000~M1063	D0~D7
1	—	D10~D13	M1064~M1095	D10~D13	M1064~M1127	D10~D17
2	—	D20~D23	M1128~M1159	D20~D23	M1128~M1191	D20~D27
3	—	D30~D33	M1192~M1223	D30~D33	M1192~M1255	D30~D37
4	—	D40~D43	M1256~M1287	D40~D43	M1256~M1319	D40~D47
5	—	D50~D53	M1320~M1351	D50~D53	M1320~M1383	D50~D57
6	—	D60~D63	M1384~M1415	D60~D63	M1384~M1447	D60~D67
7	—	D70~D73	M1448~M1479	D70~D73	M1448~M1511	D70~D77

3. N∶N网络设定软元件

N∶N网络设定软元件见表14-6。网络中必须设定一台PLC为主站，其他PLC为从站，与N∶N网络控制参数有关的特殊数据寄存器D8177~D8180均在主站中设定。

表 14-6　　　　　　　　　　　　　　　N∶N网络设定用的特殊软元件

软元件	名称	功　能	设定值
M8038	参数设定	通信参数设定的标志位	—
D8176	主从站号设定	主站设定为0，从站设定为1~7［初始值：0］	0~7
D8177	从站总数设定	设定从站总站数，只在主站中设定［初始值：7］	1~7

软元件	名称	功　　能	设定值
D8178	刷新范围设定	选择通信模式，只在主站中设定［初始值：0］ 刷新范围是指主站与从站共享软元件的范围	0～2
D8179	重试次数	设置重试次数，从站无须设定［初始值：3］	0～10
D8180	监视时间	设定通信超时时间（50～2550ms）。以10ms为单位进行设定，从站 无须设定［初始值：5］	5～255

五、触摸屏变量及界面

1. 触摸屏变量连接与报警

触摸屏变量与连接如图14-15所示。在组态变量时，要对变量的报警属性进行设置。双击开关型的"主站电动机过载"变量，打开"报警属性"页面，选中"允许进行报警处理"和"开关量报警"选项，在"报警注释"中输入"主站电动机过载"，报警值设为0。当X2＝0时，就触发这个报警。

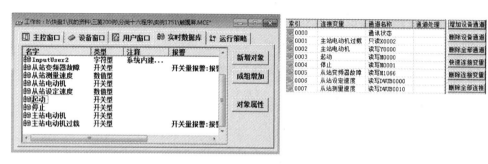

图14-15　触摸屏变量与连接界面

按照同样的方法，组态变量"从站变频器故障"的报警，在"报警注释"中输入"从站变频器故障"，报警值设为1。然后单击 ▨ 按钮，在监控画面中画出合适的范围。

2. 从站电动机运行监控设置

从站电动机不运行时显示银色，运行时显示绿色。双击从站电动机指示灯，在"属性设置"页面选中"填充颜色"；在"填充颜色"页面，表达式选择"从站电动机"，分别将0、1对应为银、绿。

在工作台的"运行策略"中，编写"循环策略"脚本程序。程序如下：

```
IF 从站测量速度＞0 THEN
从站电动机 = 1
ELSE
从站电动机 = 0
ENDIF
```

主站电动机Y0　从站电动机

| 主站 | 从站 | 从站设定速度 |

启动M0　　启动　停止

停止M1

从站设定速度D0

从站测量速度D10

图14-16　触摸屏界面

编写好脚本程序，单击"确认"按钮退出。

3. 组态监控界面

触摸屏的监控界面如图14-16所示。

六、变频器参数设置

变频器的参数设置见表14-2（实例163）。

七、控制程序

1. 主站 0 的 PLC 控制程序

主站 0 的 PLC 控制程序如图 14 - 17 所示。工作原理如下：

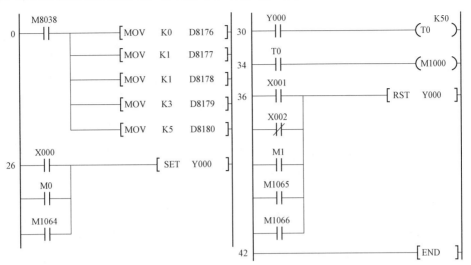

图 14 - 17　N∶N 网络主站 0 程序

（1）步 0～25：N∶N 网络主站 0 参数设置。其中，M8038 为网络参数设置软元件，然后分别向特殊数据寄存器 D8176～D8180 写入相应的参数（主站 0、1 个从站、模式 1、重试 3 次、监视时间 50ms）。

（2）步 26～29：主站电动机启动。X0、M0 和 M1064 分别为主站的启动、触摸屏的"启动"和从站 1 的启动。

（3）步 30～33：主站电动机启动后（Y0＝1），T0 延时 5s。

（4）步 34～35：T0 延时到，M1000＝1，启动从站 1 电动机。

（5）步 36～41：停止控制。X1、X2、M1、M1065 和 M1066 分别为主站的停止、主站的过载保护、触摸屏的"停止"、从站 1 的停止和从站 1 的变频器故障。

2. 从站 PLC 控制程序

从站 PLC 控制程序如图 14 - 18 所示。工作原理如下：

（1）步 0～5：设置从站的站号为 1。

（2）步 6～8：从站电动机的启动/停止控制。M1000 为主站的链接软元件，当 M1000＝1 时，从站电动机启动运行。

（3）步 9～10：启动控制。当按下启动按钮时 SB3 时，X1 动合触点接通，M1064＝1，发送到主站，主站和从站电动机顺序启动。

（4）步 11～12：停止控制。当按下停止按钮 SB4 时，X2 动合触点接通，M1065＝1，发送到主站，主站和从站电动机同时停止。

（5）步 13～14：变频器故障。当变频器出现故障时，X3 动合触点接通，M1066＝1，主、从站电动机同时停止。

（6）步 15～117：从站电动机的调速控制。在从站电动机运转（Y0 动合触点闭合）时，由于模拟量输出 0～10V 对应的数字量为 0～4000，所以先将主站触摸屏中的设定转速（D0）乘以 4000，然后除以额定转速 1430，换算成设定转速对应的数字量保存到 D100 中；限定（D100）在 0～4000；

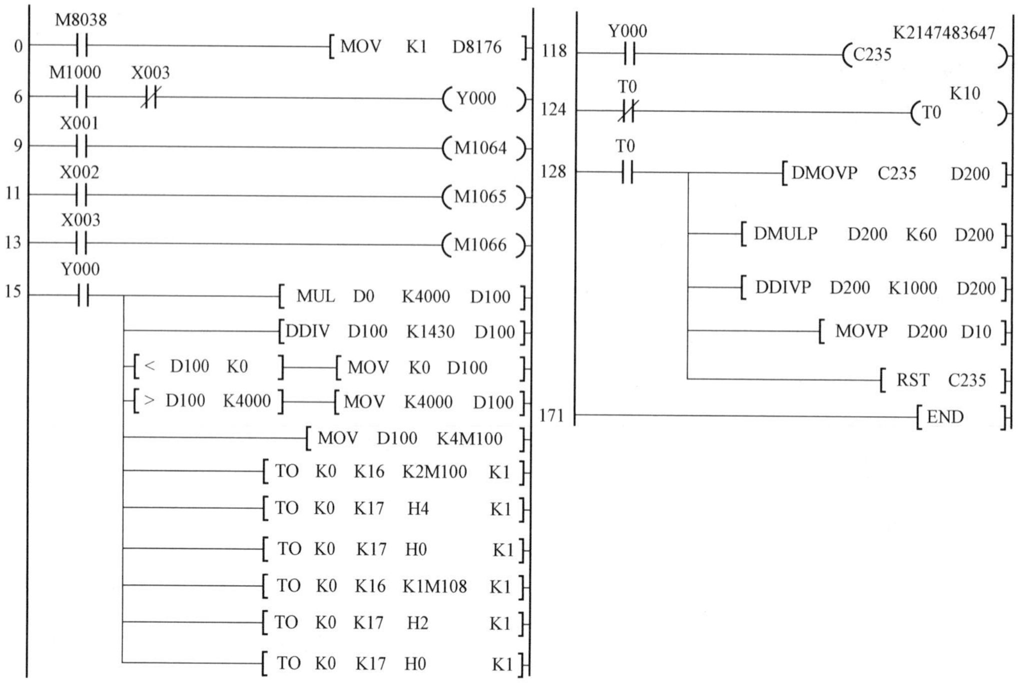

图 14-18 N∶N 网络从站 1 程序

(D100) 送到 K4M100 中，取低 8 位 K2M100 送到 0 号模块 FX₂ₙ-2DA 的缓冲区 BFM♯16 中，然后将 BFM♯17 的 b2 从 1→0 进行保持；取高 4 位 K1M108 送到 0 号模块 FX₂ₙ-2DA 的缓冲区 BFM♯16 中，然后将 BFM♯17 的 b1 从 1→0 进行转换输出。

(7) 步 118~123：从站电动机（Y0 动合触点闭合）运行时，高速计数器 C235 计数。

(8) 步 124~127：产生 1s 的振荡周期，用于采样。

(9) 步 128~170：1s 时间到，将 1s 内高速计数器测量值 C235 送到 32 位（D201 D200）寄存器中，然后乘以 60，得到 1min 内的脉冲数，除以 1000（旋转编码器每转输出的脉冲数）变为转轴的转速（单位 r/min），送入 D10，送到主站通过触摸屏显示；同时 C235 复位。

实例 166 多台 FX₃ᵤ 通过 N∶N 链接实现通信控制

一、 控制要求

某生产线有三台 FX₃ᵤ，通过 N∶N 通信实现以下控制要求：

(1) 主站设有触摸屏，主站电动机启动后，经过 10s，从站 1 电动机以触摸屏中设定转速启动；再经过 5s，从站 2 电动机启动。

(2) 按下停止按钮，同时停止。

(3) 主站、触摸屏、从站 1 和从站 2 都有启动/停止按钮，都可以启动和停止控制。

(4) 主站可以通过触摸屏监控各站电动机的运行状态、对从站 1 进行速度设定和速度显示、显示从站 2 的压力。其中，从站 2 的压力传感器测量范围 0~1000Pa，输出 4~20mA。

二、 I/O 端口分配表

PLC 的 I/O 端口分配见表 14-7。

表 14-7   PLC 的 I/O 端口分配

输入端口				输出端口		
输入端子	输入器件	触摸屏地址	作用	输出端子	输出器件	控制对象
主站 0						
X0	SB1 动合触点	M0	启动	Y0	KM1	主站电动机
X1	SB2 动合触点	M1	停止			
X2	KH1 动断触点	X2	过载保护			
从站 1						
X0	旋转编码器 A 相		测速	Y0	变频器 STF	从站 1 电动机
X1	SB3 动合触点		启动			
X2	SB4 动合触点		停止			
X3	变频器故障输出	M1067	变频器故障			
从站 2						
X0	SB5 动合触点		启动	Y0	KM2	从站 2 电动机
X1	SB6 动合触点		停止			
X2	KH2 动断触点	M1130	过载保护			

三、 控制线路

根据控制要求设计的电路如图 14-19 所示。

四、 触摸屏变量及界面

1. 触摸屏变量连接与报警

触摸屏变量与连接界面如图 14-20 所示。在组态变量时，要对变量的报警属性进行设置。双击开关型的"主站电动机过载"变量，打开"报警属性"页面，选中"允许进行报警处理"和"开关量报警"选项，在"报警注释"中输入"主站过载"，报警值设为 0。当 X2＝0 时，就触发这个报警。

按照同样的方法，组态变量"从站 1 变频器故障""从站 2 过载"的报警，在"报警注释"中分别输入"从站 1 变频器故障"（报警值设为 1）和"从站 2 过载"（报警值设为 0）。

双击"测量转速"变量，打开"报警属性"页面，选中"允许进行报警处理"和"下限报警"选项，在"报警注释"中输入"从站 1 转速低于 200r/min"，报警值设为 200。当测量转速低于 200r/min 时，就触发这个报警。双击"压力"变量，选中"下限报警"，在"报警注释"中输入"从站 2 压力低于 200Pa"，报警值设为 200。当测量压力低于 200Pa 时，就触发这个报警。选中"上限报警"，在"报警注释"中输入"从站 2 压力高于 900Pa"，报警值设为 900。当测量压力高于 900Pa 时，就触发这个报警。

然后单击 🔲 按钮，在监控画面中画出合适的范围。

2. 从站电动机运行监控设置

从站电动机不运行时显示银色，运行时显示绿色。双击从站电动机指示灯，在"属性设置"页面选中"填充颜色"；在"填充颜色"页面，表达式选择"从站电动机"，分别将 0、1 对应为银、绿。

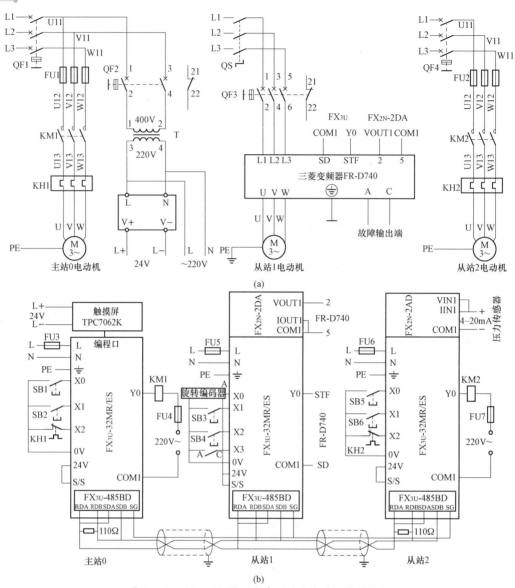

图 14-19　N：N链接通信实现的主电路和控制电路

（a）主电路；　（b）控制电路

图 14-20　触摸屏变量与连接界面

在工作台的"运行策略"中，编写"循环策略"脚本程序。程序如下：

IF 测量转速＞0 THEN
从站 1 电动机 = 1
ELSE
从站 1 电动机 = 0
ENDIF

编写好脚本程序，按"确认"退出。

3. 组态监控界面

触摸屏的监控界面如图 14 - 21 所示。

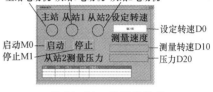

图 14 - 21 触摸屏界面

五、 从站 1 变频器参数设置

从站 1 变频器的参数设置见表 14 - 2（实例 163）。

六、 控制程序

1. 主站 0 的 PLC 控制程序

主站 0 的 PLC 控制程序如图 14 - 22 所示。程序工作原理如下：

（1）步 0～25：主站 0 参数设置。其中，M8038 为网络参数设置软元件，分别向特殊数据寄存器 D8176～D8180 写入相应的参数（主站 0、2 个从站、模式 2、重试 3 次、监视时间 50ms）。

（2）步 26～30：启动控制。X0、M0、M1064、M1128 分别为主站的启动、触摸屏的"启动"、从站 1 的启动、从站 2 的启动。当按下启动按钮时，Y0 置 1，主站电动机启动。

（3）步 31～34：主站电动机启动后（Y0＝1），T0 延时 10s。

（4）步 35～36：T0 延时到，M1000＝1，启动从站 1 电动机。

（5）步 37～44：停止控制。X1、X2、M1、M1065、M1067、M1129 和 M1130 分别为主站的停止、主站的过载保护、触摸屏的"停止"、从站 1 的停止、从站 1 的变频器故障、从站 2 的停止和从站 2 的过载保护。

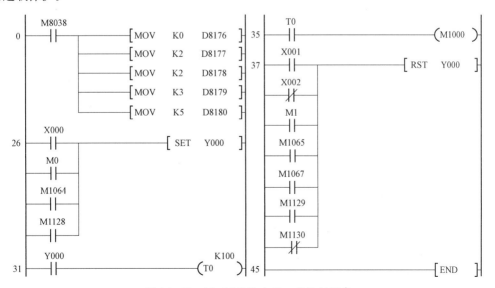

图 14 - 22 N∶N 网络主站 0 的控制程序

2. 从站 1 的 PLC 控制程序

从站 1 的 PLC 控制程序如图 14 - 23 所示。工作原理如下：

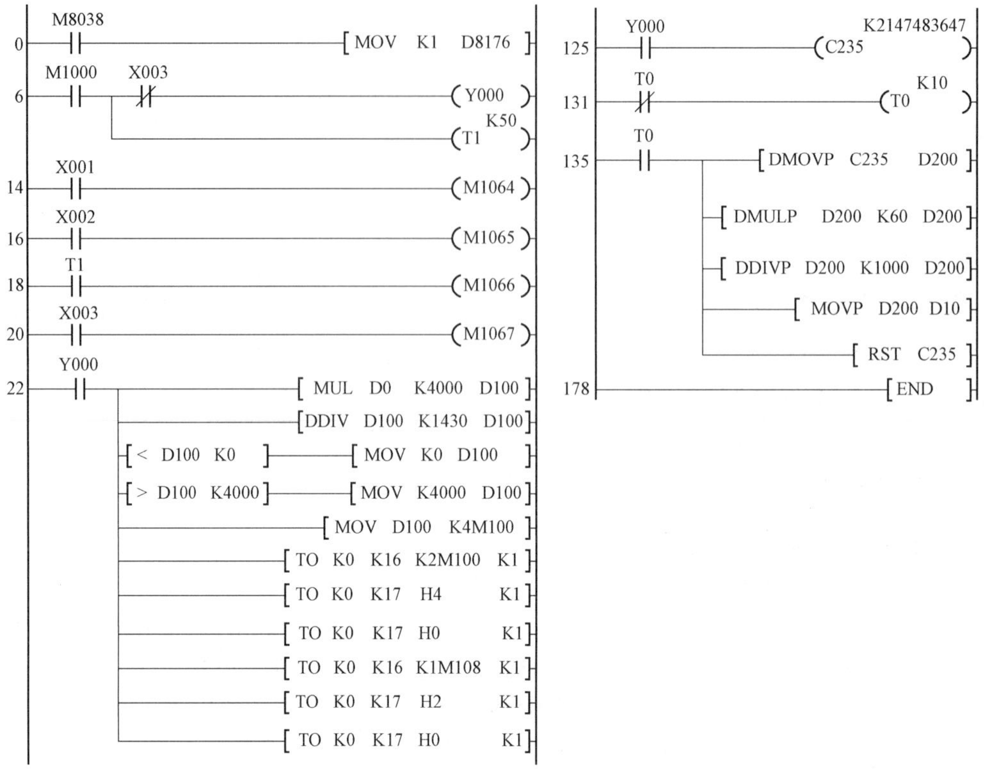

图 14-23　N：N 网络从站 1 的控制程序

（1）步 0～5：设置该从站的站号为 1。

（2）步 6～13：从站 1 电动机的控制，当主站 M1000＝1，Y0 通电，从站 1 电动机启动，同时 T1 延时 5s。当从站 1 变频器有故障时，Y0 断电，从站 1 电动机停止。

（3）步 14～15：从站 1 发出的启动控制。按下启动按钮 X1，M1064 通电，主从站电动机顺序启动。

（4）步 16～17：从站 1 发出的停止控制。按下停止按钮 X2，M1065 通电，主从站电动机同时停止。

（5）步 18～19：从站 1 发出的对从站 2 电动机的控制。T1 延时到，M1066＝1，从站 2 电动机启动。

（6）步 20～21：从站 1 发出的变频器故障报警。当变频器出现故障时，X3 接通，M1067＝1，主从站电动机同时停止，并通过主站触摸屏报警。

（7）步 22～124：从站 1 的速度控制。在从站 1 电动机运转（Y0 动合触点闭合）时，由于模拟量输出 0～10V 对应的数字量为 0～4000，所以先将主站触摸屏中的设定转速（D0）乘以 4000，然后除以额定转速 1430，换算成设定转速对应的数字量存到 D100 中；限定（D100）在 0～4000；（D100）送到 K4M100 中，取低 8 位 K2M100 送到 0 号模块 FX₂N-2DA 的缓冲区 BFM♯16 中，然后将 BFM♯17 的 b2 从 1→0 进行保持；取高 4 位 K1M108 送到 0 号模块 FX₂N-2DA 的缓冲区 BFM♯16 中，然后将 BFM♯17 的 b1 从 1→0 进行转换输出。

（8）步 125～130：从站 1 电动机（Y0 动合触点闭合）运行时，高速计数器 C235 计数。

（9）步 131～134：产生 1s 的振荡周期，用于采样。

（10）步 135～177：1s 时间到，将 1s 时间内高速计数器测量值 C235 送到 32 位（D201 D200）寄存器中，然后乘以 60，得到 1min 内的脉冲数，除以 1000（旋转编码器每转输出的脉冲数）变为转轴的转速（单位 r/min），送入 D10，送到主站通过触摸屏进行显示；同时 C235 复位。

3. 从站 2 的 PLC 控制程序

从站 2 的 PLC 控制程序如图 14-24 所示。工作原理如下：

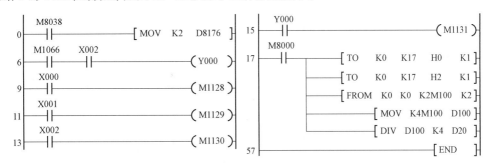

图 14-24　N∶N 网络从站 2 的控制程序

（1）步 0～5：设置该从站的站号为 2。

（2）步 6～8：对从站 2 电动机的控制。热继电器 KH2 动断触点接通，X2 有输入。当接收到来自于从站 1 的 M1066＝1 时，Y0 通电，从站 2 电动机启动。当从站 2 电动机过载（X2＝0）时，Y0 断电，从站 2 电动机停止。

（3）步 9～10：从站 2 发出的启动控制。当按下启动按钮 X0 时，M1128 通电，主从站电动机顺序启动。

（4）步 11～12：从站 2 发出的停止控制。当按下停止按钮 X1 时，M1129 通电，主从站电动机同时停止。

（5）步 13～14：从站 2 发出的过载保护。当从站 2 电动机过载时，KH2 动断触点断开，X2 没有输入，M1130＝0，主从站电动机同时停止，并通过主站触摸屏显示过载报警。

（6）步 15～16：从站 2 发出的电动机运行标志。当从站 2 电动机运行时，M1131＝1，通过主站触摸屏对从站 2 电动机运行进行监控。

（7）步 17～56：从站 2 压力测量。利用 TO 指令，向第 0 个模块的 BFM♯17 送 H0（即 b1b0＝00），选择转换通道为通道 1；向第 0 个模块的 BFM♯17 送 H2（即 b1b0＝10），b1 位由 0→1 开始转换。利用 FROM 指令，从第 0 个模块的 BFM♯1 和♯0 分别读取到 K2M108 和 K2M100。将 K4M100 传送到 D100，（D100）除以 4 将 0～4000 换算成 0～1000Pa 的压力，保存到 D20，通过主站触摸屏显示压力。

实例 167　两台 FX₃U 通过无协议通信实现交互启停控制

一、 控制要求

两台 FX₃U 通过无协议通信实现以下控制要求。

（1）当在甲地或乙地按下启动按钮时，甲机电动机 M1 开始 Y 启动，经过 6s，切换为△运行。再经过 5s，乙机电动机 M2 开始 Y 启动，经过 6s，切换为△运行。

（2）当在甲地或乙地按下停止按钮时，两台电动机同时停止。

二、 I/O 端口分配表

PLC 的 I/O 端口分配见表 14-8。

表 14 - 8　　　　　　　　　　　　　　　　I/O 端口分配表

输入端口			输出端口		
输入端子	输入器件	作用	输出端子	输出器件	控制对象
甲地					
X0	SB1 动合触点	停止	Y0	KM1	电源接触器
X1	SB2 动合触点	启动	Y1	KM2	Y 接触器
			Y2	KM3	△接触器
乙地					
X2	SB3 动合触点	停止	Y0	KM4	电源接触器
X3	SB4 动合触点	启动	Y1	KM5	Y 接触器
			Y2	KM6	△接触器

三、 控制线路

两台 FX$_{3U}$ 通过无协议通信实现交互的控制电路如图 14 - 25 所示。主电路略。

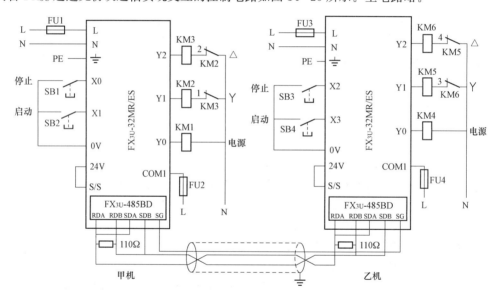

图 14 - 25　两机无协议通信的交互控制电路

四、 无协议通信

无协议通信功能是指执行打印机或条形码阅读器等无协议数据通信的功能。在 FX 系列中，通过使用 RS 指令、RS2 指令，可以实现无协议通信功能。

1. 无协议通信用到的软元件。

无协议通信用到的软元件见表 14 - 9。

表 14 - 9　　　　　　　　　　　　　　　　无协议通信用到的软元件

软元件	名称	内　　　容	属性
M8122	发送请求	设置发送请求后，开始发送	读/写
M8123	接收结束标志位	接收结束时置 ON。不能再接收数据，需人工复位	读/写

软元件	名称	内 容	属性
M8161	8 位处理模式	在 16 位数据和 8 位数据之间切换发送接收数据。 ON：8 位模式；OFF：16 位模式	写
D8120	通信格式设定	可以进行通信格式设定	读/写

2. 字软元件 D8120 的通信格式。

字软元件 D8120 的通信格式见表 14 - 10。

表 14 - 10 　　　　　　　　　　字软元件 D8120 的通信格式

位号	名称	内 容	
		0（位 OFF）	1（位 ON）
b0	数据长	7 位	8 位
b2 b1	奇偶性	(00)：无；(01)：奇数；(11)：偶数	
b3	停止位	1 位	2 位
b7 b6 b5 b4	传送速率 (bit/s)	(0011)：300；(0100)：600；(0101)：1200； (0110)：2400；(0111)：4800；(1000)：9600；(1001)：19200	
b8	起始符	无	有，初始值：STX
b9	终止符	无	有，初始值：ETX
b11 b10	控制线	无顺序	(00)：无＜RS - 232 接口＞ (01)：普通模式＜RS - 232 接口＞ (10)：联动模式＜RS - 232 接口＞ (11)：调制解调模式＜RS - 232、RS - 485 接口＞
		计算机链接	(00)：RS - 485 接口 (10)：＜RS - 232C 接口＞
b12		不可使用	
b13	和校验	不附加	附加
b14	协议	不使用	使用
b15	控制顺序	格式 1（不使用 CR、LF）	格式 4（使用 CR、LF）

五、 控制程序

1. 甲机控制程序

甲机控制程序如图 14 - 26 所示。

（1）步 0～5：开机将 H0C97 送入 D8120，定义接口为 RS - 485、无起始符和终止符、通信的波特率为 19200bit/s、停止位 1 位、偶校验、数据长为 8 位。

（2）步 6～19：X1 和 X0 为甲机的启动和停止，M11 和 M10 对应乙机的启动和停止，按下启动按钮 X1 或 M11，Y0 通电自锁，Y1 得电，甲机电动机 M1 开始 Y 形启动，同时 T0 延时 6s。

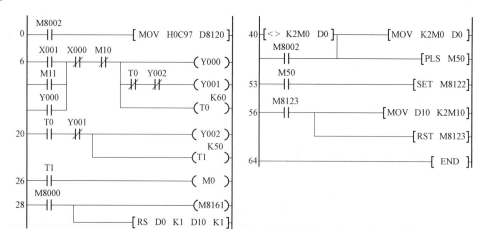

图 14-26 无协议通信的甲机控制程序

（3）步 20～25：T0 延时到，Y1 失电，Y2 得电，电动机 M1 切换为△形运行。同时 T1 延时 5s。

（4）步 26～27：T1 延时到，M0 线圈通电，对乙机进行启动控制。

（5）步 28～39：M8161 通电，以 8 位数据发送和接收；串行数据传送指令 RS 将 D0 的低 8 位数据进行发送，同时接收一个 8 位数据到 D10 的低 8 位中。

（6）步 40～52：当甲机对乙机的控制 K2M0 发生变化或开机时，将 K2M0 转存到 D0 进行发送，同时 M50 产生一个上升沿。

（7）步 53～55：在 M50 的上升沿，使发送请求 M8122 置 1，进行发送。发送完成，M8122 自动复位。

（8）步 56～63：当接收完成时，接收完成标志 M8123=1，将接收到的数据 D10 送入 K2M10，M8123 复位。

2. 乙机控制程序

乙机控制程序如图 14-27 所示。

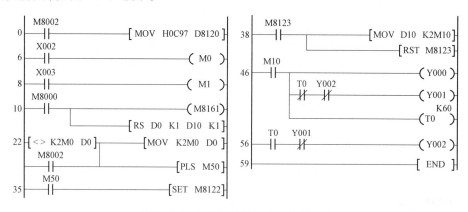

图 14-27 无协议通信的乙机控制程序

（1）步 0～5：开机将 H0C97 送入 D8120，定义接口为 RS-485、无起始符和终止符、通信的波特率为 19200bit/s、停止位 1 位、偶校验、数据长为 8 位。

（2）步 6～7：乙机发出的停止控制。当按下停止按钮 X2 时，M0=1。

（3）步 8～9：乙机发出的启动控制。当按下启动按钮 X3 时，M1=1。

（4）步 10～21：M8161 通电，以 8 位数据发送和接收；串行数据传送指令 RS 将 D0 的低 8 位数据进行发送，同时接收一个 8 位数据到 D10 的低 8 位中；将控制信息 K2M0 送入到 D0 进行发送。

（5）步 22～34：当乙机对甲机的控制 K2M0 发生变化或开机时，将对甲机的控制信息 K2M0 转存到 D0 进行发送，同时 M50 产生一个上升沿。

（6）步 35～37：在 M50 的上升沿，使发送请求 M8122 置 1，进行发送。发送完成，M8122 自动复位。

（7）步 38～45：当接收完成时，接收完成标志 M8123＝1，将接收到的数据 D10 送入 K2M10，M8123 复位。

（8）步 46～55：当接收到来自于甲机对乙机的启动信号（M10＝1）时，Y0、Y1 得电，乙机电动机 M2 开始 Y 形启动，同时 T0 延时 6s。

（9）步 56～58：T0 延时到，Y1 失电，Y2 得电，乙机电动机 M2 切换为△形运行。

实例 168　两台 FX3U 通过无协议通信实现调速与测速

一、控制要求

两台 FX3U 通过无协议通信实现以下控制要求：

（1）甲机设有触摸屏，当点击触摸屏中"启动"按钮或按下启动按钮时，甲机启动。经过 6s，乙机以触摸屏中设定的转速运转。

（2）乙机的测量转速可以通过触摸屏显示。

（3）当点击触摸屏中"停止"按钮或按下停止按钮时，甲机和乙机同时停止。

（4）当乙机有主电路跳闸或变频器故障时，乙机停止，并通过触摸屏显示故障报警。

（5）当甲机过载时，甲机和乙机同时停止，同时通过触摸屏报警。

二、I/O 端口分配表

PLC 的 I/O 端口分配及触摸屏对应地址见表 14 - 11。

表 14 - 11　　　　　　　　　PLC I/O 端口分配及触摸屏对应地址

输入端口				输出端口		
输入端子	输入器件	触摸屏地址	作用	输出端子	输出器件	控制对象
甲机						
X0	KH 动断触点	X0	过载保护	Y0	KM	甲机 M1
X1	SB1 动合触点	M1	停止按钮	—	—	—
X2	SB2 动合触点	M0	启动按钮	—	—	—
乙机						
X0	旋转编码器 A 相		测量转速	Y0	变频器 STF	乙机 M2
X1	QF3 动断触点	M10	乙机主电路跳闸	—	—	—
X2	变频器故障输出	M11	乙机变频器故障	—	—	—

三、控制电路

通过无协议通信实现调速的主电路和控制电路如图 14 - 28 所示。

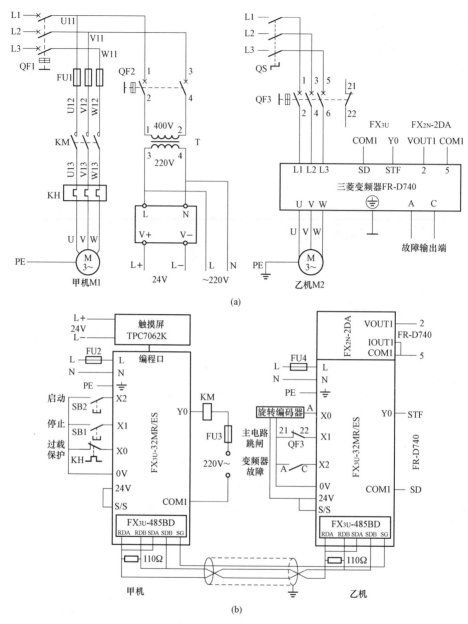

图 14-28　通过无协议实现调速的主电路和控制电路
(a) 主电路； (b) 控制电路

四、触摸屏变量及界面

1. 触摸屏变量连接与报警

触摸屏变量与连接如图 14-29 所示。在组态变量时，要对变量的报警属性进行设置。双击开关型的"甲机电动机过载"变量，打开"报警属性"页面，选中"允许进行报警处理"和"开关量报警"选项，在"报警注释"中输入"甲机电动机过载"，报警值设为 0。当 X0=0 时，就触发这个报警。

按照同样的方法，组态变量"乙机主电路跳闸""乙机变频器故障"的报警，在"报警注释"中分别输入"乙机主电路跳闸""乙机变频器故障"，报警值都设为 1。然后单击 按钮，在监控画面

图 14 - 29 触摸屏变量与连接界面

中画出合适的范围。

2. 乙机运行监控设置

乙机不运行时显示银色，运行时显示绿色。双击乙机指示灯，在"属性设置"页面选中"填充颜色"；在"填充颜色"页面，表达式选择"乙机"，分别将 0、1 对应为银、绿。

在工作台的"运行策略"中，编写"循环策略"脚本程序。程序如下：

```
IF 乙机测量速度＞0 THEN
乙机＝1
ELSE
乙机＝0
ENDIF
```

编写好脚本程序，单击"确认"按钮退出。

3. 组态监控界面

触摸屏的监控界面如图 14 - 30 所示。

五、 变频器参数设置

变频器的参数设置见表 14 - 12。

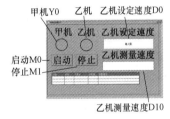

图 14 - 30 触摸屏界面

表 14 - 12　　　　　　　　　　　变 频 器 参 数 设 置

序号	参数代号	初始值	设置值	说　　　明
1	Pr. 1	120	50	输出频率的上限（Hz）
2	Pr. 7	5	0.5	电动机加速时间（s）
3	Pr. 8	5	0.5	电动机减速时间（s）
4	Pr. 9	变频器额定电流（2.2A）	0.2	电动机的额定电流（A）
5	Pr. 160	9999	0	扩展功能显示选择（显示所有参数，开放隐藏参数）
6	Pr. 73	1	0	端子 2 输入 0～10V，不可反转运行
7	Pr. 80	9999	0.1	电动机容量（kW）
8	Pr. 125	50	50	端子 2 输入最大频率（Hz）
9	Pr. 178	60	60	STF 端子功能选择（正转启动）
10	Pr. 79	0	2	外部运行模式

注　表中电动机为 380V/0.2A/0.04kW/1430r/min，请按照电动机实际参数进行设置。

六、 控制程序

1. 甲机控制程序

甲机控制程序如图 14 - 31 所示。其中，M100 控制乙机的启动，M101 控制乙机的停止，M10 为乙机主电路跳闸，M11 为乙机变频器故障，D0 为设定乙机运行速度，D10 为来自于乙机的测量速度。

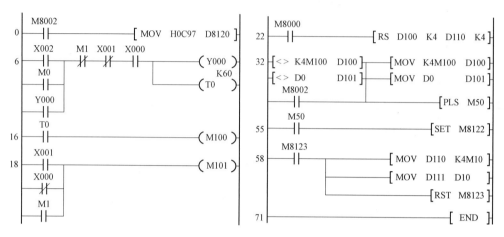

图 14 - 31 甲机控制程序

（1）步 0～5：开机将 H0C97 送入 D8120，定义接口为 RS-485、无起始符和终止符、通信的波特率为 19200bit/s、停止位 1 位、偶校验、数据长为 8 位。

（2）步 6～15：过载 X0 预先接通，当按下启动按钮 X2 或单击触摸屏"启动"按钮（M0）时，Y0 通电自锁，主站电动机启动运行，同时 T0 延时 6s。当按下停止按钮 X1、出现过载（X0＝0）或点击触摸屏"停止"按钮（M1）时，Y0 断电，主站电动机停止。

（3）步 16～17：T0 延时到，M100＝1，乙机启动。

（4）步 18～21：当按下停止按钮（X1＝1）、出现过载（X0＝0）或者点击触摸屏"停止"按钮（M1＝1）时，M101＝1，乙机停止。

（5）步 22～31：串行数据传送指令 RS 将 D100 开始的 4 个 8 位数据进行发送，同时接收 4 个 8 位数据到 D110 开始软元件中。

（6）步 32～54：当甲机对乙机的控制命令 K4M100、设定转速 D0 发生变化或开机时，将 K4M100 送入到 D100，D0 送入 D101；同时 M50 产生一个上升沿。

（7）步 55～57：在 M50 的上升沿，使发送请求 M8122 置 1，进行发送。发送完成，M8122 自动复位。

（8）步 58～70：当接收完成时，接收完成标志 M8123＝1，将接收到来自于乙机的故障 D110 送入 K4M10，乙机的测量速度 D111 送入 D10，M8123 人工复位。

2. 乙机控制程序

乙机控制程序如图 14 - 32 所示。其中，M10 为乙机主电路跳闸，M11 为乙机变频器故障，D30 为来自于甲机的设定速度，D500 为发送到甲机的测量速度。

（1）步 0～5：开机将 H0C97 送入 D8120，定义接口为 RS-485、无起始符和终止符、通信的波特率为 19200bit/s、停止位 1 位、偶校验、数据长为 8 位。

（2）步 6～12：当接收到甲机的启动信号（M0 上升沿）时，Y0 通电自锁，乙机启动。当接收到来自甲机的停止（M1＝1）、主电路跳闸（X1）或变频器出现故障（X2）时，Y0 断电，乙机

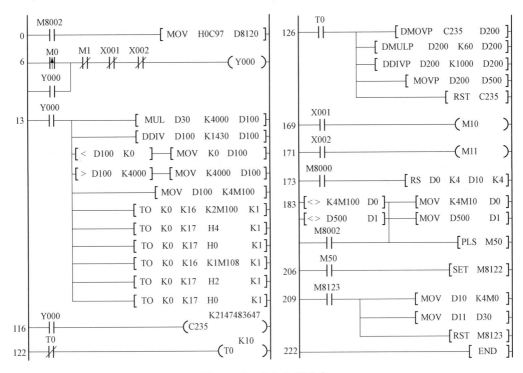

图 14-32 乙机控制程序

停止。

(3) 步 13~115：乙机的调速控制。在电动机运转（Y0 动合触点闭合）时，由于模拟量输出 0~10V 对应的数字量为 0~4000，所以先将设定转速（D30）乘以 4000，然后除以额定转速 1430，换算成设定转速对应的数字量存到 D100 中；限定（D100）在 0~4000；（D100）送到 K4M100 中，取低 8 位 K2M100 送到 0 号模块 FX$_{2N}$-2DA 的缓冲区 BFM♯16 中，然后将 BFM♯17 的 b2 从 1→0 进行保持；取高 4 位 K1M108 送到 0 号模块 FX$_{2N}$-2DA 的缓冲区 BFM♯16 中，然后将 BFM♯17 的 b1 从 1→0 进行转换输出。

(4) 步 116~121：乙机（Y0 动合触点闭合）运行时，高速计数器 C235 计数。

(5) 步 122~125：产生 1s 的振荡周期，用于采样。

(6) 步 126~168：1s 时间到，将 1s 内高速计数器测量值 C235 送到 32 位（D201 D200）寄存器中，然后乘以 60，得到 1min 内的脉冲数，除以 1000（旋转编码器每转输出的脉冲数）变为转轴的转速（单位 r/min），送入 D500，送到主站通过触摸屏进行显示；同时 C235 复位。

(7) 步 169~170：当乙机主电路跳闸（X1=1）时，M10=1，发送到甲机触摸屏中报警。

(8) 步 171~172：当乙机变频器故障（X2=1）时，M11=1，发送到甲机触摸屏中报警。

(9) 步 173~182：串行数据传送指令 RS 将 D0 开始的 4 个 8 位数据进行发送，同时接收 4 个 8 位数据到 D10 开始软元件中。

(10) 步 183~205：当乙机的故障信息 K4M10、测量转速 D500 发生变化或开机时，将 K4M10 送入到 D0，D500 送入 D1；同时 M50 产生一个上升沿。

(11) 步 206~208：在 M50 的上升沿，使发送请求 M8122 置 1，进行发送。发送完成，M8122 自动复位。

(12) 步 209~221：当接收完成时，接收完成标志 M8123=1，将接收到的甲机控制命令 D10 送入 K4M0，甲机设定速度 D11 送入 D30，M8123 人工复位。

实例 169 多台 FX₃U 通过无协议通信实现交互控制

一、 控制要求

三台 FX₃U 通过无协议通信实现以下控制要求。

（1）当1号、2号或3号电动机按下启动按钮时，1号电动机 M1 开始启动。经过 5s，2号电动机 M2 开始启动。再经过 6s，3号电动机启动。

（2）当1号、2号或3号电动机按下停止按钮时，电动机全部停止。

二、 I/O 端口分配表

PLC 的 I/O 端口分配见表 14 - 13。

表 14 - 13   I/O 端口分配表

输入端口			输出端口		
输入端子	输入器件	作用	输出端子	输出器件	控制对象
1号					
X0	SB1 动合触点	启动	Y0	KM1	1号电动机 M1
X1	SB2 动合触点	停止			
2号					
X0	SB3 动合触点	启动	Y0	KM2	2号电动机 M2
X1	SB4 动合触点	停止			
3号					
X0	SB5 动合触点	启动	Y0	KM3	3号电动机 M3
X1	SB6 动合触点	停止			

三、 控制线路

三台 FX₃U 通过无协议通信实现交互的控制电路如图 14 - 33 所示，主电路略。

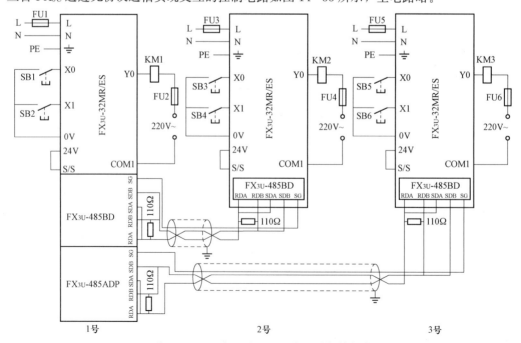

图 14 - 33   三机无协议通信交互的控制电路

四、 无协议 RS2 通信

1. 无协议通信 RS2 用到的软元件。

无协议 RS2 通信用到的软元件见表 14 - 14。

表 14 - 14　　　　　　　　　　　　无协议 RS2 通信用到的软元件

通道 1	通道 2	名称	内　　容	属性
软元件				
M8402	M8422	发送请求	设置发送请求后，开始发送	读/写
M8403	M8423	接收结束标志位	接收结束时置 ON。不能再接收数据，需人工复位	读/写
D8400	D8420	通信格式设定	可以进行通信格式设定	读/写

2. 字软元件 D8400 和 D8420 的通信格式。

字软元件 D8400 和 D8420 的通信格式见表 14 - 15。

表 14 - 15　　　　　　　　　　字软元件 D8400 和 D8420 的通信格式

位号	名称	内　　容	
		0（位 OFF）	1（位 ON）
b0	数据长	7 位	8 位
b2 b1	奇偶性	（00）：无；（01）奇数；（11）偶数	
b3	停止位	1 位	2 位
b7 b6 b5 b4	传送速率 （bit/s）	（0011）：300；（0100）：600；（0101）：1200；（0110）：2400； （0111）：4800；（1000）：9600；（1001）：19200；（1010）：38400	
b8	起始符	无	有，初始值：STX
b9	终止符	无	有，初始值：ETX
b12 b11 b10	控制线	无协议	（000）：无＜RS - 232 接口＞ （001）：普通模式＜RS - 232 接口＞ （010）：联动模式＜RS - 232 接口＞ （111）：调制解调模式＜RS - 232、RS - 485 接口＞
b13	和校验	不附加	附加
b14	协议	无协议	专用协议
b15	控制顺序	格式 1（不使用 CR、LF）	格式 4（使用 CR、LF）

五、 控制程序

1. 1 号电动机控制程序

1 号电动机控制程序如图 14 - 34 所示。

（1）步 0～10：开机将 H1C91 分别送入 D8400 和 D8420，定义通道 1 和通道 2 为 RS - 485、无起始符和终止符、通信的波特率为 19200bit/s、停止位 1 位、无校验、数据长为 8 位。

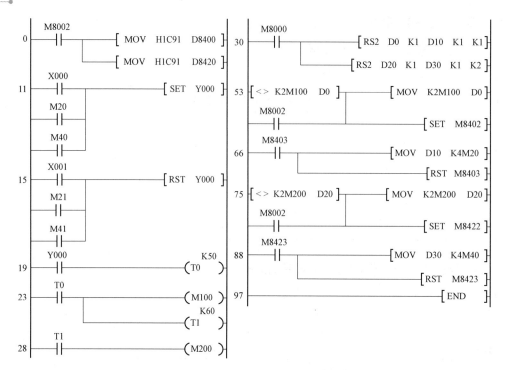

图 14-34 无协议通信的 1 号电动机控制程序

(2) 步 11～14：1 号电动机 M1 的启动控制。X0（1 号）、M20（2 号）、M40（3 号）为启动。

(3) 步 15～18：1 号电动机 M1 的停止控制。X1（1 号）、M21（2 号）、M41（3 号）为停止。

(4) 步 19～22：当 1 号电动机 M1 启动（Y0=1）时，T0 延时 5s。

(5) 步 23～27：T0 延时到，2 号电动机（M100=1）启动，同时 T1 延时 6s。

(6) 步 28～29：T1 延时到，3 号电动机（M200=1）启动。

(7) 步 30～52：通道 1 和通道 2 的串行指令。向通道 1（K1）发送 D0 中的低 8 位数据，接收数据保存到 D10 的低 8 位中；向通道 2（K2）发送 D20 的低 8 位数据，接收数据保存到 D30 的低 8 位中。

(8) 步 53～65：当 K2M100 发生变化或开机时，将对 1 号的控制命令 K2M100 转存到 D0，置位 M8402 开始从通道 1 发送。

(9) 步 66～74：当接收完成时，接收完成标志 M8403=1，将接收到的来自于 1 号的控制命令数据 D10 送入 K4M20，复位 M8403。

(10) 步 75～96：通道 2 的发送与接收，与通道 1 类似。

2. 2 号电动机和 3 号电动机控制程序

2 号电动机和 3 号电动机控制程序如图 14-35 所示。

(1) 步 0～5：开机将 H1C91 送入 D8400，定义通道 1 为 RS-485、无起始符和终止符、通信的波特率为 19200bit/s，停止位 1 位、无校验、数据长为 8 位。

(2) 步 6～7：该站发出的启动控制。当按下启动按钮 X0 时，M0=1。

(3) 步 8～9：该站发出的停止控制。当按下停止按钮 X1 时，M1=1。

(4) 步 10～21：串行数据传送指令 RS2 将该站的控制命令 D0 的低 8 位数据进行发送，同时接收数据到 D10 的低 8 位中。

(5) 步 22～34：当该站的控制命令 K2M0 发生变化或开机时，将 K2M0 转存到 D0，置位 M8402

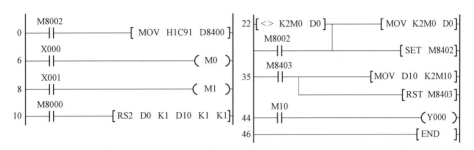

图 14 - 35　无协议通信的 2 号电动机和 3 号电动机控制程序

开始从通道 1 发送。

（6）步 35～43：当接收完成时，接收完成标志 M8403＝1，将接收到的数据 D10 送入 K2M10 中，复位 M8403。

（7）步 44～45：当接收的数据 K2M10 的 M10＝1 时，Y0 有输出，该站电动机启动。

实例 170　FX₃U 和西门子 S7 - 200 通过无协议通信 实现交互启停

一、 控制要求

一台 FX₃U 和一台西门子 S7 - 200（CPU224XP）通过无协议通信实现以下控制要求。

（1）当甲地按下启动按钮时，乙地电动机 M2 开始 Y 形启动，经过 6s，切换为△形运行。

（2）当甲地按下停止按钮时，乙地电动机停止。

（3）当乙地按下启动按钮时，甲地电动机 M1 启动。

（4）当乙地按下停止按钮时，甲地电动机 M1 停止。

二、 I/O 端口分配表

PLC 的 I/O 端口分配见表 14 - 16。

表 14 - 16　　　　　　　　　　　　　I/O 端口分配表

输入端口			输出端口		
输入端子	输入器件	作用	输出端子	输出器件	控制对象
甲地					
X0	SB1 动合触点	启动	Y0	KM1	电动机 M1
X1	SB2 动合触点	停止	—	—	—
乙地					
I0.2	SB3 动合触点	启动	Q0.0	KM2	电源接触器
I0.3	SB4 动合触点	停止	Q0.1	KM3	Y 接触器
—	—	—	Q0.2	KM4	△接触器

三、 控制电路

一台 FX₃U 和一台 S7 - 200 通过无协议通信实现交互的控制电路如图 14 - 36 所示。主电路略。

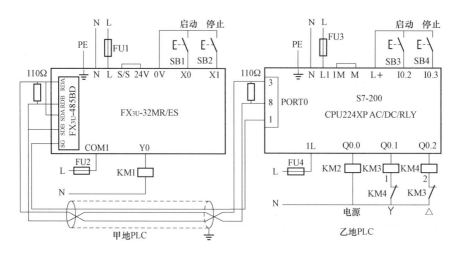

图 14 - 36　两机无协议通信的交互控制电路

四、 控制程序

1. 甲地控制程序

甲地控制程序如图 14 - 37 所示。

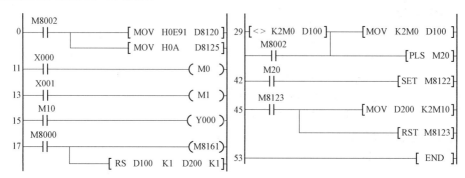

图 14 - 37　无协议通信的甲地控制程序

（1）步 0～10：开机将 H0E91 送入 D8120，定义接口为 RS - 485、无起始符，有结束符、通信的波特率为 19200bit/s、停止位 1 位、无校验、数据长为 8 位；将结束符 H0A 送入 D8125。

（2）步 11～12：甲地对乙地的启动控制。当按下甲地启动按钮 SB1 时，X0 动合触点接通，M0＝1。

（3）步 13～14：甲地对乙地的停止控制。当按下甲地停止按钮 SB2 时，X1 动合触点接通，M1＝1。

（4）步 15～16：乙地对甲地的控制。当接收到的控制命令 K2M10＝1（即 M10＝1）时，Y0 通电，甲地电动机 M1 启动。

（5）步 17～28：M8161 通电，以 8 位数据发送和接收；串行数据传送指令 RS 将 D100 的低 8 位数据进行发送，同时接收一个 8 位数据到 D200 的低 8 位中。

（6）步 29～41：当 K2M0 有变化或开机时，将 K2M0 转存到 D100，使 M20 产生一个上升沿。

（7）步 42～44：在 M20 的上升沿，发送请求 M8122 置 1，进行发送。发送完成后，M8122 自动复位。

（8）步 45～52：当接收完成时，接收完成标志 M8123＝1，将接收到的数据 D200 送入 K2M10，复位 M8123。

2. 乙地控制程序

（1）乙地控制主程序如图 14 - 38 所示。

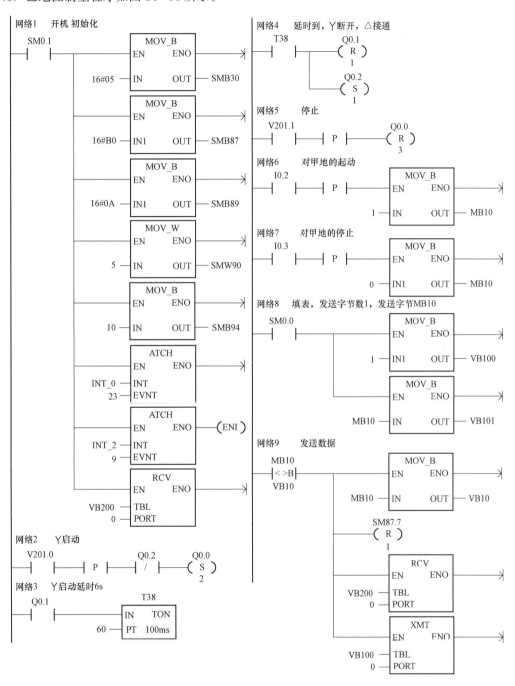

图 14 - 38　无协议通信的乙地控制主程序

1）网络 1：开机初始化。将 16♯05 送入 SMB30，定义端口 PORT0 的波特率为 19200bit/s、8 位、1 位停止位、无校验、自由口通信；16♯B0 送入 SMB87，通信时允许接收消息、使用 SMB89 的值检测结束消息、SMW90 的值检测空闲状态；16♯0A 送入 SMB89，将回车符作为接收信息的结束；5 送入 SMW90，5ms 空闲时间用完后接收的第一个字符是新消息的开始；10 送入 SMB94，要接收的最大字符数为 10 个；将接收完成中断事件号 23 与中断程序 INT＿0 连接起来；将发送完成中断事件号 9 与中断程序 INT＿2 连接起来，ENI 开中断；开机处于接收状态，从端口 0 接收到的信息保存到 VB200 开始的字节单元中。

2）网络 2：当接收到甲地的启动控制信号（V201.0 的上升沿）时，Q0.0 和 Q0.1 都置为 1，乙地电动机 Y 连接启动。

3）网络 3：当 Y 形启动（Q0.1＝1）时，T38 延时 6s。

4）网络 4：T38 延时 6s 到，Q0.1 复位，Q0.2 置位，乙地电动机△形运行。

5）网络 5：当接收到甲地的停止控制（V201.1 的上升沿）时，Q0.0～Q0.2 复位，乙地电动机停止。

6）网络 6：乙地控制甲地的启动。当按下乙地启动按钮（I0.2 的上升沿）时，将 1 送入 MB10，启动甲地电动机。

7）网络 7：乙地控制甲地的停止。当按下乙地停止按钮（I0.3 的上升沿）时，将 0 送入 MB10，停止甲地电动机。

8）网络 8：填充发送数据。将 1 送入 VB100，发送一个字节；MB10 送入 VB101，发送对甲地的启停控制。

9）网络 9：当乙机对甲机的控制发生变化（MB10≠VB10）时，将 MB10 转存到 VB10，复位 SM87.7，执行 RCV，接收停止；用 XMT 指令将 VB100 开始的数据从端口 0 发送出去。

（2）中断程序。中断程序如图 14 - 39 所示。

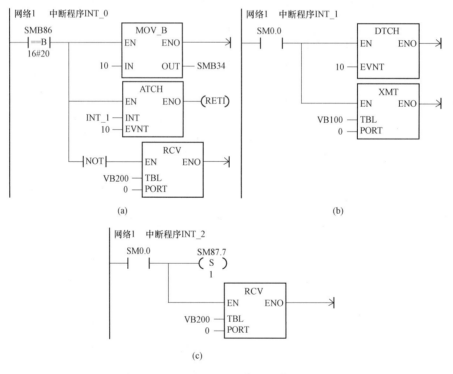

图 14 - 39　乙地中断程序
(a) 中断程序 INT＿0；(b) 中断程序 INT＿1；(c) 中断程序 INT＿2

1）中断程序 INT＿0。当接收完成时，产生中断（事件号 23），调用中断程序 INT＿0，如果 SMB86＝16＃20（接收到结束字符 16＃0A），将 10 送入 SMB34，将定时中断 0（事件号 10）与中断程序 INT＿1 连接起来，产生 10ms 的定时，中断返回（RETI）；如果由其他原因完成接收

（SMB86≠16♯20），重新启动接收。

2）中断程序 INT_1。当定时中断 0 的 10ms 延时到，调用中断程序 INT_1。分离中断事件号 10 与中断程序的连接；执行发送指令 XMT，将 VB100 开始的数据从端口 0 进行发送。

3）中断程序 INT_2。当发送完成时，产生中断（事件号 9），调用中断程序 INT_2 进行接收。先使 SM87.7 置位，允许接收，然后执行 RCV 指令，将从端口 0 接收到的数据保存到 VB200 开始的单元。其中：VB200 为接收字节数；VB201 保存的是来自于甲地的启动（V201.0）和停止（V201.1）控制。

实例 171　FX₃ᵤ 和西门子 S7 - 200 通过无协议通信实现交互调速

一、 控制要求

一台 FX₃ᵤ 和一台西门子 S7 - 200（CPU224XP）通过无协议通信实现以下控制要求。

（1）当甲地按下启动按钮时，乙地电动机 M2 以甲地设定转速（D1）启动运行。

（2）当甲地按下停止按钮时，乙地电动机 M2 停止。

（3）当乙地按下启动按钮时，甲地电动机 M1 以乙地设定转速（VW0）启动运行。

（4）当乙地按下停止按钮时，甲地电动机 M1 停止。

二、 I/O 端口分配表

PLC 的 I/O 端口分配见表 14 - 17。

表 14 - 17　　　　　　　　　　　　　I/O 端口分配表

输入端口			输出端口		
输入端子	输入器件	作用	输出端子	输出器件	控制对象
甲地					
X0	SB1 动合触点	启动	Y0	变频器 A1 的 STF	甲地电动机 M1
X1	SB2 动合触点	停止	—	—	—
乙地					
I0.2	SB3 动合触点	启动	Q0.0	变频器 A2 的 STF	乙地电动机 M2
I0.3	SB4 动合触点	停止	—	—	—

三、 控制线路

一台 FX₃ᵤ 和一台 S7 - 200 通过无协议通信实现交互调速的主电路和控制电路如图 14 - 40 所示。

四、 变频器参数设置

甲地变频器 A1 和乙地变频器 A2 的参数设置见表 14 - 2（实例 163）。

五、 控制程序

1. 甲地控制程序

甲地控制程序如图 14 - 41 所示。

（1）步 0～10：开机将 H0E91 送入 D8120，定义接口为 RS - 485、无起始符，有结束符、通信的

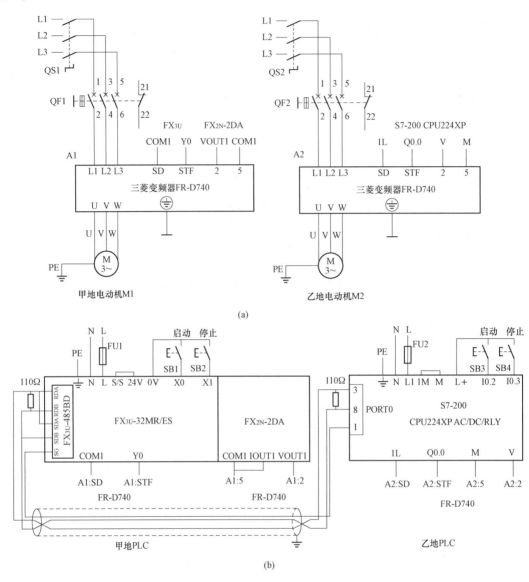

图 14 - 40 两机实现无协议通信交互的主电路和控制电路

（a）主电路；（b）控制电路

波特率为 19200bit/s、停止位 1 位、无校验、数据长为 8 位；将结束符 H0A 送入 D8125。

（2）步 11～17：甲地对乙地的启动控制。当按下甲地启动按钮 SB1（X0）时，将 1 送入 D0，控制乙地启动。

（3）步 18～24：甲地对乙地的停止控制。当按下甲地停止按钮 SB2（X1）时，将 0 送入 D0，控制乙地停止。

（4）步 25～26：乙地对甲地的控制。当接收到的控制命令 K2M10＝1（M10＝1）时，Y0 通电，甲地电动机 M1 启动。

（5）步 27～36：串行数据传送指令 RS 将 D400（控制乙地的启停）和 D401（设定乙地的速度）这 4 个 8 位数据进行发送，同时接收 4 个 8 位数据到 D200（来自乙地的启停控制）和 D201（来自乙地的设定速度）中。

（6）步 37～59：当启停控制信息（D0）有变化、设定速度（D1）有变化或开机时，将（D0）

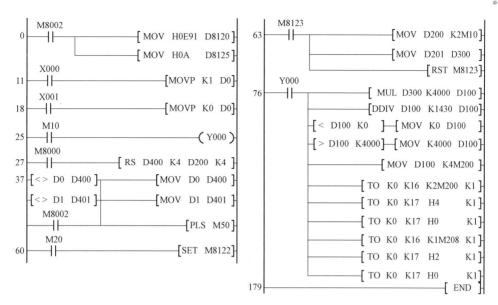

图 14 - 41　无协议调速控制的甲地程序

转存到 D400 中、（D1）转存到 D401 中，使 M20 产生一个上升沿。

（7）步 60～62：在 M20 的上升沿，发送请求 M8122 置 1，进行发送。发送完成，M8122 自动复位。

（8）步 63～75：当接收完成时，接收完成标志 M8123＝1，将接收到的控制数据（D200）送入 K2M10，调速数据（D201）送入 D300，M8123 复位。

（9）步 76～178：甲地电动机的调速控制。在电动机运转（Y0 动合触点闭合）时，由于模拟量输出 0～10V 对应的数字量为 0～4000，所以先将设定转速（D300）乘以 4000，然后除以额定转速 1430，换算成设定转速对应的数字量存到 D100 中；限定（D100）在 0～4000；（D100）送到 K4M200 中，取低 8 位 K2M200 送到 0 号模块 FX$_{2N}$ - 2DA 的缓冲区 BFM♯16 中，然后将 BFM♯17 的 b2 从 1→0 进行保持；取高 4 位 K1M208 送到 0 号模块 FX$_{2N}$ - 2DA 的缓冲区 BFM♯16 中，然后将 BFM♯17 的 b1 从 1→0 进行转换输出。

2. 乙地控制程序

（1）乙地控制主程序如图 14 - 42 所示。

1）网络 1：开机初始化。将 16♯05 送入 SMB30，定义端口 PORT0 的波特率为 19200bit/s、8 位、1 位停止位、无校验、自由口通信；16♯B0 送入 SMB87，通信时允许接收消息、使用 SMB89 的值检测结束消息、SMW90 的值检测空闲状态；16♯0A 送入 SMB89，将回车符作为接收信息的结束；5 送入 SMW90，5ms 空闲时间用完后接收的第一个字符是新消息的开始；10 送入 SMB94，要接收的最大字符数为 10 个；将接收完成中断事件号 23 与中断程序 INT＿0 连接起来；将发送完成中断事件号 9 与中断程序 INT＿2 连接起来，ENI 开中断；开机处于接收状态，从端口 0 接收到的信息保存到 VB200 开始的字节单元中。

2）网络 2：乙地的启动/停止控制。

3）网络 3：乙地对甲地的启动控制。当按下乙地启动按钮（I0.2 的上升沿）时，将 1 送入 MB10，启动甲地电动机。

4）网络 4：乙地对甲地的停止控制。当按下乙地停止按钮（I0.3 的上升沿）时，将 0 送入 MB10，停止甲地电动机。

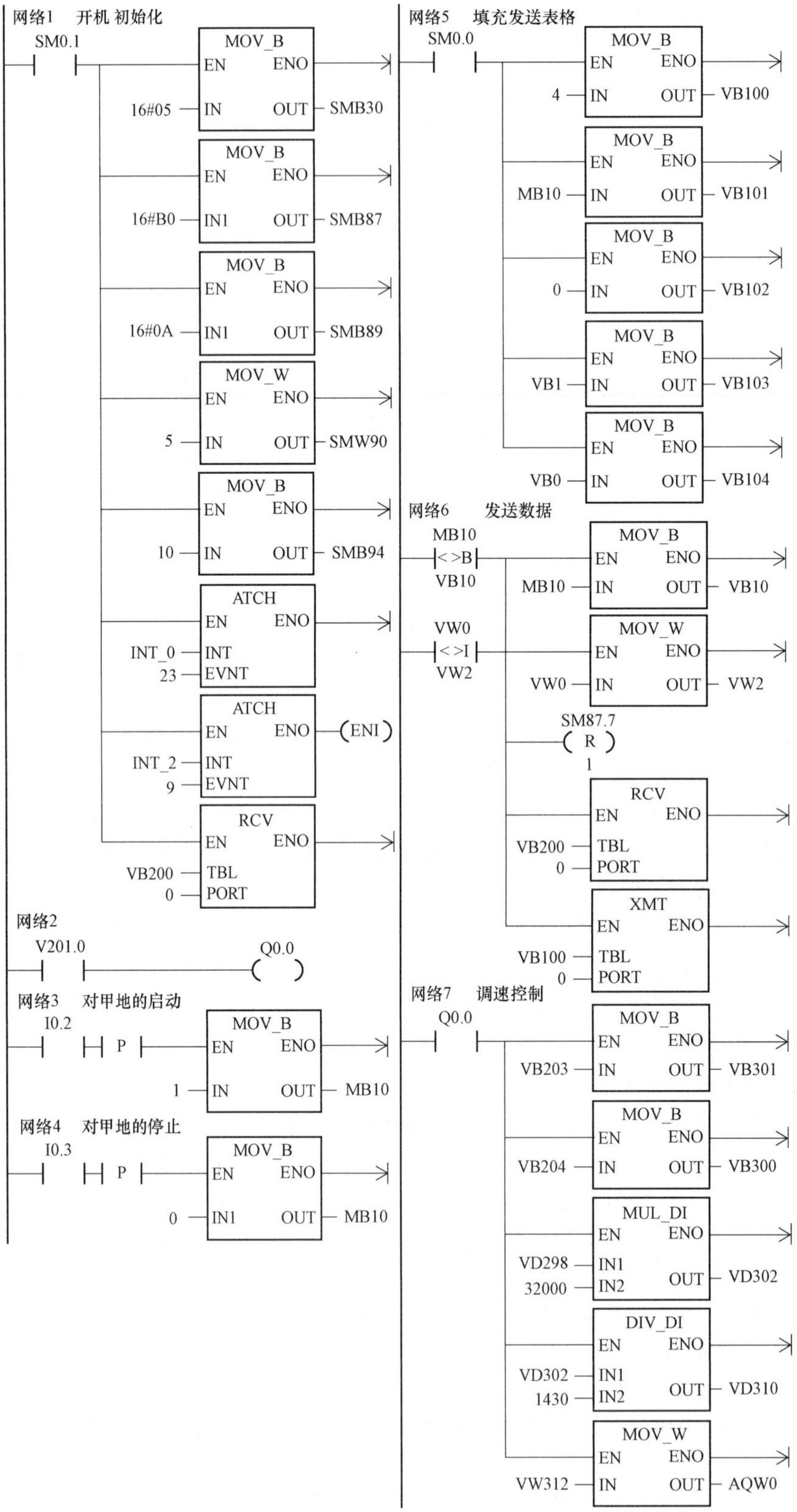

网络1　开机 初始化

SM0.1

```
        MOV_B
      EN    ENO
16#05 IN    OUT ── SMB30
```

```
        MOV_B
      EN    ENO
16#B0 IN1   OUT ── SMB87
```

```
        MOV_B
      EN    ENO
16#0A IN1   OUT ── SMB89
```

```
        MOV_W
      EN    ENO
   5  IN    OUT ── SMW90
```

```
        MOV_B
      EN    ENO
  10  IN    OUT ── SMB94
```

```
         ATCH
       EN    ENO
INT_0  INT
  23   EVNT
```

```
         ATCH
       EN    ENO ──(ENI)
INT_2  INT
   9   EVNT
```

```
         RCV
       EN    ENO
VB200  TBL
   0   PORT
```

网络2

V201.0　　　　　　　　　　　Q0.0
├─┤ ├──────────────────( )

网络3　对甲地的启动

I0.2
├─┤ ├─ P ┤
```
        MOV_B
      EN    ENO
   1  IN    OUT ── MB10
```

网络4　对甲地的停止

I0.3
├─┤ ├─ P ┤
```
        MOV_B
      EN    ENO
   0  IN1   OUT ── MB10
```

网络5　填充发送表格

SM0.0

```
        MOV_B
      EN    ENO
   4  IN    OUT ── VB100
```

```
        MOV_B
      EN    ENO
MB10  IN    OUT ── VB101
```

```
        MOV_B
      EN    ENO
   0  IN    OUT ── VB102
```

```
        MOV_B
      EN    ENO
 VB1  IN    OUT ── VB103
```

```
        MOV_B
      EN    ENO
 VB0  IN    OUT ── VB104
```

网络6　发送数据

MB10
├─┤<>B├─
VB10
```
        MOV_B
      EN    ENO
MB10  IN    OUT ── VB10
```

VW0
├─┤<>I├─
VW2
```
        MOV_W
      EN    ENO
VW0   IN    OUT ── VW2
```

SM87.7
─(R)
   1

```
         RCV
       EN    ENO
VB200  TBL
   0   PORT
```

```
         XMT
       EN    ENO
VB100  TBL
   0   PORT
```

网络7　调速控制

Q0.0

```
        MOV_B
      EN    ENO
VB203 IN    OUT ── VB301
```

```
        MOV_B
      EN    ENO
VB204 IN    OUT ── VB300
```

```
         MUL_DI
       EN    ENO
VD298  IN1
32000  IN2   OUT ── VD302
```

```
         DIV_DI
       EN    ENO
VD302  IN1
 1430  IN2   OUT ── VD310
```

```
        MOV_W
      EN    ENO
VW312 IN    OUT ── AQW0
```

图 14-42　无协议调速控制的乙地主程序

5）网络5：填充发送数据表格。将4送入VB100，发送4个字节；将对甲地的控制信息（MB10）送入VB101，发送对甲地的启停控制；VB102不用，设为0；将对甲地设定速度（VW0）的低8位（VB1）送入VB103；设定速度（VW0）的高8位（VB0）送入VB104。

6）网络6：发送数据。当乙地对甲地的控制发生变化（MB10≠VB10）或设定速度发生变化（VW0≠VW2）时，将控制信息MB10转存到VB10，设定速度VW0转存到VW2；复位SM87.7，执行RCV，停止接收；用XMT指令将VB100开始的数据从端口0发送出去。

7）网络7：乙地的调速控制。将接收到的来自于甲地设定速度的低8位（VB203）送入VD298的最低8位（VB301），高8位（VB204）送入VB300；然后将0～1430转换为0～32 000，故乘以32 000，除以1430；最后将计算结果VD310的低位字（VW312）送入AQW0进行调速。

（2）中断程序。中断程序如图14-43所示。

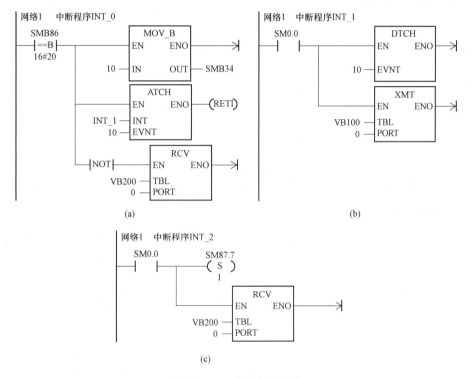

图14-43　乙地中断程序
（a）中断程序INT_0；（b）中断程序INT_1；（c）中断程序INT_2

1）中断程序INT_0。当接收完成时，产生中断（事件号23），调用中断程序INT_0，SMB86＝16#20（接收到结束字符16#0A），将10送入SMB34，将定时中断0（事件号10）与中断程序INT_1连接起来，产生10ms的定时，触发发生并返回（RETI）；如果由其他原因完成接收（SMB86≠16#20），则重新启动接收。

2）中断程序INT_1。当定时中断0的10ms延时到，调用中断程序INT_1。分离中断事件号10与中断程序的连接；执行发送指令XMT，将VB100开始的数据从端口0进行发送。

3）中断程序INT_2。当发送完成时，产生中断（事件号9），调用中断程序INT_2进行接收。先使SM87.7置位，允许接收，然后执行RCV指令，将从端口0接收到的数据保存到VB200开始的单元。其中：VB200为接收字节数；VB201保存的是来自于甲地的启动（VB201.0）和停止（VB201.1）控制。停止（V201.0）控制，VB203和VB204保存的分别是来自甲地的调速数据的低8位和高8位。

实例 172 FX₃ᴜ 与 FR - D740 通过无协议通信实现正反转控制

一、 控制要求

FX₃ᴜ 与三菱变频器 FR - D740 通过无协议通信实现正反转控制，控制要求如下。

（1）当按下正转启动按钮时，电动机通电以一定频率正转启动。

（2）当按下反转启动按钮时，电动机通电以一定频率反转启动。

（3）当按下停止按钮时，电动机断电停止。

二、 I/O 端口分配表

PLC 的 I/O 端口分配见表 14 - 18。

表 14 - 18   I/O 端口分配表

输入端子	输入器件	作用
X0	SB1 动合触点	正转启动
X1	SB2 动合触点	反转启动
X2	SB3 动合触点	停止

三、 控制电路

FX₃ᴜ 与三菱变频器 FR - D740 通过无协议通信实现正反转控制电路如图 14 - 44 所示。

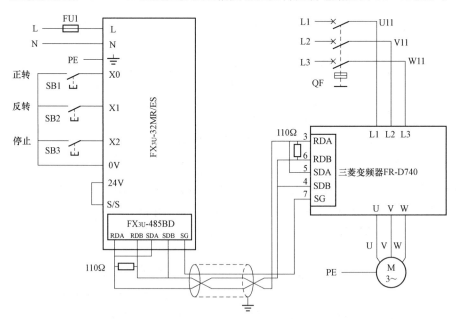

图 14 - 44   基于无协议的单电动机正反转控制电路

四、 变频器参数设置

变频器参数设置见表 14 - 19。

表 14 - 19 变频器参数设置

序号	参数代号	初始值	设置值	说　明
1	Pr. 1	120	50	输出频率的上限（Hz）
2	Pr. 7	5	0.5	电动机加速时间（s）
3	Pr. 8	5	0.5	电动机减速时间（s）
4	Pr. 9	变频器额定电流（2.5A）	0.2	电动机的额定电流（A）
5	Pr. 160	9999	0	扩展功能显示选择（显示所有参数，开放隐藏参数）
6	Pr. 80	9999	0.1	电动机容量（kW）
7	Pr. 117	0	1	变频器地址 1
8	Pr. 118	192	192	通信波特率 19200bit/s
9	Pr. 119	1	10	7 位，停止位 1 位
10	Pr. 120	2	2	偶校验
11	Pr. 121	1	1	重试次数
12	Pr. 122	0	9999	不进行通信校验
13	Pr. 123	9999	9999	通信等待时间用通信数据设定
14	Pr. 340	0	10	启动时为网络运行模式
15	Pr. 342	0	0	写入到 E^2PROM 和 RAM 中
16	Pr. 549	0	0	三菱通信协议
17	Pr. 79	0	0	PU/NET 模式切换

　　注　表中电动机为 380V/0.2A/0.04kW/1430r/min，请按照电动机实际参数进行设置。

五、 控制程序

1. 通信参数设定

　　选择"导航"→"工程"→"参数"→"PLC 参数"选项，选择"CH1"，选中"进行通信设置"项设置"无顺序通信"、数据长度"7bit"、奇偶校验"偶数"、停止位"1bit"、传送速度"19200"bit/s、H/W 类型"RS-485"。具体设置如图 14-45 所示。

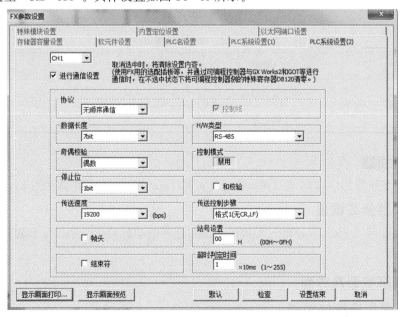

图 14 - 45　FX 通信参数设置界面

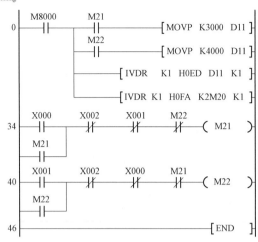

图 14-46 基于无协议的单电动机正反转控制程序

2. 控制程序

PLC 控制程序如图 14-46 所示。

（1）步 0～33：当正转时（M21＝1），将正转运行频率 K3000（30.00Hz）送入 D11；当反转时（M22＝1），将反转运行频率 K4000（40.00Hz）送入 D11；将运行频率 D11 通过通道 1 写入到地址 1（H0ED 为写入运行频率）的变频器；将运行命令 K2M20 通过通道 1 写入到地址 1（H0FA 为写入运行命令）的变频器。

（2）步 34～39：电动机正转控制。其中，X0、X1、X2 分别为正转、反转、停止。

（3）步 40～45：电动机反转控制。

实例 173　FX₃ᵤ 与 FR-D740 通过无协议通信实现调速

一、控制要求

FX₃ᵤ 与三菱变频器 FR-D740 通过无协议通信实现电动机的调速控制，控制要求如下。

（1）当按下启动按钮或点击触摸屏中"启动"按钮时，电动机通电以触摸屏中设定的速度启动。

（2）当按下停止按钮或点击触摸屏中"停止"按钮时，电动机断电停止。

（3）在触摸屏中显示电动机的当前运行状态和运行速度。

二、I/O 端口分配表

PLC 的 I/O 端口分配见表 14-20。

表 14-20　　　　　　　　　　I/O 端口分配表

输入端口/触摸屏地址			
输入端子	输入器件	触摸屏地址	作用
X0	SB1 动合触点	M0	启动
X1	SB2 动合触点	M1	停止

三、控制线路

FX₃ᵤ 与三菱变频器 FR-D740 通过无协议通信实现对电动机调速控制电路如图 14-47 所示。

四、变频器参数设置

FX₃ᵤ 与三菱变频器 FR-D740 通过无协议通信实现对电动机调速控制的变频器参数的设置见表 14-19（实例 172）。

五、触摸屏变量及界面

1. 触摸屏变量连接与报警

触摸屏变量与连接如图 14-48 所示。

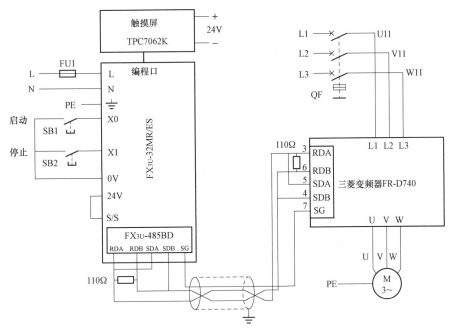

图 14-47 FX₃ᵤ 与 FR-D740 通过无协议通信实现调速控制电路

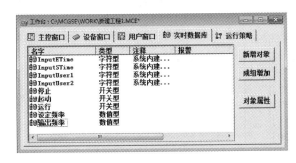

图 14-48 触摸屏变量与连接

2. 组态监控界面

触摸屏的监控界面如图 14-49 所示。

图 14-49 触摸屏监控界面

六、 控制程序

1. 通信参数设定

选择"导航"→"工程"→"参数"→"PLC 参数"选项，选择"CH1"，选中"进行通信设置"，设置"无顺序通信"、数据长度"7bit"、奇偶校验"偶数"、停止位"1bit"、传送速度"19200"bit/s、H/W 类型"RS-485"。具体设置如图 14-50 所示。

2. 控制程序

控制程序如图 14-51 所示。

（1）步 0～71：将控制命令 K2M20 送入 D200；将设定转速 D10（0～1430r/min）转换为 0～5000（0～50Hz），送入 D201；用变频器读写指令 IVMC 将控制命令和设定转速写入到变频器（地址 1），同时读取变频器（地址 1）的运行状态和运行频率到 D100 和 D101 中；将运行状态 D100 转存到 K4M100 中；运行频率 0～5000（0～50Hz）转换为 0～1430 送入 D11 进行显示。

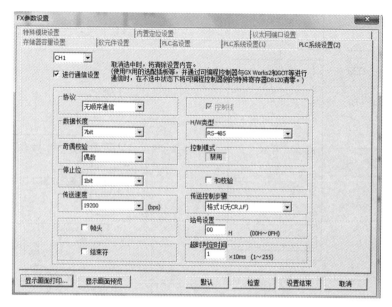

图 14-50 FX 通信参数的设置界面

（2）步 72～77：电动机的启动和停止控制。其中，X0 和 X1 为启动和停止按钮，M0 和 M1 为触摸屏的"启动"和"停止"键。

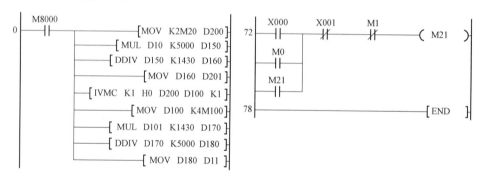

图 14-51 单电动机调速控制 PLC 程序

实例 174 FX₃ᵤ 与 FR-D740 通过无协议通信实现多机控制

一、控制要求

FX₃ᵤ 与三菱变频器 FR-D740 通过无协议通信实现多电动机控制，控制要求如下：

（1）当按下电动机 1 启动按钮时，电动机 1 通电以设定频率（D10）启动。

（2）当按下电动机 1 停止按钮时，电动机 1 断电停止。

（3）当按下电动机 2 启动按钮时，电动机 2 通电以设定频率（D11）启动。

（4）当按下电动机 2 停止按钮时，电动机 2 断电停止。

二、I/O 端口分配表

PLC 的 I/O 端口分配见表 14-21。

表 14-21   **I/O 端口分配表**

输入端口		
输入端子	输入器件	作用
X0	SB1 动合触点	电动机 1 启动
X1	SB2 动合触点	电动机 1 停止
X2	SB3 动合触点	电动机 2 启动
X3	SB4 动合触点	电动机 2 停止

三、控制电路

FX₃U 与三菱变频器 FR-D740 通过无协议通信实现多电动机控制电路如图 14-52 所示。

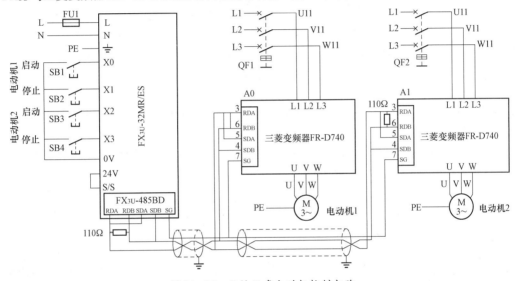

图 14-52 无协议多电动机控制电路

四、变频器参数设置

变频器 A0 和变频器 A1 参数设置除 Pr. 117 对应设置为 0 和 1 外，其余参数设置见表 14-19（实例 172）。

五、控制程序

1. 通信参数设定

选择"导航"→"工程"→"参数"→"PLC 参数"选项，选择"CH1"，选中"进行通信设置"，设置协议为"无顺序通信"、数据长度为"7bit"、奇偶校验为"偶数"、停止位为"1bit"、传送速度为"19200"bit/s、H/W 类型为"RS-485"，设置如图 14-53 所示。

2. 控制程序

FX₃U 与三菱变频器 FR-D740 通过无协议通信实现多电动机控制的 PLC 程序如图14-55所示。

（1）步 0~3：电动机 1（A0 变频器驱动）的启动停止控制。其中，X0、X1 分别为启动、停止。

（2）步 4~7：电动机 2（A1 变频器驱动）的启动停止控制。其中，X2、X3 分别为启动、停止。

（3）步 8~24：如果 A0 变频器的控制有变化（K2M20≠D80）或开机时，将 K2M20 转存到 D80；将运行频率 K3000（30.00Hz）送到 D10，置位 M10。

（4）步 25~45：当 M10=1 时，将控制命令 D80（指令代码 H0FA）由通道 1 写入到 A0 变频器；

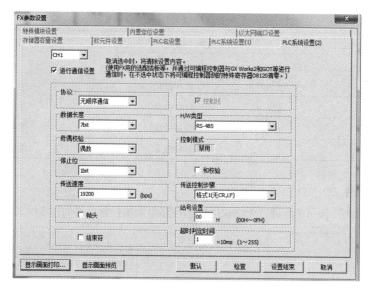

图 14-53　FX 通信参数的设置界面

将运行频率 D10（指令代码 H0ED）由通道 1 写入到 A0 变频器；指令执行结束（M8029＝1），复位 M10。

（5）步 46～62：如果 A1 变频器的控制有变化（K2M40≠D81）或开机时，将 K2M40 转存到 D81；运行频率 K4000（40.00Hz）送到 D11，置位 M11。

（6）步 63～83：当 M11＝1 时，将控制命令 D81（指令代码 H0FA）由通道 1 写入到 A1 变频器；将运行频率 D11（指令代码 H0ED）由通道 1 写入到 A1 变频器；指令执行结束（M8029＝1），复位 M11。

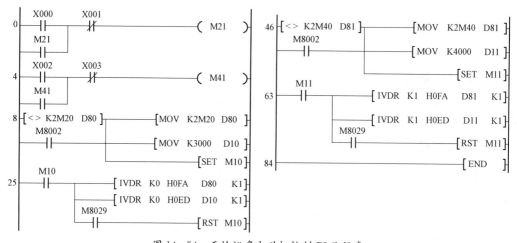

图 14-54　无协议多电动机控制 PLC 程序

实例 175　**FX₃ᵤ 与 FR-D740 通过无协议通信实现多机调速**

一、控制要求

FX₃ᵤ 与三菱变频器 FR-D740 通过无协议通信实现多电动机调速控制，控制要求如下。

1. 电动机 1 控制

（1）当按下电动机 1 正转按钮或点击触摸屏中电动机 1 的"正转"按钮时，电动机 1 通电以触摸屏中电动机 1 设定速度正转启动。

（2）当按下电动机 1 反转按钮或点击触摸屏中电动机 1 的"反转"按钮时，电动机 1 通电以触摸屏中电动机 1 设定速度反转启动。

（3）当按下电动机 1 停止按钮或点击触摸屏中电动机 1 的"停止"按钮时，电动机 1 断电停止。

2. 电动机 2 控制

（1）当按下电动机 2 正转按钮或点击触摸屏中电动机 2 的"正转"按钮时，电动机 2 通电以触摸屏中电动机 2 设定频率正转启动。

（2）当按下电动机 2 反转按钮或点击触摸屏中电动机 2 的"反转"按钮时，电动机 2 通电以触摸屏中电动机 2 设定频率反转启动。

（3）当按下电动机 2 停止按钮或点击触摸屏中电动机 2 的"停止"按钮时，电动机 2 断电停止。

3. 其他要求

在触摸屏中可以设定频率并显示电动机 1 和电动机 2 的当前运行频率。

二、 I/O 端口分配表

PLC 的 I/O 端口分配及触摸屏对应地址见表 14-22。

表 14-22　　　　　　　　　　　　　　I/O 端口分配及触摸屏对应地址

输入端口/触摸屏地址			
输入端子	输入器件	触摸屏地址	作用
X0	SB1 动合触点	M0	电动机 1 正转
X1	SB2 动合触点	M1	电动机 1 反转
X2	SB3 动合触点	M2	电动机 1 停止
X3	SB4 动合触点	M3	电动机 2 正转
X4	SB5 动合触点	M4	电动机 2 反转
X5	SB6 动合触点	M5	电动机 2 停止

三、 控制线路

FX$_{3U}$ 与三菱变频器 FR-D740 通过无协议通信实现多电动机调速控制的电路如图 14-55 所示。

四、 变频器参数设置

变频器 A0 和变频器 A1 的参数除 Pr.117 对应设置为 0 和 1 外，其余参数设置见表 14-19（实例 172）。

五、 触摸屏变量及界面

1. 触摸屏变量连接与报警

触摸屏变量与连接如图 14-56 所示。

2. 组态监控界面

触摸屏的监控界面如图 14-57 所示。

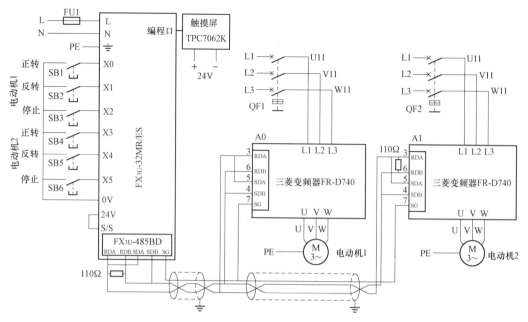

图14-55　无协议通信多电动机调速控制电路

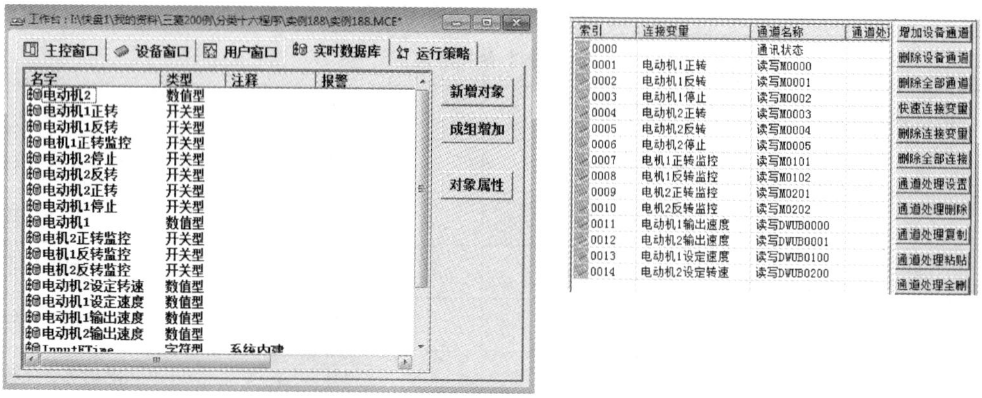

图14-56　触摸屏变量与连接

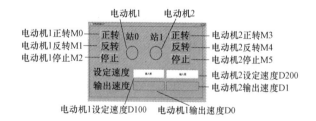

图14-57　触摸屏界面

3. 电动机运行指示灯组态

电动机不运行时显示银色，正转运行时显示绿色，反转运行时显示红色，所以设置变量"电动机1"为数值型。当"电动机1"为0、1、2时对应的颜色分别为银、绿、红。双击电动机指示灯，在"属性设置"页面选中"填充颜色"；在"填充颜色"页面，表达式选择"电动机1"，分别将0、1、2对应为银、绿、红。按照同样的方法设置变量"电动机2"。

在工作台的"运行策略"中，编写"循环策略"脚本程序。程序如下：

IF 电动机1正转监控 = 1 THEN

电动机1 = 1

ELSE

IF 电动机 1 反转监控 = 1 THEN

电动机 1 = 2

ELSE

电动机 1 = 0

ENDIF

ENDIF

IF 电动机 2 正转监控 = 1 THEN

电动机 2 = 1

ELSE

IF 电动机 2 反转监控 = 1 THEN

电动机 2 = 2

ELSE

电动机 2 = 0

ENDIF

ENDIF

编写好脚本程序，单击"确认"按钮退出。

六、控制程序

1. 通信参数设定

选择"导航"→"工程"→"参数"→"PLC 参数"命令，选择"CH1"，选中"进行通信设置"，设置协议为"无顺序通信"、数据长度为"7bit"、奇偶校验为"偶数"、停止位为"1bit"、传送速度为"19200"bit/s、H/W 类型为"RS-485"，如图 14-58 所示。

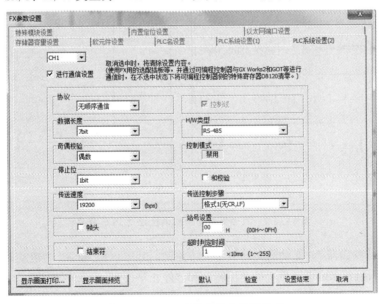

图 14-58　FX 通信参数的设置界面

2. 控制程序

根据控制线路编写的控制程序如图 14-59 所示。

（1）步 0～8：变频器 A0 驱动的电动机 1 正转控制。其中，X0 和 X2 为电动机 1 的正转启动和停止，M0 和 M2 为触摸屏中电动机 1 的"正转"和"停止"按钮。

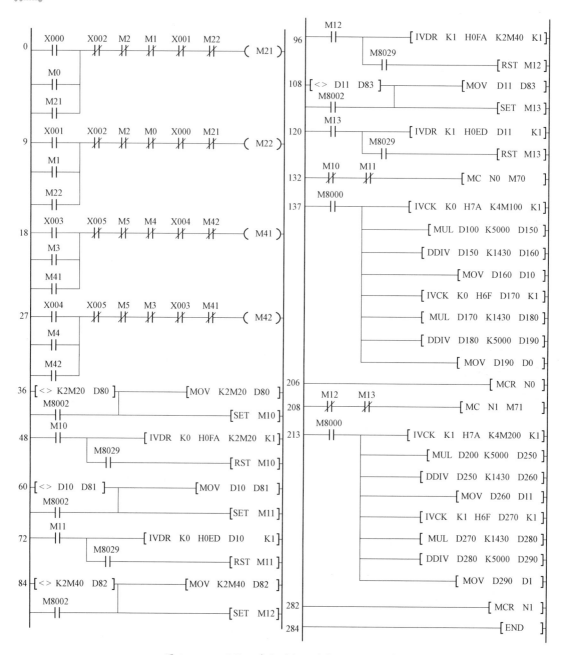

图 14-59　无协议多电动机调速控制 PLC 程序

（2）步 9～17：变频器 A0 驱动的电动机 1 反转控制。其中，X1 和 X2 为电动机 1 的反转启动和停止，M1 和 M2 为触摸屏中电动机 1 的"反转"和"停止"按钮。

（3）步 18～26：变频器 A1 驱动的电动机 2 正转控制。其中，X3 和 X5 为电动机 2 的正转启动和停止，M3 和 M5 为触摸屏中电动机 2 的"正转"和"停止"按钮。

（4）步 27～35：变频器 A1 驱动的电动机 2 反转控制。其中，X4 和 X5 为电动机 2 的反转启动和停止，M4 和 M5 为触摸屏中电动机 2 的"反转"和"停止"按钮。

（5）步 36～47：如果控制 A0 变频器的命令有变化（K2M20≠D80）或开机时，K2M20 转存到 D80；置位 M10。

（6）步 48～59：当 M10=1 时，将控制命令 K2M20（指令代码 H0FA）由通道 1 写入到 A0 变频器；指令执行结束（M8029=1），复位 M10。

（7）步 60～71：当控制 A0 变频器的设定速度有变化（D10≠D81）或开机时，D10 转存到 D81；置位 M11。

（8）步 72～83：当 M11=1 时，将设定速度 D10（指令代码 H0ED）由通道 1 写入到 A0 变频器；指令执行结束（M8029=1），复位 M11。

（9）步 84～131：A1 变频器的控制，与步 36～83 相同。

（10）步 132～136：如果控制命令和速度都没有变化（M10=0 且 M11=0），则执行主控 N0。

（11）步 137～205：用运行监视指令 IVCK 由通道 1 读取 A0 的变频器运行状态到 K4M100（指令代码 H7A）；将设定转速 D100（0～1430r/min）转换为 0～5000（0～50Hz），送入 D10；由通道 1 读取 A0 变频器的运行频率到 D170（指令代码 H6F）；将运行频率 D170（0～5000 对应 0～50Hz）转换为（0～1430r/min），送入 D0 进行显示。

（12）步 206～207：主控结束。

（13）步 208～283：A1 变频器的运行监视，与步 132～207 相同。

实例 176　两台 FX₃ᵤ 通过 MODBUS 通信实现调速与测速

一、控制要求

两台 FX$_{3U}$ 通过 MODBUS 通信实现以下控制要求。

（1）主站设有触摸屏，当点击触摸屏中"启动"按钮或按下启动按钮时，主站电动机启动。经过 6s，从站电动机以触摸屏中设定的转速运转。

（2）从站电动机的转速可以通过触摸屏显示。

（3）当点击触摸屏中"停止"按钮或按下停止按钮时，主站和从站电动机同时停止。

（4）当主站电动机过载、从站有主电路跳闸或变频器故障时，主站和从站电动机同时停止，并通过触摸屏显示故障报警信息。

二、I/O 端口分配表

PLC 的 I/O 端口分配及触摸屏对应地址见表 14 - 23。

表 14 - 23　　　　　　　　　　PLC 的 I/O 端口分配及触摸屏对应地址

输入端口				输出端口		
输入端子	输入器件	触摸屏地址	作用	输出端子	输出器件	控制对象
主站						
X0	KH 动断触点	X0	过载保护	Y0	KM	电动机 M1
X1	SB1 动合触点	M1	停止按钮	—	—	—
X2	SB2 动合触点	M0	启动按钮	—	—	—
从站 1（MODBUS 地址 1）						
X0	旋转编码器 A 相		测量转速	Y0	变频器 STF	电动机 M2
X1	QF3 动断触点	M10	主电路跳闸	—	—	—
X2	变频器故障输出	M11	变频器故障	—	—	—

三、 控制线路

通过 MODBUS 通信实现调速的主电路和控制电路如图 14-60 所示。

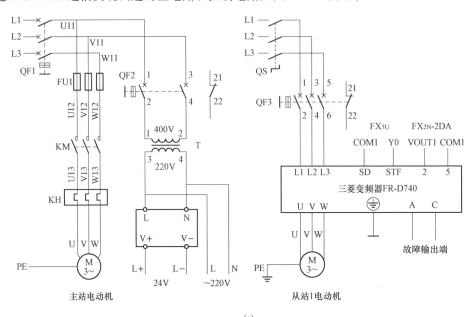

(a)

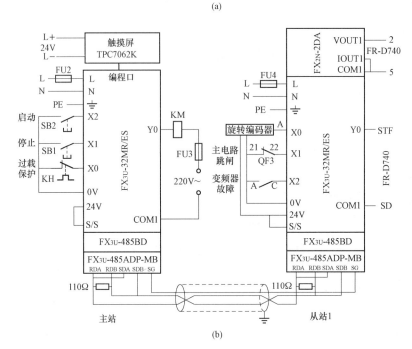

(b)

图 14-60 通过 MODBUS 通信实现调速的主电路和控制电路

（a）主电路；（b）控制电路

四、 MODBUS 通信

1. MODBUS 通信用到的软元件。

MODBUS 通信用到的软元件见表 14-24。

表 14 - 24   MODBUS 通信用到的软元件

通道 1	通道 2	名称	有效站	内容	属性
软元件					
M8411		设定 MODBUS 通信参数的标志位	主站/从站	在 MODBUS 通信设定中使用	读/写
M8029		执行指令结束	主站	ADPRW 指令执行结束后置为 ON	读
D8400	D8420	通信格式设定	主站/从站	设定通信格式	读/写
D8401	D8421	协议	主站/从站	选择要使用的通道，指定 RTU 模式/ASCII 模式，并设定主站/从站	读/写
D8409	D8429	从站响应超时	主站	设定范围 0～32767ms	读/写
D8410	D8430	播放延迟	主站	设定范围 0～32767ms	读/写
D8411	D8431	请求间延迟	主站/从站	设定范围 0～16382ms	读/写
D8412	D8432	重试次数	主站	设定范围 0～20（次）	读/写
D8414	D8434	从站号	从站	设定范围：1～247	读/写
D8415	D8435	通信事件日志储存软元件	主站/从站	指定用于储存通信计数器，通信事件日志的软元件	读/写
D8416	D8436	通信事件日志储存位置	主站/从站	指定用于储存通信计数器，通信事件日志的软元件模块的可编程控制器起始软元件地址	读/写

2. 字软元件 D8400 和 D8420 的通信格式

字软元件 D8400 和 D8420 的通信格式见表 14 - 25。

表 14 - 25   字软元件 D8400 和 D8420 的通信格式

位号	名称	内容	
		0（位 OFF）	1（位 ON）
b0	数据长	7 位	8 位
b2 b1	奇偶性	（00）：无；（01）奇数；（11）：偶数	
b3	停止位	1 位	2 位
b7 b6 b5 b4	传送速率（bit/s）	（0011）：300；（0100）：600；（0101）：1200；（0110）：2400；（0111）：4800；（1000）：9600；（1001）：19200；（1010）：38400；（1011）：57600；（1101）：115200	
b11～b8		不可使用	
b12	H/W 类型	RS - 232C	RS - 485
b15～b13		不可使用	

3. 字软元件 D8401 和 D8421 的协议格式

字软元件 D8401 和 D8421 的协议格式见表 14 - 26。

表 14 - 26　　　　　　　　字软元件 D8401 和 D8421 的协议格式

位号	名称	内容	
		0（位 OFF）	1（位 ON）
b0	选择协议	其他通信协议	MODBUS 协议
b3～b1	不可使用		
b4	主站/从站设定	MODBUS 主站	MODBUS 从站
b7～b5	不可使用		
b8	RTU/ASCII 模式设定	RTU	ASCII
b15～b9	不可使用		

五、 触摸屏变量及界面

1. 触摸屏变量连接与报警

触摸屏变量与连接界面如图 14 - 61 所示。在组态变量时，要对变量的报警属性进行设置。双击开关型的"主站电动机过载"变量，打开"报警属性"页面，选中"允许进行报警处理"和"开关量报警"选项，在"报警注释"中输入"主站电动机过载"，报警值设为 0。当 X0＝0 时，就触发这个报警。

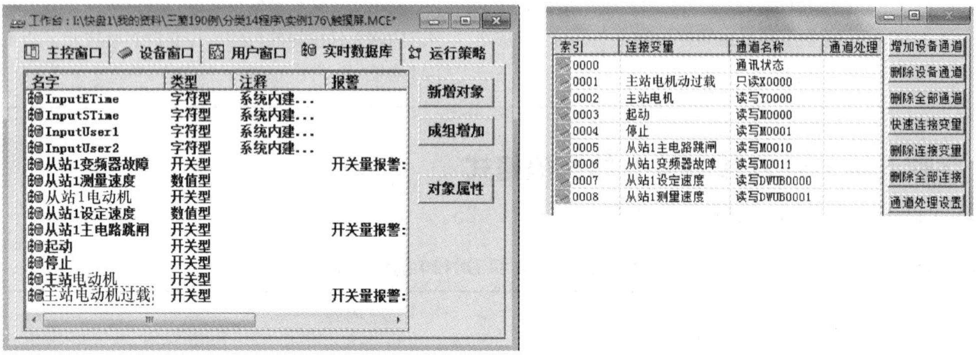

图 14 - 61　触摸屏变量与连接界面

按照同样的方法，组态变量"从站 1 主电路跳闸""从站 1 变频器故障"的报警，在"报警注释"中分别输入"从站 1 主电路跳闸""从站 1 变频器故障"，报警值都设为 1。然后单击 🔲 按钮，在监控画面中画出合适的范围。

2. 从站运行监控设置

从站电动机不运行时显示银色，运行时显示绿色。双击从站指示灯，在"属性设置"页面选中"填充颜色"；在"填充颜色"页面，表达式选择"从站 1 电动机"，分别将 0、1 对应为银、绿。

在工作台的"运行策略"中，编写"循环策略"脚本程序。程序如下：

IF 从站 1 测量速度＞0 THEN

从站 1 电动机＝1

ELSE

从站 1 电动机＝0

ENDIF

编写好脚本程序，单击"确认"按钮退出。

3. 组态监控界面

触摸屏的监控界面如图 14-62 所示。

六、变频器参数设置

变频器的参数设置见表 14-2（实例 163）。

七、控制程序

1. MODBUS 主站控制程序

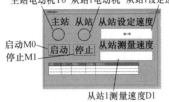

图 14-62　触摸屏界面

MODBUS 主站控制程序如图 14-63 所示。其中，M100 控制从站 1 的启动/停止，M10、M11 分别为来自于从站 1 主电路跳闸、变频器故障，D0 为设定从站 1 电动机运行速度，D1 为来自于从站 1 电动机的测量速度。

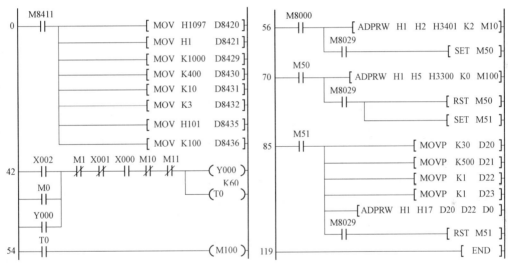

图 14-63　MODBUS 主站控制程序

（1）步 0～41：主站 MODBUS 通信参数设定。使用 MODBUS 通信设定位 M8411 对通信参数进行设定。将 H1097 送入 D8420，定义接口为 RS-485、通信的波特率为 19200bit/s、停止位 1 位、偶校验、数据长为 8 位；K1 送入 D8421，设定通信协议为 MODBUS、MODBUS 主站、RTU 模式；K1000 送入 D8429，设定通信超时 1000ms；K400 送入 D8430，播放延时 400ms；K10 送入 D8431，设定帧间延时 10ms；K3 送入 D8432，设定重试次数 3 次；H101 送入 D8435，设定用扩展寄存器储存通信计数；K100 送入 D8436，设定通信计数器的起始地址为 D100。

（2）步 42～53：主站电动机的控制。M0/M1 为触摸屏中的启动/停止；X2/X1 为主站的启动/停止；X0 主站电动机的过载保护；M10 和 M11 为从站 1 主电路跳闸和变频器故障。主站过载 X0 已预先接通，当按下启动按钮 X2 或点击触摸屏"启动"按钮（M0）时，Y0 通电自锁，主站电动机启动运行，同时 T0 延时 6s。当主站电动机过载（X0 动合触点断开）、从站 1 主电路跳闸（M10 动断触点断开）或变频器发生故障（M11 动断触点断开）时，主站电动机停止。

（3）步 54～55：T0 延时到，M100 线圈通电，控制从站 1 电动机启动。

（4）步 56～69：用 MODBUS 读出/写入指令 ADPRW 的输入读取指令（H2）。将从站 1（H1）的 X1（H3401）开始的两个输入（K2）读取到 M10 开始的 2 个位中；指令执行结束（M8029=1），置位 M50。

（5）步 70～84：用 MODBUS 读出/写入指令 ADPRW 进行 1 线圈写入（H5）。当 M50＝1 时，将 M100（控制从站 1 电动机的启动/停止）写入到从站 1（H1）的 Y0（H3300）。指令执行结束（M8029＝1），复位 M50，置位 M51。

（6）步 85～118：ADPRW 的批量寄存器读出/写入指令。当 M51＝1 时，K30 送入 D20 表示写入数据的起始地址为 D30；K500 送入 D21 表示读取数据的起始地址为 D500；K1 送入 D22 表示写入一个数据；K1 送入 D23 表示读取一个数据；用批量寄存器读出/写入指令（H17）将 D0（设定速度）写入到从站 1 的 D30 中，同时读取从站 1 的 D500（测量速度）到 D1 中；指令执行结束（M8029＝1），复位 M51。

2. MODBUS 从站 1 控制程序

MODBUS 从站 1 控制程序如图 14-64 所示。其中，D30 为来自于主站的设定运行速度，D500 为发送到主站的测量速度。

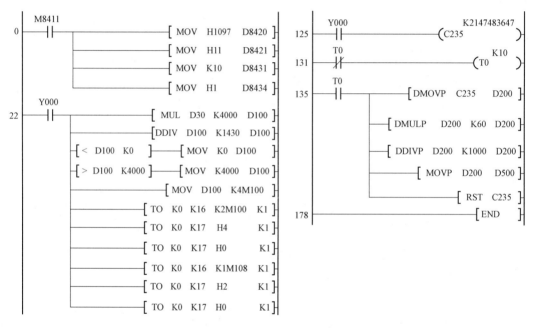

图 14-64　从站 1 控制程序

（1）步 0～21：从站 MODBUS 通信参数设定。使用 MODBUS 通信设定位 M8411 对通信参数进行设定。将 H1097 送入 D8420，定义接口为 RS-485、通信的波特率为 19200bit/s、停止位 1 位、偶校验、数据长为 8 位；H11 送入 D8421，设定通信协议为 MODBUS、MODBUS 从站、RTU 模式；K10 送入 D8431，设定帧间延时 10ms；H1 送入 D8434，设定从站号为 1。

（2）步 22～124：从站 1 电动机的调速控制。在从站 1 电动机运转（Y0 动合触点闭合）时，由于模拟量输出 0～10V 对应的数字量为 0～4000，所以先将设定转速（D30）乘以 4000，然后除以额定转速 1430，换算成设定转速对应的数字量存到 D100 中；限定（D100）在 0～4000；（D100）送到 K4M100 中，取低 8 位 K2M100 送到 0 号模块 FX_{2N}-2DA 的缓冲区 BFM#16 中，然后将 BFM#17 的 b2 从 1→0 进行保持；取高 4 位 K1M108 送到 0 号模块 FX_{2N}-2DA 的缓冲区 BFM#16 中，然后将 BFM#17 的 b1 从 1→0 进行转换输出。

（3）步 125～130：从站 1 电动机运行（Y0 动合触点闭合）时，高速计数器 C235 计数。

（4）步 131～134：产生 1s 的振荡周期，用于采样。

（5）步135～177：1s时间到，将1s时间内高速计数器测量值C235送到32位（D201 D200）寄存器中，然后乘以60，得到1min内的脉冲数，除以1000（旋转编码器每转输出的脉冲数）变为转轴的转速（单位r/min），送入D500，送到主站通过触摸屏进行显示；同时C235复位。

实例 177　多台 FX₃U 通过 MODBUS 通信实现交互控制

一、 控制要求

三台FX₃U通过MODBUS通信实现以下控制要求。

（1）主站设有触摸屏，主站电动机启动后，经过10s，从站1电动机以触摸屏中设定转速启动；再经过5s，从站2电动机启动。

（2）按下停止按钮，同时停止。

（3）主站、触摸屏、从站1、从站2都有启动/停止按钮，都可以启动和停止控制。

（4）触摸屏可以监控各站电动机的运行状态、设定从站1的速度并显示测量速度、显示从站2的测量压力。其中，从站2的压力传感器测量范围为0～1000Pa，输出4～20mA。

二、 I/O 端口分配表

PLC 的 I/O 端口地址分配见表 14-27。

表 14-27　PLC 的 I/O 端口分配

输入端子	输入器件	触摸屏地址	作用	输出端子	输出器件	控制对象
主站 0						
X0	SB1 动合触点	M0	启动	Y0	KM1	主站电动机
X1	SB2 动合触点	M1	停止			
X2	KH1 动断触点	X2	过载保护			
从站 1						
X0	旋转编码器 A 相		测速	Y0	变频器 STF	从站 1 电动机
X1	SB3 动合触点		启动			
X2	SB4 动合触点		停止			
X3	变频器故障输出	M12	变频器故障			
从站 2						
X0	SB6 动合触点		启动	Y0	KM2	从站 2 电动机
X1	SB7 动合触点		停止			
X2	KH2 动断触点	M22	过载保护			

三、 控制线路

根据控制要求设计的主电路和控制电路如图 14-65 所示。

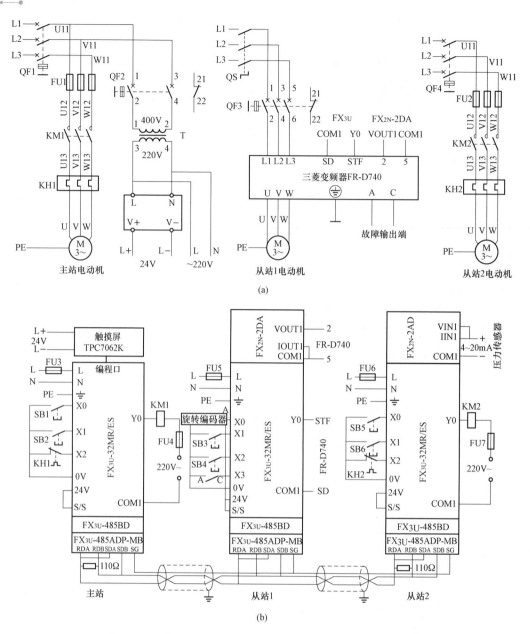

图 14 - 65　多台 FX₃ᵤ 的 MODBUS 通信控制主电路和控制电路

（a）主电路；　（b）控制电路

四、触摸屏变量及界面

1. 触摸屏变量连接与报警

触摸屏变量与连接界面如图 14-66 所示。在组态变量时，要对变量的报警属性进行设置。双击开关型的"主站电动机过载"变量，打开"报警属性"页面，选中"允许进行报警处理"和"开关量报警"选项，在"报警注释"中输入"主站过载"，报警值设为 0。当 X2＝0 时，就触发这个报警。

按照同样的方法，组态变量"从站 1 变频器故障""从站 2 过载"的报警，在"报警注释"中分别输入"从站 1 变频器故障"（报警值设为 1）和"从站 2 过载"（报警值设为 0）。

双击"测量转速"变量，打开"报警属性"页面，选中"允许进行报警处理"和"下限报警"选项，在"报警注释"中输入"从站1转速低于200r/min"，报警值设为200。当测量转速低于200r/min时，就触发这个报警。双击"压力"变量，选中"下限报警"，在"报警注释"中输入"从站2压力低于200Pa"，报警值设为200。当测量压力低于200Pa时，就触发这个报警。选中"上限报警"，在"报警注释"中输入"从站2压力高于900Pa"，报警值设为900。当测量压力高于900Pa时，就触发这个报警。

然后单击 按钮，在监控画面中画出合适的范围。

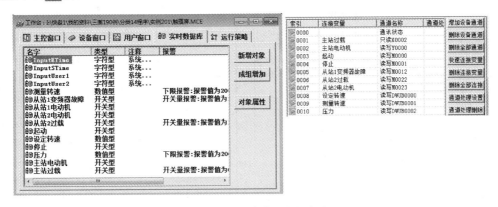

图14-66　触摸屏变量与连接

2. 从站电动机运行监控设置

从站电动机不运行时显示银色，运行时显示绿色。双击从站电动机指示灯，在"属性设置"页面选中"填充颜色"；在"填充颜色"页面，表达式选择"从站1电动机"，分别将0、1对应为银、绿。

在工作台的"运行策略"中，编写"循环策略"脚本程序。程序如下：

```
IF 测量转速>0 THEN
从站1电动机 = 1
ELSE
从站1电动机 = 0
ENDIF
```

编写好脚本程序，单击"确认"按钮退出。

3. 组态监控界面

触摸屏的监控界面如图14-67所示。

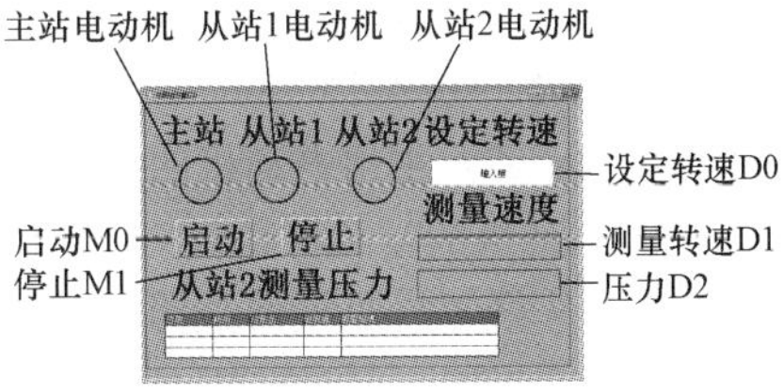

五、从站1变频器参数设置

从站1变频器的参数设置见表14-2（实例163）。

六、控制程序

1. MODBUS主站控制程序

MODBUS主站控制程序如图14-68所示。其中，M100控制从站1的启动，M200控制从站2的启动，M10~M12为来自于从站1的启动、停止、变频器故障，M20~M23为来自于从站2的启动、停止、过载、运行，D0为设定从站1电动机运行速度，D1为来自于从站1电动机的测量速度，D2为来自于从站2的测量压力。

（1）步0~41：主站MODBUS通信参数设定。使用MODBUS通信设定位M8411对通信参数进行设定。将H1097送入D8420，定义接口为RS-485、通信的波特率为19200bit/s、停止位1位、偶

图14-67　触摸屏界面

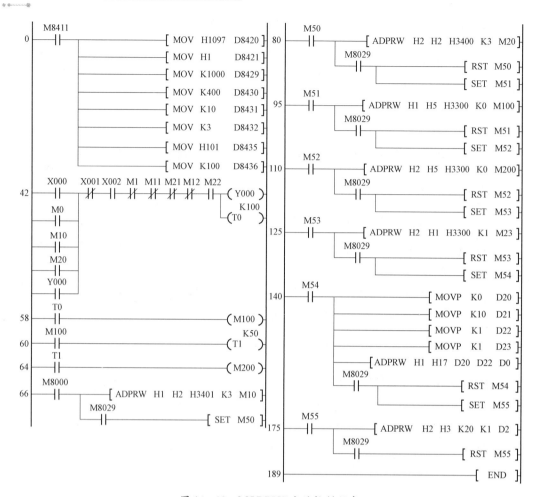

图 14-68 MODBUS 主站控制程序

校验、数据长为 8 位；K1 送入 D8421，设定通信协议为 MODBUS、MODBUS 主站、RTU 模式；K1000 送入 D8429，设定通信超时 1000ms；K400 送入 D8430，播放延时 400ms；K10 送入 D8431，设定帧间延时 10ms；K3 送入 D8432，设定重试次数 3 次；H101 送入 D8435，设定用扩展寄存器储存通信计数；K100 送入 D8436，设定通信计数器的起始地址为 D100。

（2）步 42～57：主站电动机的控制。M0/M1 为触摸屏中的启动/停止；X0/X1 为主站的启动/停止；X2 主站电动机的过载保护；M10 和 M11 为从站 1 的启动/停止；M20 和 M21 为从站 2 的启动/停止；M12 为从站 1 的变频器故障；M22 为从站 2 的过载保护。主站过载 X2、从站 2 的过载保护 M22 预先接通，当按下启动按钮（X0、M10、M20）或点击触摸屏"启动"按钮（M0）时，Y0 通电自锁，主站电动机启动运行，同时 T0 延时 10s。

（3）步 58～59：T0 延时到，M100 线圈通电，控制从站 1 电动机启动。

（4）步 60～63：从站 1 电动机启动后，T1 延时 5s。

（5）步 64～65：T1 延时到，M200 线圈通电，控制从站 2 电动机启动。

（6）步 66～79：用 MODBUS 读出/写入指令 ADPRW 读取从站 1 的输入（H2）。将从站 1（H1）的 X1（H3401）开始的 3 个输入（K3）读取到 M10 开始的 3 个位中；指令执行结束（M8029＝1），置位 M50。

（7）步 80～94：读取从站 2 的输入（H2）。当 M50＝1 时，将从站 2（H2）的 X0（H3400）开始的 3 个输入（K3）读取到 M20 开始的 3 个位中；指令执行结束（M8029＝1），复位 M50，置位 M51。

（8）步 95～109：对从站 1 进行 1 线圈写入（H5）。当 M51＝1 时，将 M100 写入到从站 1（H1）的 Y0（H3300）；指令执行结束（M8029＝1），复位 M51，置位 M52。

（9）步 110～124：对从站 2 进行 1 线圈写入（H5）。当 M52＝1 时，将 M200 写入到从站 2（H2）的 Y0（H3300）；指令执行结束（M8029＝1），复位 M52，置位 M53。

（10）步 125～139：对从站 2 进行 1 线圈读取（H1）。当 M53＝1 时，读取从站 2（H2）的 Y0（H3300）状态到 M23；指令执行结束（M8029＝1），复位 M53，置位 M54。

（11）步 140～174：对从站 1 进行批量寄存器读出/写入（H17）。当 M54＝1 时，K0 送入 D20 表示写入数据的起始地址为 D0；K10 送入 D21 表示读取数据的起始地址为 D10；K1 送入 D22 表示写入一个数据；K1 送入 D23 表示读取一个数据；用批量寄存器读出/写入指令（H17）将 D0（设定速度）写入到从站 1 的 D0 中，同时读取从站 1 的 D10（测量速度）到 D1 中；指令执行结束（M8029＝1），复位 M54，置位 M55。

（12）步 175～188：对从站 2 进行寄存器读取（H3）。当 M55＝1 时，将从站 2（H2）的测量压力 D20（K20）这一个数据（K1）读取到 D2 中；指令执行结束（M8029＝1），复位 M55。

2. MODBUS 从站 1 控制程序

MODBUS 从站 1 控制程序如图 14 - 69 所示。其中，D0 为来自于主站的设定运行速度，D10 为发送到主站的测量速度。

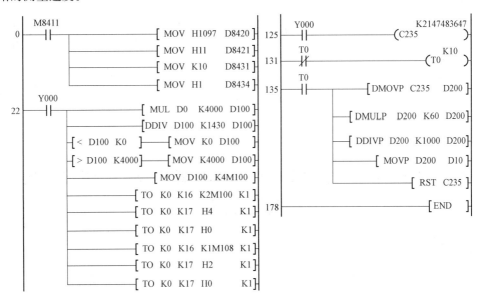

图 14 - 69　MODBUS 从站 1 控制程序

（1）步 0～21：从站 MODBUS 通信参数设定。使用 MODBUS 通信设定位 M8411 对通信参数进行设定。将 H1097 送入 D8420，定义接口为 RS - 485、通信的波特率为 19200bit/s、停止位 1 位、偶校验、数据长为 8 位；H11 送入 D8421，设定通信协议为 MODBUS、MODBUS 从站、RTU 模式；K10 送入 D8431，设定帧间延时 10ms；H1 送入 D8434，设定从站号为 1。

（2）步 22～124：从站 1 电动机的调速控制。在从站 1 电动机运转（Y0 动合触点闭合）时，由于模拟量输出 0～10V 对应的数字量为 0～4000，所以先将设定转速（D0）乘以 4000，然后除以额定转速 1430，换算成设定转速对应的数字量存到 D100 中；限定（D100）在 0～4000；（D100）送到 K4M100 中，取低 8 位 K2M100 送到 0 号模块 FX₂N - 2DA 的缓冲区 BFM♯16 中，然后将 BFM♯17 的 b2 从 1→0 进行保持；取高 4 位 K1M108 送到 0 号模块 FX₂N - 2DA 的缓冲区 BFM♯16 中，然后将 BFM♯17 的 b1 从 1→0 进行转换输出。

（3）步 125～130：从站 1 电动机运行（Y0 动合触点闭合）时，高速计数器 C235 计数。

（4）步 131～134：产生 1s 的振荡周期，用于采样。

（5）步 135～177：1s 时间到，将 1s 时间内高速计数器测量值 C235 送到 32 位（D201 D200）寄存器中，然后乘以 60，得到 1min 内的脉冲数，除以 1000（旋转编码器每转输出的脉冲数）变为转轴的转速（单位 r/min），送入 D10，送到主站通过触摸屏进行显示；同时 C235 复位。

3. MODBUS 从站 2 控制程序

MODBUS 从站 2 控制程序如图 14 - 70 所示。其中，D20 为发送到主站的测量压力。

（1）步 0～21：从站 MODBUS 通信参数设定。使用 MODBUS 通信设定位 M8411 对通信参数进行设定。将 H1097 送入 D8420，定义接口为 RS - 485、通信的波特率为 19200bit/s、停止位 1 位、偶校验、数据长为 8 位；H11 送入 D8421，设定通信协议为 MODBUS、MODBUS 从站、RTU 模式；K10 送入 D8431，设定帧间延时 10ms；H2 送入 D8434，设定从站号为 2。

（2）步 22～61：压力测量。利用 TO 指令，向第 0 个模块的 BFM♯17 送 H0（即 b1b0＝00），选择转换通道为通道 1；向第 0 个模块的 BFM♯17 送 H2（即 b1b0＝10），b1 位由 0→1，开始转换。利用 FROM 指令，从第 0 个模块的 BFM♯1 和♯0 分别读取到 K2M108 和 K2M100。将 K4M100 传送到 D100，然后（D100）除以 4 将数字量 0～4000 换算成压力（0～1000Pa）保存到 D20 中。

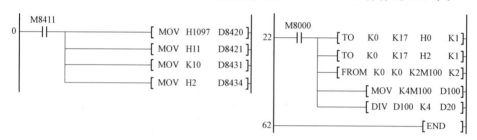

图 14 - 70 MODBUS 从站 2 控制程序

实例 178 FX₃ᵤ 与 FR - D740 通过 MODBUS 通信实现调速

一、 控制要求

FX₃ᵤ 与三菱变频器 FR - D740 通过 MODBUS 通信实现电动机的调速控制，控制要求如下：

（1）当按下启动按钮或点击触摸屏中"启动"按钮时，电动机通电以触摸屏中设定的频率启动。

（2）当按下停止按钮或点击触摸屏中"停止"按钮时，电动机断电停止。

（3）在触摸屏中可以设定电动机的频率，显示电动机的运行状态、变频器的输出频率、输出电压、输出电流和所设定的频率。

二、 I/O 端口分配表

PLC 的 I/O 端口分配见表 14 - 28。

表 14 - 28 　　　　　　　　　　I/O 端口分配表

输入端口/触摸屏地址			
输入端子	输入器件	触摸屏地址	作用
X0	SB1 动合触点	M0	启动
X1	SB2 动合触点	M1	停止

三、 控制线路

FX₃U与三菱变频器FR-D740通过MODBUS通信实现对电动机调速控制电路如图14-71所示。

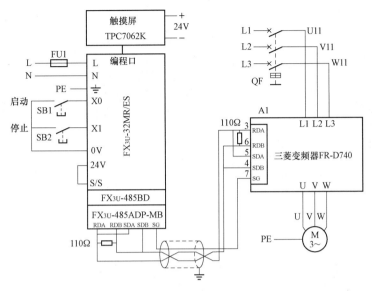

图 14-71 FX₃U 与 FR-D740 通过 MODBUS 通信实现调速控制电路

四、 变频器 A1 参数设置

FX₃U与三菱变频器FR-D740通过MODBUS通信实现对电动机调速控制的变频器参数的设置见表 14-29。

表 14-29 变频器 A1 参数设置

序号	参数代号	初始值	设置值	说　　明
1	Pr. 1	120	50	输出频率的上限（Hz）
2	Pr. 7	5	0.5	电动机加速时间（s）
3	Pr. 8	5	0.5	电动机减速时间（s）
4	Pr. 9	变频器额定电流（2.5A）	0.3	电动机的额定电流（A）
5	Pr. 160	9999	0	扩展功能显示选择（显示所有参数，开放隐藏参数）
6	Pr. 80	9999	0.1	电动机容量（kW）
7	Pr. 117	0	1	变频器地址 1
8	Pr. 118	192	192	通信波特率 19200bit/s
9	Pr. 120	2	2	偶校验，停止位 1 位
10	Pr. 122	0	9999	不进行通信校验
11	Pr. 340	0	10	启动时为网络运行模式
12	Pr. 342	0	0	写入到 E²PROM 和 RAM 中
13	Pr. 549	0	1	MODBUS-RTU 协议
14	Pr. 79	0	0	PU/NET 模式切换

注 表中电动机为 380V/0.3A/0.04kW/1430r/min，请按照电动机实际参数进行设置。

五、 触摸屏变量及界面

1. 触摸屏变量连接与报警

触摸屏变量与连接界面如图 14-72 所示。

图 14-72　触摸屏变量与连接界面

2. 组态监控界面

触摸屏的监控界面如图 14-73 所示。

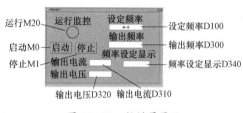

图 14-73　触摸屏界面

六、 控制程序

控制程序如图 14-74 所示。

（1）步 0～41：主站 MODBUS 通信参数设定。使用 MODBUS 通信设定位 M8411 对通信参数进行设定。将 H1097 送入 D8420、定义接口为 RS-485、通信的波特率为 19200bit/s、停止位 1 位、偶校验、数据长为 8 位；K1 送入 D8421，设定通信协议为 MODBUS、MODBUS 主站、RTU 模式；K1000 送入 D8429，设定通信超时 1000ms；K400 送入 D8430，播放延时 400ms；K10 送入 D8431，设定帧间延时 10ms；K3 送入 D8432，设定重试次数为 3 次；H101 送入 D8435，设定用扩展寄存器储存通信计数；K400 送入 D8436，设定通信计数器的起始地址为 D400。

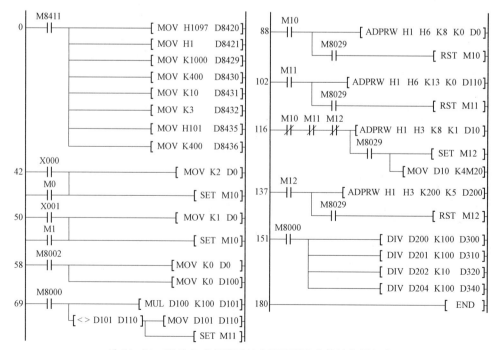

图 14-74　PLC 与变频器通过 MODBUS 通信的控制程序

(2) 步 42～49：启动控制。当按下启动按钮 X0 或点击触摸屏中的"启动"（M0）时，将 K2 送入 D0，置位 M10，发送到变频器进行启动控制。

(3) 步 50～57：停止控制。当按下停止按钮 X1 或点击触摸屏中的"停止"（M1）时，将 K1 送入 D0，置位 M10，发送到变频器进行停止控制。

(4) 步 58～68：开机对 D0（控制信号）和 D100（设定频率）进行清零。

(5) 步 69～87：判断设定频率是否发生变化。设定频率（D100）乘以 K100 送入 D101，当设定频率发生变化（D101≠D110）时，送入 D110，置位 M11，发送到变频器进行调速。

(6) 步 88～101：启动/停止信号的发送。当启动/停止发生变化（M10＝1）时，用 MODBUS 读出/写入指令 ADPRW 进行保持寄存器的写入（H6）。将 D0 写入 A1 变频器（H1）的控制输入命令寄存器 40009 中（40009－40001＝K8）。指令执行结束（M8029＝1），复位 M10。

(7) 步 102～115：设定频率的发送。当设定频率发生变化（M11＝1）时，用 MODBUS 读出/写入指令 ADPRW 进行保持寄存器的写入（H6）。将 D110 写入 A1 变频器（H1）的运行频率寄存器 40014 中（40014－40001＝K13）。指令执行结束（M8029＝1），复位 M11。

(8) 步 116～136：变频器运行状态读取。当无控制命令变化（M10＝0）且设定频率没有变化（M11＝0）时，用 MODBUS 读出/写入指令 ADPRW 进行保持寄存器的读取（H3）。读取 A1 变频器（H1）运行状态寄存器 40009（40009－40001＝K8）的数据到 D10 中。指令执行结束（M8029＝1），置位 M12，将 D10 存入 K4M20。

(9) 步 137～150：变频器的输出频率、输出电流、输出电压和频率设定值读取。当变频器运行状态读取完成（M12＝1）时，用 MODBUS 读出/写入指令 ADPRW 进行保持寄存器的读取（H3）。读取 A1 变频器（H1）的输出频率寄存器 40201（40201－40001＝K200，读取数据的单位为 0.01Hz）、输出电流 40202（单位 0.01A）、输出电压 40203（单位 0.1V）、频率设定值 40205（单位 0.01Hz）连续五个数据（K5）到 D200 开始的单元中。指令执行结束（M8029＝1），复位 M12。

(10) 步 151～179：将输出频率 D200 除以 K100，换算成频率送入 D300，由触摸屏显示；将输出电流 D201 除以 K100，换算成电流送入 D310，由触摸屏显示；将输出电压 D202 除以 K10，换算成电压送入 D320，由触摸屏显示；将频率设定值 D204 除以 K100，换算成频率送入 D340，由触摸屏显示。

实例 179　FX₃U 与 FR - D740 通过 MODBUS 通信实现多机控制

一、控制要求

FX₃U 与三菱变频器 FR - D740 通过 MODBUS 通信实现多电动机控制，控制要求如下：

(1) 当按下电动机 1 启动按钮或点击触摸屏中电动机 1 的"启动"时，电动机 1 通电以触摸屏中设定频率启动。

(2) 当按下电动机 1 停止按钮或触摸屏站电动机 1 的"停止"时，电动机 1 断电停止。

(3) 当按下电动机 2 启动按钮或点击触摸屏中电动机 2 的"启动"时，电动机 2 通电以触摸屏中设定频率启动。

(4) 当按下电动机 2 停止按钮或触摸屏中电动机 2 的"停止"时，电动机 2 断电停止。

二、I/O 端口分配表

PLC 的 I/O 端口分配见表 14 - 30。

表 14 - 30   I/O 端口分配表

输入端口			
输入端子	输入器件	触摸屏地址	作用
X0	SB1 动合触点	M0	电动机 1 启动
X1	SB2 动合触点	M1	电动机 1 停止
X2	SB3 动合触点	M2	电动机 2 启动
X3	SB4 动合触点	M3	电动机 2 停止

三、 控制线路

FX$_{3U}$ 与三菱变频器 FR - D740 通过 MODBUS 通信实现多电动机控制电路如图 14 - 75 所示。

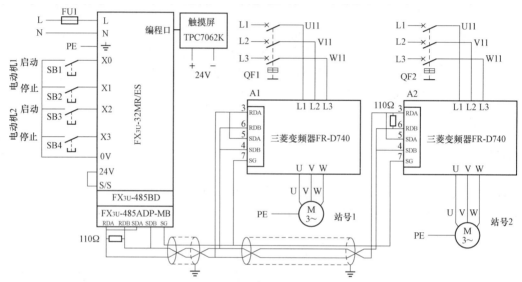

图 14 - 75   通过 MODBUS 通信实现的多电动机控制电路

四、 变频器参数设置

变频器参数除 Pr. 117 对应设置为 1 和 2 外，其余参数设置见表 14 - 29（实例 178）。

五、 触摸屏变量及界面

1. 触摸屏变量连接与报警

触摸屏变量与连接界面如图 14 - 76 所示。

图 14 - 76   触摸屏变量与连接界面

2. 组态监控界面

触摸屏的监控界面如图 14 - 77 所示。

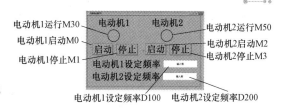

图 14 - 77 触摸屏界面

六、 控制程序

FX$_{3U}$ 与三菱变频器 FR - D740 通过 MODBUS 通信实现多电动机控制的 PLC 程序如图 14 - 78 所示。

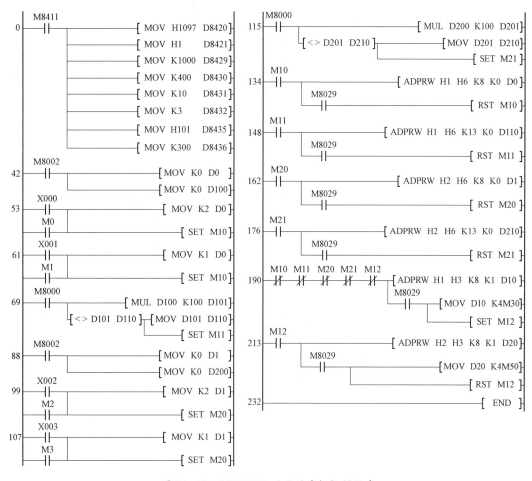

图 14 - 78 MODBUS 通信的多机控制程序

（1）步 0～41：主站 MODBUS 通信参数设定。使用 MODBUS 通信设定位 M8411 对通信参数进行设定。将 H1097 送入 D8420，定义接口为 RS - 485、通信的波特率为 19200bit/s、停止位 1 位、偶校验、数据长为 8 位；K1 送入 D8421，设定通信协议为 MODBUS、MODBUS 主站、RTU 模式；K1000 送入 D8429，设定通信超时 1000ms；K400 送入 D8430，播放延时 400ms；K10 送入 D8431，设定帧间延时 10ms；K3 送入 D8432，设定重试次数为 3 次；H101 送入 D8435，设定用扩展寄存器储存通信计数；K300 送入 D8436，设定通信计数器的起始地址为 D300。

（2）步 42～52：开机对 A1 变频器 D0（控制信号）和 D100（设定频率）进行清零。

（3）步 53～60：A1 变频器的启动控制。当按下启动按钮 X0 或点击触摸屏中的"启动"（M0）时，将 K2 送入 D0，置位 M10，发送到变频器进行启动控制。

（4）步 61～68：A1 变频器的停止控制。当按下停止按钮（X1）或点击触摸屏中的"停止"

（M1）时，将 K1 送入 D0，置位 M10，发送到变频器进行停止控制。

（5）步 69～87：判断发送 A1 变频器的设定频率是否发生变化。设定频率（D100）乘以 K100 送入 D101，当设定频率发生变化（D101≠D110）时，送入 D110，置位 M11，发送到变频器进行调速。

（6）步 88～133：为 A2 变频器的控制。与 A1 变频器同样，请读者自行分析。

（7）步 134～147：A1 变频器启动/停止信号的发送。当 A1 变频器的启动/停止发生变化（M10＝1）时，用 MODBUS 读出/写入指令 ADPRW 进行保持寄存器的写入（H6）。将 D0 写入 A1 变频器（H1）的控制输入命令寄存器 40009 中（40009－40001＝K8）。指令执行结束（M8029＝1），复位 M10。

（8）步 148～161：A1 变频器设定频率的发送。当 A1 变频器的设定频率发生变化（M11＝1）时，用 MODBUS 读出/写入指令 ADPRW 进行保持寄存器的写入（H6）。将 D110 写入 A1 变频器（H1）的运行频率寄存器 40014 中（40014－40001＝K13）。指令执行结束（M8029＝1），复位 M11。

（9）步 162～189：A2 变频器启动/停止和设定频率的发送。与步 134～189 同样原理，请读者自行分析。

（10）步 190～212：A1 变频器运行状态读取。当 A1 变频器无控制命令变化（M10＝0）、A1 变频器的设定频率没有变化（M11＝0）、A2 变频器无控制命令变化（M20＝0）、A2 变频器的设定频率没有变化（M21＝0）时，用 MODBUS 读出/写入指令 ADPRW 对 A1 变频器进行保持寄存器的读取（H3）。读取 A1 变频器（H1）运行状态寄存器 40009（40009－40001＝K8）的数据到 D10 中。指令执行结束（M8029＝1），将 D10 存入 K4M30，置位 M12。

（11）步 213～231：A2 变频器运行状态读取。当 A1 变频器运行状态读取完（M12＝1）时，用 MODBUS 读出/写入指令 ADPRW 对 A2 变频器进行保持寄存器的读取（H3）。读取 A2 变频器（H2）运行状态寄存器 40009（40009－40001＝K8）的数据到 D20 中。指令执行结束（M8029＝1），将 D20 存入 K4M50，复位 M12。

实例 180　FX₃ᵤ 与西门子 S7‐200 通过 MODBUS 通信实现调速

一、 控制要求

FX₃ᵤ 作为主站，S7‐200（CPU224XP）作为从站，应用 MODBUS 通信实现以下控制：

（1）主站设有触摸屏，当在主站点击触摸屏中"启动"按钮、按下启动按钮或在从站按下启动按钮时，主站电动机启动。经过 5s，从站电动机以触摸屏设定的转速启动运转。

（2）当在主站点击触摸屏中"停止"按钮、按下停止按钮或在从站按下停止按钮时，主站和从站电动机同时停止。

（3）将从站电动机的测量转速和测量压力（压力传感器的测量范围 0～1000Pa，输出 0～10V）通过触摸屏进行显示。

（4）当主站电动机过载或从站有变频器故障发生时，主站和从站电动机同时停止，并通过触摸屏显示故障报警信息。

二、 I/O 端口分配表

PLC 的 I/O 端口分配见表 14‐31。

表 14 - 31　　　　　　　　　　　　　I/O 端口分配表

输入端口				输出端口		
输入端子	输入器件	触摸屏地址	作用	输出端子	输出器件	控制对象
主站 FX₃U						
X0	SB1 动合触点	M0	启动	Y0	KM	控制主站电动机
X1	SB2 动合触点	M1	停止	—	—	—
X2	KH 动断触点	X2	过载保护	—	—	—
从站 S7 - 200 CPU224XP（地址 1）						
I0.0	旋转编码器 A 相	—	测量转速	Q0.0	变频器 STF	控制从站电动机
I0.1	SB3 动合触点	—	启动	—	—	—
I0.2	SB4 动合触点	—	停止	—	—	—
I0.3	变频器故障输出	M12	故障报警	—	—	—

三、　控制线路

应用 MODBUS 通信实现 FX₃U 与 S7 - 200 调速控制的电路如图 14 - 79 所示。在控制电路中，由于旋转编码器为 NPN 开路集电极输出，西门子 PLC 采用源型输入，所以在脉冲输出端（A 相）与电源（L＋）之间连接一个 2kΩ 的上拉电阻。

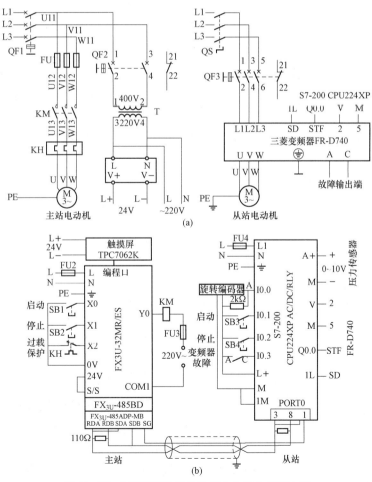

图 14 - 79　MODBUS 通信控制主电路和控制电路

（a）主电路；　（b）控制电路

四、 触摸屏变量及界面

1. 触摸屏变量连接与报警

触摸屏变量与连接如图 14-80 所示。在组态变量时，要对变量的报警属性进行设置。双击开关型的"主站过载保护"变量，打开"报警属性"页面，选中"允许进行报警处理"和"开关量报警"选项，在"报警注释"中输入"主站过载保护"，报警值设为 0。当 X2＝0 时，就触发这个报警。

图 14-80　触摸屏变量与连接界面

按照同样的方法，组态变量"从站变频器故障"的报警，在"报警注释"中输入"从站变频器故障"，报警值设为 1。然后单击 ▣ 按钮，在监控画面中画出合适的范围。

2. 从站电动机运行监控设置

从站电动机不运行时显示银色，运行时显示绿色。双击从站指示灯，在"属性设置"页面选中"填充颜色"；在"填充颜色"页面，表达式选择"从站电动机"，分别将 0、1 对应为银、绿。

在工作台的"运行策略"中，编写"循环策略"脚本程序。程序如下：

```
IF 从站测量速度＞0 THEN
从站电动机 = 1
ELSE
从站电动机 = 0
ENDIF
```

编写好脚本程序，单击"确认"按钮退出。

3. 组态监控界面

触摸屏的监控界面如图 14-81 所示。

图 14-81　触摸屏界面

五、 变频器参数设置

变频器的参数设置见表 14-2（实例 163）。

六、 控制程序

1. MODBUS 主站控制程序

MODBUS 主站控制程序如图 14-82 所示。其中，M100 控制从站电动机的启动/停止，M10～M12 分别为从站的启动、停止和变频器故障，D0 为设定从站电动机运行速度，D101 为来自于从站的测量速度，D110 为来自于从站的测量压力。

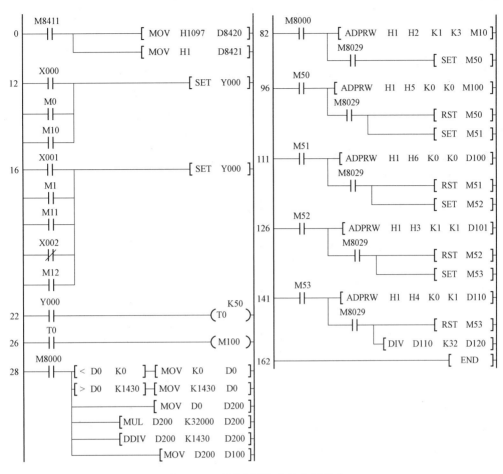

图 14-82　MODBUS 主站控制程序

（1）步 0～11：主站 MODBUS 通信参数设定。使用 MODBUS 通信设定位 M8411 对通信参数进行设定。将 H1097 送入 D8420，定义接口为 RS-485、通信的波特率为 19 200bit/s、停止位 1 位、偶校验、数据长为 8 位；K1 送入 D8421，设定通信协议为 MODBUS、MODBUS 主站、RTU 模式。

（2）步 12～15：主站电动机的启动。X0、M0、M10 分别为主站的启动按钮、触摸屏中的"启动"、从站的启动。

（3）步 16～21：主站电动机的停止。X1、M1、M11、X2 和 M12 分别为主站的停止、触摸屏中的"停止"、从站的停止、主站电动机过载和从站变频器故障。

（4）步 22～25：当主站电动机启动（Y0=1）时，T0 延时 5s。

（5）步 26～27：T0 延时到，M100 线圈通电，控制从站电动机启动。

（6）步 28～81：限定设定转速（D0）在 0～1 430r/min，然后乘以 32 000，除以 1430，将 0～1430 转换为 0～32 000，最后送入 D100 进行发送。

（7）步 82～95：用 MODBUS 读出/写入指令 ADPRW 的输入读取指令（H2）。将从站（H1）的 I0.1（K1）开始的 3 个输入（K3）读取到 M10 开始的 3 个位中，即将 I0.1～I0.3 的状态读取到 M10～M12 中；指令执行结束（M8029=1），置位 M50。

（8）步 96～110：1 线圈写入（H5）。当 M50=1 时，将 M100（控制从站电动机的启动/停止）写入从站（H1）的 Q0.0（K0）。指令执行结束（M8029=1），复位 M50，置位 M51。

（9）步 111～125：1 寄存器写入（H6）。当 M51＝1 时，将 D100（控制从站电动机的速度）写入从站（H1）的 VW1000（K0）中。指令执行结束（M8029＝1），复位 M51，置位 M52。

（10）步 126～140：寄存器读取（H3）。当 M52＝1 时，将从站（H1）的测量速度 VW1002（K1）读取到 D101 中。指令执行结束（M8029＝1），复位 M52，置位 M53。

（11）步 141～161：输入寄存器读取（H4）。当 M53＝1 时，将从站（H1）的测量压力 AIW0（K0）读取到 D110 中。指令执行结束（M8029＝1），复位 M53；D110 除以 32，将 0～32 000 换算为 0～1 000 进行压力显示。

2. MODBUS 从站控制程序

（1）MODBUS 从站控制主程序如图 14 - 83 所示。

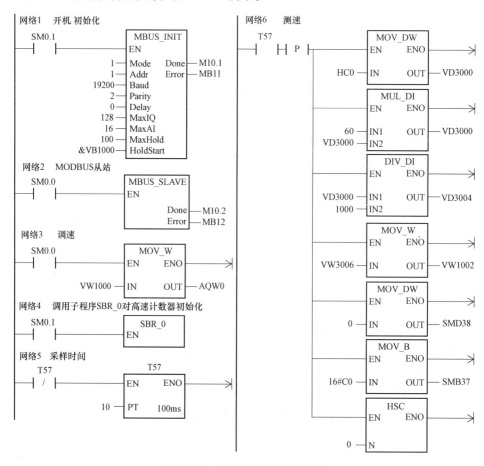

图 14 - 83　MODBUS 从站主程序

1）网络 1：开机对 PORT0 初始化。Mode 设为 1，启动 MODBUS；地址 Addr 设为为 1；通信波特率 Baud 设为 19 200bit/s；奇偶校验 Parity 设为 2（偶校验）；字符间延时 Delay 设为 0；最大输入/输出点数 MaxIQ 设为 128；最大 AI 数设为 16；最大保持寄存器区设为 100 个；保持寄存器起始地址设为 &VB1000。

2）网络 2：MODBUS 从站一直保持活动。

3）网络 3：将来自于主站的速度 VW1000 送入 AQW0 中，对从站电动机进行调速。

4）网络 4：调用子程序 SBR＿0 对高速计数器 HSC0 进行初始化。

5）网络 5：T57 产生 1s 的采样脉冲。

6) 网络6：T57 延时到，将高速计数器的当前值 HC0 送入 VD3000，然后乘以 60，得到 1min 内的脉冲数，除以 1000（旋转编码器每转的脉冲数）换算成转速（单位 r/min）送入 VD3004，将 VD3004 的低 16 位（VW3006）送入 VW1002，发送到主站进行转速显示；0 送入 SMD38，重设计数器 HSC0 的初始值为 0；16#C0 送入 SMB37，使设定初始值有效；重新启动高速计数器 HSC0。

（2）MODBUS 从站子程序 SBR _ 0。子程序 SBR _ 0 如图 14 - 85 所示。对高速计数器 HSC0 进行初始化，将控制字节 16#CC（2#1100 1100）送入 SMB37，表示允许高速计数器、更新初始值、增计数、1 倍速率；定义高速计数器 HSC0 运行于 0 模式；0 送入 SMD38，初始值为 0；启动高速计数器 HSC0。

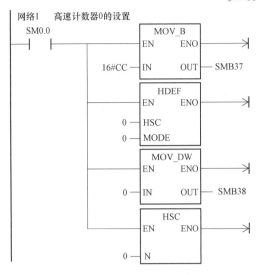

图 14 - 84　MODBUS 从站子程序 SBR _ 0

实例 181　两台 FX₃ᵤ 通过 CC - Link 通信实现交互启停控制

一、 控制要求

两台 FX₃ᵤ 通过 CC - Link 通信实现以下控制要求。

（1）当在主站或站号 1 按下启动按钮时，主站电动机 M1 开始启动，经过 5s，站号 1 电动机 M2 开始启动。

（2）当在主站或站号 1 按下停止按钮时，两台电动机同时停止。

二、 I/O 端口分配表

PLC 的 I/O 端口分配见表 14 - 32。

表 14 - 32　　　　　　　　　　　I/O 端口分配表

输入端口			输出端口		
输入端子	输入器件	作用	输出端子	输出器件	控制对象
主站					
X0	SB1 动合触点	停止	Y0	KM1	主站电动机 M1
X1	SB2 动合触点	启动			
站号 1					
输入端子	输入器件	作用	输出端子	输出器件	控制对象
X0	SB3 动合触点	停止	Y0	KM2	站号 1 电动机 M2
X1	SB4 动合触点	启动			

三、 控制电路

两台 FX₃ᵤ 通过 CC - Link 实现交互控制的电路如图 14 - 85 所示。主电路略。

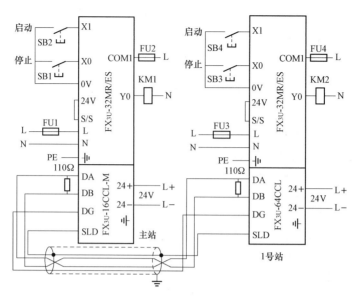

图 14-85　两机 CC-Link 通信的交互控制电路

四、 CC-Link 通信

CC-Link 系统是指用专用电缆将分散配置的输入输出单元、智能功能单元及特殊功能单元等连接起来并通过可编程控制器对这些单元进行控制所需的系统。

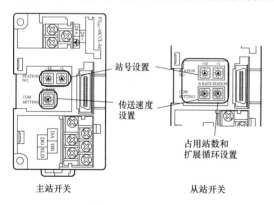

图 14-86　站点开关

1. 开关设置

主站 FX$_{3U}$-16CCL-M 和从站 FX$_{3U}$-64CCL 的开关如图 14-87 所示。主站开关有站号设置旋钮 "STATION NO." 和传送设置旋钮 "COM SETTING" （传送速度设置旋钮 "B RATE"）；从站开关有站号设置旋钮 "STATION NO." 和传送设置旋钮 "COM SETTING"（传送速度设置旋钮 "B RATE" 和占用站数与扩展循环设置旋钮 "STATION"）。

（1）站号设置。使用两个站号设置开关（"×10" 挡和 "×1" 挡）进行站号设置。左边是 "×10" 挡，右边是 "×1" 挡。例如，将 "×10" 挡旋钮旋到 0，"×1" 挡旋钮旋到 1，设置为站号为 1。

（2）传送速度设置。FX$_{3U}$-16CCL-M 和 FX$_{3U}$-64CCL 传送速度设置见表 14-33。

表 14-33　　　　　　　　　　　　　传送速度设置

设置	内容	设置	内容
0	传送速度 156kbit/s	3	传送速度 5Mbit/s
1	传送速度 625kbit/s	4	传送速度 10Mbit/s
2	传送速度 2.5Mbit/s	—	—

（3）占用站数和扩展循环设置。占用站数和扩展循环设置见表 14-34。

表 14 - 34 　　　　　　　　　　　　　　　　占用站数和扩展循环设置

设置	占用站数	扩展循环设置	主站的设置
0	占用 1 站	1 倍设置	应作为 Ver.1 智能设备站进行设置
1	占用 2 站	1 倍设置	
2	占用 3 站	1 倍设置	
3	占用 4 站	1 倍设置	
4	占用 1 站	2 倍设置	应作为 Ver.2 智能设备站进行设置
5	占用 2 站	2 倍设置	
6	占用 3 站	2 倍设置	
7	占用 4 站	2 倍设置	
8	占用 1 站	4 倍设置	
9	占用 2 站	4 倍设置	
A、B	禁止设置	禁止设置	—
C	占用 1 站	8 倍设置	应作为 Ver.2 智能设备站进行设置
D～F	禁止设置	禁止设置	—

在本例中，主站模块 FX$_{3U}$ - 16CCL - M 的站号设置为 "00"，传送速度 "B RATE" 设为 2 (2.5Mbit/s)。从站 FX$_{3U}$ - 64CCL 的站号设为 "01" （站号 1），传送速度 "B RATE" 设为 2 (2.5Mbit/s)，本站占用站号 "STATION" 设为 0（占用 1 站，1 倍设置）。

2. 主站常用的 BFM

（1）主站常用的 BFM 地址及说明。主站常用的 BFM 地址及说明见表 14 - 35。

表 14 - 35 　　　　　　　　　　　　　　　　主站常用的 BFM 地址及说明

BFM 编号	项目	内　　　容	初始值
♯0H	模式设置	0——远程网 Ver.1 模式 1——远程网添加模式 2——远程网 Ver.2 模式	K0
♯1H	连接台数	1～16 台	K8
♯2H	重试次数	1～7	K3
♯3H	自动恢复台数	1～10	K1
♯AH、♯BH	输入输出信息	读取：b0——异常；b1——链接状态； b6——启动完成；b15——就绪； 写入：b0——刷新；b6——启动请求	—
♯20H～♯2FH	1～16 号站的站信息	b15～b12 站类型；b11～b8 占用站数； b7～b0 站号	—
♯E0H～♯FFH	远程输入（RX）	存储来自远程站及智能设备站的输入状态	—
♯160H～♯17FH	远程输出（RY）	存储至远程站及智能设备站的输出状态	—
♯1E0H～♯21FH	远程寄存器写（RWw）	存储至远程设备站及智能设备站的发送数据	—
♯2E0H～♯31FH	远程寄存器读（RWr）	存储来自远程设备站及智能设备站的接收数据	—
♯680H	远程站链接状态	b0～b15 对应 1～16 站	—

（2）主站缓冲器与输入和输出关系。主站缓冲器与输入和输出关系见表14-36。

表14-36　　　　　　　　　　　　　　　　主站缓冲器与输入和输出关系

站号	远程输入（RX）		远程输出（RY）	
	BFM地址	b0～b15	BFM地址	b0～b15
1	♯E0H	RX0～RXF	♯160H	RY0～RYF
	♯E1H	RX10～RX1F	♯161H	RY10～RY1F
2	♯E2H	RX20～RX2F	♯162H	RY20～RY2F
	♯E3H	RX30～RX3F	♯163H	RY30～RY3F
…	…	…	…	…
16	♯FEH	RX1E0～RX1EF	♯17EH	RY1E0～RY1EF
	♯FFH	RX1F0～RX1FF	♯17FH	RY1F0～RY1FF

3. 从站常用的BFM

（1）从站常用的BFM地址及说明。从站常用的BFM地址及说明见表14-37。

表14-37　　　　　　　　　　　　　　　　从站常用的**BFM**地址及说明

BFM编号	项目	内容	读写状态
♯0～♯7	远程输入输出（RX/RY）	FROM指令时——远程输出（RY） TO指令时——远程输入（RX）	读/写
♯25	通信状态	b7——链接执行中	读
♯36	单元状态	b15——单元就绪	读
♯60～♯63	一致性控制	在1→0时，重新开始通信数据和缓冲存储器的刷新 ♯60-RX；♯61-RY；♯62-RWw；♯63-RWr	读/写

（2）从站缓冲器与输入输出关系。从站为PLC时，缓冲器与输入输出关系见表14-38。

表14-38　　　　　　　　　　　　　　　　从站缓冲器与输入输出关系

BFM地址	读取时（FROM）	写入时（TO）	占用1站	占用2站	占用3站	占用4站
♯0	RX0～RXF	RY0～RYF	可用	可用	可用	可用
♯1	RX10～RX1F	RY10～RY1F	系统区域	可用	可用	可用
♯2	RX20～RX2F	RY20～RY2F	—	可用	可用	可用
♯3	RX30～RX3F	RY30～RY3F	—	系统区域	可用	可用
♯4	RX40～RX4F	RY40～RY4F	—	—	可用	可用
♯5	RX50～RX5F	RY50～RY5F	—	—	系统区域	可用
♯6	RX60～RX6F	RY60～RY6F	—	—	—	可用
♯7	RX70～RX7F	RY70～RY7F	—	—	—	系统区域

五、 控制程序

1. 主站和从站 （站号1） 的数据传送

主站和从站（站号1）的数据传送关系如图14-87所示。主站模块、从站模块与PLC之间通过"RX/RY"进行数据交换，PLC通过"FROM/TO"指令进行读写数据。从站占用一个站号，位软元件分配32点，由于从站为智能设备站，后16点（BFM♯1）为系统区域，因此编程时不能使用。

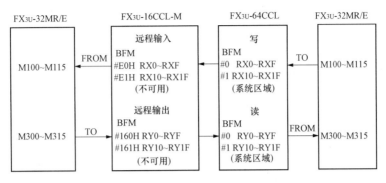

图 14 - 87　主站和从站（站号1）的数据传送

从站 PLC 通过 TO 指令将 M100～M115 写入 FX₃U - 64CCL 的 BFM♯0 中，每次链接扫描又将数据传送到 FX₃U - 16CCL - M 的 BFM♯E0H 中，主站通过 FROM 指令可以读取到 M100～M115。

主站 PLC 通过 TO 指令将 M300～M315 写入 FX₃U - 16CCL - M 的 BFM♯160H 中，每次链接扫描又将数据传送到 FX₃U - 64CCL 的 BFM♯0 中，从站通过 FROM 指令可以读取到 M300～M315。

2. 主站控制程序

主站控制程序如图 14 - 88 所示。在本例中，使用顺控程序对通信参数进行设置，步 0～55 为参数设置，步 56～78 为数据链接启动。

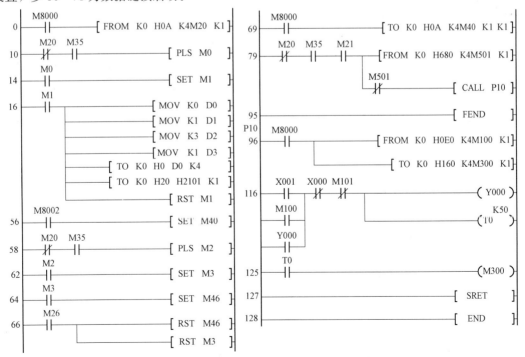

图 14 - 88　主站控制程序

（1）步 0～9：读取主站信息 BFM♯0AH 到 K4M20。

（2）步 10～13：主站模块正常（M20=0）并且准备就绪（M35=1），M0 产生一个上升沿。

（3）步 14～15：在 M0 的上升沿，M1 置 1。

（4）步 16～55：K0 送入 D0（主站模式为 0），K1 送入 D1（连接台数为一台），K3 送入 D2（重试次数 3 次），K1 送入 D3（自动恢复台数一台），然后将 D0～D3 写入 BFM♯0H～♯3H；写 H2101（站类型为智能设备站、占用站数 1、站号为 1）到 BFM♯20H，复位 M1。

（5）步 56～57：开机使 M40 置 1。

（6）步 58～61：主站模块正常（M20=0）并且准备就绪（M35=1），M2 产生一个上升沿。

（7）步 62～63：在 M2 的上升沿，M3 置 1。

（8）步 64～65：当 M3=1 时，M46 置 1。

（9）步 66～68：通过缓冲存储器的参数的数据链接启动完成（M26=1），M46、M3 复位。

（10）步 69～78：将 K4M40 写入 BFM♯0AH 中，使刷新指示为 ON（M40=1）。

（11）步 79～94：主站模块正常（M20=0）、准备就绪（M35=1）并且数据链接中（M21=1），读取其他站链接状态 H680 到 K4M501 中。如果站号 1 链接正常，则 M501=0，调用子程序 P10。

（12）步 95：主程序结束。

（13）步 96～115：读取从站的输入 BFM♯0E0H（RX0～RXF）到 K4M100，写 K4M300 到从站的输出 BFM♯160H（RY0～RYF）。

（14）步 116～124：主站电动机的启动停止控制。X1/X0 为主站的启动/停止，M100/M101 为从站的启动/停止。

（15）步 125～126：从站电动机的延时控制。

3. 从站控制程序

从站控制程序如图 14-89 所示。

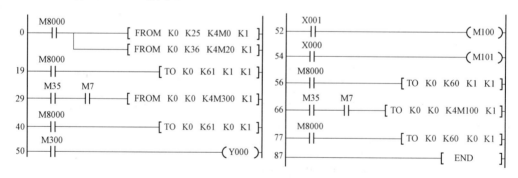

图 14-89 从站控制程序

（1）步 0～18：读取 FX₃U-64CCL 的 BFM♯25 到 K4M0，BFM♯36 到 K4M20。

（2）步 19～28：将 K1 写入 BFM♯61 中，使 RY 区域一致性标志为 1，一致性访问开始，设置最新数据，停止缓冲存储器的刷新。

（3）步 29～39：当单元准备就绪（M35=1）并且链接执行中（M7=1）时，读取 BFM♯0 数据到 K4M300，即 RY0～RYF 读到 M300～M315。

（4）步 40～49：将 K0 写入 BFM♯61 中，使 RY 区域一致性标志为 0。在 1→0 时，重新开始通信数据和缓冲存储器的刷新。

（5）步 50～51：当 M300=1 时，Y0 通电，从站电动机启动。

（6）步 52～53：当按下从站启动按钮 X1 时，X1 动合触点接通，M100=1。

（7）步 54～55：当按下从站停止按钮 X0 时，X0 动合触点接通，M101=1。

（8）步 56～65：将 K1 写入 BFM♯60 中，使 RX 区域一致性标志为 1，一致性访问开始，设置最新数据，停止缓冲存储器的刷新。

（9）步 66～76：当单元准备就绪（M35＝1）并且链接执行中（M7＝1）时，将数据 K4M100 写入 BFM♯0 中，即将 M100～M115 写入到 RX0～RXF。

（10）步 77～86：将 K0 写入 BFM♯60 中，使 RX 区域一致性标志为 0。在 1→0 时，重新开始通信数据和缓冲存储器的刷新。

实例 182 两台 FX₃U 通过 CC‐Link 通信实现调速与测速

一、 控制要求

两台 FX₃U 通过 CC‐Link 通信实现以下控制要求。

（1）主站设有触摸屏，当点击触摸屏中"启动"按钮或按下启动按钮时，主站电动机启动。经过 5s，从站电动机以触摸屏中设定的转速运转。

（2）从站电动机的测量转速可以通过触摸屏显示。

（3）当点击触摸屏中"停止"按钮或按下停止按钮时，主站和从站电动机同时停止。

（4）当从站有主电路跳闸或变频器故障时，从站电动机停止，并通过触摸屏显示故障报警。

（5）当主站电动机过载时，主站和从站电动机同时停止，同时通过触摸屏报警。

二、 I/O 端口分配表

PLC 的 I/O 端口分配及触摸屏对应地址见表 14‐39。

表 14‐39　　　　　　　　PLC 和 I/O 端口分配及触摸屏对应地址

输入端口				输出端口		
输入端子	输入器件	触摸屏地址	作用	输出端子	输出器件	控制对象
主站						
X0	KH 动断触点	X0	过载保护	Y0	KM	主站电动机
X1	SB1 动合触点	M11	停止按钮	—	—	—
X2	SB2 动合触点	M10	启动按钮	—	—	—
从站						
X0	旋转编码器 A 相	—	测量转速	Y0	变频器 STF	从站电动机
X1	QF3 动断触点	M100	从站主电路跳闸	—	—	—
X2	变频器故障	M101	从站变频器故障	—	—	—

三、 控制电路

通过 CC‐Link 通信实现调速的主电路和控制电路如图 14‐90 所示。

四、 CC‐Link 通信

1. 开关设置

在本例中，主站模块 FX₃U‐16CCL‐M 设置为"00"，传送速度"B RATE"设为 2（2.5Mbit/s）。

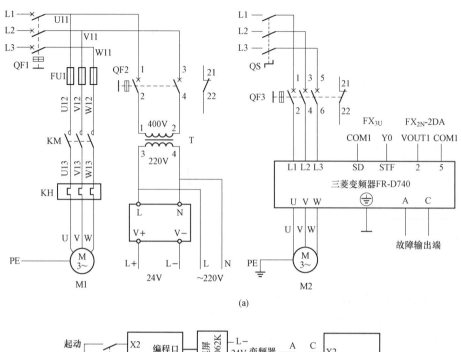

(a)

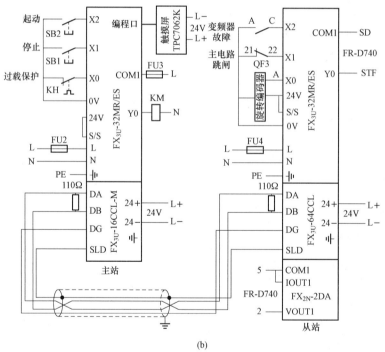

(b)

图 14-90 通过 CC-Link 实现调速控制的主电路和控制电路

（a）主电路；（b）控制电路

从站 FX_{3U}-64CCL 的站号设为"01"（站号1），传送速度"B RATE"设为2（2.5Mbit/s），本站占用站号"STATION"设为0（占用1站，1倍设置）。

2. 远程寄存器

远程寄存器的分配见表 14-40。

表 14-40 远程寄存器的分配

站号	BFM 地址	远程寄存器写（RWw）	BFM 地址	远程寄存器读（RWr）
1	♯1E0H～♯1E3H	RWw0～RWw3	♯2E0H～♯2E3H	RWr0～RWr3
2	♯1E4H～♯1E7H	RWw4～RWw7	♯2E4H～♯2E7H	RWr4～RWr7
…	…	…	…	…
16	♯21CH～♯21FH	RWwC～RWwF	♯31CH～♯31FH	RWrC～RWrF

五、 触摸屏变量及界面

1. 触摸屏变量连接与报警

触摸屏变量与连接界面如图 14-91 所示。在组态变量时，要对变量的报警属性进行设置。双击开关型的"主站电动机过载"变量，打开"报警属性"页面，选中"允许进行报警处理"和"开关量报警"选项，在"报警注释"中输入"主站电动机过载"，报警值设为 0。当 X0＝0 时，就触发这个报警。

按照同样的方法，组态变量"从站主电路跳闸""从站变频器故障"的报警，在"报警注释"中分别输入"主站主电路跳闸""从站变频器故障"，报警值都设为 1。然后单击 按钮，在监控画面中画出合适的范围。

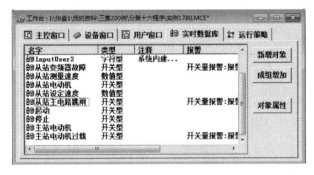

图 14-91 触摸屏变量与连接界面

2. 从站电动机运行监控设置

从站电动机不运行时显示银色，运行时显示绿色。双击从站指示灯，在"属性设置"页面选中"填充颜色"；在"填充颜色"页面，表达式选择"从站电动机"，分别将 0、1 对应为银、绿。

在工作台的"运行策略"中，编写"循环策略"脚本程序。程序如下：

```
IF 从站测量速度＞0 THEN
从站电动机 = 1
ELSE
从站电动机 = 0
ENDIF
```

编写好脚本程序，单击"确认"按钮退出。

3. 组态监控界面

触摸屏的监控界面如图 14-92 所示。

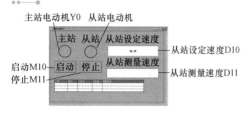

图 14 - 92 触摸屏界面

六、 变频器参数设置

变频器的参数设置见表 14 - 2（实例 163）。

七、 控制程序

1. 主站和从站 （站号 1） 的数据传送

主站和从站（站号 1）的数据传送关系如图 14 - 93 所示。主站模块、从站模块与 PLC 之间通过 "RX/RY" 进行数据交换，PLC 通过 "FROM/TO" 指令进行读写数据。从站占用 1 个站号，位软元件分配 32 点，由于从站为智能设备站，后 16 点（BFM♯1）为系统区域，因此编程时不能使用；字软元件分配 4 点。

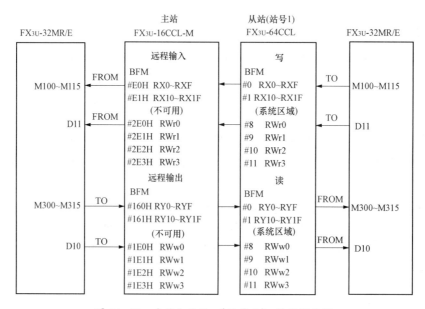

图 14 - 93 主站和从站 （站号 1） 的数据传送

从站 PLC 通过 TO 指令将位数据 M100～M115 写入到 FX3U - 64CCL 的 BFM♯0 中，每次链接扫描又将位数据传送到 FX3U - 16CCL - M 的 BFM♯E0H 中，主站通过 FROM 指令可以读取数据到 M100～M115。

从站 PLC 通过 TO 指令将字数据 D11 写入 FX3U - 64CCL 的 BFM♯8 中，每次链接扫描又将字数据传送到 FX3U - 16CCL - M 的 BFM♯2E0H 中，主站通过 FROM 指令可以读取数据到 D11 中。

主站 PLC 通过 TO 指令将位数据 M300～M315 写入 FX3U - 16CCL - M 的 BFM♯160H 中，每次链接扫描又将位数据传送到 FX3U - 64CCL 的 BFM♯0 中，从站通过 FROM 指令可以读取数据到 M300 ～M315 中。

主站 PLC 通过 TO 指令将字数据 D10 写入 FX3U - 16CCL - M 的 BFM♯1E0H 中，每次链接扫描又将字数据传送到 FX3U - 64CCL 的 BFM♯8 中，从站通过 FROM 指令可以读取数据到 D10 中。

2. 主站控制程序

主站控制程序如图 14 - 94 所示。在本例中，使用顺控程序对通信参数进行设置，步 0～55 为参数设置，步 56～78 为数据链接启动。

（1）步 0～9：读取主站信息 BFM♯0AH 到 K4M20。

（2）步 10～13：主站模块正常（M20＝0）并且准备就绪（M35＝1），M0 产生一个上升沿。

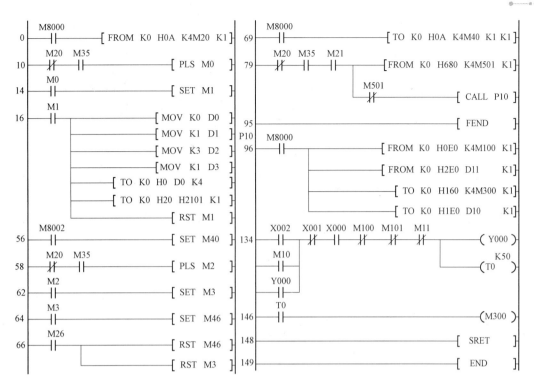

图 14 - 94　主站控制程序

（3）步 14～15：在 M0 的上升沿，M1 置 1。

（4）步 16～55：M1＝1，将 K0 送入 D0（主站模式为 0），K1 送入 D1（连接台数为一台），K3 送入 D2（重试次数 3 次），K1 送入 D3（自动恢复台数一台），然后将 D0～D3 写入 BFM♯0H～♯3H；写 H2101（站类型为智能设备站、占用站数 1、站号为 1）到 BFM♯20H 中，复位 M1。

（5）步 56～57：开机使 M40 置 1。

（6）步 58～61：主站模块正常（M20＝0）并且准备就绪（M35＝1），M2 产生一个上升沿。

（7）步 62～63：在 M2 的上升沿，M3 置 1。

（8）步 64～65：当 M3＝1 时，M46 置 1。

（9）步 66～68：通过缓冲存储器的参数的数据链接启动完成（M26＝1），M46、M3 复位。

（10）步 69～78：将 K4M40 写入 BFM♯0AH 中，使刷新指示为 ON（M40＝1）。

（11）步 79～94：主站模块正常（M20＝0）、准备就绪（M35＝1）并且数据链接中（M21＝1），读取其他站链接状态 H680 到 K4M501 中，如果站号 1 链接正常，则 M501＝0。调用子程序 P10。

（12）步 95：主程序结束。

（13）步 96～133：读取从站的输入 BFM♯0E0H（RX0～RXF）到 K4M100 中；读取从站测量速度 BFM♯2E0H（RWr0）到 D11 中；写对从站的控制 K4M300 到 BFM♯160H（RY0～RYF）中；写对从站设定速度 D10 到 BFM♯1E0H（RWw0）中。

（14）步 134～145：主站电动机的启动停止控制。其中，X2/X1 为主站的启动/停止，X0 为主站的过载，M10/M11 为触摸屏的"启动"/"停止"，M100 和 M101 为从站的主电路跳闸和变频器故障。

（15）步 146～147：从站电动机的延时控制。M300 用于控制从站电动机。

3. 从站控制程序

从站控制程序如图 14 - 95 所示。

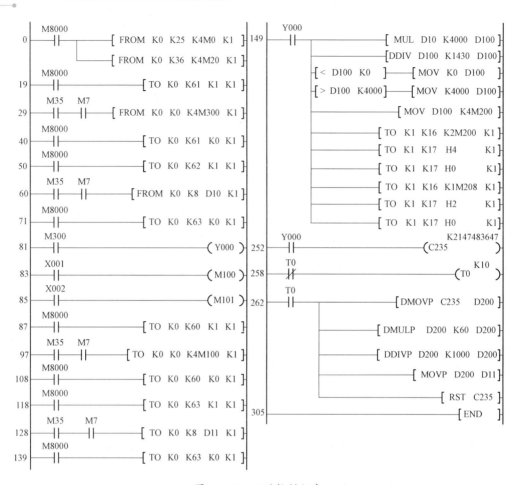

图 14-95 从站控制程序

（1）步 0～18：读取 FX$_{3U}$-64CCL 的 BFM#25 到 K4M0 中，BFM#36 到 K4M20 中。

（2）步 19～28：将 K1 写入 BFM#61 中，使 RY 区域一致性标志为 1，一致性访问开始，设置最新数据，停止缓冲存储器的刷新。

（3）步 29～39：当单元准备就绪（M35=1）并且链接执行中（M7=1）时，读取 BFM#0 数据到 K4M300，即 RY0～RYF 读到 M300～M315。

（4）步 40～49：将 K0 写入 BFM#61 中，使 RY 区域一致性标志为 0。在 1→0 时，重新开始通信数据和缓冲存储器的刷新。

（5）步 50～59：将 K1 写入 BFM#62 中，使 RWw 区域一致性标志为 1，一致性访问开始，设置最新数据，停止缓冲存储器的刷新。

（6）步 60～70：当单元准备就绪（M35=1）并且链接执行中（M7=1）时，读取 BFM#8（RWw0）数据到 D10 中，即设定速度。

（7）步 71～80：将 K0 写入 BFM#62 中，使 RWw 区域一致性标志为 0。在 1→0 时，重新开始通信数据和缓冲存储器的刷新。

（8）步 81～82：当 M300=1 时，Y0 通电，从站电动机启动。

（9）步 83～84：正常运行时，QF3 合闸，QF3 的动断触点断开，X1 没有输入。当从站主电路跳闸时，QF3 动断触点接通，X1 有输入，M100=1。

（10）步 85～86：当从站变频器故障时，X2 动合触点接通，M101=1。

（11）步 87～96：将 K1 写入 BFM♯60 中，使 RX 区域一致性标志为 1，一致性访问开始，设置最新数据，停止缓冲存储器的刷新。

（12）步 97～107：当单元准备就绪（M35＝1）并且链接执行中（M7＝1）时，将数据 K4M100 写入 BFM♯0 中，即将 M100～M115 写入 RX0～RXF 中。

（13）步 108～117：将 K0 写入 BFM♯60 中，使 RX 区域一致性标志为 0。在 1→0 时，重新开始通信数据和缓冲存储器的刷新。

（14）步 118～127：将 K1 写入 BFM♯63 中，使 RWr 区域一致性标志为 1，一致性访问开始，设置最新数据，停止缓冲存储器的刷新。

（15）步 128～138：当单元准备就绪（M35＝1）并且链接执行中（M7＝1）时，将数据 D11 写入 BFM♯8 中，即将测量转速写入 RWr0 中。

（16）步 139～148：将 K0 写入 BFM♯63 中，使 RWr 区域一致性标志为 0。在 1→0 时，重新开始通信数据和缓冲存储器的刷新。

（17）步 149～251：从站的调速控制。在从站电动机运转（Y0 动合触点闭合）时，由于模拟量输出 0～10V 对应的数字量为 0～4000，所以先将设定转速（D10）乘以 4000，然后除以额定转速 1430，换算成设定转速对应的数字量存到 D100 中；限定（D100）在 0～4000；（D100）送到 K4M200 中，取低 8 位 K2M200 送到 1 号模块 FX$_{2N}$-2DA 的缓冲区 BFM♯16 中，然后将 BFM♯17 的 b2 从 1→0 进行保持；取高 4 位 K1M208 送到 1 号模块 FX$_{2N}$-2DA 的缓冲区 BFM♯16 中，然后将 BFM♯17 的 b1 从 1→0 进行转换输出。

（18）步 252～257：从站电动机运行时（Y0 动合触点闭合），高速计数器 C235 计数。

（19）步 258～261：产生 1s 的振荡周期，用于采样。

（20）步 262～304：1s 时间到，将 1s 时间内高速计数器测量值 C235 送到 32 位（D201 D200）寄存器中，然后乘以 60，得到 1min 内的脉冲数，除以 1000（旋转编码器每转输出的脉冲数）变为转轴的转速（单位 r/min），送入 D11 中，送到主站通过触摸屏显示；同时 C235 复位。

实例 183　多台 FX$_{3U}$ 通过 CC-Link 通信实现交互启停控制

一、控制要求

某生产线由三台 FX$_{3U}$ 通过 CC-Link 通信实现以下控制要求。

（1）主站 0 的输入端 X0/X1 控制站号 1 的输出端 Y0 启动/停止。

（2）站号 1 的输入端 X0/X1 控制站号 5 的输出端 Y0 启动停止。

（3）站号 5 的输入端 X0/X1 控制主站 0 的输出端 Y0 启动/停止。

（4）主站 0 输入端 X2 控制 3 台 PLC 的输出端 Y0 同时停止。

二、I/O 端口分配表

PLC 的 I/O 端口分配见表 14-41。

表 14-41　　　　　　　　　　　　PLC 的 I/O 端口分配

输入端口			输出端口	
输入端子	输入器件	作用	输出端子	输出器件
主站 0				
X0	SB1 动合触点	启动站号 1 电动机	Y0	KM1

续表

输入端口			输出端口	
输入端子	输入器件	作用	输出端子	输出器件
X1	SB2 动合触点	停止站号 1 电动机	—	—
X2	SB3 动合触点	全部停止	—	—
站号 1（占用 4 站）				
X0	SB4 动合触点	启动站号 5 电动机	Y0	KM2
X1	SB5 动合触点	停止站号 5 电动机	—	—
站号 5（占用 2 站）				
X0	SB6 动合触点	启动主站 0 电动机	Y0	KM3
X1	SB7 动合触点	停止主站 0 电动机	—	—

三、 控制电路

三台 FX$_{3U}$ 通过 CC‐Link 实现交互控制的电路如图 14‐96 所示，主电路略。

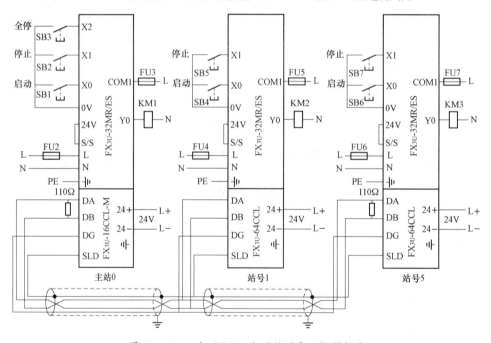

图 14‐96　三机 CC‐Link 通信的交互控制电路

四、 CC‐Link 开关设置

1. 主站 0 开关设置

主站模块 FX$_{3U}$‐16CCL‐M 设置为"00"，传送速度"B RATE"设为 2（2.5Mbit/s）。

2. 站号 1 的开关设置

站号 1 的 FX$_{3U}$‐64CCL 的站号设为"01"，传送速度"B RATE"设为 2（2.5Mbit/s），本站占用站号"STATION"设为 3（占用 4 站，1 倍设置）。

3. 站号 5 的开关设置

站号 5 的 FX₃ᵤ-64CCL 的站号设为"05"，传送速度"B RATE"设为 2（2.5Mbit/s），本站占用站号"STATION"设为 1（占用 2 站，1 倍设置）。

五、控制程序

1. 主站和从站的数据传送

主站和从站的数据传送关系如图 14-97 所示。主站模块、从站模块与 PLC 之间通过"RX/RY"进行数据交换，PLC 通过"FROM/TO"指令进行读写数据。站号 1 占用 4 个站，位软元件分配 128 点，由于站号 1 为智能设备站，后 16 点（BFM♯7）为系统区域，因此编程时不能使用。站号 5 占用两个站，位软元件分配 64 点，由于站号 5 为智能设备站，后 16 点（BFM♯3）为系统区域，编程时不能使用。

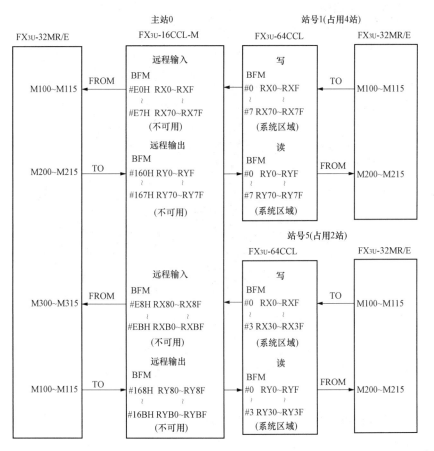

图 14-97　主站和从站的数据传送

站号 1 的 PLC 通过 TO 指令将位数据 M100～M115 写入到 FX₃ᵤ-64CCL 的 BFM♯0 中，每次链接扫描又将位数据传送到 FX₃ᵤ-16CCL-M 的 BFM♯E0H 中，主站通过 FROM 指令可以读取数据到 M100～M115。

主站 PLC 通过 TO 指令将位数据 M200～M215 写入 FX₃ᵤ-16CCL-M 的 BFM♯160H 中，每次链接扫描又将位数据传送到 FX₃ᵤ-64CCL 的 BFM♯0 中，站号 1 通过 FROM 指令可以读取数据到 M200～M215。

站号 2 的 PLC 通过 TO 指令将位数据 M100～M115 写入 FX₃ᵤ-64CCL 的 BFM♯0 中，每次链接

扫描又将位数据传送到 FX$_{3U}$-16CCL-M 的 BFM#E8H 中，主站通过 FROM 指令可以读取数据到 M300～M315。

主站 PLC 通过 TO 指令将位数据 M100～M115 写入 FX$_{3U}$-16CCL-M 的 BFM#168H 中，每次链接扫描又将位数据传送到 FX$_{3U}$-64CCL 的 BFM#0 中，站号 2 通过 FROM 指令可以读取数据到 M200～M215。

2. 主站 CC-Link 参数设置

选择"导航"→"工程"→"参数"→"网络参数"选项，双击"CC-Link"，进入"网络参数 CC-Link 一览设置"页面，如图 14-98 所示。选择连接块"有"、特殊块号"0"、模式设置"远程网络（Ver.1 模式）"、总连接台数"2"、重试次数"3"、自动恢复台数"2"、CPU 死机指定"停止"。

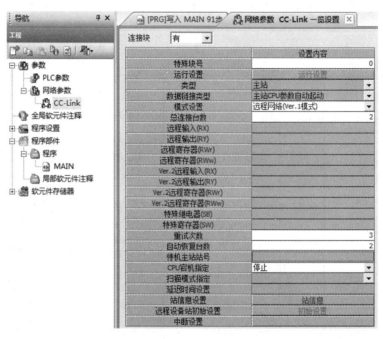

图 14-98　CC-Link 网络参数设置

单击站信息设置"站信息"，打开如图 14-99 所示页面。在第 1 台站号为 1 后选择站类型为"智能设备站"，占用站数"占用 4 站"；在第 2 台站号为 5 后选择"智能设备站"，占用站数"占用 2 站"。

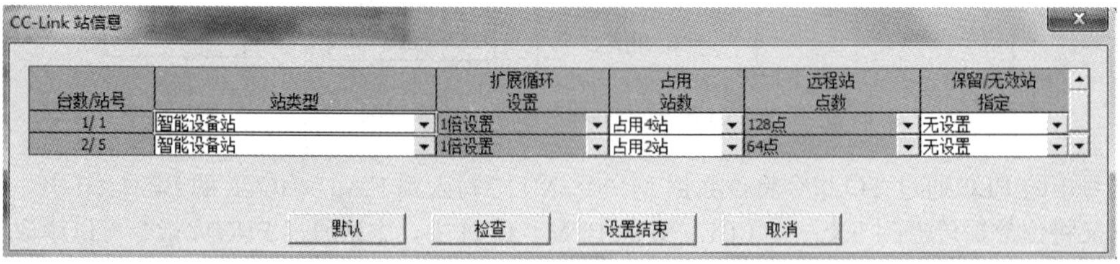

台数/站号	站类型	扩展循环设置	占用站数	远程站点数	保留/无效站指定
1/1	智能设备站	1倍设置	占用4站	128点	无设置
2/5	智能设备站	1倍设置	占用2站	64点	无设置

默认　检查　设置结束　取消

图 14-99　CC-Link 站信息

3. 主站控制程序

主站控制程序如图 14-100 所示。步 112～138 为站号 1 的子程序 P10，步 139～168 为站号 5 的子程序 P20。

（1）步 0～9：读取主站信息 BFM♯0AH 到 K4M20。

（2）步 10～31：主站模块正常（M20＝0）、准备就绪（M35＝1）并且数据链接中（M21＝1），读取其他站链接状态 H680 到 K4M501 中。如果站号 1 链接正常，则 M501＝0，调用子程序 P10；如果站号 5 链接正常，则 M505＝0，调用子程序 P20。

（3）步 33～52：读取站号 1 启停信息 BFM♯0E0H（RX0～RXF）到 K4M100；将主站对站号 1 的启停信息 K4M200 写入 BFM♯160H（RY0～RYF）中。

（4）步 53～54：主站对站号 1 的启动控制。

（5）步 55～56：主站对站号 1 的停止控制。

（6）步 57～58：全停控制。

（7）步 60～83：读取站号 5 对主站控制的启停信息 BFM♯0E8H（RX80～RX8F）到 K4M300 中，K4M100 添加全停位 M102 写入 BFM♯168H（RY80～RY8F），对站号 5 电动机进行启停控制。

（8）步 84～88：主站的启停控制。M300/M301 为来自于站号 5 的启动/停止，X2 为主站的全停控制。

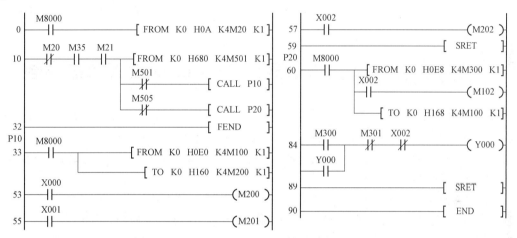

图 14-100　主站控制程序

4. 站号 1 和站号 5 控制程序

站号 1 和站号 5 的控制程序如图 14-101 所示。

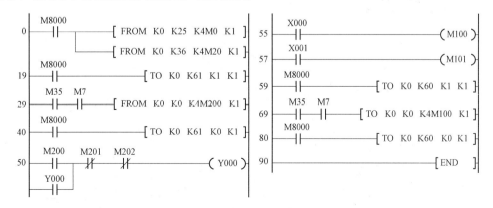

图 14-101　站号 1 和站号 5 的控制程序

（1）步 0～18：读取 FX$_{3U}$-64CCL 的 BFM♯25 到 K4M0，BFM♯36 到 K4M20。

（2）步19～28：将K1写入BFM♯61中，使RY区域一致性标志为1，一致性访问开始，设置最新数据，停止缓冲存储器的刷新。

（3）步29～39：当单元准备就绪（M35＝1）并且链接执行中（M7＝1）时，读取BFM♯0数据到K4M200，即RY0～RYF读到M200～M215（M200启动、M201停止、M202全停）。

（4）步40～49：将K0写入BFM♯61中，使RY区域一致性标志为0。在1→0时，重新开始通信数据和缓冲存储器的刷新。

（5）步50～54：本站的启停控制。

（6）步55～56：当本站按下启动按钮时，X0动合触点接通，M100＝1。

（7）步57～58：当本站按下停止按钮时，X1动合触点接通，M101＝1。

（8）步59～68：将K1写入BFM♯60中，使RX区域一致性标志为1，一致性访问开始，设置最新数据，停止缓冲存储器的刷新。

（9）步69～79：当单元准备就绪（M35＝1）并且链接执行中（M7＝1）时，将数据K4M100写入BFM♯0中，即将M100～M115写入RX0～RXF中。

（10）步80～89：将K0写入BFM♯60中，使RX区域一致性标志为0。在1→0时，重新开始通信数据和缓冲存储器的刷新。

实例 184　多台 FX₃ᵤ 通过 CC‑Link 实现通信控制

一、 控制要求

某生产线由三台FX₃ᵤ通过CC‑Link通信实现以下控制要求。

（1）主站设有触摸屏，主站0电动机启动后，经过10s，站号1电动机以设定转速启动；再经过5s，站号3电动机启动。

（2）按下停止按钮，同时停止。

（3）触摸屏、主站0、站号1、站号3都有启动/停止按钮，都可以启动和停止控制。

（4）通过触摸屏可以监控各站电动机的运行状态、设定站号1的速度并显示测量速度、显示站号3的测量压力。

（5）当出现主站0过载、站号1主电路跳闸和变频器故障时，主从站电动机同时停止。

（6）站号3的压力传感器测量范围0～1000Pa，输出0～10V。

二、 I/O 端口分配表

PLC的I/O端口分配见表14‑42。

表 14‑42　　　　　　　　　　　PLC 的 I/O 端口分配

输入端口				输出端口	
输入端子	输入器件	触摸屏地址	作用	输出端子	输出器件
主站 0					
X0	SB1 动合触点	M1000	启动	Y0	KM1
X1	SB2 动合触点	M1001	停止	—	—
X2	KH1 动断触点	X2	主站电动机过载保护	—	—
站号 1（占用 2 站）					
X0	旋转编码器 A 相		测速	Y0	变频器 STF

输入端口				输出端口	
输入端子	输入器件	触摸屏地址	作用	输出端子	输出器件
X1	QF3 动断触点	M102	主电路跳闸	—	—
X2	变频器故障输出	M103	变频器故障	—	—
X3	SB3 动合触点	—	停止	—	—
X4	SB4 动合触点	—	启动	—	—
站号 3（占用 3 站）					
X0	SB5 动合触点	—	启动	Y0	KM2
X1	SB6 动合触点	—	停止	—	—
X2	KH2 动断触点	M302	站号 3 电动机过载保护	—	—

三、 控制电路

根据控制要求，设计的控制电路如图 14-102 所示。

四、 触摸屏变量及界面

1. 触摸屏变量连接与报警

触摸屏变量与连接如图 14-103 所示。在组态变量时，要对变量的报警属性进行设置。双击开关型的"主站电动机过载"变量，打开"报警属性"页面，选中"允许进行报警处理"和"开关量报警"选项，在"报警注释"中输入"主站过载"，报警值设为 0。当 X2＝0 时，就触发这个报警。

按照同样的方法，组态变量"站 1 变频器故障""站 1 主电路跳闸"的报警，在"报警注释"中分别输入"站 1 变频器故障""站 1 主电路跳闸"，报警值都设为 1。组态变量"站 3 过载"的报警，在"报警注释"中分别输入"站 3 过载"，报警值设为 0。

双击"站 1 测量转速"变量，打开"报警属性"页面，选中"允许进行报警处理"和"下限报警"选项，在"报警注释"中输入"站 1 转速低于 200r/min"，报警值设为 200。当测量转速低于 200r/min 时，就触发这个报警。双击"站 3 测量压力"变量，选中"下限报警"选项，在"报警注释"中输入"站 3 压力低于 200Pa"，报警值设为 200。当测量压力低于 200Pa 时，就触发这个报警。选中"上限报警"选项，在"报警注释"中输入"站 3 压力高于 900Pa"，报警值设为 900。当测量压力高于 900Pa 时，就触发这个报警。

然后单击 按钮，在监控画面中画出合适的范围。

2. 站号 1 电动机运行监控设置

站号 1 电动机不运行时显示银色，运行时显示绿色。双击站 1 电动机指示灯，在"属性设置"页面选中"填充颜色"；在"填充颜色"页面，表达式选择"从站 1 电动机"，分别将 0、1 对应为银、绿。

在工作台的"运行策略"中，编写"循环策略"脚本程序。程序如下：

```
IF 站 1 测量转速＞0 THEN
站 1 电动机＝1
ELSE
站 1 电动机＝0
ENDIF
```

编写好脚本程序，单击"确认"按钮退出。

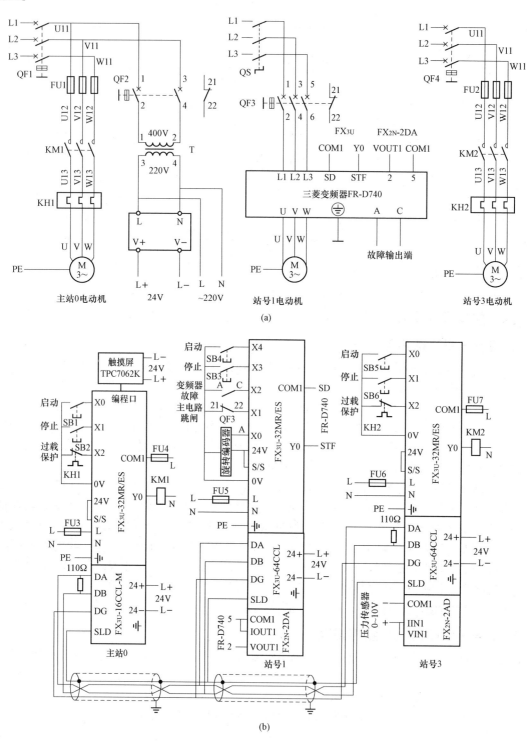

图 14-102　多机 CC-Link 通信实现的主电路和控制电路

（a）主电路；　（b）控制电路

3. 组态监控界面

触摸屏的监控界面如图 14-104 所示。

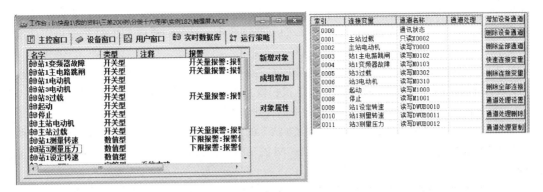

图 14-103 触摸屏变量与连接

五、CC-Link 开关设置

1. 主站 0 的开关设置

主站模块 FX$_{3U}$-16CCL-M 设置为"00"，传送速度"B RATE"设为 2（2.5Mbit/s）。

2. 站号 1 的开关设置

站号 1 的 FX$_{3U}$-64CCL 的站号设为"01"，

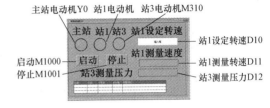

图 14-104 触摸屏界面

传送速度"B RATE"设为 2（2.5Mbit/s），本站占用站号"STATION"设为 1（占用 2 站，1 倍设置）。

3. 站号 3 开关设置

站号 3 的 FX$_{3U}$-64CCL 的站号设为"03"，传送速度"B RATE"设为 2（2.5Mbit/s），本站占用站号"STATION"设为 2（占用 3 站，1 倍设置）。

六、变频器参数设置

变频器的参数设置见表 14-2（实例 163）。

七、控制程序

1. 主站和从站的数据传送

主站和从站的数据传送关系如图 14-105 所示。主站模块、从站模块与 PLC 之间通过"RX/RY"进行数据交换，PLC 通过"FROM/TO"指令进行读写数据。站号 1 占用两个站，位软元件分配 64 点，由于站号 1 为智能设备站，后 16 点（BFM#3）为系统区域，因此编程时不能使用。站号 3 占用 3 个站，位软元件分配 96 点，由于站号 3 为智能设备站，后 16 点（BFM#5）为系统区域，因此编程时不能使用。

（1）主站与站号 1 数据的传送。站号 1 的 PLC 通过 TO 指令将位数据 K4M100（控制与故障信息）写入 FX$_{3U}$-64CCL 的 BFM#0 中，每次链接扫描又将位数据传送到 FX$_{3U}$-16CCL-M 的 BFM#E0H 中，主站通过 FROM 指令可以读取数据到 K4M100。

站号 1 的 PLC 通过 TO 指令将字数据 D11（站 1 的测量转速）写入 FX$_{3U}$-64CCL 的 BFM#8 中，每次链接扫描又将字数据传送到 FX$_{3U}$-16CCL-M 的 BFM#2E0H 中，主站通过 FROM 指令可以读取数据到 D11。

主站 PLC 通过 TO 指令将位数据 K4M200（控制信息）写入 FX$_{3U}$-16CCL-M 的 BFM#160H 中，每次链接扫描又将位数据传送到 FX$_{3U}$-64CCL 的 BFM#0 中，站号 1 通过 FROM 指令可以读取数据到 K4M300。

主站 PLC 通过 TO 指令将字数据 D10（设定速度）写入 FX₃U‑16CCL‑M 的 BFM♯1E0H 中，每次链接扫描又将字数据传送到 FX₃U‑64CCL 的 BFM♯8 中，站号 1 通过 FROM 指令可以读取数据到 D10。

（2）主站与站号 3 数据的传送。站号 3 的 PLC 通过 TO 指令将位数据 K4M100（控制与故障信息）写入 FX₃U‑64CCL 的 BFM♯0 中，每次链接扫描又将位数据传送到 FX₃U‑16CCL—M 的 BFM♯E4H 中，主站通过 FROM 指令可以读取数据到 K4M300。

站号 3 的 PLC 通过 TO 指令将字数据 D12（站 3 的测量压力）写入 FX₃U‑64CCL 的 BFM♯8 中，每次链接扫描又将字数据传送到 FX₃U‑16CCL‑M 的 BFM♯2E8H 中，主站通过 FROM 指令可以读取数据到 D12。

主站 PLC 通过 TO 指令将位数据 K4M400（控制信息）写入 FX₃U‑16CCL‑M 的 BFM♯164H 中，每次链接扫描又将位数据传送到 FX₃U‑64CCL 的 BFM♯0 中，站号 3 通过 FROM 指令可以读取数据到 K4M300。

图 14‑105 主站和从站的数据传送

2. 主站 CC‑Link 参数设置

选择"导航"→"工程"→"参数"→"网络参数"选项，双击"CC‑Link"，进入"网络参数

CC—Link 一览设置"界面，如图 14-106 所示。选择连接块"有"、特殊块号"0"、模式设置"远程网络（Ver.1 模式）"、总连接台数"2"、重试次数"3"、自动恢复台数"2"、CPU 死机指定"停止"。

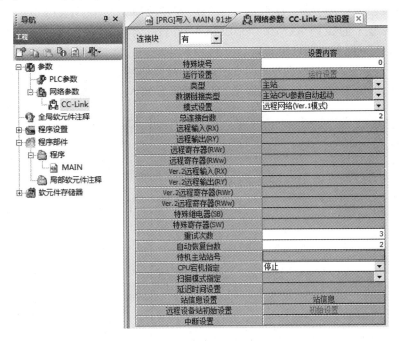

图 14-106　CC-Link 网络参数设置界面

单击站信息设置"站信息"，打开如图 14-107 所示界面。在第 1 台站号为 1 后选择站类型为"智能设备站"，占用站数"占用 2 站"；在第 2 台站号为 3 后选择"智能设备站"，占用站数"占用 3 站"。

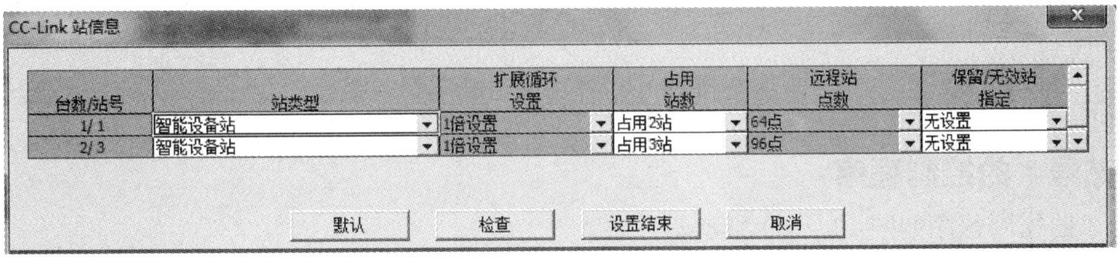

台数/站号	站类型	扩展循环设置	占用站数	远程站占数	保留/无效站指定
1/1	智能设备站	1倍设置	占用2站	64点	无设置
2/3	智能设备站	1倍设置	占用3站	96点	无设置

默认　　检查　　设置结束　　取消

图 14-107　CC-Link 站信息界面

3. 主站控制程序

主站控制程序如图 14-108 所示。步 0～65 为参数设置，步 66～88 为数据链接启动。

（1）步 0～9：读取主站信息 BFM♯0AH 到 K4M20。

（2）步 10～31：主站模块正常（M20=0）、准备就绪（M35=1）并且数据链接中（M21=1），读取其他站链接状态 H680 到 K4M501 中。如果站号 1 链接正常，M501=0，则调用子程序 P10；如果站号 3 链接正常，M503=0，则调用子程序 P20。

（3）步 32～36：有无故障判断。X2（主站过载）、M102（站 1 主电路跳闸）、M103（站 1 变频器故障）、M302（站 3 过载）任意一个接通，故障标志位 M60=1。

（4）步 37～50：主站电动机的启停控制。X0/X1 为主站的启动/停止，M1000/M1001 为触摸屏的启动/停止，M100/M101 为站 1 的启动/停止，M300/M301 为站 3 的启动/停止，M60 为故障标志。主站电动机 Y0 启动后，T0 延时 10s。

（5）步51～55：T0延时到，M200＝1，站1电动机启动。同时 T1 延时 5s。

（6）步56～57：T1延时到，M400＝1，站3电动机启动。

（7）步59～96：子程序 P10。读取站号 1 的启停和故障信息 BFM♯0E0H（RX0～RXF）到 K4M100；写对站号 1 的控制 K4M200 到 BFM♯160H；读取站号 1 的测量转速 BFM♯2E0H（RWr0）到 D11；写对站号 1 的设定转速 D10 到 BFM♯1E0H。

（8）步98～126：子程序 P20 读取站号 3 的启停和故障信息 BFM♯0E4H 到 K4M300；写对站号 3 的控制 K4M400 到 BFM♯164H；读取站号 3 的测量压力 BFM♯2E8 到 D12。

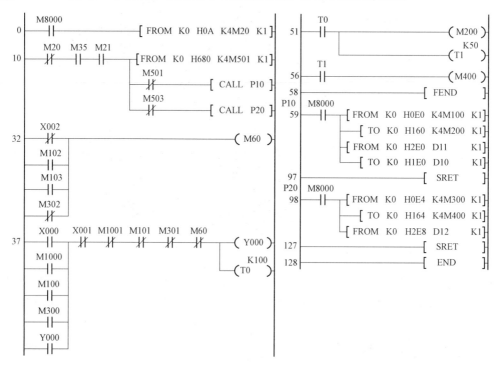

图 14-108　主站控制程序

4. 站号 1 的控制程序

站号 1 的控制程序如图 14-109 所示。

（1）步0～18：读取 FX$_{3U}$-64CCL 的 BFM♯25 到 K4M0，BFM♯36 到 K4M20。

（2）步19～28：将 K1 写入 BFM♯61 中，使 RY 区域一致性标志为 1，一致性访问开始，设置最新数据，停止缓冲存储器的刷新。

（3）步29～39：当单元准备就绪（M35＝1）并且链接执行中（M7＝1）时，读取主站对站号 1 的控制信息 BFM♯0 数据到 K4M300，即将 RY0～RYF 读到 M300～M315。

（4）步40～49：将 K0 写入 BFM♯61 中，使 RY 区域一致性标志为 0。在 1→0 时，重新开始通信数据和缓冲存储器的刷新。

（5）步50～59：将 K1 写入 BFM♯62 中，使 RWw 区域一致性标志为 1，一致性访问开始，设置最新数据，停止缓冲存储器的刷新。

（6）步60～70：当单元准备就绪（M35＝1）并且链接执行中（M7＝1）时，读取主站对站号 1 的设定速度 BFM♯8（RWw0）到 D10 中。

（7）步71～80：将 K0 写入 BFM♯62 中，使 RWw 区域一致性标志为 0。在 1→0 时，重新开始通信数据和缓冲存储器的刷新。

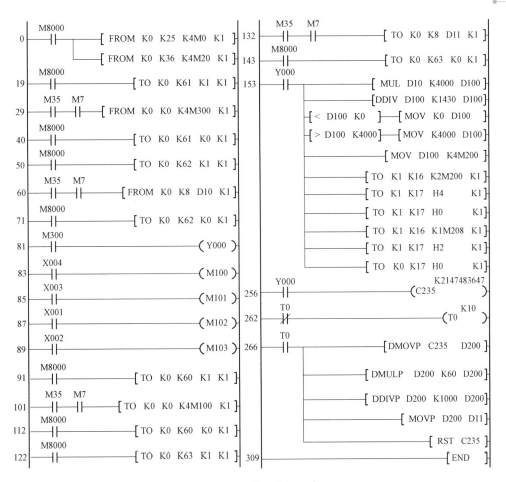

图 14-109 站 1 控制程序

(8) 步 81～82：当 M300＝1 时，Y0 通电，站 1 电动机启动。

(9) 步 83～84：当按下启动按钮 X4 时，M100＝1。

(10) 步 85～86：当按下停止按钮 X3 时，M101＝1。

(11) 步 87～88：当站 1 主电路跳闸时，X1 动合触点接通，M102＝1。

(12) 步 89～90：当站 1 变频器故障时，X2 动合触点接通，M103＝1。

(13) 步 91～100：将 K1 写入 BFM♯60 中，使 RX 区域一致性标志为 1，一致性访问开始，设置最新数据，停止缓冲存储器的刷新。

(14) 步 101～111：当单元准备就绪（M35＝1）并且链接执行中（M7＝1）时，将站号 1 的控制信息 K4M100 写入 BFM♯0 中，即将 M100～M115 写入 RX0～RXF。

(15) 步 112～121：将 K0 写入 BFM♯60 中，使 RX 区域一致性标志为 0。在 1→0 时，重新开始通信数据和缓冲存储器的刷新。

(16) 步 122～131：将 K1 写入 BFM♯63 中，使 RWr 区域一致性标志为 1，一致性访问开始，设置最新数据，停止缓冲存储器的刷新。

(17) 步 132～142：当单元准备就绪（M35＝1）并且链接执行中（M7＝1）时，将数据 D11 写入 BFM♯8 中，即将测量转速写入 RWr0 中。

(18) 步 143～152：将 K0 写入 BFM♯63 中，使 RWr 区域一致性标志为 0。在 1→0 时，重新开始通信数据和缓冲存储器的刷新。

（19）步153～255，站1电动机的调速控制。在站1电动机运转（Y0动合触点闭合）时，由于模拟量输出0～10V对应的数字量为0～4000，所以先将设定转速（D10）乘以4000，然后除以额定转速1430，换算成设定转速对应的数字量存到D100中；限定（D100）在0～4000；（D100）送到K4M200中，取低8位K2M200送到0号模块FX$_{2N}$-2DA的缓冲区BFM♯16中，然后将BFM♯17的b2从1→0进行保持；取高4位K1M208送到0号模块FX$_{2N}$-2DA的缓冲区BFM♯16中，然后将BFM♯17的b1从1→0进行转换输出。

（20）步256～261：站1电动机运行时（Y0动合触点闭合），高速计数器C235计数。

（21）步262～265：产生1s的振荡周期，用于采样。

（22）步266～308：1s时间到，将1s内高速计数器测量值C235送到32位（D201 D200）寄存器中，然后乘以60，得到1min内的脉冲数，除以1000（旋转编码器每转输出的脉冲数）变为转轴的转速（单位r/min），送入D11中，送到主站通过触摸屏显示；同时C235复位。

5. 站号3的控制程序

站号3的控制程序如图14-110所示。

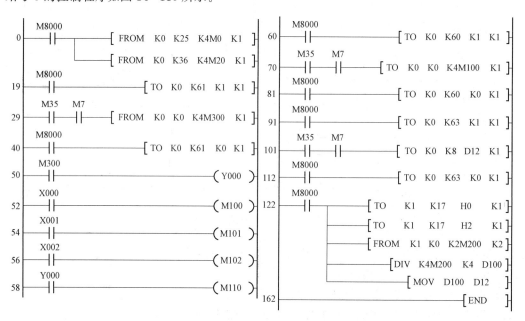

图14-110 站3控制程序

（1）步0～18：读取FX$_{3U}$-64CCL的BFM♯25到K4M0，BFM♯36到K4M20。

（2）步19～28：将K1写入BFM♯61中，使RY区域一致性标志为1，一致性访问开始，设置最新数据，停止缓冲存储器的刷新。

（3）步29～39：当单元准备就绪（M35=1）并且链接执行中（M7=1）时，读取主站对站号3的控制信息BFM♯0到K4M300，即RY0～RYF读到M300～M315。

（4）步40～49：将K0写入BFM♯61中，使RY区域一致性标志为0。在1→0时，重新开始通信数据和缓冲存储器的刷新。

（5）步50～51：当M300=1时，Y0通电，站3电动机启动。

（6）步52～53：当按下启动按钮X0时，M100=1。

（7）步54～55：当按下停止按钮X1时，M101=1。

（8）步56～57：当电动机过载时，X2动合触点断开，M102=0。

（9）步58～59：当站3电动机运行时，M110=1，向主站发送站3电动机的运行标志。

（10）步 60~69：将 K1 写入 BFM♯60 中，使 RX 区域一致性标志为 1，一致性访问开始，设置最新数据，停止缓冲存储器的刷新。

（11）步 70~80：当单元准备就绪（M35＝1）并且链接执行中（M7＝1）时，将站号 3 的控制信息 K4M100 写入 BFM♯0 中，即将 M100~M115 写入 RX0~RXF。

（12）步 81~90：将 K0 写入 BFM♯60 中，使 RX 区域一致性标志为 0。在 1→0 时，重新开始通信数据和缓冲存储器的刷新。

（13）步 91~100：将 K1 写入 BFM♯63 中，使 RWr 区域一致性标志为 1，一致性访问开始，设置最新数据，停止缓冲存储器的刷新。

（14）步 101~111：当单元准备就绪（M35＝1）并且链接执行中（M7＝1）时，将测量压力数据 D12 写入 BFM♯8 中，即将测量压力写入 RWr0 中。

（15）步 112~121：将 K0 写入到 BFM♯63 中，使 RWr 区域一致性标志为 0。在 1→0 时，重新开始通信数据和缓冲存储器的刷新。

（16）步 122~161：利用 TO 指令，向第一个模块（FX$_{2N}$-2AD）的 BFM♯17 送 H0（即 b1b0＝00），选择转换通道为通道 1；向第一个模块的 BFM♯17 送 H2（即 b1b0＝10），b1 位由 0→1，开始转换。利用 FROM 指令，从第一个模块的 BFM♯1 和♯0 分别读取到 K2M208 和 K2M200。K4M200 除以 4，将数字量 0~4000 换算成压力 0~1000Pa 保存到 D100，最后送到 D12 中。通过主站触摸屏显示压力。

实例 185　FX$_{3U}$ 与远程 I/O 站通过 CC - Link 实现交互控制

一、控制要求

FX$_{3U}$ 与远程 I/O 站通过 CC - Link 通信实现以下控制要求。

（1）当在主站或远程 I/O 站按下启动按钮时，主站电动机 M1 开始启动，经过 5s，远程 I/O 站电动机 M2 开始启动。

（2）当在主站或远程 I/O 站按下停止按钮时，两台电动机同时停止。

二、I/O 端口分配表

PLC 的 I/O 端口分配见表 14 - 43。

表 14 - 43　　　　　　　　　　　I/O 端口分配表

输入端口			输出端口		
输入端子	输入器件	作用	输出端子	输出器件	控制对象
主站					
X0	SB1 动合触点	停止	Y0	KM1	主站电动机 M1
X1	SB2 动合触点	启动			
远程 I/O 站（站号 1）					
X0	SB3 动合触点	停止	Y8	KA	远程 I/O 站电动机 M2
X1	SB4 动合触点	启动			

三、 控制电路

FX$_{3U}$ 与远程 I/O 站通过 CC‑Link 实现交互控制的电路如图 14‑111 所示,主电路略。

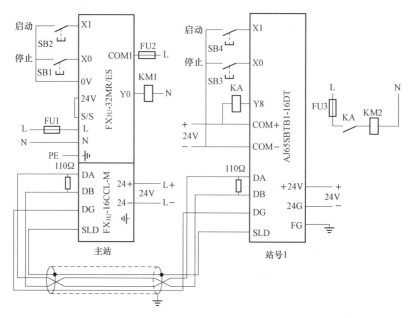

图 14‑111　FX$_{3U}$ 与远程 I/O 站通过 CC‑Link 实现交互控制电路

四、 远程 I/O 站

远程 I/O 站 AJ65SBTB1‑16DT 的开关及接线端子如图 14‑112 所示。

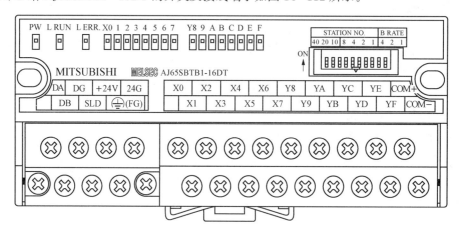

图 14‑112　远程 I/O 站

在本例中,主站模块 FX$_{3U}$‑16CCL‑M 设置为“00”,传送速度“B RATE”设为 2(2.5Mbit/s)。远程 I/O 站 AJ65SBTB1‑16DT 的站号“STATION NO.”的开关 1 拨到 ON,设为站号 1,传送速度“B RATE”设为 2(2.5Mbit/s)。

五、 控制程序

1. 主站和远程 I/O 站 (站号 1) 的数据传送

主站和远程 I/O 站 AJ65SBTB1‑16DT(站号 1)的数据传送关系如图 14‑113 所示。主站模块、远程 I/O 站与 PLC 之间通过“RX/RY”进行数据交换,PLC 通过“FROM/TO”指令进行读写数据。

远程 I/O 站占用一个站号，位软元件分配 32 点输入和 32 点输出，由于只有 8 位输入，RX8～RXF 和 RX10～RX1F 未用。由于只有 8 位输出，因此 RY0～RY7 和 RY10～RY1F 未用。

每次链接扫描，主站通过 FROM 指令可以读取 FX₃U-16CCL-M 的 BFM♯E0H，即远程 I/O 站的 X0～X7。

每次链接扫描，主站 PLC 通过 TO 指令将数据写入 FX₃U-16CCL-M 的 BFM♯160H 中，即远程 I/O 站的 Y8～YF。

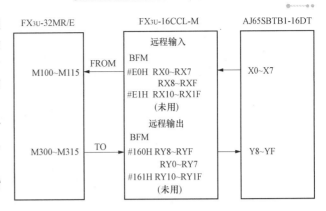

图 14-113 主站和从站（站号 1）的数据传送

2. 主站 CC-Link 参数设置

选择"导航"→"工程"→"参数"→"网络参数"选项，双击"CC-Link"，进入"网络参数 CC-Link 一览设置"界面，如图 14-114 所示。选择连接块"有"、特殊块号"0"、模式设置"远程网络（Ver.1 模式）"、总连接台数"1"、重试次数"3"、自动恢复台数"1"、CPU 死机指定"停止"。

图 14-114 CC-Link 网络参数设置界面

单击站信息设置"站信息"，打开如图 14-115 所示界面。在第 1 台站号为 1 后选择站类型为"远程 I/O 站"，占用站数"占用 1 站"。

3. 主站控制程序

主站控制程序如图 14-116 所示。

（1）步 0～9：读取主站信息 BFM♯0AH 到 K4M20。

（2）步 10～25：主站模块正常（M20＝0）、准备就绪（M35＝1）并且数据链接中（M21＝1），

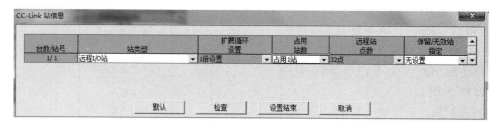

图 14-115 CC-Link 站信息界面

读取其他站链接状态 H680 到 K4M501 中。如果站号 1 链接正常，则 M501=0，调用子程序 P10。

（3）步 27～46：读取远程 I/O 站的控制信息 BFM♯0E0H（RX0～RXF）到 K4M100，写对远程 I/O 站的控制 K4M300 到 BFM♯160H（RY0～RYF）。

（4）步 47～55：主站电动机的启动停止控制。X1/X0 为主站的启动/停止，M101/M100 为来自于远程 I/O 站的启动/停止。

（5）步 56～57：远程 I/O 站电动机的延时控制。M308 对应于远程 I/O 站的 Y8。

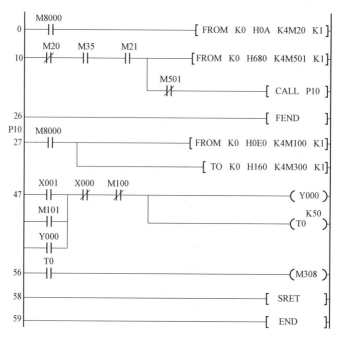

图 14-116 主站控制程序

实例 186 FX3U 与多台远程 I/O 站通过 CC-Link 实现交互控制

一、控制要求

FX3U 与两台远程 I/O 站通过 CC-Link 通信实现以下控制要求。

（1）当在主站或各远程 I/O 站按下启动按钮时，主站电动机 M1 开始启动；经过 5s，远程 I/O 站（站号 1）电动机 M2 开始启动；再经过 5s，远程 I/O 站（站号 2）电动机 M3 开始启动。

（2）当在主站或各远程 I/O 站按下停止按钮时，各站电动机同时停止。

二、I/O 端口分配表

PLC 的 I/O 端口分配见表 14-44。

表 14-44　　　　　　　　　　　　　　　I/O 端口分配表

输入端口			输出端口		
输入端子	输入器件	作用	输出端子	输出器件	控制对象
主站					
X0	SB1 动合触点	停止	Y0	KM1	主站电动机 M1
X1	SB2 动合触点	启动	—	—	—
远程 I/O 站（站号 1）					
X0	SB3 动合触点	停止	Y8	KA1	远程 I/O 站电动机 M2
X1	SB4 动合触点	启动	—	—	—
远程 I/O 站（站号 2）					
X0	SB5 动合触点	停止	Y8	KA2	远程 I/O 站电动机 M3
X1	SB6 动合触点	启动	—	—	—

三、控制电路

FX$_{3U}$ 与两台远程 I/O 站通过 CC-Link 实现交互控制的电路如图 14-117 所示。主电路略。

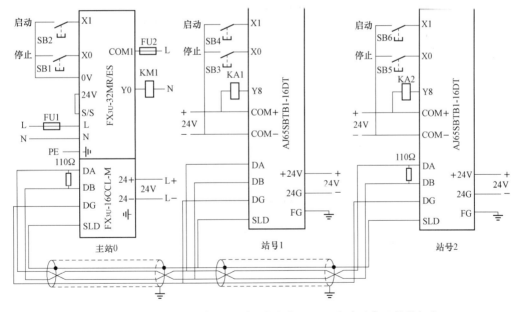

图 14-117　FX$_{3U}$ 与两台远程 I/O 站通过 CC-Link 实现交互控制电路

四、开关设置

1. 主站 0 的开关设置

在本例中，主站模块 FX$_{3U}$-16CCL-M 设置为"00"，传送速度"B RATE"设为 2（2.5Mbit/s）。

2. 远程 I/O 站 （站号 1） 开关设置

远程 I/O 站 AJ65SBTB1 - 16DT （站号 1） 的站号 "STATION NO." 的开关 1 拨到 ON，设为站号 1，传送速度 "B RATE" 设为 2 （2.5Mbit/s）。

3. 远程 I/O 站 （站号 2） 开关设置

远程 I/O 站 AJ65SBTB1－16DT （站号 2） 的站号 "STATION NO." 的开关 2 拨到 ON，设为站号 2，传送速度 "B RATE" 设为 2 （2.5Mbit/s）。

五、 控制程序

1. 主站和远程 I/O 站的数据传送

主站和远程 I/O 站的数据传送关系如图 14 - 118 所示。主站模块、远程 I/O 站与 PLC 之间通过 "RX/RY" 进行数据交换，PLC 通过 "FROM/TO" 指令进行读写数据。

远程 I/O 站站号 1 和站号 2 是相同的，以站号 1 为例，站号 1 占用一个站号，位软元件分配 32 点输入和 32 点输出，由于只有 8 位输入，因此 RX8～RXF 和 RX10～RX1F 未用。由于只有 8 位输出，因此 RY0～RY7 和 RY10～RY1F 未用。

每次链接扫描，主站通过 FROM 指令可以读取 FX$_{3U}$ - 16CCL - M 的 BFM♯E0H，即远程 I/O 站的 X0～X7。

每次链接扫描，主站 PLC 通过 TO 指令将数据写入 FX$_{3U}$ - 16CCL - M 的 BFM♯160H 中，即远程 I/O 站的 Y8～YF。

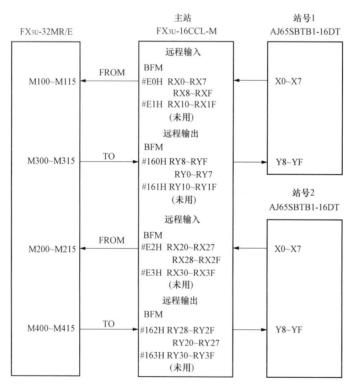

图 14 - 118　主站和远程 I/O 站的数据传送

2. 主站 CC - Link 参数设置

选择 "导航" → "工程" → "参数" → "网络参数" 选项，双击 "CC - Link"，进入 "网络参数 CC - Link 一览设置" 界面，如图 14 - 119 所示。选择连接块 "有"、特殊块号 "0"、模式设置 "远程网络（Ver. 1 模式）"、总连接台数"2"、重试次数"3"、自动恢复台数"2"、CPU 死机指定"停止"。

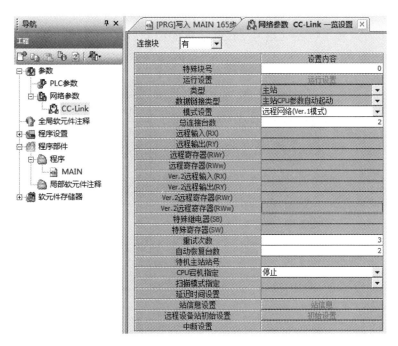

图 14 - 119　CC - Link 网络参数设置界面

单击站信息设置"站信息"，打开如图 14 - 120 所示界面。在第 1 台站号为 1 的后面选择站类型为"远程 I/O 站"，占用站数"占用 1 站"；在第 2 台站号为 2 的后面选择站类型为"远程 I/O 站"，占用站数"占用 1 站"。

图 14 - 120　CC - Link 站信息界面

3. 主站控制程序

主站控制程序如图 14 - 121 所示。

（1）步 0～9：读取主站信息 BFM♯0AH 到 K4M20。

（2）步 10～26：主站模块正常（M20＝0）、准备就绪（M35＝1）并且数据链接中（M21＝1），读取其他站链接状态 H680 到 K4M501 中。如果站号 1 和站号 2 链接正常，则 M501＝0 且 M502＝0，调用子程序 P10。

（3）步 28～65：读取站号 1 的控制信息 BFM♯0E0H（RX0～RXF）到 K4M100；读取站号 2 的控制信息 BFM♯0E2H（RX20～RX2F）到 K4M200；将对站号 1 的控制 K4M300 写入 BFM♯160H（RY0～RYF）；对站号 2 的控制 K4M400 写入 BFM♯162H（RY20～RY2F）。

（4）步 66～76：主站电动机的启动停止控制与延时。X1/X0 为主站的启动/停止，M101/M100

为远程I/O站（站号1）的启动/停止，M201/M200为远程I/O站（站号2）的启动/停止。

（5）步77～81：远程I/O站（站号1）电动机的控制与延时。M308对应于远程I/O站（站号1）的Y8。

（6）步82～83：远程I/O站（站号2）电动机的控制。M408对应于远程I/O站（站号2）的Y8。

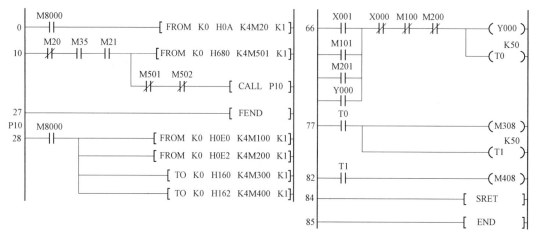

图14-121　主站控制程序

实例 187　FX$_{3U}$ 与远程设备站通过 CC-Link 实现压力测量

一、 控制要求

远程设备站AJ65SBT-64AD连接一个压力传感器，压力传感器的测量范围0～1000Pa，输出4～20mA，FX$_{3U}$与远程设备站通过CC-Link通信实现以下控制要求。

（1）当在主站按下启动按钮时，主站电动机M开始启动。

（2）当在主站按下停止按钮时，主站电动机M停止。

（3）将远程设备站测量的压力存到指定的软元件D10中。

二、 I/O端口分配表

PLC的I/O端口分配见表14-45。

表14-45　　　　　　　　　　　　主站I/O端口分配表

输入端口			输出端口		
输入端子	输入器件	作用	输出端子	输出器件	控制对象
X0	SB1动合触点	停止	Y0	KM	主站电动机M
X1	SB2动合触点	启动	—	—	—

三、 控制电路

FX$_{3U}$与远程设备站通过CC-Link实现压力测量的电路如图14-122所示，主电路略。

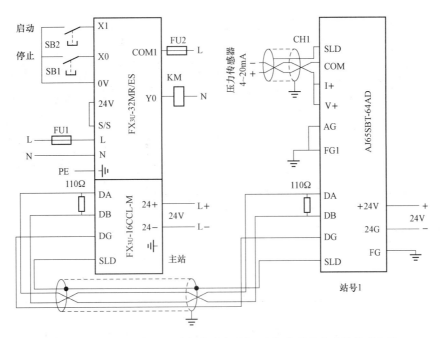

图 14-122 FX$_{3U}$ 与远程设备站通过 CC-Link 实现压力测量控制电路

四、远程设备站

远程设备站 AJ65SBT-64AD 的开关及接线端子如图 14-123 所示。AJ65SBT-64AD 有 4 个通道，可以将 $-10\sim+10$V 转换为数字量 $-4000\sim+4000$，也可以将 $0\sim5$V、$1\sim5$V、$0\sim20$mA、$4\sim20$mA 模拟量转换为数字量 $0\sim4000$。当电流输入时，应将 V+ 和 I+ 短接。

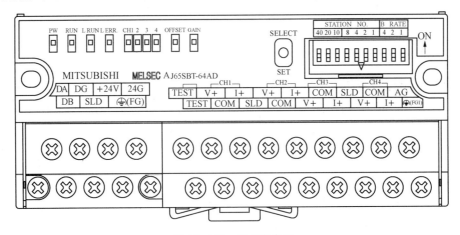

图 14-123 远程设备站

1. 开关设置

在本例中，主站模块 FX$_{3U}$-16CCL-M 设置为 "00"，传送速度 "B RATE" 设为 2（2.5Mbit/s）。远程设备站 AJ65SBT-64AD 的站号 "STATION NO." 的开关 1 拨到 ON，设为站号 1，传送速度 "B RATE" 设为 2（2.5Mbit/s）。

2. 远程 I/O 信号

远程 I/O 信号见表 14-46。

表 14 - 46   远程 I/O 信号列表

AJ65SBT - 64AD→主模块		主模块→AJ65SBT - 64AD	
远程输入（RX）	信号名称	远程输出（RY）	信号名称
RXn0～RXn3	CH. 1～CH. 4 A/D 转换完成标志	RYn0～RYn3	CH. 1～CH. 4 移动平均处理指定标志
RXn4～RXn7	CH. 1～CH. 4 范围出错标志		
RX（n+1）8	初始化数据处理请求标志	RY（n+1）8	初始化数据处理完成标志
RX（n+1）9	初始化数据设置完成标志	RY（n+1）9	初始化数据设置请求标志
RX（n+1）B	远程 READY	—	—

说明   n 表示由站号设置分配给主模块的地址。

3. 远程寄存器分配

远程寄存器的分配见表 14 - 47。

表 14 - 47   远程寄存器分配

通信方向	地址	说　明
主模块→ AJ65SBT - 64AD	RWwm	A/D 转换允许/禁止指定，b3～b0（CH. 1～CH. 4）为 1 允许
	RWw（m+1）	输入范围设置
	RWw（m+2）	移动平均处理计数（0H、1H、2H、3H 对应 4、8、16、32 次）
	RWw（m+3）	保留
AJ65SBT - 64AD→ 主模块	RWrn	CH. 1 数字输出值
	RWr（n+1）	CH. 2 数字输出值
	RWr（n+2）	CH. 3 数字输出值
	RWr（n+3）	CH. 4 数字输出值

说明   m、n 为由站号设置分配给主模块的地址。

4. 输入范围设置 RWw（m+1）

RWw（m+1）每 4 位为一个通道，b15～b0 为 CH. 4～CH. 1，每个通道的输入范围设置见表 14 - 48。

表 14 - 48   输入范围设置

输入范围	−10～+10V	0～5V	1～5V	0～20mA	4～20mA	用户设置 1 (−10～+10V)	用户设置 2 (0～5V)	用户设置 3 (0～20mA)
设定值	0H	1H	2H	3H	4H	5H	6H	7H

五、 控制程序

1. 主站和远程设备站 （站号 1） 的数据传送

主站和远程设备站 AJ65SBT - 64AD（站号 1）的数据传送关系如图 14 - 124 所示。主站模块、远程设备站与 PLC 之间通过"RX/RY"进行数据交换，PLC 通过"FROM/TO"指令进行读写数据。远程设备站占用一个站号，位软元件分配 32 点输入和 32 点输出。字软元件分配 4 点输入和 4 点输出。

每次链接扫描，主站通过 FROM 指令可以读取 FX3U - 16CCL - M 的 BFM#E0H 和#E1H，即远程设备站的 RX0～RXF 和 RX10～RX1F；同时读取 FX3U - 16CCL - M 的 BFM#2E0H～#2E3H，即

远程设备站的 RWr0～RWr3。

每次链接扫描，主站 PLC 通过 TO 指令将数据写入 FX$_{3U}$-16CCL-M 的 BFM♯160H 和♯161H 中，即远程设备站的 RY0～RYF 和 RY10～RY1F；同时写入 BFM♯1E0H～♯1E3H，即远程设备站的 RWw0～RWw3。

2. 主站 CC-Link 参数设置

选择"导航"→"工程"→"参数"→"网络参数"选项，双击"CC-Link"，进入"网络参数 CC-Link 一览设置"界面，如图 14-125 所示。选择连接块"有"、特殊块号"0"、模式设置"远程网络（Ver.1 模式）"、总连接台数"1"、重试次数"3"、自动恢复台数"1"、CPU 死机指定"停止"。

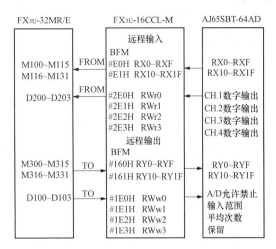

图 14-124　主站和从站（站号 1）的数据传送

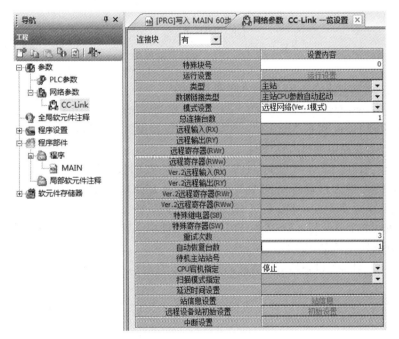

图 14-125　CC-Link 网络参数设置界面

单击站信息设置"站信息"，打开如图 14-126 所示界面。在第 1 台站号为 1 后选择站类型为"远程设备站"，占用站数"占用 1 站"。

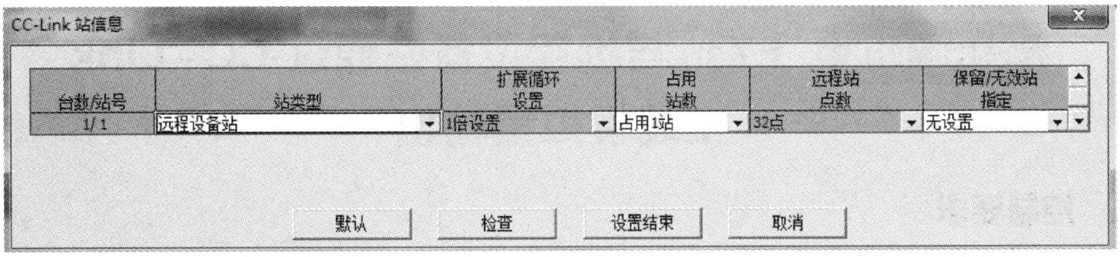

图 14-126　CC-Link 站信息界面

3. 主站控制程序

主站控制程序如图 14 - 127 所示。

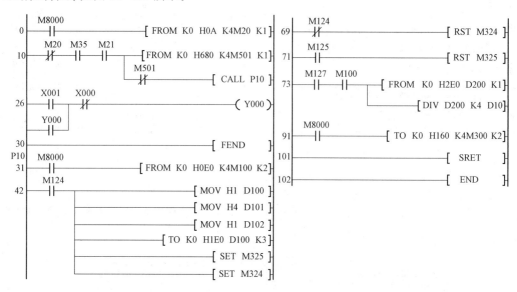

图 14 - 127　主站控制程序

（1）步 0～9：读取主站信息 BFM♯0AH 到 K4M20。

（2）步 10～25：主站模块正常（M20＝0）、准备就绪（M35＝1）并且数据链接中（M21＝1），读取其他站链接状态 H680 到 K4M501 中。如果站号 1 链接正常，则 M501＝0，调用子程序 P10。

（3）步 26～29：主站电动机启停控制。

（4）步 31～41：读取 BFM♯0E0H（RX0～RXF）和♯0E1H 到 M100～M131。

（5）步 42～68：当远程设备站初始数据请求标志 M124（RX18）＝1 时，将 H1 送入 D100（CH.1 允许 AD 转换），H4 送入 D101（CH.1 输入信号为 4～20mA），H1 送入 D102（8 次平均），然后将 D100 开始的 3 个单元写入 BFM♯1E0H～♯1E2H 中。置位 M325（初始数据设置请求 RY19）和 M324（初始数据处理完成 RY18）。

（6）步 69～70：当远程设备站不再有初始数据请求（M124＝0）时，复位 M324，初始数据处理完成。

（7）步 71～72：当初始数据设置完成标志（RX19）M125＝1 时，复位 M325，初始数据设置完成。

（8）步 73～90：当远程准备（RX1B）M127＝1 且 CH1 的 A/D 转换完成（RX0）M100＝1 时，读取 CH.1 的输出数据到 D200；将 D200 除以 4（数字量 0～4000 转换为 0～1000Pa）保存到 D10 中。

（9）步 91～100：将对从站的反馈信息 M300～M331 写入 BFM♯160 H 和♯161H（RY0～RYF 和 RY10～RY1F）中。

实例 188　FX₃U 与远程设备站通过 CC - Link 实现模拟量输出

一、 控制要求

FX₃U 与远程设备站 AJ65SBT - 62DA 通过 CC - Link 通信实现以下控制要求。

（1）当在主站按下启动按钮时，主站电动机 M 开始启动。

（2）当在主站按下停止按钮时，主站电动机 M 停止。

（3）将指定软元件 D100 中的数据通过远程设备站转换为模拟量输出。

二、I/O 端口分配表

PLC 的 I/O 端口分配见表 14 - 49。

表 14 - 49 主站 I/O 端口分配表

输入端口			输出端口		
输入端子	输入器件	作用	输出端子	输出器件	控制对象
X0	SB1 动合触点	停止	Y0	KM	主站电动机 M
X1	SB2 动合触点	启动	—	—	—

三、控制电路

FX$_{3U}$ 与远程设备站通过 CC - Link 实现模拟量输出的电路如图 14 - 128 所示。主电路略。

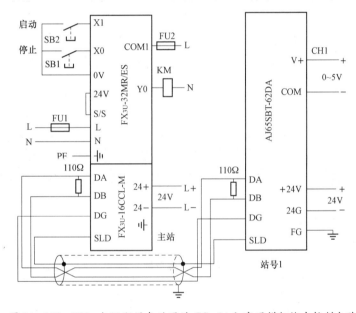

图 14 - 128 FX$_{3U}$ 与远程设备站通过 CC - Link 实现模拟输出控制电路

四、远程设备站

远程设备站 AJ65SBT - 62DA 的开关及接线端子如图 14 - 129 所示。AJ65SBT - 64AD 有两个输出通道，可以将数字量 −4000～+4000 转换为 −10～+10V，也可以将数字量 0～4000 转换为 0～5V、1～5V、0～20mA、4～20mA 等模拟量。

1. 开关设置

在本例中，主站模块 FX$_{3U}$ - 16CCL - M 设置为"00"，传送速度"B RATE"设为 2（2.5Mbit/s）。远程设备站 AJ65SBT - 64AD 的站号"STATION NO."的开关 1 拨到 ON，设为站号 1，传送速度"B RATE"设为 2（2.5Mbit/s）。

2. 远程 I/O 信号

远程 I/O 信号见表 14 - 50。

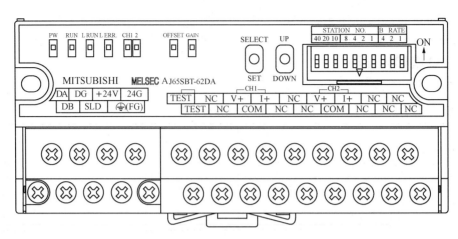

图 14 - 129   远程设备站

表 14 - 50   远程 I/O 信号列表

AJ65SBT - 62DA→主模块		主模块→AJ65SBT - 62DA	
远程输入（RX）	信号名称	远程输出（RY）	信号名称
RXnC	E²PROM 写出错标志	RYn0	CH.1 模拟输出允许/禁止标志
RXnF	测试模式标志	RYn1	CH.2 模拟输出允许/禁止标志
RX（n+1）8	初始化数据处理请求标志	RY（n+1）8	初始化数据处理完成标志
RX（n+1）9	初始化数据设置完成标志	RY（n+1）9	初始化数据设置请求标志
RX（n+1）B	远程 READY	—	—

说明　n 为由站号设置分配给主模块的地址。

3. 远程寄存器分配

远程寄存器的分配见表 14 - 51。

表 14 - 51   远程寄存器分配

通信方向	地址	说　明
主模块→AJ65SBT - 62DA	RWwm	CH.1 数值设置
	RWw（m+1）	CH.2 数值设置
	RWw（m+2）	模拟输出允许/禁止设置，b1～b0 对应 CH.2～Ch.1，1 允许
	RWw（m+3）	输出范围/HOLD/CLEAR 设置
AJ65SBT - 62DA→主模块	RWrn	CH.1 校验代码
	RWr（n+1）	CH.2 校验代码
	RWr（n+2）	出错代码
	RWr（n+3）	保留

说明　m、n 为由站号设置分配给主模块的地址。

4. 输出范围/HOLD/CLEAR 设置

RWw（m+3）的 b15～b12（CH.2）和 b11～b8（CH.1）为输出范围设置，每个通道的输出范围设置见表 14 - 52。b7～b4（CH.2）和 b3～b0（CH.1）为 CLEAR 和 HOLD 设置，0 为 CLEAR，

其他为 HOLD。

表 14 - 52　　　　　　　　　　　　　　　　　　输入范围设置

输入范围	$-10\sim$ $+10V$	$0\sim5V$	$1\sim5V$	$0\sim20mA$	$4\sim20mA$	用户设置 1 $(-10\sim+10V)$	用户设置 2 $(0\sim5V)$	用户设置 3 $(0\sim20mA)$
设定值	0H	1H	2H	3H	4H	5H	6H	7H

五、 控制程序

1. 主站和远程设备站 （站号 1） 的数据传送

主站和远程设备站 AJ65SBT - 62DA （站号 1）的数据传送关系如图 14 - 130 所示。主站模块、远程设备站与 PLC 之间通过 "RX/RY" 进行数据交换，PLC 通过 "FROM/TO" 指令进行读写数据。远程设备站占用一个站号，位软元件分配 32 点输入和 32 点输出。字软元件分配 4 点输入和 4 点输出。

每次链接扫描，主站通过 FROM 指令可以读取 FX$_{3U}$ - 16CCL - M 的 BFM♯E0H 和♯E1H，即远程设备站的 RX0～RXF 和 RX10～RX1F；同时读取 FX$_{3U}$ - 16CCL - M 的 BFM♯2E0H～♯2E3H，即远程设备站的 RWr0～RWr3。

每次链接扫描，主站 PLC 通过 TO 指令将数据写入 FX$_{3U}$ - 16CCL - M 的 BFM♯160H 和♯161H 中，即远程设备站的 RY0～RYF 和 RY10～RY1F；同时写入到 BFM♯1E0H～♯1E3H，即远程设备站的 RWw0～RWw3。

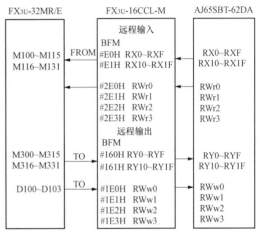

图 14 - 130　主站和从站 （站号 1） 的数据传送

2. 主站 CC - Link 参数设置

选择 "导航" → "工程" → "参数" → "网络参数" 选项，双击 "CC-Link"，进入 "网络参数 CC - Link 一览设置" 界面，如图 14 - 131 所示。选择连接块 "有"、特殊块号 "0"、模式设置 "远程网络 （Ver. 1 模式）"、总连接台数 "1"、重试次数 "3"、自动恢复台数 "1"、CPU 死机指定 "停止"。

单击站信息设置 "站信息"，打开如图 14 - 132 所示界面。在第 1 台站号为 1 后选择站类型为 "远程设备站"，占用站数 "占用 1 站"。

3. 主站控制程序

主站控制程序如图 14 - 133 所示。

（1）步 0～9：读取主站信息 BFM♯0AH 到 K4M20。

（2）步 10～25：主站模块正常（M20＝0）、准备就绪（M35＝1）并且数据链接中（M21＝1），读取其他站链接状态 H680 到 K4M501 中。如果站号 1 链接正常，则 M501＝0，调用子程序 P10。

（3）步 26～29：主站电动机启停控制。

（4）步 31～41：读取 BFM♯0E0H （RX0～RXF）和♯0E1H 到 M100～M131。

（5）步 42～63：当远程设备站初始数据请求标志 M124 （RX18）＝1 时，将 H1 送入 D102 （CH. 1 允许 DA 转换），H0101 送入 D103 （CH. 1 输出信号为 0～5V，HOLD），然后将 D102 开始的两个单元写入 BFM♯1E2H～♯1E3H 中。置位 M325 （初始数据设置请求 RY19）和 M324 （初始数

图 14 - 131　CC - Link 网络参数设置界面

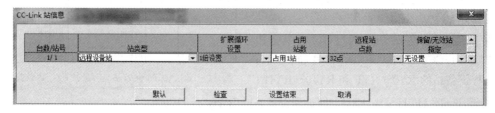

图 14 - 132　CC - Link 站信息界面

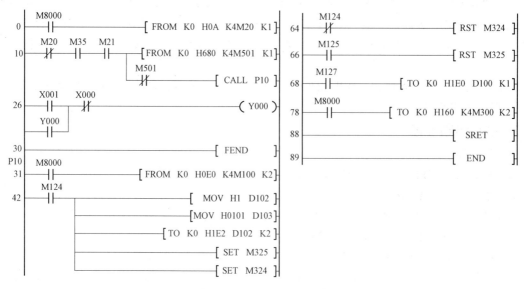

图 14 - 133　主站控制程序

据处理完成 RY18)。

（6）步 64～65：当远程设备站不再有初始数据请求（M124＝0）时，复位 M324。

（7）步 66～67：当初始数据设置完成标志（RX19）M125＝1 时，复位 M325。

（8）步 68～77：当远程准备（RX1B）M127＝1 时，将 D100 中的数据写入 BFM♯1E0（RWw0），通过远程设备站输出模拟量。

（9）步 78～87：将对从站的反馈信息 M300～M331 写入 BFM♯160 H 和♯161（RY0～RYF 和 RY10～RY1F）中。

实例 189 CC‐Link 通信的混用控制系统

一、 控制要求

FX₃ᵤ 与远程 I/O 站、智能设备站和远程设备站通过 CC‐Link 通信实现以下控制要求。

（1）当在主站、远程 I/O 站（站号 1）或智能设备站（站号 2）按下启动按钮时，主站电动机 M1 开始启动；经过 5s，远程 I/O 站电动机 M2 开始启动；再经过 5s，智能设备站电动机 M3 启动。

（2）当在主站、远程 I/O 站或智能设备站按下停止按钮时，电动机同时停止。

（3）将远程设备站（站号 3）测量的压力保存到指定软元件中。

二、 I/O 端口分配表

PLC 的 I/O 端口分配见表 14‐53。

表 14‐53　　　　　　　　　　　I/O 端口分配表

输入端口			输出端口		
输入端子	输入器件	作用	输出端子	输出器件	控制对象
主站					
X0	SB1 动合触点	停止	Y0	KM1	主站电动机 M1
X1	SB2 动合触点	启动	—	—	—
远程 I/O 站（站号 1）					
X0	SB3 动合触点	停止	Y8	KA	远程 I/O 站电动机 M2
X1	SB4 动合触点	启动	—	—	—
智能设备站（站号 2）					
X0	SB5 动合触点	停止	Y0	KM2	智能设备站电动机 M3
X1	SB6 动合触点	启动	—	—	—

三、 控制电路

混用控制系统的控制电路如图 14‐134 所示，主电路略。

四、 开关设置

1. 主站 0 的开设置

在本例中，主站模块 FX₃ᵤ‐16CCL‐M 设置为"00"，传送速度"B RATE"设为 2（2.5Mbit/s）。

2. 远程 I/O 站 （站号 1） 开关设置

AJ65SBTB1‐16DT 的站号"STATION NO."的开关 1 拨到 ON，设为站号 1，传送速度"B RATE"设为 2（2.5Mbit/s）。

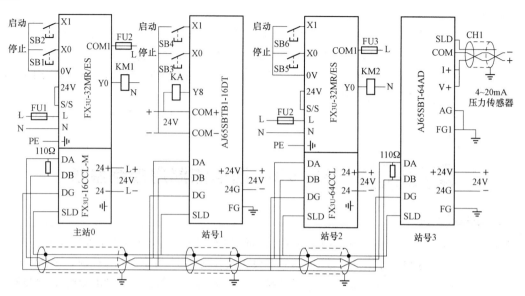

图 14 - 134　CC - Link 混用控制系统的控制电路

3. 智能设备站 （站号2） 开关设置

智能设备站（站号2）的 FX$_{3U}$ - 64CCL 的站号设为"02"，传送速度"B RATE"设为 2（2.5Mbit/s），本站占用站号"STATION"设为 0（占用 1 站，1 倍设置）。

4. 远程设备站开关设置

远程设备站（站号3）的 AJ65SBT - 64AD 的站号"STATION NO."的开关 1 和 2 拨到 ON，设为站号3，传送速度"B RATE"设为 2（2.5Mbit/s）。

五、 控制程序

1. 主站和从站的数据传送

主站和从站的数据传送关系如图 14 - 135 所示。

2. 主站 CC - Link 参数设置

选择"导航"→"工程"→"参数"→"网络参数"选项，双击"CC - Link"，进入"网络参数CC - Link 一览设置"页面，如图 14 - 136 所示。选择连接块"有"、特殊块号"0"、模式设置"远程网络（Ver.1 模式）"、总连接台数"3"、重试次数"3"、自动恢复台数"3"、CPU 死机指定"停止"。

单击站信息设置"站信息"，打开如图 14 - 137 所示界面。在第 1 台站号为 1 后选择站类型为"远程 I/O 站"，占用站数"占用 1 站"；在第 2 台站号为 2 后选择站类型为"智能设备站"，占用站数"占用 1 站"；在第 3 台站号为 3 后选择站类型为"远程设备站"，占用站数"占用 1 站"。

3. 主站控制程序

主站控制程序如图 14 - 138 所示。

（1）步 0～9：读取主站信息 BFM♯0AH 到 K4M20。

（2）步 10～36：主站模块正常（M20=0）并且准备就绪（M35=1）、数据链接中（M21=1），读取其他站链接状态 H680 到 K4M501 中。如果站号 1 链接正常，则 M501=0，调用子程序 P10；如果站号 2 链接正常，则 M502=0，调用子程序 P20；如果站号 3 链接正常，则 M503=0，调用子程序 P30。

（3）步 37～47：主站电动机 M1 的启动与停止控制，其中 X0、M100、M200 为主站、站号 1 和站号 2 的停止，X1、M101、M201 为主站、站号 1 和站号 2 的启动。主站电动机 M1 启动时，T0 延时 5s。

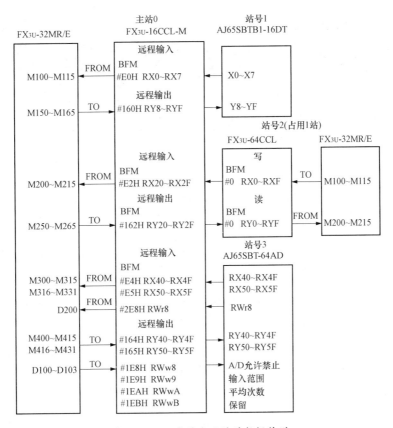

图 14-135 主站和从站的数据传送

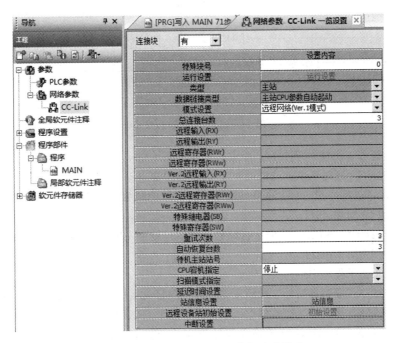

图 14-136 CC-Link 网络参数设置界面

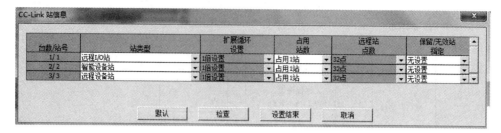

图 14-137　CC-Link 站信息界面

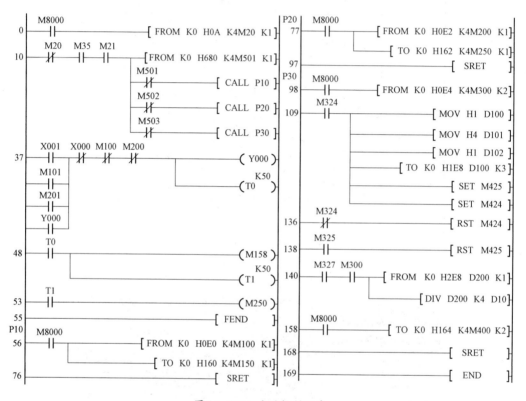

图 14-138　主站控制程序

(4) 步 48～52：T0 延时 5s 到，M158＝1，启动站号 1 电动机 M2，同时 T1 延时 5s。

(5) 步 53～54：T1 延时 5s 到，M250＝1，启动站号 2 电动机 M3。

(6) 步 56～75：子程序 P10，读取来自站号 1 的启停控制 BFM♯0E0H 到 K4M100，写对站号 1 的控制 K4M150 到 BFM♯160H。

(7) 步 77～96：子程序 P20，读取来自站号 2 的启停控制 BFM♯0E2H 到 K4M200，写对站号 2 的控制 K4M250 到 BFM♯162H。

(8) 步 98～168：子程序 P30。

(9) 步 98～108：读取来自站号 3 的请求 BFM♯0E4H 和♯0E1H 到 M300～M331。

(10) 步 109～135：当站号 3 初始数据请求标志 M324（RX18）＝1 时，将 H1 送入 D100（CH.1 允许 AD 转换），H4 送入 D101（CH.1 输入信号为 4～20mA），H1 送入 D102（8 次平均），然后将 D100 开始的 3 个单元写入到 BFM♯1E8H～♯1EAH 中。置位 M425（初始数据设置请求 RY19）和 M424（初始数据处理完成 RY18）。

(11) 步 136～137：当站号 3 不再有初始数据请求（M324＝0）时，复位 M424。

（12）步138～139：当站号3初始数据设置完成标志（RX19）M325＝1时，复位M425。

（13）步140～157：当站号3处于准备（RX1B）M327＝1且CH1的A/D转换完成（RX0）M300＝1时，读取CH.1的输出数据到D200；将D200除以4（数字量0～4000转换为0～1000Pa）送入D10中。

（14）步158～167：将对站号3的反馈信息M400～M431写入BFM♯164H和♯165H（站号3的RY0～RYF和RY10～RY1F）中。

4. 智能设备站（站号2）的控制程序

智能设备站（站号2）的控制程序如图14-139所示。

（1）步0～18：读取FX₃U-64CCL的BFM♯25到K4M0，BFM♯36到K4M20。

（2）步19～28：将K1写入BFM♯61中，使RY区域一致性标志为1，一致性访问开始，设置最新数据，停止缓冲存储器的刷新。

（3）步29～39：当单元准备就绪（M35＝1）并且链接执行中（M7＝1）时，读取BFM♯0数据到K4M200，即RY0～RYF读到M200～M215。

（4）步40～49：将K0写入BFM♯61中，使RY区域一致性标志为0。在1→0时，重新开始通信数据和缓冲存储器的刷新。

（5）步50～51：当M200＝1时，Y0通电，站2电动机启动。

（6）步52～53：当按下站号2停止按钮X0时，X0动合触点接通，M100＝0。

（7）步54～55：当按下站号2启动按钮X1时，X1动合触点接通，M101＝1。

（8）步56～65：将K1写入到BFM♯60中，使RX区域一致性标志为1，一致性访问开始，设置最新数据，停止缓冲存储器的刷新。

（9）步66～76：当单元准备就绪（M35＝1）并且链接执行中（M7＝1）时，将控制数据K4M100写入BFM♯0中，即将M100～M115写入RX0～RXF。

（10）步77～86：将K0写入BFM♯60中，使RX区域一致性标志为0。在1→0时，重新开始通信数据和缓冲存储器的刷新。

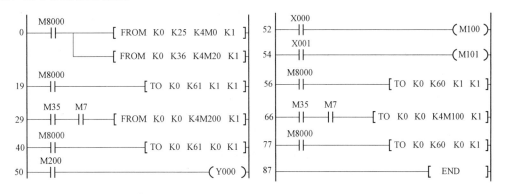

图14-139 智能设备站（站号2）的控制程序

实例190 FX₃U与智能电能表通信读取电能量

一、 控制要求

某工厂需要用FX₃U通过RS-485通信读取智能电能表的电能量，将所读取的电能量保存到32位单元D400中。

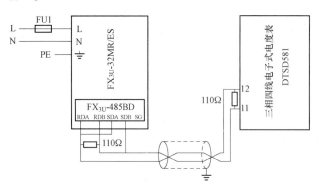

图 14-140 FX₃U与智能电能表通信的控制线路

二、 控制电路

根据控制要求，设计的控制线路如图14-140所示。

三、 控制程序

PLC控制程序如图14-141所示。智能电能表遵循DL/T 645—2007《多功能电能表通信协议》，程序工作原理如下。

（1）步0～5：通信参数设置。将H0C57送入D8120，设定RS-485通信、波特率1200bit/s、停止位1位、偶校验、数据8位。

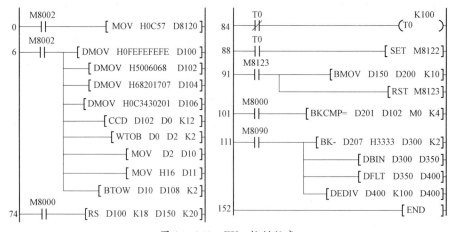

图 14-141 FX₃U控制程序

（2）步6～73：先置前导字节（4个H0FE），以唤醒接收方；然后填写发送字节数据（68 60 00 05 07 17 20 68 01 02 43 C3），其中H68为帧起始符，后面是六个字节的地址域（201707050060，对应表的编号），H68为帧起始符，01为控制字节（表示读数据），02为发送字节的长度（两个字节），发送的数据必须加上H33，故H43（H10＋H33＝H43）为读取正向电能的总电能，H0C3（H90＋H33＝H0C3）为当前有功电能量；用CCD指令将D102开始的12个字节进行和校验，校验结果保存到D0中；用WTOB指令将D0转换为字节，D0的低8位数据（和校验码）保存到D2中；将D2送入D10，将结束符H16送入D11，用BTOW指令将字节合并为字保存到D108中。

（3）步74～83：用RS指令，发送从D100开始的18个字节，接收20个字节（前两个字节为前导字节H0FE）到从D150开始的单元中。

（4）步84～87：T0产生10s的振荡周期。每10s读取一次电能表。

（5）步88～90：10s延时到（T0的上升沿），M8122置位，开始发送。

（6）步91～100：接收完成（M8123＝1），将从D150开始的10个字传送到从D200开始的单元中，复位M8123。

（7）步101～110：比较接收到的地址是否正确。用块比较指令BKCMP＝进行比较，如果（D201、D202）与（D102、D103）相等，则M8090为ON。

（8）步111～151：接收地址正确（M8090动合触点接通），用数据块的减法指令BK-将接收到的数据字节（从D207开始的32位数据）都减去H33送入D300中；用BIN指令将D300转换为二进制，然后再用FLT指令转换为浮点数保存到D400中，最后除以100，转换为度数保存到D400中。

参 考 文 献

赵春生，张伟林.活学活用 PLC 编程 190 例 （西门子 S7 - 200 系列）［M］.北京：中国电力出版社，2016.